国家林业和草原局研究生教育"十三五"规划教材

林火管理

王秋华　主编

中国林業出版社
CFPH China Forestry Publishing House

内容简介

本书系统介绍了国内外林火管理的主要内容，包括森林可燃物、森林火源管理、林火行政管理、计划烧除、森林燃烧产物及管理、林火预警和预测预报、生物防火林带及航空护林等。本书凝练了最新的林火管理知识，适宜作为森林防火、森林保护学、林学和生态学等研究生专业的教材，同时，还可供从事森林防火管理、灭火指挥等人员参考。

图书在版编目(CIP)数据

林火管理/王秋华主编. —北京：中国林业出版社，2021.11
国家林业和草原局研究生教育“十三五”规划教材
ISBN 978-7-5219-1223-4

Ⅰ.①林… Ⅱ.①王… Ⅲ.①林火监测-研究生-教材
②林火预防-研究生-教材 Ⅳ.①S762.3

中国版本图书馆 CIP 数据核字(2021)第 117850 号

责任编辑：范立鹏　　**责任校对**：苏　梅
电　　话：(010)83143626　　**传　　真**：(010)83143516

出版发行　中国林业出版社(100009　北京市西城区德内大街刘海胡同 7 号)
E-mail:jiaocaipublic@163.com
http://www.forestry.gov.cn/lycb.html
经　　销　新华书店
印　　刷　北京中科印刷有限公司
版　　次　2021 年 11 月第 1 版
印　　次　2021 年 11 月第 1 次印刷
开　　本　850mm×1168mm　1/16
印　　张　19.25
字　　数　444 千字
定　　价　65.00 元

《林火管理》编写人员

主　　编　王秋华

副 主 编　李世友　何　诚　张　恒　郭福涛

编写人员　(按姓氏笔画排序)

王秋华(西南林业大学)

龙腾腾(西南林业大学)

李世友(西南林业大学)

何　诚(南京森林警察学院)

张　恒(内蒙古农业大学)

吴谷建(应急管理部南方航空护林总站)

高仲亮(西南林业大学)

郭福涛(福建农林大学)

殷继艳(中国消防救援学院)

谢献强(广东省航空护林站，广东省林火卫星监测中心)

魏书精(广东省林业科学研究院)

前　言

为了培养学术型、综合型森林防火专门人才，开拓研究生的视野，立足国内外森林防火管理改革、发展背景，聚焦林火管理研究热点，集聚国内林火管理、教学、科研的相关学者，共同编写了本书。

本书围绕森林燃烧三要素——可燃物、火源和氧气展开，包括了林火管理的内容，也包括了部分灭火内容，体现了“预防为主、积极消灭”的森林防火方针，也突出了“打早、打小、打了”的灭火理念。本书的主要特色是融合了国内主要涉林且有消防工程本科专业和森林防火硕士点的单位，编者均具有长期的林火管理教学科研实践，能够整理出有一定理论深度且有实践检验的内容。

本书由王秋华担任主编，李世友、何诚、张恒和郭福涛担任副主编，全书共分8章，具体编写分工如下：第1章森林可燃物，由王秋华和殷继艳编写；第2章森林火源管理，由龙腾腾编写；第3章林火行政管理，由张恒编写；第4章计划烧除，由高仲亮编写；第5章森林燃烧产物及管理，由魏书精编写；第6章林火预警和预测预报，由郭福涛编写；第7章生物防火林带，由谢献强编写；第8章航空护林，由何诚和吴谷建编写。本书最后由王秋华负责统稿。

本书的出版得到了国家自然科学基金：滇中地区重大森林火灾形成机制研究(31300553)、基于火历史的滇西北亚高山主要针叶林对火的适应机制研究(31660210)、重大森林火灾驱动下滇中地区景观动态变化机制研究(31960318)，国家重点研发计划项目课题(2017YFD0600106)人工林重大火灾燃烧扩散机理及影响之任务：西南地区人工林火灾燃烧蔓延扩散模型与预测研究和云南省农业联合面上项目(2018FG001-055)气候变化情景下的滇中地区森林可燃物动态调控机理研究，云南省教育厅科学研究项目(2019Y0145)计划烧除对云南松纯林植物多样性的影响等基金的资助。感谢西南林业大学研究生院的领导和老师们的努力，感谢土木工程学院的大力支持。感谢本书的各位编者，查阅了大量资料，整理了自身多年研究的成果，克服一切困难，提升完成各章内容。感谢研究生闫想想、张文文、单保君和韩永涛等，认真仔细核对，努力纠错，使本书趋于完善。

由于编者能力、精力有限，书中难免有所不足，敬请读者原谅和批评指正。

编　者

2021年5月

目　录

第1章 森林可燃物

森林可燃物是指森林和林地上一切可以燃烧的物质，如树木的干、枝、叶、树皮，灌木、草本、苔藓、地表枯落物，以及土壤中的腐殖质、泥炭等。森林可燃物是森林火灾发生的物质基础和首要条件，是森林燃烧的基础，是构成林火行为的主体，其结构和组成影响林火的发生与蔓延(刘方策等，2018；周洞青等，2018；汪夜印，2017)。在分析森林能否被引燃，如何蔓延以及整个火行为过程时，可燃物比任何其他因素都重要。不同种类的可燃物构成的可燃物复合体，具有不同的燃烧特性，产生不同的火行为特征。

只有掌握了燃烧区域可燃物种类的易燃性和可燃物复合体的燃烧性，才能更好地展开林火预报，预测火行为，制定扑火预案(胡海清等，2017；余子倩等，2017；牛慧昌等，2016；马艳敏等，2016；马晓松，2016)。森林中的可燃物是指从泥炭和腐殖质层起，直至包括植被树冠顶端在内的各种可燃物的综合体。可燃物既包括活的可燃物，又包括死的可燃物。自然状态下的可燃物通常是不均匀的和不连续的，并且受地形、天气等因素的影响。森林可燃物是森林中能与氧结合发生燃烧反应的所有机质，主要来自各种森林植物(李胤德等，2015；王舜娆，2015；牛生明等，2015；祝必琴等，2014；贺薇等，2014；宋彦彦等，2014；郭鸿郡，2014)。严格地说，任何植物均能燃烧，但是植物种类不同，可燃物的易燃性是有差异的；森林群落特征不同，林火发生、火燃烧蔓延情况及其危害程度也有明显的差异。只有了解森林可燃物的种类、性质、数量、分布等特性及与火的关系，才能对林火进行科学控制和管理(牛慧昌，2014；李世友，2014；杜嘉林，2013；袁建，2013；丁琛，2013)。

1.1 森林可燃物特征

可燃物的特征取决于可燃物的燃烧性质，是由可燃物的物理性质和化学性质决定的。物理性质包括：可燃物床层的结构、含水率、发热量等；化学性质包括：油脂含量、可燃气体含量、灰分含量等(赵凤君等，2012)。

1.1.1 可燃物床层的结构

可燃物床层通常是指土壤表面以上的可燃物总体。可燃物床层中既包括活可燃物、枯死可燃物，也包括土壤中的有机物质(腐殖质、泥炭等)。

(1) 可燃物负荷量

可燃物负荷量是指单位面积上可燃物的绝干质量，单位为 kg/m^2 或 t/hm^2。总可燃物负荷量是指矿物土壤层以上，所有可以燃烧的有机质总量。潜在可燃物负荷量，指在最大强度火烧中可以消耗的可燃物量，这是最大值，而实际上在森林火烧中烧掉的可燃物比它少得多。有效可燃物负荷量是指在特定的条件下被烧掉的可燃物量，它比潜在可燃物负荷量小。

(2) 可燃物大小

可燃物的大小(粗细)影响其对外来热量的吸收。对于单位质量的可燃物来说，可燃物越小，表面积越大，受热面积大，接收热量多，水分蒸发快，可燃物越容易燃烧。常用表面积与体积比来衡量可燃物的大小。可燃物的表面积与体积比值越大，单位体积可燃物的表面积就越大，越容易燃烧。可以根据可燃物的形状(如圆柱体、半圆体、扇形体、长方体等)，确定表面积与体积比的公式对各种可燃物的表面积与体积比值进行估测。例如，树木的枝条可以看作圆柱体，其表面积与体积比为：

$$\sigma = \frac{2\frac{\pi}{4}d^2 + \pi dl}{\frac{\pi}{4}d^2 l} = \frac{\frac{d}{2l} + 1}{\frac{d}{4}} = \frac{4}{d}\left(1 + \frac{d}{2l}\right) = \frac{4}{d} + \frac{2}{l} \approx \frac{4}{d} \tag{1-1}$$

式中 σ——表面积与体积比，cm^{-1}；

d——圆柱体的直径，cm；

l——圆柱体的长度，cm。

根据式(1-1)，用游标卡尺测定圆柱体的直径(d)，即可求出其表面积与体积比。例如，油松和樟子松的针叶可以看作半圆柱体；白皮松和红松的针叶可以看作扇形柱体，可以进行一定的数学推导，得出表面积和体积比的计算公式。

(3) 可燃物紧密度

自然状态下可燃物床层中可燃物颗粒堆放的紧密程度称为紧密度。紧密度影响可燃物床层中空气的供给，同时也影响可燃物颗粒间的热量传递。紧密度的计算公式如下：

$$\beta = \frac{\rho_b}{\rho_p} \tag{1-2}$$

式中 β——可燃物的紧密度，量纲为1；

ρ_b——可燃物床层的容积密度，可以在实际调查在中获得，g/cm^3 或 kg/m^3；

ρ_p——可燃物的基本密度，是指可燃物在没有空隙的条件下单位体积的绝干质量，一般指木材的基本密度，g/cm^3 或 kg/m^3。

(4) 可燃物的连续性

可燃物床层在空间配置和分布的连续性对火行为有着极为重要的影响。如果可燃物在空间上是连续的，燃烧方向上的可燃物可以接受燃烧传播的热量，使燃烧可以持续进行；如果可燃物在空间上是不连续的，彼此间距离较远，不能接受燃烧传播的热量，燃烧就会局限在一定的范围内。

可燃物的垂直连续性：是指可燃物在垂直方向上的连续配置，在森林中表现为地下可燃物(腐殖质、泥炭、根系等)、地表可燃物(枯枝落叶)、草本可燃物(草类、蕨类等)、中间可燃物(灌木、幼树等)、上层树冠可燃物(枝叶)各层次可燃物之间的衔接，有利于地表火转变为树冠火。

可燃物的水平连续性：是指可燃物在水平方向上的连续分布，在森林中表现为各层次本身的可燃物分布的衔接状态。各层次可燃物的连续分布将使燃烧在本层次内向四周蔓延。一般来讲，地表可燃物有很强的水平连续性，如大片的草地，连续分布的林下植被(草本植物、灌木和幼树)。在森林中，由于树种组成不同，因而树冠表现不同的连续性，如针叶纯林有很高的连续性，支持树冠火的蔓延；而针叶混交林和阔叶林，树冠层虽易燃但枝叶是不连续的，不支持树冠火的蔓延。在树冠火蔓延中，如果出现阔叶树或林间有较大的空隙，树冠火就会转变为地表火。

1.1.2 可燃物含水率

可燃物含水率影响可燃物达到燃点的速率和可燃物释放的热量，影响林火的发生、蔓延和强度，是进行森林火灾监测的重要因素。可燃物含水率可分为绝对含水率和相对含水率。

$$AMC(\%) = \frac{W_H - W_D}{W_D} \times 100 \tag{1-3}$$

$$RMC(\%) = \frac{W_H - W_D}{W_D} \times 100 \tag{1-4}$$

式中 AMC——绝对含水率,%；

RMC——相对含水率,%；

W_H——可燃物的湿重，即取样时的样品质量；

W_D——可燃物的干重，即样品烘干后的绝干质量。

(1)可燃物含水率与易燃性

可燃物含水率(*FMC*)与可燃物易燃性之间关系十分密切。*FMC* 是影响可燃物燃烧的重要指标。枯死可燃物和活可燃物的 *FMC* 差异很大，对燃烧的影响也不一样。

枯死可燃物的含水率变化幅度较大，它们可吸收超过本身质量 1 倍以上的水，其变化范围为 2%～250%。一般情况下，当 *FMC* 超过 35%时，不燃；25%～35%时，难燃；17%～25%时，可燃；10%～16%时，易燃；<10%时，极易燃。

活可燃物的含水率变化幅度不大，在 75%～250%。在干旱季节，为 75%～150%。活可燃物与树冠火的发生有关。当针叶 *FMC*<100%，常绿灌木叶丛 *FMC*<75%时，可发生猛烈的树冠火。

(2)平衡含水率与可燃物时滞等级

平衡含水率(*EMC*)是可燃物吸收大气中水分的速率与蒸发到大气中水分的速率相等时的可燃物含水率。在美国的国家火险等级系统中，平衡含水率可以通过相对湿度和温度进行估测。

当相对湿度<10%时：

$$EMC = 0.03229 + 0.281073H - 0.000578T \cdot H \quad (1\text{-}5)$$

当 10%≤相对湿度<50%时：

$$EMC = 2.22749 + 0.160107H - 0.014784T \quad (1\text{-}6)$$

当相对湿度≥50%时：

$$EMC = 21.0606 + 0.005565H^2 - 0.00035H \cdot T - 0.483199H \quad (1\text{-}7)$$

式中 EMC——平衡含水率,%；

H——相对湿度,%；

T——温度,℃。

枯死可燃物失去最初含水量和平衡含水量之差 63%的水分所需的时间称为时滞。在美国国家火险等级系统中，根据时滞将枯死可燃物划分为 4 个等级(表 1-1)。

表 1-1 美国国家火险等级系统枯死可燃物时滞等级

枯死可燃物等级	时滞范围(h)	直径(cm)
1 h 时滞可燃物	0~2	<0.635
10 h 时滞可燃物	2~20	0.635~2.54
100 h 时滞可燃物	20~200	2.54~7.62
1000 h 时滞可燃物	200~2000	7.62~20.32

(3)熄火含水率

熄火含水率(*MOE*)是指在一定热源作用下，可燃物能够维持有焰燃烧的最大含水率。当可燃物含水率大于 *MOE*，燃烧不能进行，所以又称临界含水率。*MOE* 的大小取决于可燃物的化学组成，不同种类的可燃物有不同的熄火含水率。枯死可燃物和活可燃物的 *MOE* 差异很大，大多数枯死可燃物的 *MOE* 为 25%~40%，而大多数活可燃物的 *MOE* 为 120%~160%。熄火含水率越高的可燃物越容易燃烧，反之越不容易燃烧。在美国国家火险等级系统中，当易燃可燃物含水率大于 *MOE* 时，不具有森林火险，所以 *MOE* 是林火预报中的重要因子(王旭等，2014)。

1.1.3 热值(发热量)

可燃物热值是指在绝干状态下单位质量的可燃物完全燃烧时所释放的热量，单位为 kJ/kg 或 J/g。确切定义为：热值在 25 ℃ 1 个大气压(101 325 Pa)下 1 g 物质完全燃烧释放的能量。不同的可燃物具有不同的热值。一般情况下，可燃物的热值越高，释放的能量越多。可燃物发热量是指可燃物在一定环境下完全燃烧所放出的热量。可燃物发热量与可燃物热值和可燃物含水率有关。

(1)不同可燃物种类有不同的热值

森林可燃物的热值范围为 12.6~23.4 kJ/g(表 1-2)。14.7 kJ/g 以下为低热值，大多数为地衣、苔藓、蕨类和草本植物；14.7~18.8 kJ/g 为中热值，一般为阔叶树的枝、叶、木材等。一般情况下，高热值的可燃物燃烧时释放的能量多，火强度大；低热值的可燃物燃烧时释放的能量少，火强度小。

表 1-2 常见可燃物的绝干热值 单位：kJ/kg

可燃物种类	热 值	可燃物种类	热 值	可燃物种类	热 值
纤维素	17 501.6	杉木叶	17 908.1	油茶叶	19 877.4
木素	26 694.5	杉木枝	17 166.4	油茶枝	18 079.9
树脂	38 129.0	马尾松叶	20 593.9	蒙古栎	17 246.0
落叶松幼树	21 901.1	马尾松枝	19 504.5	榛子	16 445.8
落叶松树皮	21 595.3	大叶桉叶	19 328.5	胡枝子	17 321.5
落叶松边材	19 014.2	大叶桉枝	17 719.5	拂子茅	16 814.5
落叶松枯枝	18 817.3	樟树叶	20 036.6	莎草	17 401.1
落叶松朽木	21 092.5	樟树枝	18 859.2	水藓	17 451.4
落叶松火烧木	19 973.7	木荷叶	18 825.7	长蒴藓	17 862.0
樟子松	19 927.6	木荷枝	18 486.3	地衣	14 807.5

资料来源：文定元，《森林防火基础知识》，1995。

(2)可燃物含水量的变化影响可燃物发热量

可燃物含水率的变化直接影响可燃物发热量的大小。可燃物含水量与发热量呈反比。可燃物发热量与含水量之间存在如下关系(胡海清，2005)。

$$Q = Q_0 - 0.01M_f \cdot V_B \tag{1-8}$$

式中 Q——可燃物发热量，kJ/kg；

Q_0——可燃物的热值，kJ/kg；

M_f——可燃物含水量，%；

V_B——可燃物中水分的蒸发潜热，kJ/kg。

木材的热值与含水量的关系见表 1-3。

表 1-3 木材发热量与含水量的关系

木材含水率(%)	0	10	15	20	25	30	35	40	45	50
发热量(kJ/kg)	19 152	17 884	16 750	15 616	13 482	12 928	11 592	10 080	9940	8770

1.1.4 抽提物含量

抽提物是指用水或有机溶剂(醚、苯、乙醇等)提取的物质，是粗脂肪和挥发油类的总称，包括脂肪、游离脂肪酸、蜡质、磷酸酯、芳香油、色素等脂溶性物质，简称油脂。不同植物和植物不同部位的油脂含量是不同的。油脂含量越高的树种越易燃，特别是挥发油含量较高的植物更易燃。所以，抽提物含量的高低是可燃物易燃性的重要指标。抽提物含量低于 2%时为低油脂含量，3%~25%为中油脂含量，6%以上为高油脂含量。一般来说，针叶树油脂含量较高，阔叶树油脂含量较低；树叶油脂含量较高，枝条油脂含量较低；木本植物油脂含量较高，草本植物油脂含量较低。油脂含量和挥发油含量分别可由式(1-9)和式(1-10)计算得出(王秋华等，2012)。

$$油脂含量(\%) = \frac{样品中油脂质量}{样品绝干质量} \times 100 \tag{1-9}$$

$$挥发油含量(mL/100\ g)=\frac{样品中挥发油体积}{样品的鲜重} \quad (1\text{-}10)$$

1.1.5 灰分物质含量

灰分物质含量是指可燃物中矿物质的含量，主要是由钠、钾、钙、镁、硅等元素组成的无机物，即燃烧剩下的物质。各种矿物质通过催化纤维素的某些早期反应，对燃烧有明显的影响。它们增加木炭的生成并减少焦油的形成，可大幅降低火焰的活动。灰分含量与可燃物的可燃性呈反比，是抑燃性物质，其含量越高，燃烧性能越差。在灰分物质中，SiO_2 含量对燃烧的抑制作用更加明显，即 SiO_2 含量越高，可燃物越不易燃，如竹类叶子中的 SiO_2 含量明显高于一般木本树种，所以，竹子的燃烧性能较差(王明玉等，2012)。

森林可燃物中的粗灰分主要含于叶子和树皮中，通常叶子含量较低，树皮含量稍高；木材中的粗灰分含量一般低于2%，禾本科可达12%。不同植物，粗灰分含量不同(表1-4)。一般情况下，可燃物灰分低于5%时为低灰分含量；5%～10%时为中灰分含量；高于10%时为高灰分含量。可燃物的粗灰分含量可以通过野外取样，通过烘干、灰化，由式(1-11)计算得出：

$$灰分含量(\%)=\frac{样品灰化后的坩埚质量-坩埚净质量}{样品灰化前的坩埚绝干质量-坩埚净质量}\times 100 \quad (1\text{-}11)$$

表1-4 南方主要树种的灰分和油脂含量

树种	粗灰分含量(%)		SiO_2 含量(%)		叶挥发油含量(mL/100 g)	粗脂肪含量(%)	
	叶	枝	叶	枝		枝	叶
毛榜	6.63	5.91	2.09	0.52	0.000	1.09	0.24
棕榈	3.23	2.67	0.87	3.76	0.000	1.14	0.27
竹柏	9.40	5.88	0.25	0.11	0.022	1.34	0.28
苦槠	3.36	3.67	0.51	0.06	0.020	1.34	0.20
格氏栲	4.76	7.11	0.38	0.15	0.000	1.49	0.24
丝栗栲	4.79	3.54	1.26	0.13	0.000	1.56	0.31
窿缘桉	4.80	8.43	1.61	0.08	0.730	1.60	0.44
大叶相思	5.69	4.23	0.08	0.20	0.000	1.61	0.71
青皮竹	15.32	7.33	12.58	5.28	0.000	1.61	0.34
台湾相思	4.12	4.30	0.58	0.86	0.000	3.21	1.18
红千层	2.64	2.90	0.06	0.10	0.000	1.76	0.81
卷斗栎	5.29	2.74	0.36	0.23	0.000	1.80	0.16
杨梅	4.89	3.33	0.32	0.13	0.025	1.18	0.91
侧柏	8.39	6.48	2.87	1.63	0.126	1.82	3.38
深山含笑	6.63	2.63	0.87	0.36	0.721	1.84	0.19
闽粤栲	3.69	3.19	0.15	0.15	0.000	1.97	0.39
建柏	5.34	3.95	0.40	0.15	0.072	2.09	1.22
椤木石楠	10.46	8.57	0.38	0.26	0.000	2.12	0.42

（续）

树种	粗灰分含量(%)		SiO_2 含量(%)		叶挥发油含量(mL/100 g)	粗脂肪含量(%)	
	叶	枝	叶	枝		枝	叶
红豆树	2.39	3.00	0.08	0.14	0.000	2.17	1.08
楠木	6.82	3.97	3.27	0.13	0.034	2.28	0.41
青冈栎	9.69	6.01	0.79	3.59	0.000	2.34	0.48
甜槠	4.20	2.42	0.10	1.27	0.000	2.66	0.41
柳杉	4.40	6.64	0.59	0.31	0.271	4.33	1.28
花榈木	3.58	3.38	0.33	0.38	0.010	2.68	1.92
木荷	5.58	6.82	1.16	1.01	0.000	2.74	0.21
石栎	3.84	4.51	1.31	0.60	0.000	2.76	0.21
火力楠	9.42	3.64	3.16	1.17	0.098	2.77	0.91
观光木	12.54	6.61	8.08	4.11	0.071	2.93	0.62
灰木莲	10.57	3.59	0.48	3.41	0.085	3.10	0.08
樟树	7.79	4.33	0.40	0.10	1.370	3.37	2.17
大叶桉	5.73	4.83	0.30	0.28	0.323	3.47	0.75
乳源木莲	6.17	2.34	2.57	0.35	0.093	3.48	0.65
油茶	5.45	2.78	0.52	0.24	0.000	7.93	0.43
茶树	5.43	2.45	0.21	0.19	0.000	0.65	0.25
拉氏槠	2.95	2.67	0.45	0.09	0.000	1.00	0.34
马尾松	2.42	2.45	0.60	0.25	0.275	4.44	4.76
杉木	5.16	3.73	0.55	0.44	0.045	3.78	0.89

1.2 森林可燃物分类

可燃物种类的不同，着火的难易程度也不一样。细小可燃物(如枯落叶、枯草等)容易干燥、易于引燃，成为森林火灾的引火物。森林火灾大多是森林火源引燃细小可燃物引发的。体积较大的可燃物(如树木、灌木、采伐剩余物等)含有较多的水分，不易引燃，但被引燃后能释放大量的能量，是森林火灾的主要能量来源。

可燃物的种类、配置、结构不同，发生火灾后的林火种类也不一样。草地、灌丛、落叶阔叶林一般发生地表火；常绿针叶林、常绿阔叶林(桉树林)由于叶富含易燃油脂，经常发生树冠火；在极端干旱的条件下，土壤中的腐殖质和泥炭燃烧形成地下火(吴德慧等，2012)。

1.2.1 根据地被物种类划分

森林中所有有机物质都可以燃烧，种类不同燃烧特点也不一样。根据地被物的种类可以划分可燃物种类，主要是区分可燃物易燃性的差异。

(1) 地表枯枝落叶层

地表枯枝落叶层主要是由林木和其他植物凋落下来的枯枝、枯叶所形成的土壤表面的可燃物层。地表枯枝落叶层的燃烧特点因林分组成的不同而不一样，也因凋落的时间、位置、结构而有所不同。在林分中，一般可以将地表枯枝落叶层分为上层和下层。上层是易燃可燃物，下层是难燃可燃物。

枯枝落叶上层：这一层次是当年和前一年秋天的落叶，保持原来状态，尚未进行分解；结构疏松，孔隙大，水分易流失、易蒸发，可燃物含水量随大气湿度的变化而变化，容易干燥、易燃，是森林易燃引火物。

枯枝落叶下层：这一层次位于土壤的表面，处于分解或半分解状态；结构紧密，孔隙小、保水性强，受空气湿度影响很小，而受土壤水分的影响较大，土壤水分较多时，一般不会燃烧，只有在长期干旱时，才能燃烧，也可引起地下火。通常情况下，地表火蔓延速度很快时，此层不会燃烧。

(2) 地衣

地衣一般生长在较干燥的地方，是易燃可燃物。地衣燃点低，在林中多呈点状分布，为森林中的引火物。地衣的含水量随大气湿度而变化，吸水快，失水也快，容易干燥。地衣在林中分布状态可以影响林火的蔓延特性，如附生在树冠枝条上的松萝易将地表火引向林冠而引起树冠火。

(3) 苔藓

苔藓吸水性较强，生长环境的干湿程度影响其燃烧特性。林地内的苔藓难燃，树木上的苔藓易燃。

林地苔藓：多生长在密林的阴湿环境下，含水量大，一般不易燃，只有在连续干旱时才能燃烧。

树木苔藓：生长在树皮、树枝上的藓类，空气湿度小时很干燥，易燃，着火的危险性大，如树毛(小白齿藓)常是引起常绿针叶树发生树冠火的危险物。苔藓一旦燃烧，持续时间较长，尤其是靠近树根和树干附近的苔藓，燃烧时对树根和树干的危害较大。在有泥炭藓的地方，干旱年份有发生地下火的危险。

(4) 草本植物

草本植物是生长在土壤表层上的一年生和多年生植物。在生长季节，体内含水量较高，一般不易发生火灾。但在早霜以后，根系失去吸水能力，植株开始枯黄而干燥，即使生长在近水湿地上的枯草也极易燃。如东北地区，在春季雪融后，新草尚未萌发，长满干枯杂草的地段容易发生火灾。在草本植物中，由于植株的高低、含水量的不同，易燃性有明显差异，可分为易燃草本植物和难燃草本植物。

易燃草本植物：大多为禾本科、莎草科及部分菊科等喜光杂草，常生长在无林地(沟塘草甸)及疏林地。该类植物植株较高，生长密集；枯黄后直立，不易腐烂易干燥；植株体内含有较多纤维，干旱季节非常易燃。

难燃草本植物：多属于毛茛科、百合科、酢浆草科、虎耳草科植物。叶多为肉质或膜状，植株多生长在肥沃潮湿的林地，植株矮小，枯死后倒伏地面，容易腐烂分解，不易干燥，不易燃。此外，东北林区的早春植物，也属于难燃草本植物。在春季防火期内，正是早春植物开花、枝叶茂盛的生长时期，如侧金盏花、草玉梅、延胡索等。还有些植物能够阻止火的蔓延，如石松等，都属于不易燃的植物。

(5)灌木

灌木为多年生木本植物。灌木的生长状态和分布状况均影响火的强度。通常丛状生长的灌木比单株散生的着火后危害严重，不易扑救。灌木与禾本科、莎草科及易燃性杂草混生时，也能提高火的强度。灌木植株的个体大小差异较大，植株含水量不同，易燃性也不一样，一般可分为易燃灌木和难燃灌木。

易燃灌木：一般来说，这类灌木植株细小，含水量低或富含油脂，易燃。有些灌木干旱季节上部枝条干枯，如胡枝子、长冬草、绣线菊等；有些为针叶灌木，含有大量树脂和挥发性物质，非常易燃，如兴安圆柏、西伯利亚圆柏、杜松和偃松等。

难燃灌木：一般来讲，这类灌木个体较大，高度在 2 m 以上，含水分较多，不易燃烧，如鹅掌柴、柃木、越橘、接骨木、榛、暴马丁香、乳源榕等许多常绿灌木和小乔木。

(6)乔木

乔木因树种不同，燃烧特点、易燃程度也不相同。根据枝叶和树皮的特性可以划分为易燃乔木和难燃乔木。

易燃乔木：主要是指针叶树和带油脂的阔叶树(桦树、桉树)。针叶树的树叶、枝条、树皮和木材都含有大量挥发性物质和树脂，这些物质都是易燃的。有些阔叶树也是易燃的，如桦木，树皮呈薄膜状，含油脂较多，极易点燃。又如，蒙古栎多生长在干燥山坡，冬季幼林叶子干枯而不脱落，容易燃烧。南方的桉树和樟树也都属于易燃的常绿阔叶树。

难燃乔木：主要是指阔叶树(落叶、常绿)。阔叶树一般含水分较多，所以不容易燃烧，如杨树、柳树、日本桤木等。大多数常绿阔叶树体内含水分较多，都属于不易燃的树种。

(7)林地杂乱物

林地杂乱物主要指采伐剩余物、倒木、枯立木和营林过后的枯死堆积物等。林地杂乱物的数量多少和空间分布状况直接影响火的强度、蔓延和发展。林地杂乱物对燃烧的影响，主要取决于它们的组成、湿度和数量。残留在采伐迹地上的云杉枝条最易燃烧，其次是白桦和松树，最后为山杨。新鲜的或潮湿的杂乱物，燃烧较困难，而干燥的杂乱物则容易燃烧。当林内有大量杂乱物时，火的强度大，不易扑救，在针叶林内还很容易造成树冠火(魏书精等，2012)。

1.2.2 根据燃烧难易程度划分

在实际工作中，有时需要根据可燃物燃烧的难易程度对森林可燃物进行划分，一般可分为危险可燃物、缓慢燃烧可燃物和难燃可燃物 3 大类。

(1)危险可燃物

危险可燃物一般是指林区内容易着火的细小可燃物，如地表的干枯杂草、枯枝、落叶、树皮、地衣、苔藓等。这些可燃物的特点是：降雨后干燥快、燃点低，燃烧速度快，极易被一般火源引燃引起森林火灾，是森林中的引火物。

(2) 缓慢燃烧可燃物

缓慢燃烧可燃物一般是指粗大的重型可燃物，如枯立木、腐殖质、泥炭、树根、大枝杈、倒木等。这些可燃物不易被火源引散，但着火后能持久保持热量，不易扑灭。因此，在清理火场时，很难清理，而且容易形成复燃火。这种可燃物一般是在极干旱的情况下，发生大火灾时，才能燃烧，给扑火带来很大困难。

(3) 难燃可燃物

难燃可燃物指正在生长的草本植物、灌木和乔木。这类可燃物是活植物体，体内含有大量的水分，一般不易燃，在林火的蔓延中有减弱火势的作用。但是遇到高强度火时，植物也能脱水干燥燃烧，特别是含油脂的针叶树(吴志伟等，2012)。

1.2.3　根据在林内的位置划分

可燃物在森林中所处的位置不同，发生的林火种类也不同，燃烧性质和采取的扑救措施也不一样。一般按 3 个层次划分为地下可燃物、地表可燃物和空中可燃物。

(1) 地下可燃物

地下可燃物是指枯枝落叶层以下半分解或分解的腐殖质、泥炭和树根等。地下可燃物的燃烧特点是：燃烧时，释放的可燃性气体少，不产生火焰，呈无焰燃烧；燃烧速率极为缓慢，持续时间长，不易扑灭。这类可燃物是形成地下火的物质基础。

(2) 地表可燃物

地表可燃物是指枯枝落叶层到离地面 1.5 m 以内的所有可燃物，如枯枝落叶、杂草、苔藓、地衣、幼苗、灌木、幼树、倒木、伐根等。地表可燃物的燃烧强度和蔓延速度由可燃物的种类、大小和含水量而定。这类可燃物是形成地表火的物质基础。

(3) 空中可燃物

空中可燃物是指森林中距离地面 1.5 m 以上的树木和其他植物均为空中可燃物，如乔木的树枝、树叶、树干、枯立木、附生在树干上的苔藓和地衣，以及缠绕树干的藤本植物等。这类可燃物是发生树冠火的物质基础(代海燕等，2012)。

1.2.4　按含水率的变化性质划分

在相同的条件下，活可燃物和枯死可燃物的含水量和水分变化性质不同。

(1) 活可燃物

活可燃物是活植物体，含水量一般较大，受空气湿度的影响较小，一天中含水率的变化较小。活可燃物根据燃烧性质在可燃物调查中可以划分为针叶、阔叶、小枝(直径<1 cm)、大枝(1 cm<直径<10 cm)和树干(直径>10 cm)。

(2) 枯死可燃物

枯死可燃物是枯死植物体的总称，包括枯枝落叶、枯立木、采伐剩余物等。根据时滞可划分为 4 类：1 h 时滞可燃物、10 h 时滞可燃物、100 h 时滞可燃物和 1000 h 时滞可燃物(胡海清，2005)。

1.2.5 按可燃物挥发性划分

可燃物挥发性是指可燃物受热时，体内挥发性物质逸出数量和速率等特性。可燃物挥发性强弱与植物种类有关，主要受植物体内的油脂、蜡质、树脂等物质含量的多少影响。按可燃物挥发性强弱，可将可燃物划分为以下3类。

(1)高挥发性可燃物

高挥发性可燃物指体内挥发性物质含量较高的可燃物。如红松、樟子松、油松、马尾松、杉木、樟树、桉树、杜鹃花等，都属于高挥发性可燃物。

(2)低挥发性可燃物

低挥发性可燃物指体内挥发性物质含量较低的可燃物。如水曲柳、胡桃、钻天柳、木荷、壳菜果、醉香含笑等，均属于低挥发性可燃物。

(3)中挥发性可燃物

中挥发性可燃物指挥发性物质含量介于高挥发性和低挥发性可燃物之间的可燃物。如蒙古栎、榛、桦树、杨树等都属于中挥发性可燃物。

一般情况下，可燃物挥发性高的树种，即使在生长季也容易燃烧，该类林分容易形成树冠火；反之，可燃物挥发性低的树种，不易燃烧，甚至可以起到阻火的作用(朱易等，2012)。

1.2.6 按燃烧时可燃物的消耗划分

绝大多数林火并不能使林地内所有可燃物全部烧掉，根据林火燃烧过程中实际烧掉可燃物的情况可分为：

有效可燃物：指一场森林火灾直接烧掉的那部分可燃物。

剩余可燃物：指着火时未烧或未烧尽的可燃物。

总可燃物：林火发生前单位林地面积上可燃物的总和(宋彦彦，2012；李旭，2012；金琳，2012；张文杰等，2012)。

1.3 树种易燃性和森林燃烧性

森林是由多个树种和其他植物构成的复合体。林木是森林的主体，决定森林的燃烧特性。不同树种的易燃性是不同的，不同的树种和数量比例构成的森林会表现不同的森林燃烧性(王崇江等，2011)。

1.3.1 树种易燃性和森林燃烧性的概念

(1)树种易燃性

树种易燃性是指森林中的树种在森林火灾中所表现的燃烧难易程度，是对森林中某一树种燃烧特性相对的定性描述，一般可分为3个易燃性等级，即易燃、可燃和难燃。树种易燃性对森林燃烧性的影响取决于各树种所占的比例。

(2) 森林燃烧性

森林燃烧性是指森林被引燃着火的难易程度，以及着火后所表现的燃烧状态(火种类)和燃烧速率(火强度)的综合。森林是一定地段上的各种可燃物种类的集合。在不同地段上，这个集合中的可燃物种类不同，构成比例也不同，森林燃烧性也有明显的差异。

森林燃烧性可作为森林火灾发生难易程度指标。一般说来，也可定性划分为 3 个易燃性等级，即易燃、可燃、难燃。这是对森林燃烧性的定性的、简单的、相对的描述。在森林燃烧过程中，容易着火的群落，也容易蔓延。在平坦无风的地段，林火总是向燃点低的可燃物方向蔓延快，向燃点高的可燃物方向蔓延慢。所以在划分易燃性等级时，把林火的蔓延速度也考虑在内。

森林燃烧性还可作为衡量森林燃烧释放能量大小的指标。可以根据林火强度和火焰高度定量确定 4 个能量释放等级，即轻度燃烧、中度燃烧、高度燃烧和强度燃烧。

1.3.2　我国主要树种的易燃性

我国地域辽阔，森林分布范围广，构成森林的树种繁多。对森林燃烧性影响较大的是在森林中占优势的树种。我国森林组成主要树种的易燃性可分两大类，即针叶树种的易燃性和阔叶树种的易燃性。

(1) 针叶树种的易燃性

由于针叶树的枝叶、树干含有一定的松脂和挥发性物质，较阔叶树易燃。然而，不同树种理化性质和生物学特性的差异，致使易燃性也有明显的不同。针叶树种的易燃性可划分易燃、可燃和难燃 3 个等级。

Ⅰ级：易燃。这类树种含有大量松脂和挥发性物质，枝叶中灰分含量低、热值高，易燃物数量比例较大，可燃物结构疏松，地被物紧密度小，含水率低。常绿，多为喜光树种，分布在比较干燥的立地。常见的易燃树种有：马尾松、海南五针松、思茅松、云南松、油松、黑松、华山松、高山松、白皮松、赤松、红松、西伯利亚红松、樟子松、侧柏、圆柏等。

Ⅱ级：可燃。松脂和挥发性物质含量中等，灰分含量居中，热值中等，易燃可燃物比例居中。可燃物结构较紧密，含水率较高。树冠较密集，多为中性树种。所处立地较湿润，土壤较肥沃。主要树种有：杉木、柳杉、三尖杉、红豆杉、紫杉、黄杉、粗榧等。

Ⅲ级：难燃。含有较少松脂及挥发性物质，灰分含量高，热值低，易燃可燃物比例小，可燃物结构紧密，多为耐阴树种，也有少数处于水湿条件下的喜光树种。如云杉、冷杉、落叶松、水杉、落羽杉、池杉等。

(2) 阔叶树种的易燃性

一般情况下，阔叶树含挥发性物质少，大多数枝叶、树干含水率高。相对针叶树来说，不易燃烧。但由于各树种的理化性质不同，生物学特性不一样，易燃性也有明显的差异。阔叶树的易燃性也分为易燃、可燃和难燃 3 个等级。

Ⅰ级：易燃。枝叶、树干、树皮含挥发性物质，含水率低，易燃可燃物数量多，结构疏松，多为喜光树种，处于干燥条件。如栎类、桉树、樟科、黑桦、安息香科等。

Ⅱ级：可燃。枝叶不含挥发性物质，多生长在潮润的土壤上，含水率高，多为中性树种。易燃可燃物数量中等，多生长在山中部较肥沃、水分适中的立地。如桦树、杨树、椴树、槭树、榆树、化香树、楝树、泡桐等。

Ⅲ级：难燃。不含挥发性物质，多为常绿阔叶树，含水率高，易燃可燃物数量少，多为耐阴、耐水湿树种，多处于潮湿—水湿立地条件。如水曲柳、黄波罗、柳树、竹类、木荷、醉香含笑、浙江红山茶、茶等(杨光等，2011)。

1.3.3 森林特性与森林燃烧性

森林不是可燃物的简单堆积，而是在不同时间和空间尺度的可燃物集合。每一个森林群落都是由多种植物构成的，因而表现不同的森林特性。这些特性与森林燃烧性有着密切的关系，主要表现在森林的林种组成、郁闭度、林分年龄、层次结构和分布格局等方面。

(1)林种组成

在森林中，林木是构成森林的主体。由于树种的易燃性各不相同，同时影响林下死、活地被物的数量、组成及其性质。这样，由不同树种构成的森林，燃烧性也不一样。一般来说，针叶树种易燃，阔叶树种难燃。若由易燃树种构成森林，则森林燃烧性强；而易燃和难燃树种组成森林，可使森林燃烧性降低。在针叶林中，地表枯落叶主要由松针构成，极易发生地表火和树冠火；在阔叶林中，地表的枯落叶是由阔叶构成，树木在防火季节落叶，只能发生低强度的地表火；在针阔混交林中，针叶树和阔叶树相间分布，燃烧性居中，一般不会发生树冠火。

(2)林分郁闭度

林分郁闭度的大小直接影响林内的光照条件，进而影响林内小气候(温度、相对湿度、风速等)，也就影响林下可燃物的种类、数量(表1-5)及其含水率。所以，不同郁闭度的林分，森林燃烧性也不同。

表1-5 胡枝子-蒙古栎林郁闭度与死地被物负荷量的关系

郁闭度	0.4	0.5	0.6	0.7	0.8	0.9
负荷量(t/hm^2)	2.0	2.9	3.5	5.0	9.0	12.9

一般来说，林分郁闭度大，林下光照弱、温度低、湿度大、风速小、死地被物积累增多，活地被物以耐阴杂草为主，喜光杂草较少。这种林分不易燃，着火后蔓延速度低。而林分郁闭度小的林分，林内阳光充足、温度高、湿度小、风速大，死地被物相对较少，活地被物以喜光杂草为主。这种林分易燃，发生火灾后蔓延快。

(3)林分年龄

按照林分的年龄结构可将森林划分为同龄林和异龄林。林分年龄结构对森林燃烧性有明显的影响。

同龄林：多见于人工林纯林。同龄林依据林龄可分为幼龄林、中龄林、成熟林等。不同林龄针叶林差别十分明显：未郁闭的针叶林林地上生长大量的喜光杂草，使林分的燃烧性大幅增强，一旦发生火灾会将幼树全部烧死；刚刚郁闭的针叶幼林，树冠接近地表，林木自然整枝产生大量枯枝，林地着火后极易由地表火转变为树冠火，烧毁整个林分；在中、老龄林中，树冠升高远离地面，林木下部枯枝减少，一般多发生地表火；成过熟林树冠疏开，导致林内杂草丛生，枯损量增加使林内有大量杂乱物，易燃物增多，易发生高强度地表火。随着林分年龄的不同，林下死地被物负荷量也有明显的变化(表 1-6)。

异龄林：在异龄林中若是暗针叶林，各年龄阶段的树木都有，林分的林冠层厚并且接近地面，垂直连续性好，易发生树冠火。

表 1-6 胡枝子–蒙古栎林年龄与死地被物负荷量的关系

林龄(年)	40	60	80	100	120	140	160	180	200
死地被物负荷量(t/hm^2)	3.2	4.8	8.1	9.6	12.9	14.0	10.5	6.5	2.5

(4)林木的层次结构

林木的层次结构可分单层林和复层林。单层林林中可燃物紧密度小、垂直连续性差，多发生地表火；复层林中针叶树的垂直连续性好，多发生树冠火；由针叶树和阔叶树形成的复层林，一般不会发生树冠火。

(5)林木的水平分布格局

林木的水平分布格局主要指林冠的水平连续性，影响树冠火的蔓延。密集的针叶人工纯林，树冠连续性好，多发生树冠火，蔓延快；针阔混交林，树冠连续性差，一般只能形成冲冠火(曲大铭，2011；田晓瑞等，2011；沈垭琢等，2010；陶玉华等，2010；贺红士等，2010)。

1.4 森林可燃物类型

树木和林下植物种类的不同，形成不同的林分结构，影响林火的种类和强度及森林火灾的损失程度。不同森林可燃物种类的集合，构成不同的可燃物类型。森林可燃物类型不同，发生林火的难易程度和表现的火行为有明显差异。森林可燃物类型相同，在其他条件相同的情况下，林火的发生发展及其特点具有相似性。所以，森林可燃物类型可以反映林火的特征。

可燃物类型是指具有明显的代表植物种和可燃物种类、形状、大小、组成，以及其他一些对林火蔓延和控制难易有影响的特征相似或相同的同质复合体。简而言之，可燃物类型是占据一定时间和空间的，具有相同或相似燃烧性的可燃物复合体。不同森林可燃物类型具有不同的燃烧性，表征发生森林火灾的难易程度、林火种类和能量的释放强度。调节森林可燃物类型的燃烧性是森林防火的基础，也是森林防火日常工作的内容，贯穿于整个森林生长发育的全过程。森林可燃物类型是构成森林燃烧环的重要物质基础，也是林火预报的关键因子。林火预报必须考虑森林可燃物类型，才能使预报结果落实到具体的地段，特别是林火发生预报和林火行为预报。扑救森林火灾可根据不同森林可燃物类型的分布状况，安排人力物力，决定扑火方法、扑火工具及扑火对策。在营林安全用火中，可根据不同森林可燃物类型决定用火方法和用火技术。

森林可燃物类型的划分是现代林火管理重要的组成部分，是林火管理的基础。加拿大林火行为预报系统将森林可燃物划分为 16 种类型；美国国家火险等级系统将森林可燃物划分为 20 种类型；我国将森林可燃物划分为 12 种类型。下面简单介绍种可燃物类型的划分方法(柴红玲等，2010；王超等，2009；胡海清等，2009)。

1.4.1　森林可燃物类型的一般划分方法

森林可燃物类型的划分方法大多是在实际工作中形成的。一般的划分方法有：直接估计法、植物群落法、照片分类法、资源卫星图片法和可燃物检索表法等。

(1)直接估计法

直接估计法要求林火管理人员具有长期的防火和扑火经验，对辖区地段内的森林和植被的燃烧特性和林火行为特别熟悉。美国林务局曾采用这种方法把森林可燃物划分为 4 种类型，燃烧性低、燃烧性中、燃烧性高和燃烧性极高。划分的依据是森林燃烧性、潜在的林火蔓延速度和扑火难易程度。

(2)植物群落法

植物群落法是通过植物群落分森林可燃物类型。将不同植物类型组合并具有一定结构特征、种类成分和外貌的若干群落，划分为不同的可燃物类型。不同植物群落反映了植物与植物之间和植物与环境之间的关系，影响可燃物的数量、林火种类及火行为特征。因此，植物群落的划分可为森林可燃物类型的划分提供重要的参考依据。长期以来，森林可燃物类型的划分与植物群落研究密切相关。

我国东北地区一直沿袭按植物群落和林型来划分可燃物类型。例如，我国大兴安岭地区在林型的基础上划分了坡地落叶松林、平地落叶松林、樟子松林、桦木林、次生蒙古栎林、沟塘草甸、采伐迹地 7 种森林可燃物类型。

根据植物群落划分森林可燃物类型的分类方法有明显的不足。首先，火行为特征的分类标准很难确定，有时可以划分出几种群落类型，但所表现的潜在火行为特征是一致的；其次，数据收集很费时间，成本很高。

(3)照片分类法

照片分类法是将植物群落分类与可燃物模型结合起来的一种分类方法。首先，选定一小块样地拍摄照片，并按林学特性进行一般描述；其次，对样地进行可燃物基本性质测定；最后，确定适合的森林可燃物类型。美国林务局曾利用这种方法进行森林可燃物分类。这种方法的优点是比较真实，符合实际情况，缺点是费用太高。

(4)资源卫星图片法

利用资源卫星图片分类是一种新的、正在发展中的森林可燃物类型划分方法，具有许多优点和很大应用潜力。在解析数据图像上选择一个基准面积地块，逐渐缩小范围，利用改进的数据资料和感应技术来确定与划分可燃物类型有关的信息，例如，针叶林、阔叶林、混交林、荒山荒地、采伐迹地、河流、道路等地标物；利用资源卫星图片划分森林可燃物类型是发展方向。

(5) 可燃物检索表法

自然科学中利用检索进行分类应用很广泛。利用检索表进行森林可燃物类型的划分可为防火人员在野外工作提供很多方便，特别是在野外估计不同森林可燃物的火行为特征(如蔓延速度和树冠火形成条件)等方面，显得更为直观和实用。这种检索表要求应用者必须具有比较丰富的火场经验，否则很难进行合适的选择和分类(肖化顺等，2009；李世友等，2009；郭富伟等，2008；李艳芹等，2008；王秋华等，2008)。

1.4.2 加拿大森林可燃物类型划分

在加拿大林火预报系统(Canadian Forest Fire Danger Rating System，CFFDRS)的林火行为预报系统中，根据不同的优势种构成，将加拿大的可燃物划分为 5 个类型组 16 种类型(表 1-7)。针叶林类型组有 7 种可燃物类型，阔叶林类型组有 1 种可燃物类型，混交林类型组有 4 种可燃物类型，采伐迹地类型组有 3 种可燃物类型，开阔地类型组有 1 种可燃物类型。

表 1-7 加拿大林火行为预报系统中森林可燃物类型的划分

类型组	类型代码	可燃物类型中文描述	类型组	类型代码	可燃物类型中文描述
针叶林	C-1	云杉-地衣林地	混交林	M-1	北方落叶混交林
	C-2	北方云杉林		M-2	北方常绿混交林
	C-3	成熟的短叶松林或扭叶松林		M-3	含有枯死香脂冷杉的落叶混交林
	C-4	未成熟的短叶松林或扭叶松林		M-4	含有枯死香脂冷杉的常绿混交林
	C-5	红松和白松林	采伐迹地	S-1	北美短叶松、扭叶松采伐迹地
	C-6	针叶人工林		S-2	白云杉、香脂冷杉采伐迹地
	C-7	西部黄松-北美黄杉(花旗松)-冷杉林		S-3	海岸雪松、铁杉、北美黄杉、冷杉采伐迹地
阔叶林	D-1	白杨林、欧洲山杨林	开阔地	O-1	草地

1.4.3 美国森林可燃物类型是分

美国国家火险等级系统(National Fire Danger Rating System，NFDRS)中，将美国的植被划分了 20 个可燃物类型。其中，草地 4 种类型、灌丛 2 种类型、干热草原 2 种类型、冷湿地 2 种类型、阔叶林地 2 种类型、针叶林地 5 种类型、采伐迹地 3 种类型(表 1-8)。

表 1-8 美国国家火险等级中森林可燃物类型的划分

类型编号	可燃物类型中文描述	类型编号	可燃物类型中文描述
1	西部 1 年生草地	7	热带稀树干草原
2	西部多年生草地	8	南部荒地
3	锯草草地	9	冻原
4	北美艾灌丛草地	10	高位浅沼泽
5	北常绿阔叶灌丛	11	冬季硬阔叶林地
6	中生灌木林	12	夏季硬阔叶林地

（续）

类型编号	可燃物类型中文描述	类型编号	可燃物类型中文描述
13	枯死物多的短针叶林	17	低可燃物负荷量采伐迹地
14	枯死物中等的短针叶林	18	南部松树人工林
15	高可燃物负荷量采伐迹地	19	阿拉斯加黑云杉林
16	中可燃物负荷量采伐迹地	20	西部松林

1.4.4 我国森林可燃物类型划分

郑焕能等(1988)提出了森林燃烧环网可以作为划分我国可燃物类型的基础。根据我国8个不同的森林燃烧(环)区的森林燃烧环，分别按照不同森林燃烧环代表可燃物类型、立地条件和代表树种，将全国可燃物类型划分为36种可燃物类型，即为全国总的可燃物类型。我国可燃物类型的划分依据和划分方法及全国可燃物类型的分布特点如下。

(1)森林可燃物类型划分依据

①森林燃烧(环)区：根据气候特点、地形、植被的分布、森林火灾发生状况和林火管理水平，将我国划分为8个森林燃烧(环)区，在每一个区只有一个森林燃烧环网。在我国温带地区，一个森林燃烧(环)区基本只有一个可燃物类型，然而在我国西南高山区亚热带常绿阔叶林区、热带季雨林和雨林林区，有时一个森林燃烧(环)区有2~3种或更多的可燃物类型。

②林火行为特征：林火行为是森林可燃物类型、火环境和火源综合作用的结果。因此，林火行为与可燃物类型紧密相关，但是林火行为与可燃物类型之间有些差别。

(2)森林可燃物类型划分步骤

①划分森林燃烧(环)区：我国共划分8个森林燃烧(环)区，即寒温带针叶混交林区、温带针叶阔叶混交林区、暖温带常绿阔叶林区、温带荒漠高山林区、东亚热带常绿阔叶林区、西亚热带常绿阔叶林区、青藏高原森林区、热带季雨林和雨林区。

②建立森林燃烧环网：在每个燃烧(环)区，依据易燃性和燃烧等级建立森林燃烧环网。森林燃烧环网包括12个燃烧(环)区，其模式见表1-9。

③确定可燃物类型：在森林燃烧环的基础上，根据立地条件基本相同、主要树种基本相似确定可燃物类型。应用这个方法，我国共划分了36种可燃物类型(表1-10)。

表1-9 森林燃烧环网的模式

着火蔓延程度	燃烧剧烈程度			
	1. 轻度燃烧 (h<1.5 m, I>750 kW/m)	2. 中度燃烧 (h: 1.5~3.5 m, I:750~3500 kW/m)	3. 高度燃烧 (h: 3.5~6 m, I:3500~10 000 kW/m)	4. 强度燃烧 (h>6 m, I>10 000 kW/m)
A. 难燃、蔓延慢(R<2 m/min)	A1	A2	A3	A4
B. 可燃、蔓延中 (2 m/min<R<20 m/min)	B1	B2	B3	B4
C. 易燃、蔓延快(R>20 m/min)	C1	C2	C3	C4

注：R为蔓延速率；h为火焰高度；I为火灾强度。

表 1-10 全国森林可燃物类型

着火蔓延程度	燃烧剧烈程度			
	1. 轻度燃烧	2. 中度燃烧	3. 高度燃烧	4. 强度燃烧
A. 难燃、蔓延慢(17 个可燃物类型)	A1. 沿河溪旁的杨柳林、湿地硬阔叶林、低湿地旱冬瓜林、红树林、木棉落叶季雨林	A2. 湿地落叶松林、湿地落叶阔叶林、湿地竹林、湿地落叶针叶林、热带果树林、针叶林	A3. 高山落叶松林、阔叶红松林、常绿阔叶林、季雨林	A4. 云杉林、热带雨林
B. 可燃、蔓延中(11 个可燃物类型)	B1. 灌木林、高山灌木草甸、稀树草原	B2. 落叶阔叶混交林、椰林、木麻黄林	B3. 坡地落叶松林、落叶阔叶针叶混交林、常绿阔叶针叶混交林	B4. 山地松林、针叶混交林、杉木林
C. 易燃、蔓延快(8 个可燃物类型)	C1. 草地、荒漠草原、热带草原	C2. 各类迹地	C3. 干燥落叶栎林、荒漠胡杨林、桉树林	C4. 干旱松林

(3) 森林可燃物类型区域分布

在我国的 8 个燃烧(环)区，依据森林燃烧环网划分出各个区域的可燃物类型(表 1-11 至表 1-18)。

表 1-11 寒温带针叶混交林燃烧区的可燃物类型

着火蔓延程度	燃烧剧烈程度			
	1. 轻度燃烧	2. 中度燃烧	3. 高度燃烧	4. 强度燃烧
A. 难燃、蔓延慢	A1. 沿河朝鲜柳-甜杨林	A2. 沼泽落叶松林	A3. 高山偃松林	A4. 谷地云杉林
B. 可燃、蔓延中	B1. 灌木林	B2. 杨-桦林	B3. 山地落叶松林	B4. 山地樟子松林
C. 易燃、蔓延快	C1. 荒山草地	C2. 各种迹地	C3. 黑桦-蒙古栎林	C4. 沙地樟子松林、人工樟子松林

表 1-12 温带针叶阔叶混交林燃烧区的可燃物类型

着火蔓延程度	燃烧剧烈程度			
	1. 轻度燃烧	2. 中度燃烧	3. 高度燃烧	4. 强度燃烧
A. 难燃、蔓延慢	A1. 硬阔叶林	A2. 沼泽落叶松林	A3. 白桦红松林	A4. 云冷杉林
B. 可燃、蔓延中	B1. 灌木林	B2. 杨桦林	B3. 坡地落叶松林	B4. 山地蒙古栎、红松林
C. 易燃、蔓延快	C1. 沟塘草甸	C2. 各种迹地	C3. 栎类林	C4. 人工红松林、樟子松林

表 1-13 暖温带落叶阔叶林燃烧区的可燃物类型

着火蔓延程度	燃烧剧烈程度			
	1. 轻度燃烧	2. 中度燃烧	3. 高度燃烧	4. 强度燃烧
A. 难燃、蔓延慢	A1. 河岸杨柳林	A2. 软阔叶林	A3. 落叶松林	A4. 云冷杉林
B. 可燃、蔓延中	B1. 灌木林	B2. 杂木林	B3. 松栎林	B4. 针叶混交林
C. 易燃、蔓延快	C1. 草地	C2. 各种迹地	C3. 栎类落叶林	C4. 松林

表 1-14 温带荒漠高山森林燃烧区的可燃物类型

着火蔓延程度	燃烧剧烈程度			
	1. 轻度燃烧	2. 中度燃烧	3. 高度燃烧	4. 强度燃烧
A. 难燃、蔓延慢	A1. 河谷落叶阔叶林	A2. 沼泽落叶松林	A3. 高山落叶松林	A4. 谷地杉林
B. 可燃、蔓延中	B1. 灌木林	B2. 欧洲山杨林	B3. 针阔混交林	B4. 针叶混交林
C. 易燃、蔓延快	C1. 草地	C2. 各种迹地	C3. 荒漠河岸胡杨林	C4. 松林

表 1-15 东亚热带常绿阔叶林燃烧区的可燃物类型

着火蔓延程度	燃烧剧烈程度			
	1. 轻度燃烧	2. 中度燃烧	3. 高度燃烧	4. 强度燃烧
A. 难燃、蔓延慢	A1. 水湿阔叶林、竹林	A2. 水杉林、池杉林、水松林	A3. 常绿阔叶林	A4. 云冷杉林
B. 可燃、蔓延中	B1. 灌木林	B2. 落叶阔叶混交林、常绿阔叶混交林	B3. 针阔混交林	B4. 松杉混交林
C. 易燃、蔓延快	C1. 草本群落和里白科植物	C2. 各类迹地	C3. 易燃干燥阔叶林、桉树林	C4. 干旱松林(马尾松林)

表 1-16 西亚热带常绿阔叶林燃烧林区的可燃物类型

着火蔓延程度	燃烧剧烈程度			
	1. 轻度燃烧	2. 中度燃烧	3. 高度燃烧	4. 强度燃烧
A. 难燃、蔓延慢	A1. 杉木林	A2. 竹林	A3. 落叶松林和常绿针阔混交林	A4. 云冷杉林
B. 可燃、蔓延中	B1. 灌木丛、高山灌丛	B2. 落叶阔叶林	B3. 针阔混交林	B4. 针叶混交林
C. 易燃、蔓延快	C1. 高山草地	C2. 各类迹地	C3. 高山栎林	C4. 云南松林、高山松林

表 1-17 青藏高原高寒植被燃烧区的可燃物类型

着火蔓延程度	燃烧剧烈程度			
	1. 轻度燃烧	2. 中度燃烧	3. 高度燃烧	4. 强度燃烧
A. 难燃、蔓延慢	A1. 杨树林	A2. 竹林	A3. 落叶松林	A4. 云冷杉林
B. 可燃、蔓延中	B1. 高山灌丛	B2. 落叶阔叶林	B3. 针阔混交林	B4. 针叶混交林
C. 易燃、蔓延快	C1. 高山草原草甸	C2. 各种迹地	C3. 高山栎林	C4. 干旱松林

表 1-18 热带雨林、季雨林燃烧区的可燃物类型

着火蔓延程度	燃烧剧烈程度			
	1. 轻度燃烧	2. 中度燃烧	3. 高度燃烧	4. 强度燃烧
A. 难燃、蔓延慢	A1. 木棉落叶季雨林、红树林	A2. 竹林、棕榈林、热带果树林	A3. 季雨林	A4. 雨林、云冷杉林
B. 可燃、蔓延中	B1. 稀树草原	B2. 椰林、木麻黄林	B3. 针阔混交林	B4. 针叶混交林
C. 易燃、蔓延快	C1. 热带草原	C2. 各种迹地	C3. 桉树林	C4. 干旱针叶纯林

1.4.5 我国主要森林可燃物类型的燃烧性

林火的发生与发展不仅取决于森林可燃物性质，而且与森林不同层次的生物学特性和生态学特性密切相关。尤其是林木与林木之间，林木与环境条件之间的相互影响和相互作用，决定了不同森林类型之间，同一森林类型不同立地条件之间的易燃性差异。上层林木可以决定死地被物的组成和数量。森林自身的特性，如林木组成、郁闭度、林龄和层次结构等，都可以通过对可燃物特征的作用表现不同的燃烧性。由于我国对可燃物类型的划分尚未完善，在此仅对我国主要的森林类型，利用有限的资料来分别讨论它们的燃烧特性。

(1) 兴安落叶松

兴安落叶松主要分布在东北大兴安岭地区，小兴安岭也有少量分布。兴安落叶松林多为成熟或过熟林，林相多为单层同龄林，林冠稀疏、林内光线充足。幼龄期，林内生长许多易燃喜光杂草。兴安落叶松本身含大量树脂，易燃性很高。兴安落叶松林的易燃性主要取决于立地条件，可划分为以下 3 种燃烧性类型。

易燃：草类-落叶松林、蒙古栎-落叶松林、杜鹃-落叶松林。

可燃：杜香-落叶松林、偃松-落叶松林。

难燃或不燃：溪旁落叶松林、杜香-云杉-落叶松林、泥炭藓-杜香-落叶松林。

(2) 樟子松林

樟子松是欧洲赤松在我国境内分布的一个变种。欧洲赤松的地理分布范围很广。在我国境内，樟子松的分布范围不大，主要分布在大兴安岭海拔 400~1000 m 的山地和沙丘。樟子松林多在阳坡，呈块状分布，是常绿针叶林。樟子松枝、叶和树干均含有大量树脂，易燃性很大。樟子松林冠密集，容易发生树冠火。由于樟子松林多分布在较干燥的立地条件下，林下生长易燃喜光杂草，所以樟子松的几个群丛都属易燃型。

(3) 云冷杉林

云冷杉林属于暗针叶林，是我国分布最广的森林类型之一。在我国辽阔的国土上，各地区分布的云冷杉林一般属山地垂直带的森林植被。在我国，云冷杉林分布于东北山地、华北山地、秦巴山地、蒙新山地及青藏高原的东缘和南缘山地，我国台湾地区也有天然云冷杉林的分布。云冷杉林树冠密集，郁闭度大，林下阴湿，多为苔藓所覆盖。云冷杉的枝叶和树干均含有大量挥发性物质，对火特别敏感。由于云冷杉林立地条件比较水湿，一般情况下不易发生火灾，大兴安岭地区的研究材料表明，云冷杉林往往是林火蔓延的边界。但是，由于云冷杉林自然整枝能力差，而且经常出现复层结构，地表和枝条上附生许多苔藓，如遇极端干旱年份，云冷杉林燃烧的火强度最大，而且经常形成树冠火。按云冷杉林的燃烧性可划分为以下两大类。

可燃：草类-云杉林、草类-冷杉林。

难燃或不燃：苔藓类-云杉林、苔藓类-冷杉林。

(4) 阔叶红松林

红松除在局部地段形成纯林外，在大多数情况下经常与多种落叶阔叶和其他针叶树种混交形成以红松为主的针阔混交林。红松主要分布在我国长白山、老爷岭、张广才岭、完达山和小兴安岭的低山和中山地带。红松是珍贵的用材树种，以其优良的材质和多种用途而著称于世，因此，东北地区营造了一定面积的红松人工林。

红松的枝、叶、树干和球果均含有大量树脂，尤其是枯枝落叶，非常易燃，但随立地条件和混生阔叶树比例不同，燃烧性有所差别。人工红松林和栎-椴-红松林易发生地表火，也有发生树冠火的危险，云冷杉-红松林和枫桦-红松林一般不易发生火灾。但在干旱年份也能发生地表火，而且云冷杉-红松林的可能，但多为冲冠火。天然红松林按其燃烧性和地形条件可划分为以下 3 类。

易燃：山脊陡坡薹草-红松林。

可燃：山麓缓坡蕨类-红松林。

难燃：在山坡下部较湿润云冷杉-红松林。

(5) 蒙古栎林

蒙古栎林广泛分布在我国东北地区的东部、内蒙古东部山地，以及华北落叶阔叶林地区的冀北山地、辽宁的丘陵地区，还见于山东、昆仑山和陕西秦岭等地。我国的蒙古栎林，除了在大兴安岭地区与东北平原草原地区交界处一带的分布可认为是原生林外，其余均是次生林。

蒙古栎多生长在立地条件干燥的山地。它本身的抗火能力很强，能在火后以无性繁殖的方式迅速更新。蒙古栎幼龄林冬季树叶干枯而不脱落，林下灌木多为易燃的胡枝子、榛子、绣线菊、杜鹃等耐旱植物，常构成易燃的林分。此外，东北地区的次生蒙古栎林大多经过反复火烧或人为干扰，立地条件日渐干燥，且生长许多易燃的灌木和杂草。因此，东北大小兴安岭地区的次生蒙古栎林多属易燃类型，而且往往是导致其他森林类型火灾的策源地。

(6) 山杨林和白桦林

山杨、白桦林分布于我国温带和暖温带北部的山地、丘陵地区；在暖温带南部和亚热带地区，在一定海拔的山地也有分布；此外，在草原、荒漠区的山地垂直分布带上也有分布。在温带地区，山杨和白桦不仅是红松阔叶混交林的混交树种，也是落叶松和红松林采伐迹地及火烧地的先锋树种，多发展成纯林或杨桦混交林。山杨林和白桦林郁闭度很低，灌木、杂草丛生于林下，容易发生森林火灾。但是，东北地区大多数阔叶林树木体内水分含量较高，易燃性比针叶林差。

在我国大、小兴安岭还分布许多柳林和赤杨林，立地条件更湿润，既可作为天然的阻火隔离带，也可以人工营造成为生物防火林带。这些阔叶林根据立地条件和自身易燃性可分为两大类：

可燃：草类-山杨林、草类-白桦林。

难燃或不燃：沿溪朝鲜柳林、珍珠梅-赤松林、洼地柳林。

(7) 油松林

油松林主要分布在华北、西北等地区山地。该树种枝、叶、干含有挥发性油类和树脂，为易燃树种。然而，油松多分布于比较干燥瘠薄的立地，林下多生长耐旱禾草和灌木，因此，油松林易燃。由于油松林多分布于人口较稠密、交通比较方便的地区，且呈小块分布，因此，火灾危害不大。但是随着华北地区飞播油松林面积的扩大，应加强油松林防火工作。

(8) 马尾松林

马尾松林属于常绿叶林，枝、叶、树干中均含有大量挥发性油类和树脂，极易燃。该树种的分布北以秦岭南坡、淮河为界，南界与北回归线纵横交错，西部与云南松林相接，为亚热带东部主要易燃森林类型。马尾松林多分布于海拔 1200 m 以下低山丘陵地带，随纬度不同，分布高度有所变化。马尾松常作为先锋树种侵入破坏后的常绿阔叶林。它能忍耐瘠薄干旱的立地条件，林下有大量易燃杂草，一般郁闭度 0.5～0.6，林下凋落物约 10 t/hm^2，因此，属易燃类型。此外，有些马尾松常绿阔叶混交林，立地条件潮湿、土壤肥沃，其燃烧性下降为可燃类型。目前，我国南方各地大量飞机播种林均属马尾松林，应该特别注意加强防火工作。

(9) 杉木林

杉木林的分布区与马尾松相似，也为常绿针叶林，在南方多为大面积人工林，也有少量天然林。杉木枝、叶含有挥发性油类，易燃，树冠深厚，枝下高低，树冠接近地面。它多分布在山下比较潮湿的地方，其燃烧性比马尾松林稍差。在极干旱天气也容易发生火灾，有时易形成树冠火。有些杉木阔叶混交林的燃烧性明显降低。由于杉木是目前我国生长迅速的用材林，在杉木人工林区应加强防火，确保我国森林资源安全。

(10) 云南松林

云南松是我国亚热带西部的主要针叶树种；云南松林是云贵高原的重要针叶林，也是西部偏干性亚热带典型群系，分布以镇中高原为中心，东至贵州、广西西部，南至云南西南，北达藏东川西高原，西界中缅国界线。云南松针叶、小枝易燃，树木含挥发性油类和树脂，树皮厚具有较强抗火能力，火灾后易飞籽成林。成熟林分郁闭度约为 0.6，林内明亮干燥，林木层次简单，一般分为乔、灌、草 3 层。林下灌木少，多为乔木，草类非常易燃，多发生地表火。在人为活动少、土壤深厚的地区混生有较多常绿阔叶树，这类云南松阔叶混交林燃烧性降低。此外，在我国南方还有些松林也都属于易燃常绿针叶林，如思茅松林、高山松林和海南五针松林，具有一定抗火能力。这些松林分布面积较小，火灾危害也较小。

(11) 常绿阔叶林

常绿阔叶林属于亚热带地带性植被。常绿阔叶林郁闭度 0.7～0.9，林木层次复杂，多层，林下阴暗潮湿，一般属于难燃或不燃森林。构成常绿阔叶林的大部分树种均不易燃，体内含水分较多，如木荷；但也混生有少量含挥发性油类的阔叶树，如香樟，但其分布数量较少，混杂在难燃树种中，易燃性不强。

(12) 竹林

竹林是我国南方的一种森林，面积逾 600×10^4 hm^2，分布在北纬 18°～35°，天然分布范围广。人工栽培南到西沙群岛，北至北方(北纬 40°)的平原丘陵低山地带，海拔 100～800 m 的温湿地区，因此，竹林一般属于难燃的类型。只有在干旱年份，竹林才有可能发生火灾。

(13)桉树林

我国长江以南各地从澳大利亚等国引种一些桉树，有大叶桉、细叶桉、柠檬桉和蓝桉等。这些树种生长迅速，几年就可以郁闭成林。但是这些桉树枝、叶和树干含有大量挥发性油类，叶革质不易腐烂，林地干燥时容易发生森林火灾。应对桉树林加强防火管理。此外，还有含挥发性油类的安息香科和樟科树种等，也属易燃性树种，应注意防火(胡海清，2005)。

(14)西伯利亚落叶松

西伯利亚落叶松是阿尔泰地区的优势树种，耐寒、旱能力强。在该区西北部山地，分布于1200~2400 m的麓及巅的阴坡半阴坡，甚至阳坡。林冠疏透，林下灌木生长茂密，并有其他针叶树种混生。越往东南，由于干旱加剧，其他树种不能适应，落叶松成为唯一的成林种，分布于1700~2500 m，林带范围缩小，在东南部的北塔山区，仅断续分布于阴坡，且稀疏而低矮。

西伯利亚落叶松易燃林型为：灌木–草类–西伯利亚落叶松、草类–西伯利亚落叶松；可燃林型为：草类–藓类–西伯利亚落叶松、藓类–草类–西伯利亚冷杉–西伯利亚落叶松、亚高山草类–西伯利亚落叶松。

(15)西伯利亚云杉

西伯利亚云杉分布于阿尔泰地区的山下部，常与落叶松形成混交林，在河谷的阴湿环境也有小块状的纯林分布，其分布范围可达阿尔泰山地林区的东南部。

西伯利亚云杉易燃林型为：草类–西伯利亚落叶松–西伯利亚云杉；可燃林型为：疣枝桦–西伯利亚云杉；难燃林型为：藓类–西伯利亚云杉。

(16)西伯利亚冷杉

西伯利亚冷杉仅分布于阿尔泰山地林区西北部气候最湿润的中山带北向坡地，在海拔2200 m以上极少见。海拔2000 m以上林木变得低矮而稀疏。在西北部的喀纳斯河与禾木河上游一带，西伯利亚冷杉常混生于落叶松林或其他树种的林分中。

西伯利亚冷杉易燃林型为：灌木–草类–西伯利亚落叶松–西伯利亚冷杉；可燃林型为：藓类–草类–西伯利亚落叶松–西伯利亚冷杉。

(17)西伯利亚五针松

西伯利亚五针松分布范围与冷杉相同，广布于河谷、山麓、坡地，小片五针松林只出现在海拔1800~1900 m以上缓坡，向下逐渐减少，在混交林中很少占优势。在布尔津河以东地区，五针松已完全绝迹。

阿尔泰山地林区西伯利亚五针松易燃林型为：高山草类–圆叶桦–西伯利亚五针松；可燃林型为：藓类–红果越橘–西伯利亚落叶松–西伯利亚五针松(王明玉等，2008；赵颖慧等，2008；胡海清等，2007；张喆，2007；杨淑香，2007；张金辉，2007；王明玉等，2007；梁瀛等，2007；赵俊卉等，2007；邓光瑞，2006；罗永忠，2005)。

1.4.6　森林可燃物模型

森林可燃物模型是森林可燃物类型的定量描述。森林可燃物模型可以反映某一植物类型与火行为相关的特征，如可燃物大小、体积、质量、分布与排列等，主要用来计算林火的蔓延速度和火强度。美国国家火险等级系统将 20 种可燃物类型描述为 20 个可燃物模型，每个模型都有定量的参数。可燃物模型依据的指标有：可燃物种类，可燃物的大小、紧密度、负荷量，可燃物床层深度、含水量、灰分含量、灭火含水量等。利用可燃物模型的定量化参数进行火行为计算和预报将更加准确和规范。

1.5　森林可燃物的物理性质

森林可燃物的物理性质主要包括：可燃物粗细度、紧密度、负荷量、连续性、含水率和发热量等。

1.5.1　可燃物粗细度

可燃物越细，表面积越大，受热面也就越大，接受热量就越多，水分蒸发越快，氧气供应越充分，可燃物越容易燃烧。常用表面积与体积的比值来衡量可燃物的粗细度。粗细度越大，燃烧越容易，燃烧越快；相反，粗细度越小，表面积体积比越小，越不容易燃烧。在林火燃烧分析中应当充分考虑这些问题。

森林火灾主要烧毁细小可燃物。直径 1~2 cm 的死可燃物，对一般火灾火的蔓延几乎没有影响；直径>2 cm 的活的可燃物，不但无法燃烧，反而会吸收热量降低燃烧温度，不利于火灾的蔓延。

可燃物的大小和形状也能影响其燃烧性质。一把将森林可燃物归为直径<0. 5 cm、0. 5~1 cm、1~2 cm、2~5 cm、5~10 cm、>10 cm 的若干类，以便合理、精确地计算出有效可燃物的载量。

小型可燃物比大型可燃物具有更大的表面。点燃小型可燃物仅需少许的热量。小型可燃物的水分含量变化较快，维持燃烧所需的热量较少，燃烧时间较短，“飞火”在小型可燃物中更易发生。

梯状可燃物是指能够使地表火烧到树冠的可燃物，树枝、灌丛和小树都属于这一类。地表火越剧烈，地表火烧及树冠所需的梯状可燃物就越少。树冠空隙也影响到地表火烧及树冠的难易程度。树冠越紧密，地表火就越容易烧至树冠。

1.5.2　可燃物紧密度

可燃物床层中可燃物颗粒堆放的紧密程度称为紧密度。可燃物紧密度描述自然状态下的可燃物层的紧密程度，即描述可燃物相互之间的孔隙大小的程度。紧密度除了影响燃烧颗粒的空气供应外，还影响火焰前沿颗粒间的热量传递。野外试验发现，林火蔓延速度随着可燃物紧密度的增加而下降。外界火源引燃或突然的自发自燃也与可燃物紧密度有关。针叶材的密度随品种的变化很大，而且同一树种还因地域而有所差异。直径小的枝杈与颗粒的密度通常变化不大。

紧密度有一个最佳值，称为最适紧密度。当可燃物的紧密度处于最佳值时，其燃烧反应速率最快，火强度最大。紧密度计算公式如下：

$$\beta = \frac{\rho_p}{\rho_0} \tag{1-12}$$

式中 β——紧密度，无量纲；

ρ_p——可燃物的基本密度，自身单位体积重量，kg/m^3；

ρ_0——可燃物容积密度，kg/m^3。

$$\rho_0 = \frac{W_0}{\sigma} \tag{1-13}$$

式中 W_0——可燃物的负荷量，kg/m^2；

σ——可燃物床层厚度，m。

由于不同可燃物的基本密度(ρ_p)不同，所以紧密度也不同，最适紧密度也不一样。自然状态下可燃物的紧密度越接近最适紧密度，燃烧速率越快，燃烧越充分。疏松的物体较紧密的易燃，密度小的物体较密度大的易燃。

热量主要通过可燃物表面进行传递。罗逊迈尔等(1966)提出了颗粒孔隙度的概念，孔隙度指床层的空体积与床层内可燃物总表面积之比。他们发现，在颗粒大小均匀的可燃物床层中蔓延的火，其蔓延速度与颗粒的表面积/体积比和孔隙度的乘积呈正比。

紧密度对可燃物燃烧速率和火焰高度有很大影响，可燃物颗粒的间距既影响可燃物的传热又影响可燃物燃烧时的氧气供应。任何一个给定的床层都存在一个最佳紧密度，较大颗粒具较高的最佳紧密度。例如，原木紧密堆放在一起，燃烧旺盛，若彼此间相隔一个直径的距离，燃烧就停止。又如，草类细小可燃物疏松堆放在一起能很好地燃烧；若紧密地堆放，燃烧速率大为下降。

(1) 低层可燃物的紧密度

森林低层可燃物的紧密度是自然形成的。地下可燃物往往是高度压实和部分分解的。因此，火的蔓延速度缓慢，并且几乎是无火焰，但燃烧炽热持久，很难扑灭，往往造成复燃。

地表枯枝落叶的紧密度因林分不同而异。单一的针叶林落叶形成紧实层，如冷杉和银杉，地面火蔓延缓慢。落叶阔叶林的枯枝落叶层疏松，地表火蔓延迅速。

各种草本类的紧密度接近最佳紧密度。为了充分利用阳光，它们在生长时总是尽量扩大其占有空间，导致了它们低体积密度和均匀分布，因而极利于热量的传递。草地火的蔓延速度比其他任何天然可燃物快得多。

(2) 中层可燃物的紧密度

中层可燃物是指灌木和总高度低于 2 m、分枝或叶簇在离地表 1 m 以内的稍高植物。中层可燃物的紧密度较低。单纯的灌木林地枝叶体积密度较低，并且分布较均匀，有利于热量的传递，因此林火蔓延较快。林木的灌木和下木，取决于乔木的郁闭度或透光度及乔木分布均匀程度。郁闭度大或透光度低，林下灌木稀少，灌木枝叶体积密度过低，不利林火的蔓延。即使郁闭度小、透光度高，林下灌木的枝叶体积密度仍不及纯灌木林地，林火的蔓延速度也比纯灌木林地慢。如果乔木成团状分布，则其林下灌木也相应成团状分布。下灌木层不连续，有利于控制林火的蔓延。

(3) 高层可燃物的紧密度

高层可燃物包括上层植被的叶、小枝和分枝。高层或树冠可燃物的紧密度也较低。

树冠层与地面或中层可燃物之间距离超过火焰高度1/2，就可以有效地阻止树冠火的蔓延。在干燥、大风的天气，一旦形成树冠火，其燃烧猛烈，移动迅速，形势极为险恶。

1.5.3 可燃物负荷量

1.5.3.1 可燃物负荷量的概念

森林可燃物负荷量也称森林可燃物载量，是指单位面积上可燃物的绝干重量，包括所有活的、死的有机物，单位为 kg/m^2 或 t/hm^2。可燃物负荷量计算公式如下：

$$FMC = W_H \cdot (1 - AMC) \tag{1-14}$$

式中 FMC ——可燃物负荷量；

W_H ——可燃物的湿重；

AMC ——绝对含水率，%。

1.5.3.2 可燃物负荷量的划分

可燃物负荷量的划分方法主要有以下两种：

①根据可燃物载床各层对森林火灾的作用的差别，可燃物负荷量分为树冠可燃物负荷量、死地被物负荷量和林下活地被物负荷量。

②按照可燃物在实际特定林火中的燃烧性，可燃物负荷量又可分为总可燃物负荷量、潜在可燃物负荷量和有效可燃物负荷量。总可燃物负荷量是指矿物土壤层以上所有可以燃烧的有机质总量；潜在可燃物负荷量是指在最大强度火烧中可以消耗的可燃物量，是可燃负荷量的最大值，而实际上在森林火烧中烧掉的可燃物负荷量比该值小得多；有效可燃物负荷量是指在特定的条件下被烧掉的可燃物总量，它比潜在可燃物负荷量小。

1.5.3.3 可燃物负荷量的测定

(1)直接估测法

直接估测法是指专业技术人员通过多年实践经验目测样地内可燃物负荷量，此法专业性较强，即使对于掌握可燃物分类理论且实践经验丰富的技术人员，要想做到准确直观估测可燃物负荷量都是非常困难的，目前已基本不采用。

(2)标准地机械布点法

标准地机械布点法通常选择有代表性的可燃物类型布设样地，记载样地树种组成、坡度、坡向等因子，具体测定分为以下两个过程：

①外业调查：在每块样地的对角线上机械设置几块小样方，在每个小样方内采集不同种类可燃物，野外称重。

②内业计算：将样品带回实验室烘干，分别计算每个样方内不同种类可燃物的含水率，并换算成可燃物负荷量。

标准地机械布点法通过地面调查可获得困难地段数据资料，可以比较准确地获得负荷量信息，在实际的调查中得到了很好的应用。由于该方法属于人为测量，存在费用高、耗时长、工作量大的问题，可以在样地数量较少的研究或地面验证中使用，不适合用于大范围作业及发生火灾后的快速调查。

(3)样线截面法

样线截面法具体测定可以概括为如下几个过程：①选择代表性的可燃物类型；②在布设的样地内划定若干条平行样线；③确定样线方位；④查算枝条与样线交叉点数；⑤根据查找参数推算可燃物负荷量。此法的优点是操作简单，野外不需称重，计算方便；缺点是只适用于地表枯死可燃物调查。目前此法在美国的可燃物负荷量调查中较常使用，在我国使用较少，如需使用，需适当进行改进。

(4)模型推测法

模型预估法是将可燃物负荷量作为独立因子与林分因子进行相关性分析，对不同种类的可燃物负荷量与相关性显著因子进行回归分析，建立数学模型，通过林分因子推测可燃物负荷量。此法在国外起步较早，Olson(1963)导出了计算细小可燃物负荷量的公式，成为自然条件下对细小可燃物量化的第一人。Rothermel et al.(1973)提出了可燃物动态模型，使人为估计可燃物负荷量更精确。Brender et al.(1976)提出了火炬松人工林中地被物负荷量公式。Brown(1965)对林分中小径木、灌木和草本的负荷量进行了估测。Vanvilgen(1982)建立了灌木总负荷量、灌木大枝负荷量随灌木直径变化的数学模型。Raison et al.(1985)对桉属6种可燃物类型做了研究，建立了细小可燃物负荷量的动态模型。Conroy(1998)在Olson的模型基础上对悉尼植物类型的可燃物负荷量进行了预测，导出了估测可燃物负荷量的公式。

在国内，许多学者也做了相关研究，邸雪颖等(1994)研究了大兴安岭樟子松林和落叶松林地表可燃物生物量与林分因子的关系，采用一元和多元回归的方法，建立了利用林分因子估算1 h、10 h和100 h时滞的地表可燃物数量模型。刘晓东等(1995)利用回归分析方法建立了大兴安岭兴安落叶松林的易燃物负荷量和总可燃物负荷量模型。袁春明等(2000)利用林分因子，采用多元回归的方法建立了低山丘陵马尾松人工幼龄林及中龄林可燃物类型的可燃物负荷量模型。邓湘雯等(2002)采用多模型选优的方法，分别建立了不同组分可燃物负荷量预测模型。张国防等(2000)应用回归分析法，建立了福建省杉檫混交林地表可燃物负荷量与郁闭度、树高、林分平均年龄等主要林分因子动态关系的数学模型。单延龙等(2005)采用向后逐步线性回归的方法，利用数学模型对大兴安岭地区樟子松林地表的各类可燃物负荷量进行了预测。由于林分因子调查方便，可以从森林资源档案直接查到，因此，模型推测法为可燃物负荷量计算提供了一种简便快捷可行的算法。但是目前建立的模型多为线性回归，数学线性模型不一定适合所有情况，存在一定的片面性。此外，目前大多数模型在建立时仅选择某一地区或者单一可燃物类型，同一可燃物模型不同地区的模拟精度有待进一步验证。另外，这种方法预估的可燃物负荷量专业化比较强，非专业人士不易操作。

(5)相片推测法

相片推测法是按照不同类型的可燃物进行照相存档，并测定其可燃物负荷量作为参数，建立相片库，通过相片查找比对，推测可燃物负荷量的方法。此法是植物群落和可燃物模型两种分类方法的结合。Anderson(1982)提出了13种各径级可燃物负荷量的图片识别方法，给出了图片实例和其对应的各径级可燃物负荷量值。Robert et al.

(2009)提出照片可燃物负荷量采样技术，估计了 6 种可燃物类型相同的可燃物负荷量(1 h、10 h、100 h 和 1000 h 时滞，死地被物、木本、灌木和草本植物的负荷量)，相片可燃物负荷量采样方法中的相片可按时滞顺序排列。相片推测法将可燃物按照可燃物分类标准进行分类管理，可以使管理人员需要更好的估计可燃物负荷量。但作为可燃物的每一种类型，需要有多幅相片及其相应的可燃物负荷量参数才能达到分类的目的，因此该方法的缺点是费时且费用高。

(6)圆盘地面调查法

圆盘地面调查法是指通过在野外调查中利用圆盘尺测定的可燃物高度和拍摄的圆盘高度相片，再通过查找已建立的圆盘高度与可燃物负荷量关系表，并参考已建立的圆盘相片指南估算可燃物负荷量的方法。此法是地面调查法、模型推测法和照片推测法的综合。Baxter et al. (2006)利用圆盘尺在加拿大阿尔伯塔省的中部和北部开展了关于草地可燃物负荷量的调查，通过野外调查，建立圆盘高度与可燃物负荷量的关系表，将拍摄的样地相片用于制作相片指南，根据关系表和相片指南预估阿尔伯塔省春季、秋季防火期内的可燃物负荷量。此法优点是圆盘取样简单方便，相片参考指南呈现直观，可以快速预估可燃物负荷量，特别是对于火场现场测量具有重要的应用价值，缺点是关系表和相片参考指南需要进行实地检验校正。

(7)遥感图像法

遥感图像法是以 GIS 等技术为基础，从遥感数字图像中提取像素值参与建模估测森林可燃物负荷量的方法。该方法的核心问题是确定像元的可燃物负荷量。根据像元负荷量的分配，对现有方法分为以下两种：

①直接分配法：根据像素的波谱数据和地面抽样调查所得的可燃物模型，对遥感图像进行直接分类，建立可燃物模型，然后对图像中的像素分配可燃物负荷量。Oswald et al. (1999)根据地面调查数据和图像特征，建立了不同可燃物类型的判别函数。直接分配法是遥感图像法早期使用的方法，目前已较少使用。

②间接分配法：从遥感图像上判读与可燃物负荷量相关联的中间特征，并建立特征与可燃物负荷量关系模型，然后为各像元分配可燃物负荷量。该方法解决了林冠遮挡效应的影响。

在国外，Scott et al. (2002)以美国新墨西哥州的针叶混交林、西黄松林和杜松林为研究对象，以树冠覆盖率、胸高断面积为中间特征，通过建立可燃物负荷量和这些中间特征的线性回归方程，实现了利用航空相片推测可燃物负荷量。Robert et al. (2007)创造性地提出要综合运用 GIS、RS 和生态模型相结合的方式研究可燃物特征的方法，通过对遥感图像的分析得到林分特征，基于数学方法建立林分特征与可燃物特征之间的关系，实现了由遥感图像研究可燃物特征的目的。Brandis et al. (2003)提出了运用遥感图像结合火灾历史资料、GIS 估算可燃物负荷量的方法，并利用 Landsat TM 图像对新南威尔士州国家公园进行了可燃物负荷量估算，取得了良好的效果。

在国内，已有学者利用航天遥感数据和少量地面样地信息进行森林可燃物负荷量定量估测。赵宪文(1995)、游先祥等(1995)从林分模型、地物反射亮度值，以及反映林木生物量的波谱密度值之比等途径研究估测森林可燃物负荷量的可行性。王强

(2005)利用TM图像以图像像素的光谱数据和地面的坡向和海拔为自变量，分别利用多元线性回归和人工神经网络的方法，分别建立了从遥感图像上估测我国东北的次生阔叶林的地表可燃物负荷量的预测方程。王强等(2008)在东北林业大学帽儿山实验林场，以对应的遥感信息和GIS信息为基础，采用岭回归分析方法对影响森林可燃物负荷量的估测因子和GIS因子进行了筛选优化，建立以像元为单位的森林可燃物负荷量估测模型。利用遥感图像分类方法进行可燃物负荷量的预估是一种全新、快速发展的和不断完善的可燃物负荷量的预估方法，遥感图像法相对于其他方法的优点是速度快、耗费低；缺点是从资源卫星上获得的信息还不够丰富、不够精确，从遥感图像上获取可燃物负荷量还具有一定的局限性，目前我国的研究工作甚少(杨光等，2011)。

可燃物负荷量的单位为 kg/m^2 或 kg/hm^2。可燃物负荷量变化很大，不易精确测定。在一定时间内可以烧掉的可燃物量，取决于可燃物床层中各组成的含水量，可燃物床层中各组分有些是潮湿的，有些却是干燥的，这与它们的暴露面积有关。各种活植物的生长期，以及枯死植物的含水率有关。一般可燃物载量与年限的关系如图1-1所示。

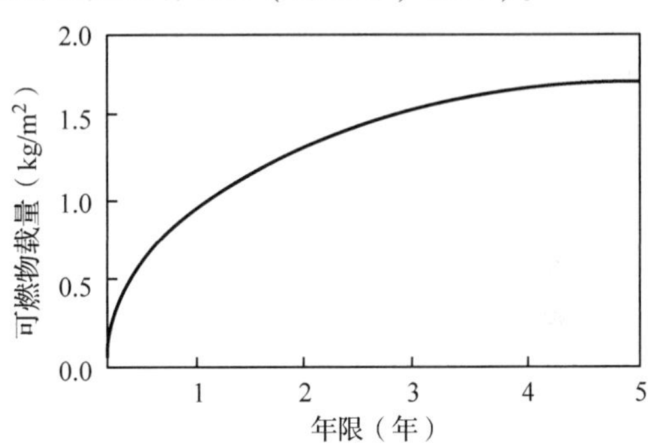

图1-1 可燃物载量与年限的关系

树冠可燃物负荷量较大，是树冠火有效可燃物的重要来源，而且采伐后又转为采伐区的地表可燃物。许多研究者对多种树种树冠负荷量进行调查，得出树冠干重和活树的树冠长度及胸径存在如下关系：

$$W = a(LD_{bh})^b \tag{1-15}$$

式中 W——树冠干重量，kg；

L——自主冠顶部至基部的活树冠长度，m；

D_{bh}——带皮胸高直径，cm；

a，b——回归系数。

采伐迹地上可燃物负荷量的估测更为困难，因为各种林分采伐后差异很大。有关文献中提出了对各种林分采伐迹地可燃物负荷量估测方法，较好的是相片推测法。

预测潜在可燃物负荷量，需要精确地测定总的植物量。预测有效可燃物的负荷量，必须掌握活的和枯死的可燃物大小及分布，这样需要分别估测叶和其他大小可燃物的负荷量，如直径范围分别为：<0.5 cm、0.5~1.0 cm、1~2 cm、2~5 cm、5~10 cm和>10 cm的可燃物负荷量。掌握了不同范围内活的和枯死的可燃物分布，再根据天气条件就可以预测有效可燃物负荷量(高成德等，2005；刘菲，2005；单延龙，2004；覃先林等，2004；单延龙等，2004；张家来等，2004)。

1.5.4 可燃物连续性

可燃物床层在垂直和水平方向的分布对火行为有着极为重要的影响。影响森林可燃物连续性的因素包括以下方面：

(1) 坡度

坡度同时影响可燃物水平连续性和垂直连续性。火灾坡地燃烧时，受空气热对流作用的影响会形成向坡上推进的气流，能够加速火势蔓延。一般来说，坡度越大，林火蔓延越快，扑救难度越大。

(2) 风速

风不仅加快火蔓延速度，还会带来新的氧气，增大火势。风速对林火蔓延有重要影响，是最不具有确定性的影响因子。影响可燃物垂直连续性的主要因素是林内风速。森林内草木众多，可以起到阻挡作用，因此林内风速降低幅度大。一般而言，风速较小的时候，风速增加幅度较大，风速较大的情况下，增加幅度会变得平缓；风速对水平连续性的影响非常大，尤其是在风速 5 级以上时，火焰和热流呈水平传播状态。

(3) 郁闭度

郁闭度是可燃物垂直连续性的间接影响因素，主要存在两方面的影响：首先，郁闭度高可抑制草本植物和灌木的生长，减少灌草负荷量和灌草高度，有效降低垂直连续性；其次，可以促进自然整枝，活枝死在树干或凋落在地表增加了枯枝负荷量，同时增强了垂直连续性。

(4) 林木枝下高

林木枝下高的高低与垂直连续性有密切联系，直接影响垂直连续性；同时能够通过改变树冠长度和负荷量间接影响水平连续性。常见的状况是地表火演变成树冠火，这是因为林木枝下高处的枝条被引燃，导致高处林冠部分的燃烧。因此，确定合理的枝下高是调控森林可燃物垂直连续性的关键。

(5) 灌木

灌木的高度、密度与负荷量是影响森林可燃物垂直连续性的重要因素。灌木负荷量比重较小，对垂直连续性的影响较小，但是灌木的高度和密度直接影响垂直连续性。对二者进行及时调控，可以有效控制和降低垂直连续性。一般而言，即使草本、地表枯枝负荷量较大，只要均匀分布，它的影响就是有限的。但是，草本和地表枯枝出现堆积的情况，即使负荷量不高，也会在局部形成很高的火焰，引发树冠火(舒立福，2016)。

1.5.5　可燃物含水率

可燃物含水率影响可燃物燃烧的容易程度和剧烈程度。可燃物含水率有两种类型：死可燃物含水率和活可燃物含水率。死可燃物含水率是指枯死的可燃物中的含水率。活可燃物含水率是有生命的、正在生长的可燃物中的含水率，活可燃物含水率随月份变化如图 1-2 所示。死可燃物含水率随空气含水率变化而变化。关于可燃物含水率已经做过

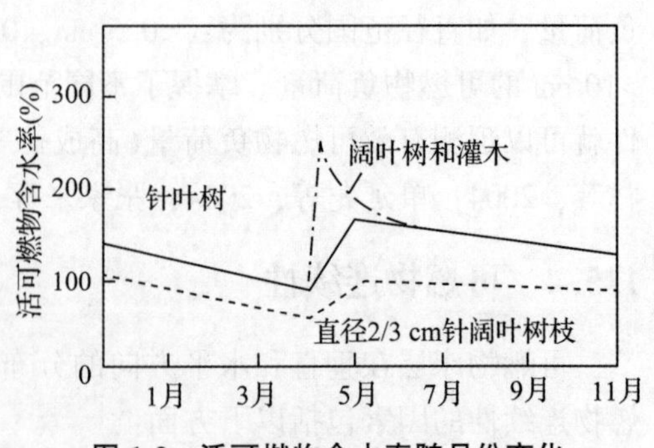

图 1-2　活可燃物含水率随月份变化

介绍，不再赘述。下面仅对林火研究中常用的“时滞”概念及熄火含水率作简单的介绍。

(1)时滞

通常，不同种类和不同粗细的可燃物达到平衡含水率需要的时间不同。粗的水湿可燃物达到平衡含水率的时间要长，细的水湿可燃物则短。从而使科学家们引出了“时滞”这个概念。

时滞是指超过平衡含水量的初始自然水分含量下降到初始值的 1/e(36.8%)所需要的时间，或者说使初始含水量减少 63.2%所需的时间。时滞越短的可燃物，越容易散失水分，越易燃。相反，时滞越长的可燃物，越不容易散失水分，越不容易燃。

可燃物与时滞的关系见表 1-19。一般细小可燃物的时滞短，粗大的可燃物时滞长。

表 1-19 时滞与枝条直径的关系

时滞级别(h)	枝条、木材直径(cm)	时滞级别(h)	枝条、木材直径(cm)
1	0~6.35	100	25.41~76.21
10	6.35~25.41	1000	76.21~203.2

(2)熄火含水率

熄火含水率是指在一定热源作用下可燃物维持有焰燃烧的最大含水率。熄火含水率越高的可燃物越易燃，相反则不容易燃烧。

1.5.6 可燃物发热量与湿度的关系

发热量与可燃物含水率有密切关系。可燃物含水率的变化直接影响发热量的大小，含水率多少与发热量呈反比，含水率越大，发热量越低，甚至不燃烧。相反，含水率越小，发热量越高，燃烧强度越大。森林可燃物含水率的变化，直接影响发热量，如含水率 50%的木材，发热量为 947 kJ/kg，而干燥木材的发热量则为 18 673 kJ/kg 木材含水率与发热量关系见表 1-20。

表 1-20 木材含水率与发热量关系

木材含水率(%)	0	10	15	20	25	30	35	40
发热量(kJ/kg)	19 106	16 844	15 713	14 581	13 450	11 900	11 187	10 056

1.6 影响森林燃烧的因素

1.6.1 森林可燃物热学性质的影响因素

影响森林可燃物热学性质的因素主要有化学方面因素、物理方面因素和生物方面因素。

(1)化学方面因素

化学方面因素主要是指化学组成对森林可燃物热学性质的影响。抽提物和灰分含量是可燃性最敏感的影响因素，前者含量小，易燃；后者含量大，难燃。不同树种，它们的含量不同，而且同一树种不同部位的含量也不相同，活的可燃物大多含有大量的溶剂抽提物，易燃；枯死的可燃物中这些物质含量较低，不易燃烧。

(2)物理方面因素

多枝多茎的植物较易燃。因为多枝多茎的植物的表面积与体积之比比较大，这不仅使传热面大，易加热到热分解温度，而且容易使可燃物含水率大幅下降。

可燃性和含水量间的关系十分密切。活的可燃物，其含水量变化范围不大、如绿叶、绿针叶、枝等，含水量在75%~150%(按绝干重量计)变动。植物内部水分取决于植物根部摄取水分和叶子蒸腾损失水分的两种作用。蒸腾作用受周围环境(日光辐照、气温、相对湿度和风)、叶子结构和气孔开放程度控制，根部吸收作用受土壤因子(通气性、土壤温度、含水量、根系大小和分布)控制。叶子含水量通常中午时降低，日落时迅速回升。

活的可燃物与树冠火有关。在针叶中含水量大100%时，常青灌木叶丛含水量低于75%时，可以发生猛烈的树冠火。特别是北方春季，相对湿度低，土壤冻结，不能吸收水分，由于蒸腾作用，使叶丛脱水，能引起强度火烧。与活的可燃物相反，枯死可燃物，特别是半腐层和朽木，含水量变化范围较大。原因是纤维层细胞壁被破坏后，形成大量多孔性层，它们可吸收超过本身重量200%的水，其变化范围2%~200%。其含水量主要受天气的变化、空气的相对湿度、温度、降水量、光照和风等因素的影响。这些因素可以影响可燃物的吸水和脱水的动态平衡。

(3)生物方面因素

生理方面因素主要是通过季节和树龄的变化而变现出来的。其原因是含水量、抽提物和灰分随季节和树龄而改变，从而影响到可燃物的燃烧性。

抽提物和灰分随季节和树龄而变化。在休眠期内，乙醚抽取物积累；而在活性生长期内抽提物损失掉。灰分也有类似的情况，但变化不太剧烈。对于草类和灌木，灰分和抽提物含量也随植物年龄的增长而增加。特别是在植物腐朽过程中，矿物质抑留，当可燃物经过长时间的风吹雨淋后，灰分含量增加。例如，美国南部腐朽速率较快的枯枝落叶层，风吹雨打1年后，灰分增加1/3，老的枯枝落叶层较新鲜的枯枝落叶层灰分含量高2~8倍(张家来等，2002；袁春明等，2001；杨守生等，2000；高国平等，1998；姜孟霞等，1988)。

可燃物燃烧特性是对可燃物本身的物理化学性质以及可燃物组合特征的概括。与燃烧关系最密切的可燃物特性，包括可燃物化学性质、可燃物含水率、可燃物载量等。

1.6.2　可燃物物理性质

(1)可燃物含水率

可燃物含水率是影响森林燃烧性质的最重要指标。1 g水温度升高1 ℃需要4.18 kJ的热量，而1 g水吸热汽化成蒸汽需要2257 kJ的热量。显然，可燃物含水量越大，在其燃烧的初始阶段(预热阶段)所耗热能越多，也就是越难燃烧。通常用绝对含水率、相对含水率和平衡含水率表征可燃物含水量。

$$相对含水率(\%) = \frac{湿重 - 干重}{干重} \times 100 \tag{1-16}$$

$$\text{相对含水量}(\%)=\frac{\text{湿重}-\text{干重}}{\text{湿重}}\times 100 \tag{1-17}$$

干重是指将可燃物置于105 ℃烘箱中烘至绝对干燥状态下的质量。

平衡含水量是指在一定温度和湿度条件下，可燃物既不散失水分，也不吸收水分时的含水率。显然，低于平衡含水率，可燃物会吸收水分；相反则会挥发水分。在不同的温度与不同湿度条件组合下，同一种可燃物平衡含水率不同。

不同种类的可燃物的含水率差异很大。喜光植物含水率一般比耐阴植物含水率低；同种处于旺盛生长状态的植物比其生长衰退状态的含水率要高；同一植物不同的器官或部位含水量也有很大差异，如嫩叶含水量比老叶子高。

可燃物活体对水分具有自我调节作用，其含水率相对稳定。可燃物含水率是表示可燃物干湿程度的指标，它是影响林火发生发展最重要的因子之一。生产中，通常采用绝对含水率来表示。绝对含水率是指可燃物所含的水量与其被烘干后绝干重量的百分比。正在生长的植物体内含水率较高，一般不易燃烧，对体内含水率在100%以上，又几乎没有抽提物的植物，燃烧将不会进行。死可燃物的含水率则主要受大气火土壤中水分状况的影响，外界环境的水分含量高，可燃物就从大气或土壤中吸收水分；反之可燃物失水干燥。死可燃物的含水率对林火发生和蔓延的影响很大。一般地说，死可燃物含水率大于30%时，不燃，即使被点燃，也难以蔓延；死可燃物的含水率为26%~30%时，难燃，但点燃后仍可以保持连续蔓延；当死可燃物的含水率为11%~25%时，则可以燃烧；当死可燃物的含水率小于10%时，最多十几秒就能引燃，而且蔓延速度快，极易引发森林大火。

体积不同的死可燃物吸水和失水干燥的速率差异很大。细小可燃物吸水速率很快，干燥也快，几分钟或数小时就能使其自身含水率与环境湿度趋于平衡；但粗大的枝杈则需要几天或几个月，相同条件下，细小可燃物的干燥速率要比粗大可燃物快8倍以上。因此，细小可燃物含水率是影响森林燃烧难易程度主要因素。

水分散失速率快的可燃物预热所需热量少，容易燃烧。例如，含水率为58.13%的杉木，含水率降至10%需要84 min，需要4266 kJ/kg；含水率为40.87%的胡颓子，含水率降低10%需要174 min，需要8408 kJ/kg，由此可见，含水率高的杉木在同样条件下要比胡颓子易燃。所以，在考察某种可燃物的含水率对其可燃物的燃烧性质的时候，必须同时考察不同条件下(温度、相对湿度和风速等)水分散失速率。

(2)表体积比

表体积比是指物体的表面积与体积之比，可燃物的表体比越大，越容易燃烧。

越细长的可燃物其表体比越大，即其表面积越大，受热面积大，水分蒸发快，温度上升快；预热过程和热分解过程迅速完成，热解所产生的可燃气体也容易逸出，与氧气充分接触而被点燃。针叶树容易燃烧，除它含有油脂外，针叶细长，表体大也是重要原因。同样道理，不少禾本科草本植物也极易燃，如细长喜光的鹧鸪草。森林火灾主要烧毁细小可燃物，一般直径大于1 cm的死可燃物尽管对火强度有一定作用，但对火灾蔓延几乎没有影响；直径大于2 cm的活可燃物不但不能燃烧，反而因吸热作用而降低燃烧温度，减缓林火蔓延。

(3) 可燃物的密度

森林可燃物的密度是指单位体积可燃物的质量，密度大的可燃物不易燃烧，但燃烧时的发热大。相反，密度小的可燃物容易燃烧，但发热量相对小。

(4) 可燃物的紧实度

森林可燃物的紧实度是指可燃物个体空间分布的相互关系，常用孔隙度表示。孔隙度是指可燃物占据的空间与可燃物的体积的比值。可燃物的紧实度影响燃烧过程氧气供应和热传递，最终影响其燃烧性质。可燃物适宜的紧实度，既可以保证燃烧过程充足的氧气供应，又可以使正在燃烧的可燃物产生的热量，在最有效的距离内通过热对流和热辐射的方式，迅速传递到周边的未燃烧可燃物上。紧实度处于最适状态，所以，最易燃烧；而捆绑成束或搓成草绳后，孔隙度减少，草就变得不易燃烧。

(5) 可燃物的方向

木纤维的导热性能受其纤维结构方向的影响。顺纤维结构方向导热系数较横向要大。所以，热传递方向与纤维结构方向垂直或呈较大夹角时，森林可燃物股升温快，容易燃烧；相反，热传递方向与纤维结构方向一致时，或夹角比较小时，可燃物升温慢，不易燃烧。另外，纤维横向透气差，顺纤维结构燃烧时，热分解产生的气体不易逸出，往往要积累的压力足以使木材爆裂才能逸出，燃烧速率慢。相对而言，纤维纵向透气性较好，热解所产生的可燃气体容易逸出，并被点燃，增加预热和热分解的热能，燃烧速率快。木材的纤维结构方向大体上与树干纵轴方向一致，所以，枯立木和活立木都不容易燃烧，而倒木，尤其是枯倒木，采伐剩余物，林内杂乱物比较容易燃烧。清除采伐剩余物、枯倒木、倒木和林内杂乱物，有利于降低森林燃烧性。

森林可燃物的方向与火焰推进方向(热流动方向)不同组合，其燃烧速率差异很大。由于热对流的原因，火焰上方的可燃物被炙烤，迅速完成预热和热分解过程，所以，火焰由可燃物的下部向上部推进，燃烧速率很快。相反，火焰从可燃物的上部往下部推进，燃烧比较慢。这就是上山火比下山火快；地表往上形成树冠火(或地表火形成冲冠火)速度快，而树冠火往下蔓延成地表火比较慢的原因。

1.6.3　可燃物化学性质

(1) 化学组成

森林可燃物是由纤维素、半纤维素、木素、抽提物和灰分物质 5 类化学成分组成的。不同的化学成分，燃烧性质有差异。森林可燃物的种类不同，其化学成分含量的差异很大，因此，可燃物的化学组成是影响可燃物是否容易燃烧，燃烧剧烈的内在原因。

①纤维素、半纤维素：两者都属于碳水化合物，占植物体总质量的 50%~70%。半纤维素在加热到 120 ℃时，开始分解，释放出可燃性气体；220 ℃，呈放热的热分解；纤维素在加热到 162 ℃时，有明显的热分解反应，275 ℃时，呈放热的热分解。它们燃烧时，均产生明显的火焰。其燃烧热值相差不大，约为 16 119 J/g。

②木素：在大多数森林可燃物中的含量一般为 15%~35%，但在腐朽木中含量可高达 75%，甚至更高。通常，木素在针叶树木材中的含量，比阔叶树和禾本科草类要高。

木素的热稳定性强，其受热放出可燃性气体所需的温度，一般比纤维素和半纤维素高150~220 ℃，木素完全燃烧释放的热量多，可达23 781 J/g。

③抽提物：是将可燃物浸泡在水、有机溶剂或稀酸、稀碱内一段时间后，溶解于相应溶剂中的各类物质的统称。森林可燃物的有机溶剂抽提物，其主要成分是萜烯类和树脂类(包括蜡质、油脂、脂肪等)物质，它们与燃烧的关系十分密切。这类抽提物的含量和成分，因森林可燃物种类不同差别很大，如高挥发性可燃物的抽提物含量高，低挥发性的抽提物含量低，其变化范围在0.2%~20%。萜烯类、树脂类抽提物的燃点一般较低，气化速率非常快，可以明显促使火焰高度升高，明显提高可燃物的易燃程度，这类抽提物燃烧释放热量也多，其热值可达32 322 J/g。因此，抽提物含量对可燃物的燃烧性影响很大。正在生长的针叶林，由于抽提物含量高，即使枝叶含水率大100%时，无论什么季节都有发生树冠火的可能。

④灰分：是可燃物完全燃烧后剩下无机元素的总称，包括钠、钾、镁、钙、铁、磷等。许多灰分元素具有阻燃作用，可限制有焰燃烧和火的蔓延速度。因此，灰分物质含量越高，可燃物就越难燃。在木材中，灰分含量一般低于2%，树皮稍高些，叶子的灰分含量最高可达5%~10%。

(2)热值

热值是指单位重量可燃物在25 ℃和101.325 kPa下完全燃烧所释放的热量。常用kJ/kg或J/g来表示。可燃物热值是由可燃物的化学组成所决定的。不同森林可燃物的热值差异很大(表1-21)。通常，森林中以木本植物热值最高，其次是草本植物，最低是地衣和苔藓。森林可燃物的平均值为18 620 J/g。

表1-21 几种森林可燃物的热值

可燃物种类	热值(J/g)	可燃物种类	热值(J/g)
杜 鹃	23 688	蒙古栎(叶子)	15 015
兴安桧	20 038	白桦(树皮)	21 577
红松(叶子)	22 472	禾 草	16 992
云杉(叶子)	22 639	地 衣	14 722

1.6.4 可燃物载量

可燃物载量是反映可燃物数量多少的概念，即单位林地面积上所有可燃物的绝干质量。通常用kg/m^2或t/hm^2来表示。可燃物载量大小直接影响着火蔓延和火强度。据研究，若可燃物载量小于2.5 t/hm^2时，难以维持正常燃烧；若可燃物载量大于10 t/hm^2，就有发展成大火灾的可能。实践中，有效可燃物载量与林火发生发展意义更大。有效可燃物载量每增加1倍，火蔓延速度增加1倍，火强度增加为原来的4倍。

可燃物载量的大小取决于凋落物的积累和分解速率，它与植被类型和环境条件有关，并随时间和空间而动态变化。季节不同，可燃物载量差异很大。我国大部分地区，从早霜开始，森林凋落物明显增加，易燃可燃物载量又相对减小。一年中凋落物的总量，森林为1~8 t/hm^2，平均为3.5 t/hm^2，灌木林平均每年约为2 t/hm^2；凋落物每年的分解速率，热带雨林地区可达20 t/hm^2，而高寒或荒漠地区则几乎为0。

不同森林可燃物载量的变化，常用分解常数来衡量：

$$K = L/x \tag{1-18}$$

式中 K——分解常数；

L——林地每年凋落物量，t/hm^2；

x——林地可燃物载量，t/hm^2。

K值越大，林地可燃物分解能力越强，可燃物积累少。K值稳定，说明可燃物的积累和分解趋于动态平衡。森林类型不同，K值不一样，K值达到稳定所需要的时间也不同。在地中海的灌木林中，K值达到稳定需要 50~70 年；德国东部沿海森林约需 45 年，云杉林约需 70 年；美国东部K值稳定需 17~20 年。我国南方林区或湿润地区的K值，通常大于北方林区或干旱地区；在东北分布的杜鹃-落叶松林、草类-白桦林，在火烧后 3 年，就可使该类森林的易燃可燃物载量即超过 10 t/hm^2。大兴安岭地区常见的沟塘草甸，往往是林火的策源地，其可燃物载量在火烧 4~5 年就达到平衡状态(表 1-22)。

表 1-22 大兴安岭地区不同年份可燃物增长量

年份(第几年)	1	2	3	4	5
可燃物载量(kg/m^2)	0. 85	1. 05	1. 25	1. 40	1. 50

1. 6. 5 林分特征

林分特征主要指森林的组成、郁闭度、年龄、层次等结构特点。林分特征不仅影响森林可燃物种类和组成，而且影响其分布与载量。林分特征是划分可燃物类型的依据之一。

(1) 森林组成

森林组成是指森林的植物种类成分及其所占的比例。森林组成通常用树种组成来反映。树种组成不同，森林内的空中、地表、地下可燃物的种类、数量、分布均有差别，使森林的燃烧性也不相同。一般地，针叶林易燃性大，阔叶林易燃性小；针阔混交林的易燃性，因针叶树的比例大小而变化。如杉木纯林、杉木-火力楠混交林、火力楠纯林 3 种林分，调查其地表易燃可燃物载量占总可燃物载量之比，分别是 30. 9%、22. 4%、16. 5%。杉木林易燃物多，分布连续，火易燃烧蔓延；杉木-火力楠混交林，易燃可燃物少，间隔式分布，能阻离或减缓林火蔓延。另外，森林中优势树种的枝叶数量占林分总可燃物的比例，对林分易燃性影响十分明显。如东北地区，年龄同为 15 年生的红松林、樟子松林和落叶松林 3 类森林，红松林和樟子松林的叶量，均占林分总可燃物的 10%~20%，枝条占 10%~20%，两者都是易燃的可燃物类型；而落叶松林，其叶量和枝条分别占林分总可燃物的 2. 4%~5. 2%和 5%~10%，因此落叶松林的易燃性较低。

(2) 郁闭度

林分郁闭度是指林冠覆盖地面的程度。郁闭度大小直接影响地表可燃物的载量，并通过影响林内光照、温度、风速和湿度等小气候因子，影响林下可燃物的含水率。如小兴安岭林区，不同林分郁闭度，活地被物载量地表死可燃物载量差异十分明显(表

1-23)。一般地，林分郁闭度增加，死地被可燃物载量增加，活地被物载量减少；郁闭度小，死地被物载量减少，活地被物载量增多。同时林分郁闭度小的森林，虽然林分死地被物少，但喜光杂草、灌木易滋生，地表可燃物干燥，森林易燃性增高。林分郁闭度大的森林，林内光照弱、温度低、风小，蒸发慢，湿度大，不易燃；但由于生物量大，在长期干旱的天气条件下，一旦引燃，将发生高强度的大火，不易扑救。

表 1-23 地表可燃物载量按郁闭度分布

地表可燃物载量 (t/hm^2)	郁闭度									
	0.1	0.2	0.3	0.4	0.5	0.6	0.7	0.8	0.9	1.0
活地被可燃物载量	0.225	0.304	0.254	1.488	0.247	0.344	0.283	0.615	0.083	0.097
死地被可燃物载量	32.271	33.421	44.744	54.282	50.884	50.376	56.796	48.652	88.05	59.208
总可燃物载量	32.496	33.728	44.498	55.77	51.131	50.72	57.079	49.267	88.133	59.305

(3)森林年龄

林龄主要影响可燃物的分布和数量。幼龄林、中龄林，枝和叶占森林生物量比例大，林内杂草、灌木丛生，易发生林火。随着年龄增长，林木自然整枝和自然稀疏愈加明显，林内产生大量干枯树枝和枯立木，加之林木平均高度低，很容易使地表火发展为树冠火，尤其对针叶幼林，一旦发生火灾，会使森林遭到毁灭。壮龄林、成熟林，林分郁闭充分，林内杂草灌木少，燃烧性下降，林分具有一定的抗火能力。老龄林，树木高大，树冠稀疏，林内易滋生喜光杂草，易发生地表火而少发生树冠火。而异龄针叶林，由于森林树冠上下衔接，易使地表火转为树冠火。

(4)森林层次

森林层次主要指林木地成层现象，它主要影响可燃物的分布状况。单层林，林冠透光率高，林内杂草灌木多，易燃，但多发生地表火；复层林，可燃物的垂直分布往往是连续的，地面可燃物燃烧容易烧至树冠而形成树冠火。若是异龄复层林，可燃物呈梯状分布，地表火转变为树冠火的危险性更大。但是，一般情况下，复层林林下活地被物多且多为耐阴喜湿植物，林内空气湿润，易燃性较低(顾省亚等，1993；骆介禹等，1992；王栋，1992；刘志忠等，1992；王慕莲等，1995)。

1.6.6 其他可燃物特性

除上述可燃物特性外，可燃物分布的连续性、可燃物大小、形状、排列的紧密程度也影响可燃物的燃烧。

可燃物分布的连续性是指可燃物在水平和垂直方向上连续分布的特性和连贯程度。连续分布的可燃物可使林火持续蔓延，间断分布可燃物可以阻隔林火。例如，林中的裸地、河流能够阻止火场扩大；再如，针叶幼林，若不及时人工整枝，即使幼树长高，树干下部枯枝与地面距离近，一旦地表着火，就极易向上烧至树冠。因此，无论在哪个方向上，可燃物分布的连续性，对林火的发生发展和林火控制都有很大影响。

可燃物大小、形状、排列等特性对燃烧的影响主要表现为，但可燃物体积大，表面积小，排列紧密结实时，不易燃烧；当可燃物体积小且表面积大，排列疏松时，则易燃(田年军等，1997；王刚等，1996；杜兆明，1995；李春燕，1994；骆介禹，1994；居恩德等，1994；戚大伟等，1994；刘自强等，1993；金晓钟等，1993；刘自强等，1993)。

1.7 森林可燃物调控技术

森林可燃物是森林燃烧的物质基础，是指森林中一切可以燃烧的植物体，包括乔木、灌木、草本、地衣、苔藓、枯枝落叶以及地表以下的腐殖质和泥炭等。森林可燃物的负荷量、含水率、床层结构以及理化性质等都有林火行为密切相关。作为森林三要素之一，与其他两个要素(火源与火环境)相比，森林可燃物更易于人为控制，并且便于对森林防火的有效性进行合理低定量评价。通过对森林可燃物进行有效调控，不仅可以减少森林火灾的发生、增加森林生态系统的抗性、维持生物多样性、提高森林健康水平，而且调控后留有的残余物质为提取生物质能源提供大量的原料。如今，在森林生态系统受到严重破坏的背景下，林火管理又面临新的挑战，森林可燃物调控显得更为重要。

对森林可燃物调控技术方法的研究可以追溯到 20 世纪初。20 世纪 20 年代就有人提出调控森林可燃物负荷量可以有效地控制森林火灾的发生。在这一研究领域，北美一直处于领先地位，在总结调控技术方法的基础上，更加注重可燃物在景观水平上的处理以及对生态环境的影响。

1.7.1 调控技术方法概述

可燃物调控技术方法直接关系到调控的效率、效果及其成本等。调控森林可燃物有 4 个较为基础的原则，即减少地表可燃物、增大活枝高、降低林冠密度、保留大径级抗火林木。林火管理者通常通过机械处理、计划烧除等手段调控可燃物负荷量，以达到控制林火行为目的，这在美国的西部、澳大利亚东南部及欧洲南部国家等已经得到了广泛应用。此外，通过营林抚育、防火林带营造等方法改变可燃物床层结构及可燃物的燃烧环境，也为可燃物的调控提供了一条重要途径。概括起来，可燃物调控技术方法主要有以下几种形式。

(1)机械处理

机械处理主要是指机械粉碎及其清理工作。对于地被物分解速率较慢的地区，一般可以采用该方法。机械粉碎的对象可以为地表覆盖物、灌木，也可为胸径小于 2.5 cm 的小乔木。对灌木及小乔木进行机械粉碎处理，可以改变森林可燃物垂直分布的连续性，在一定程度上避免林火在垂直方向上的蔓延。根据粉碎物的理化性质不同可采用不同的清理方式，移除或将其平铺在林地内。在商品林的可燃物调控中，移除木材也是机械处理的一个方案。森林采伐过后，及时地移除木材及小径级原木，对于减少可燃物负荷量具有直接作用，并在很大程度上降低了林火所带来的经济损失。

(2)计划烧除

计划烧除又称规定火烧，是指按照预定方案有计划地在指定地点或地段上，在人为控制下，为达到某种经营目的而对森林可燃物进行的火烧。早在20世纪50年代，美国的林业部门就已经采用该方法对西部森林进行可燃物调控。如今，国内外围绕计划烧除进行了大量研究，发现反复的计划烧除可以降低林火带来的危害，采用低强度(500 kW/m)的火能有效减少森林可燃物的积累。这种技术方法主要应用于具有较厚的保护性树皮、树冠耐轻度灼伤的森林。

研究表明，在针叶林和硬阔叶林中运用计划烧除可以显著减少可燃物的积累量。在我国利用计划烧除进行可燃物调控的林分主要分布在西南林区的云南松林区及东北。内蒙古林区的人工针叶林和针阔混交林。此外，田晓瑞等(2011)认为：在长白山林区蒙古栎林内，采用低强度火烧来调控可燃物，也能有效降低该林区的火险等级。

计划烧除季节的选择要根据林区的气候状况、立地条件、林分组成以及可燃物性质等确定，因地制宜进行选择。舒立福等(1996)提出了适宜计划烧除的几个时间段：如春季积雪融化时可采用跟雪点烧的方法；秋季第一次枯霜后的几天可利用雨雪后沟塘中恢复燃烧性快慢的时差选择点烧时机；对于多年积累干草的塔头草甸可在夏末进行点烧等。Knapp et al. (2005)基于可燃物含水率的季节变化，认为在秋季进行火烧处理可能更利于枯枝落叶的燃烧性。Putts et al. (2009)发现秋季火烧、春季火烧、冬季火烧各有其优势，不能断定哪个季节为处理的最佳时期，由于季节的变化对可燃物及其燃烧环境的影响具有一定的复杂性，在进行可燃物调控时要综合考虑各方面因素。目前，通过生物与气象水文物候相来确定用火时段的物候点烧技术已经成为我国降低林内可燃物负荷量、预防重大森林火灾的有效技术方法之一。东北林区在利用“雪后阳春期”点烧面积较大的沟塘来减少森林火灾隐患这一方面而取得比较突出的成果。马爱丽等(2009)提出在进行计划烧除时应充分考虑天气条件、火险等级、林地状况、地形地势、可燃物结构、可燃物分布、可燃物湿度等方面因素。刘广菊等(2008)提出了在东北林区进行物候点烧时应从树木休眠期、积雪厚度、表土冻结厚度、土壤含水率和可燃物含水率5个方面予以考虑，只有充分考虑各个因素，才能使计划烧除达到预期目标。

(3)防火林带营造

防火林带是根据地形、地貌，选择耐火树种，把林分划成若干个区域，分区控制，防止火灾连片大面积燃烧。营造防火林带是景观尺度的可燃物管理措施之一，它能有效地控制林火蔓延，并且由于林带的遮阴作用，减少林内活地被物的生物量，增加其含水率。防火林带建设要与当地火灾情况相联系，综合可燃物、林带高度、地形、气象等区域因素。应选用抗火性强，含水量高、不易燃烧的树种，且可以形成林带内的小环境。在景观尺度上设置高郁闭度的防火林带，如美国加利福尼亚州的针叶混交林所设置的宽度为90~400 m、灌木盖度为40%、高郁闭度的防火林带，其防火效果十分显著。并且可以根据林分、道路、河流、山脉、地形等自然条件因地制宜制造防火隔离带以有效减少火灾的燃烧面积、阻止林火的发生。

综上所述，营林抚育、防火林带营造是生物防火的主要内容。生物防火是利用植物、动物、微生物的理化性质，以及生物学和生态学特性上的差异，结合林业生产措施，达到增强林分的抗火性和阻火能力的目的。如今，生物防火领域在不断发展，利用微生物的生物学及生态学特性的生物降解技术为减少可燃物负荷量的研究提供了一个新的途径。

(4) 景观尺度上可燃物处理

景观尺度是一个空间度量，景观范围一般指 $1\times10^4\sim1000\times10^4$ hm^2，它是一个整体性的生态学研究单位，具有明显形态特征与边界，是生态系统的载体。林火对森林生态系统的干扰往往超出林分尺度，在景观程度上造成一定的影响。由于在极端林火条件下，林火行为涉及较广区域的可燃物和着火点，因此，对于重大森林火灾，小范围区域或孤立林分的调控并不能达到理想的效果，在适当的景观尺度上进行可燃物的调控是减少可燃物、降低火险损失的关键。美国的 Wenatchee 国家森林公园在 1994 年遭受重大森林火灾后曾在小范围区域(20 hm^2)内进行可燃物调控，当相邻的未经过调控的林分再次遭受高强度林火时，调控过的林分也未幸免于难，这就引起了当地林火管理者对区域范围内的深度思考。此外，美国科罗拉多州 2002 年的 Hayman 火灾资料显示：在不太恶劣的林火气候下，较大范围(>100 hm^2)内，对可燃物进行调控，在林分遭受林火时可以降低火烈度，而较小范围(<100 hm^2)的处理则没有什么效果。

如今，国内外的研究已经逐步跨出林分尺度，从景观范围角度出发进行可燃物的调控，这样才能更有效地控制林火行为。Agee et al. (2000)曾多次举例证明了在景观上进行可燃物调控的必要性；Schmidt et al. (2008)曾在加利福尼亚的针叶混交林中分析比较了疏伐与计划烧除在景观尺度上的(280 hm^2)调控可燃物对林火行为的影响；刘志华等(2009)也通过景观生态 LANDIS 模型研究不同森林可燃物的处理在景观尺度上对大兴安岭潜在林火发生的影响。应该注意的是，景观尺度下有策略地调控可燃物可以达到事半功倍的效果，较少的处理面积便可以达到预期的目标，其可燃物的处理方式、处理次数以及分布等对林火蔓延和林火烈度都有明显影响。曾有人提出在景观尺度上对可燃物进行鲱鱼鱼骨状分布的处理，这样能够阻止早期的林火蔓延，并且形成易于救火人员扑救林火的隔离带。同时，在景观尺度上调控可燃物时要考虑时间间隔的问题，两次调控的时间间隔过长(10 年以上)则无任何意义。Syphard et al. (2011)证明：在针叶林内每 5 年进行一次景观上的可燃物调控，能有效地减少高强度林火造成的危害。

由于传统的野外调查作业受到诸多因素限制，并且方法和经济条件同样受到了限制，目前，一些学者利用模型来模拟可燃物在景观尺度上的调控，并努力把这些原则和模拟的成果应用到实际中，其中景观生态 LANDIS 模型和火行为模型 FARSITE 模型为研究景观尺度上可燃物的调控提了很好的平台。LANDIS 是一个用于模拟、探讨森林在景观尺度上($1\times10^4\sim100\times10^4$ hm^2)和长时间范围内(50~100 年)生态干扰与演替进程的相互作用。He et al. (2004)曾利用该模型估测森林可燃物和林火动态；Shang et al. (2007)也利用该模型在北美中部阔叶林模拟抑制火灾的长期效应。FARSIT 为新一代火行为模型，与 GIS 配合使用。该模型对可燃物垂直结构及载量有较高的要求，是在时间尺度和空间尺度上对具有景观异质性的地形、可燃物、天气条件下的林火行为及蔓延进行模拟。目前，该模型在国外也有了较为广泛的应用，Duguy et al. (2007)、Schmidt et al. (2008)、Moghaddas et al. (2010)都曾用该模型模拟景观尺度上可燃物调控对林火行为的影响。

从区域尺度上分析，对森林可燃物进行调控有一定的针对性，一般都是侧重于干旱地区或干湿两季分明的中低海拔针叶林，如北美地区的西部针叶林、我国的东北大兴安岭以及云南的松林地区，也有一些管理者在硬阔叶林中做过类似的处理，如澳大利亚东南部的硬阔叶林。针叶林与硬阔叶林的可燃物存在很大的差异，因此应针对不同的林分特点以及地理环境特点讨论符合不同林分特征的调控技术方法。

1.7.2 可燃物调控的生态影响

现在对可燃物的研究不仅仅局限在调控技术方法上的探讨，更有学者根据不同的研究目标，对不同的调控技术方法进行定量分析比较，探讨不同可燃物调控技术方法对于生态系统的影响，在减少森林火灾的基础上，较好地维护森林生态系统。

(1)可燃物调控对土壤、水文的影响

土壤是森林生态系统重要的组成部分，为森林生物的生存提供了必要的物质基础，保护土壤对于实现森林可持续经营具有重要意义。研究发现长期间断性的计划烧除对于细根的长度、地下生物量和土壤的养分循环均有一定的负面影响；并且火烧处理促使林地温度上升、加快土壤水分蒸发、使土壤含水量显著降低。马志贵等(2010)在云南松林中调查发现：计划烧除对土壤团粒结构有一定的破坏作用，虽引起的水土流失量低于国家的最低允许流失量标准，但团粒结构的破坏使林地土壤的渗透性有所下降。贾丹(2010)等在兴安落叶松林中调查发现，计划烧除对土壤生态影响相对较大。相对而言，机械粉碎对土壤呼吸作用的影响是短暂的，并只在短时期内使土壤湿度有所下降。Moghaddas et al. (2008)发现，20年频繁的森林采伐收获并没有对土壤密度等造成明显伤害。因此，进行间断性的机械疏伐对土壤的伤害是可以忽略的；但由于机械清理减少林地地表的枯枝落叶层，使林地持水功能减弱，增加了地表径流，因此，建议在较干旱的地区，尤其是土壤含水率较低的地区，可采用机械处理进行可燃物的调控，机械粉碎后的可燃物可适量地平铺在林地内，以达到保持水土的目的。

(2)可燃物调控对林下植被的影响

可燃物的调控技术力法对于林下植被的生长有着显著的影响。国外研究证明，机械粉碎在短时期内虽然能增加外来物种的生物量，但从长远的角度考虑，可以保存乡上植物的种源。相对而言，计划烧除能有效地抵抗外来种的入侵，其处理后的物种数相对于机械粉碎显著降低，但却不能有效保存乡土植物的种源，不利于原有林分结构的恢复。机械疏伐在短期内对于林下植被的植物种类和生物量均有较大的影响，并且短期内中强度的疏伐有利于植物多样性的提高。同时，段劫等(2010)提出，疏伐的强度应与立地条件相一致，在我国华北地区的侧柏林，好的立地条件应采取轻度抚有，差的立地条件应采取中弱度抚育。利用机械疏伐与计划烧除相结合来调控可燃物能在较大程度上增加林下草本的丰富度和多度，尤其在物种多样性较低的地区，效果十分明显；但是调控后的林分易受外来种的入侵，所以在使用这种方法时需要进行长期监测。

(3)可燃物调控对森林碳储量的影响

近十几年来，全球气候显著变暖，碳排放问题引起了各国生态学家的注意，森林作为一个巨大的碳汇，同时又是个不可忽视的碳源。森林可燃物是森林碳汇的重要组成部分，因此基于森林碳储量角度，一些学者对于森林可燃物调控技术方法做了重新定位。Hurteau et al.(2009)发现对可燃物进行调控可以减少林分遭受火灾后的碳释放。影响林木固碳效果的最大因素是可燃物调控后初步形成的林分结构，在火灾多发的林带，对可燃物进行调控，形成低密度林分结构有助于提高森林的碳储量。试验证明，在针叶混交林中，经机械疏伐与计划烧除相结合处理的林分，其林分过火后碳排放量明显减少。高仲亮等(2010)通过分析计划烧除对种子、叶子、树种、森林群落演替的作用和影响，肯定计划烧除，特别是低强度的计划烧除可以促进森林碳的吸收和固定、提高森林碳汇能力。

1.7.3 森林可燃物调控技术展望

任何一种可燃物调控技术方法都有不可替代的作用。基于不同营林目的、调控目标、林分状况及立地条件，应采用与之相对应的不同的调控手段。即使在相同的条件下，对不同树种进行处理也可能呈现出不同的变化规律。因此，在选用调控技术时应该充分考虑这些调控技术自身的特点。今后的森林可燃物调控中，应从以下几个方面考虑。

(1)调控方法的应用

应以营林技术为主要手段提高林分对林火的抗性、实现森林可持续经营是进行可燃物调控的最终目标。营林抚育技术可以优化林分结构，提高森林健康性及稳定性。营林抚育技术不仅仅在森林防火中，在整个森林经营管理中都起着重要的作用。根据实际情况适当地进行计划烧除。林火作为一种特殊的生态因子，具有两面性，即高强度、大面积的森林火灾给森林资源带来巨大的损失，而低强度、小面积的林火又可被当作保持林分健康的一种手段，其效应是机械疏伐不可比拟的。机械疏伐可以创造林火一样的条件，但并不能模拟林火带来的一些生态效益。目前，国内外对计划烧除做了大量的研究，在适当的条件下进行计划烧除为经营森林生态系统提供了一种重要途径。

(2)调控区域大小的确定

在选择适当的方法进行可燃物调控时，应强调超出林分尺度，在景观尺度上进行可燃物调控；尤其在营造防火林带时，应该综合考虑林分所处大区城上的地形、主风向、原有的防火道路等。只有在大范围区域上整体把握、扩大可燃物的调控区城面积，才能真正实现森林火灾的长期预防，实现森林的可持续经营；同时，利用景观生态调控的基本原理。例如，把废物循环利用原理、生态适应性原理、景观多样性与稳定性理论等理念与可燃物在景观尺度上调控技术相融合，从长远的角度出发，有策略地全面把握，制定适宜森林健康的调控技术。

(3)技术选择应考虑的因素

选择调控技术方法时应该综合考虑对生态环境的影响。不同的可燃物调控技术方法虽然对于提高和维持森林健康是可行的，但在如今生态系统比较脆弱的背景下，大尺度范围内调控可燃物，须慎重选择合适的调控技术方法，不仅要考虑到对森林生态系统的短期影响，更要兼顾长期效应。自 20 世纪 90 年代以来，我国林业建设中心也逐步转移到了以生态建设为主的更高的层次上；在森林的生态效益备受关注的今天，只有大力实施“生态调控”，才能真正实现增加森林稳定性、维持森林健康的目的。因此，在进行调控前应充分了解不同技术方法的生态效应，根据调控地区的可燃物情况及环境，因地制宜地选择相应的技术，借鉴相同或相似林分、立地条件下的成功案例，提出科学的可燃物调控规程。

1.7.4 森林可燃物人工调控技术措施

森林可燃物调控技术，主要包括修枝(包括绿修和干修)、割灌、枯落物的清理、林分密度的调整等。

(1)修枝技术

修枝主要包括绿修和干修。绿修为活枝的修剪，一般在林木非生长季时进行，也就是深秋到第二年的早春，以免影响林木的生长。干修为死枝的修剪，理论上可在一年四季中任何一段时间进行，但考虑在防火季死枝的存留会增加林分的燃烧性，因此应在防火季时进行修剪，也就是初春到深秋进行。修枝的高度一般选择 1.5 m 以下，除了要考虑树高、冠长等乔木自身的因素，也要考虑林下植被特征，尤其是植被的生长高度地表可燃物和梯状可燃物负荷量及其分布等。

林下植被的生长是林木修枝的首要考虑因素，林下植被的高度影响整个林分的垂直郁闭。在调控时除了要降低林下植被的高度，更要增加林木的枝下高。地表可燃物、梯状可燃物的负荷量直接影响地表火的强度，同时也影响地表火的火焰高度，在易发生地表火的林分应适当增加修枝高度，以降低由地表火引发树冠火的可能性。侧柏死枝高较油松林低，这是由于侧柏的耐阴性较强，自然整枝能力弱，死枝少；而油松自然整枝能力强，活枝高相对较高，林分虽未达到郁闭，但林木上存留一定的枯死枝，使林木的燃烧性增加。因此在进行修枝时，油松林和侧柏林的侧重点不同，侧柏林主要以绿修为主，增加其活枝高，破坏林分垂直连续性，而油松林则主要修枯死枝，减少林分的死可燃物，降低林分的燃烧性。

(2)割灌技术

灌木和草本是地表可燃物主要组成部分，是林分内重要的活可燃物。

根据调查结果，在低山区的针叶林中，草本的高度一般较低，因此灌木则是林分中梯度可燃物的主体。灌木的生物学特性对燃烧有着很大的影响，一般丛生的灌木在其燃烧时易形成较高的火焰，并且灌木基径的大小也会影响其燃烧强度。割灌的目的不仅仅要减少地表的活可燃物负荷量，更要降低其连续性，破坏其因自身生长而形成的水平分布连续性以及与乔木、草本之间的垂直分布连续性。割灌要考虑林分的物种组成及分布格局。在减少可燃物负荷量时要尽量维持林分的生物多样性。林分因子、地形因子的不同，其林下植被的物种组成不同，每个物种的组成比例不同。割灌不仅要控制可燃物的量，也要控制物种的量。在易燃灌木所占比例较大的林分，应优先考虑割除灌木层的优势种，减少优势灌木，保留其余物种。割灌时可根据林分的地形条件进行带状割除或块状割除，其目的是要破坏其水平连续性。同时，根据高生长特点、依据林木生长特征考虑是去除高生长良好的灌木及幼树，目的是减少梯状可燃物的存在，降低树冠火发生的可能性。

(3)枯枝落叶清理技术

由于针叶林木理化性质，其针叶、小枝等脱落后不易分解，常年的积累易导致负荷量的显著增加，同时人工修枝抚育割灌、采伐等留下的残余物等也增加了地表死可燃物的负荷量。针叶林中枯落物负荷量的变化与总可燃物负荷量的变化密切相关。死可燃物是林分中最易燃烧的可燃物，枯落物的积累是森林防火的隐患，对于枯落物分解较慢的林分，尤其是油松林要加强枯落物的清理，减少其负荷量。清理后的枯落物移除到林外，可以做其他用途，也可进行堆烧，但要注意选择空旷地区进行，以免出现跑火问题。同时要注意是，并不是林分内所有枯落物都要清除到林分外，要根据情况进行带状清理或块状清理，只需破坏可燃物连续性即可。对于枯落物分解较快的林分，也可以采用平铺法，将较大的枯枝移除，将落叶及小枯枝平铺在林内，使其林分能更好地进行养分的循环利用。

在清理枯落物时，尤其在坡度较缓的地区，可以适当进行整地，在调节土壤结构的同时，也调节了土壤的温度、湿度，从而影响土壤微生物的活动，可以促进枯落物的分解，同时，无须将枯落物移除到林分外，也破坏了地表死可燃物的水平连续性。而在坡度较陡的地区则不能采取整地的措施，否则将会引起水土的流失。对于枯落物的整理要注意树干基部的可燃物清理，大量的枯落物，会在火灾发生时增加其过火时间，提高火强度，高温使树皮的形成层和树皮组织局部死亡，同时导致根茎灼伤。在坡度较大的山区进行带状造林，为防止其水土流失，树干基部会留有坑地，在坑地外围进行清理，可以破坏枯落物的水平分布连续性，而坑地内则无须进行处理，在坑地内留有少量的落叶，以保证养分的循环利用。林分内的枯落物同样受林分因子的影响，林分条件的不同，林内枯落物组成及负荷量不同。根据林分因子来调整枯落物清理强度可以有效地节省人力、物力。

(4)林分密度调整技术

林分密度的调整是为了调节林分的郁闭度，改善林内小环境，包括疏伐及补植。

①疏伐：部分中幼林种植的密度极高，林木生长不良，胸径较小，出现丛生及分枝现象，对于这样的林分可以进行适当的疏伐。把有限资源集中到优良个体上去。与此同时进行卫生伐，伐除林内的枯立木。枯立木也是林分内空中可燃物的重要组成部分，其含水率低，负荷量大，易引发树冠火。在林场的低山林区内，大部分的枯立木径级较小，因此应将其全部伐除。据相关性分析结果，林分密度、郁闭度对林下植被的生长及负荷量有着一定的影响，因此在疏伐时要调整好林分的密度及郁闭度，综合考虑疏伐对林下植被的影响。

②补植：在某些林分，偶尔会出现 1~2 个林窗，林窗的产生改变了林内的小气候，使林内的光照增加、温度升高，为灌木、草本的生长创造了良好的环境，促进林下植被的生长，增加其负荷量。因此，应对林窗下的灌木进行全部清理，补植乡土阔叶树种，改变林分的树种组成、分布格局等，从而改变森林燃烧性(林其钊等，2003；文定元等，1995；胡志东等，2003；邓焕能，1998)。

思 考 题

1. 什么是森林可燃物?

2. 森林可燃物(木材)的基本组成有哪些?简述各组成成分的化学结构、在木材中的含量及燃烧特点。

3. 什么是可燃物模型?可燃物类型与森林燃烧性之间有何联系?简述我国的森林类型的燃烧性。

4. 什么是树种易燃性?简述我国主要树种的易燃性。

5. 什么是可燃物类型?可燃物类型与森林燃烧性之间有何联系?简述我国的可燃物类型划分模式及划分结果。

6. 简述影响可燃物燃烧的因素。

7. 森林可燃物有哪些特征?

参考文献

柴红玲,吴林森,金晓春,2010. 森林可燃物计划烧除的相关分析[J]. 生物数学学报,25(1):175-181.

代海燕,那顺,李兴华,等,2012. 内蒙古东北部森林可燃物条件分析[J]. 安徽农学通报(上半月刊),18(9):186-188.

单延龙,2003. 大兴安岭森林可燃物的研究[D]. 哈尔滨:东北林业大学.

单延龙,舒立福,李长江,2004. 森林可燃物参数与林分特征关系[J]. 自然灾害学报(6):70-75.

单延龙,张敏,于永波,2004. 森林可燃物研究现状及发展趋势[J]. 北华大学学报(自然科学版)(3):264-269.

邓光瑞,2006. 大兴安岭森林可燃物燃烧气体释放的研究[D]. 哈尔滨:东北林业大学.

丁琛,2013. 浅述森林可燃物燃烧性的研究进展[J]. 科技创业家(1):186.

杜嘉林,2013. 森林可燃物测定及发展趋势[C]//中国标准化研究院,中国标准化杂志社,2013全国农业标准化研讨会论文集. 北京:中国标准化杂志社.

杜兆明,1995. 桦南林区森林可燃物类型的初步研究[J]. 林业科技(4):33-34.

高成德,田晓瑞,舒立福,等,2005. 重庆铁山坪森林可燃物类型划分及其燃烧性[J]. 森林防火(2):29-30.

高国平,周志权,王忠友,1998. 森林可燃物研究综述[J]. 辽宁林业科技(4):35-38.

顾省亚,赵升平,杨么明,等,1993. 湖北省森林可燃物类型区划[J]. 湖北林业科技(1):22-24.

郭富伟,王立明,牛树奎,2008. 十三陵林场森林可燃物分布特征与防灭火对策研究[J]. 森林防火(4):9-10,12.

郭鸿郡,俞童,马超,等,2014. 基于遥感技术的森林可燃物类型划分[J]. 林业科技情报,46(2):1-3.

贺红士,常禹,胡远满,等,2010. 森林可燃物及其管理的研究进展与展望[J]. 植物生态学报,34(6):741-752.

贺薇,白晋华,王建让,等,2014. 黑茶山自然保护区森林可燃物类型的划分[J]. 防护林科技

(8)：17-20.

胡海清，罗斯生，罗碧珍，等，2017. 森林可燃物含水率及其预测模型研究进展[J]. 世界林业研究，30(3)：64-69.

胡海清，王广宇，孙龙，2009. 小兴安岭主要森林可燃物类型地被物燃烧烟气分析[J]. 林业科学，45(5)：109-114.

胡海清，张喆，吴学伟，2007. 基于遥感的塔河林业局森林可燃物类型划分[J]. 东北林业大学学报(7)：20-21，26.

胡志东，范繁荣，刘有莲，等，2003. 森林防火[M]. 北京：中国林业出版社.

姜孟霞，姜东涛，1998. 森林可燃物等级标准与调查的研究[J]. 森林防火(1)：21-22.

金琳，刘晓东，张永福，2012. 森林可燃物调控技术方法研究进展[J]. 林业科学，48(2)：155-161.

金晓钟，程邦瑜，1993. 森林可燃物水分时滞[J]. 森林防火(4)：35-36.

居恩德，何忠秋，刘艳红，等，1994. 森林可燃物灰色 verhulst 模型动态预测[J]. 森林防火(2)：44-46，52.

李春燕，1994. 森林可燃物含水率与火险等级关系的研究[J]. 云南林业调查规划(4)：37-42.

李世友，2014. 滇中森林可燃物燃烧性及林火行为研究[D]. 北京：中国林业科学研究院.

李世友，邱红伟，陈文龙，等，2009. 利用森林可燃物制炭的初步研究[J]. 山东林业科技，39(1)：48-49.

李旭，2012. 森林可燃物含水率新算法研究[J]. 绿色科技(2)：20-21.

李艳芹，胡海清，2008. 森林可燃物抽提物研究综述[J]. 世界林业研究，21(6)：54-56.

李胤德，崔晓，文鹏，等，2015. 森林可燃物含水率研究进展[J]. 森林防火(4)：39-41.

梁瀛，刘霞，哈拜·叶金拜，2006. 阿尔泰山林区森林可燃物类型分析[J]. 森林防火(4)：16-17.

林其钊，舒立福，2003. 林火概论[M]. 合肥：中国科学技术大学出版社.

刘方策，张运林，满子源，等，2018. 照片分类法与图像识别技术相结合的森林可燃物分类[J]. 东北林业大学学报，46(11)：51-57.

刘菲，2005. 帽儿山森林可燃物热分析的研究[D]. 哈尔滨：东北林业大学.

刘志忠，潘惠清，董广生，等，1992. 加拿大森林可燃物管理及航空点火技术考察[J]. 森林防火(2)：42-43.

刘自强，李晓峰，王相会，1993. 大兴安岭森林可燃物发热量的测量及其和含水率关系的研究[J]. 森林防火(2)：3-7.

刘自强，王丽俊，王剑辉，等，1993. 大兴安岭森林可燃物含水率、燃点、灰分的测定及其对易燃性和燃烧性的影响[J]. 森林防火(4)：9-12，15.

罗永忠，2005. 祁连山森林可燃物及火险等级预报的研究[D]. 兰州：甘肃农业大学.

骆介禹，1994. 森林可燃物燃烧性研究的概述[J]. 东北林业大学学报(4)：95-101.

骆介禹，陈英海，张秀成，等，1992. 森林可燃物的燃烧性与化学组成[J]. 东北林业大学学报(6)：35-42.

马晓松，2016. 森林可燃物对森林火灾发生影响的探讨[C]//黑龙江省科学技术应用创新专业委员会. 黑龙江省科学技术应用创新专业委员会科技创新研讨会论文集. 哈尔滨：黑龙江省科学技术应用创新专业委员会.

马艳敏，唐晓玲，王颖，等，2016. 基于森林可燃物观测的吉林省东部林区火险分析[J]. 气象灾害防御，23(3)：34-39.

牛慧昌，2014. 森林可燃物热解动力学及燃烧性研究[D]. 合肥：中国科学技术大学.

牛慧昌，姬丹，刘乃安，2016. 基于混合型遗传算法的森林可燃物热解动力学参数优化方法[J]. 物理化学学报，32(9)：2223-2231.

牛生明，张森林，梁瀛，2015. 新疆天池自然保护区森林可燃物人工调控技术[J]. 新疆林业(1)：36-38.

戚大伟，王德洪，刘自强，1994. 大兴安岭森林可燃物着火含水率阈值测定及其与气象因子的关系[J]. 森林防火(2)：73-75.

曲大铭，2011. 冰雪灾害对森林可燃物及其林火环境的影响[J]. 黑龙江生态工程职业学院学报，24(3)：25-26.

沈垭琢，杨雨春，张忠辉，2010. 吉林省主要森林可燃物点燃含水率及其失水特性[J]. 北华大学学报(自然科学版)，11(6)：559-562.

舒立福，刘晓东，赵凤君，等，2016. 森林防火概论[M]. 北京：中国林业出版社.

舒立福，田晓瑞，沈忠忱，1996. 森林可燃物可持续管理技术理论与研究[J]. 火灾科学，8(4)：18-24.

宋彦彦，2012. 帽儿山典型森林可燃物热解特性及动力学研究[D]. 哈尔滨：东北林业大学.

宋彦彦，隋振环，赵忠林，等，2014. 热分析方法研究森林可燃物的燃烧性[J]. 吉林农业(14)：60-61.

覃先林，易浩若，2004. 基于MODIS数据的森林可燃物分类方法——以黑龙江省为实验区[J]. 遥感技术与应用(4)：236-239.

陶玉华，Allen W R，2010. 美国俄亥俄州南部两种不同间伐强度对森林可燃物载量和碳的影响(英文)[J]. 基因组学与应用生物学，29(4)：628-638.

田年军，宋卫东，赵义发，等，1997. 长白山区森林可燃物含水率分布规律的研究[J]. 吉林林业科技(3)：5-10.

田晓瑞，刘斌，舒立福，2011. 冰雪灾害对川南森林可燃物的影响[J]. 火灾科学，20(1)：43-47.

汪夜印，2017. 闽北山地不同森林可燃物的含水率及持水性能比较[J]. 防护林科技(8)：70-72，84.

王超，高红真，程顺，等，2009. 塞罕坝林区森林可燃物含水率及火险预报[J]. 林业科技开发，23(3)：59-62.

王崇江，彭志成，2011. 森林可燃物的研究[J]. 黑龙江科技信息(25)：157.

王栋，1992. 森林可燃物含水率与森林火灾危险性的研究[J]. 林业科学研究(5)：548-553.

王刚，骆介禹，毕湘虹，等，1996. 森林可燃物有焰燃烧性的研究[J]. 林业科技(2)：48-49.

王明玉，舒立福，王景升，等，2007. 西藏东南部森林可燃物特点及气候变化对森林火灾的影响[J]. 火灾科学(1)：15-20，67.

王明玉，舒立福，姚树人，2012. 北京地区森林可燃物人工调控技术[J]. 森林防火(3)：46-48.

王明玉，舒立福，赵凤君，等，2008. 中国南方冰雪灾害对森林可燃物影响的数量化分析——以湖南为例[J]. 林业科学，44(11)：69-74.

王慕莲，陈先刚，傅美芬，等，1990. 森林可燃物含水率与气象条件相关性的初步研究[J]. 西南林学院学报(1)：11-20.

王秋华，舒立福，戴兴安，等，2008. 冰雪灾害对南方森林可燃物及火行为的影响[J]. 林业科学，44(11)：171-176.

王秋华，俞新水，李世友，等，2012. 森林可燃物的动态特征研究综述[J]. 林业调查规划，37(5)：40-43.

王舜娆，2015. 南昌地区几种森林可燃物燃烧性评价[D]. 哈尔滨：东北林业大学.

王旭，周汝良，2012. 浅述森林可燃物燃烧性的研究进展[J]. 绿色科技(11)：191-192.

魏书精，胡海清，孙龙，等，2012. 气候变化背景下我国森林可燃物可持续管理的形势及对策[J]. 森林防火(2)：22-25.

文定元，刘洪诺，赵子玉，等，1995. 森林防火基础知识[M]. 北京：中国林业出版社.

吴德慧，江洪，徐建辉，等，2012. 森林可燃物的遥感分类研究进展[J]. 安徽农业科学，40(26)：12961-12962，13054.

吴志伟，贺红士，梁宇，等，2012. 丰林自然保护区森林可燃物模型的建立[J]. 应用生态学报，23(6)：1503-1510.

肖化顺，曾思齐，谢绍锋，等，2009. 森林可燃物管理研究进展[J]. 世界林业研究，22(1)：48-53.

杨光，黄乔，卢丹，等，2011. 森林可燃物负荷量测定方法研究[J]. 森林防火(2)：19-23.

杨守生，陆金侯，2000. 木材阻燃研究[J]. 新型建筑材料(2)：24-25.

杨淑香，2007. 北京周边林分结构与森林可燃物特征的关系研究[D]. 呼和浩特：内蒙古农业大学.

余子倩，辛颖，2017. 几种森林可燃物热解特性及动力学分析[J]. 消防科学与技术，36(1)：20-23.

袁春明，文定元，2001. 森林可燃物分类与模型研究的现状与展望[J]. 世界林业研究(2)：29-34.

袁建，2013. 气候变化对重庆森林火灾的影响以及森林可燃物遥感分类[D]. 临安：浙江农林大学.

张家来，曾祥福，胡仁华，等，2002. 湖北主要森林可燃物类型及潜在火行为研究[J]. 华中农业大学学报(6)：550-554.

张金辉，2007. 森林可燃物燃烧烟气成分及释放量分析[D]. 哈尔滨：东北林业大学.

张文杰，董洪学，2011. 减少森林可燃物的措施[J]. 吉林林业科技，40(5)：57-58.

张喆，2007. 基于RS的森林可燃物类型划分的研究[D]. 哈尔滨：东北林业大学.

赵凤君，王明玉，姚树人，2012. 森林可燃物阻隔带技术研究与应用[J]. 森林防火(4)：42-44.

赵俊卉，郭广猛，张慧东，等，2006. 用MODIS数据预估森林可燃物湿度的研究[J]. 北京林业大学学报(6)：148-150.

赵颖慧，高利，2008. 塔河林业局森林可燃物类型区划分的研究[J]. 林业科技情报(1)：16-17.

郑焕能，1998. 应用火生态[M]. 哈尔滨：东北林业大学出版社.

周涧青，苏文静，王乐，等，2018. 两种方法检测森林可燃物燃烧的烟气成分[J]. 消防科学与技术，37(8)：1038-1041.

朱易，刘乃安，邓志华，等，2012. 雷击引燃森林可燃物概率的实验研究[J]. 火灾科学，21(2)：71-77.

祝必琴，肖金香，黄淑娥，2014. 江西省主要森林可燃物失水率变化规律研究[J]. 江西林业科技，42(4)：4-7，19.

第2章 森林火源管理

火源是森林燃烧的三要素之一，是发生森林火灾的必要条件。在森林防火期，当森林生态系统存在一定数量的可燃物，并且具备引起森林燃烧的火险天气条件时，是否会发生森林燃烧，关键取决于有没有火源、有什么类型的火源。通常情况下引起森林燃烧的最低能量来自外界，因此，只要在防火季节严格管理和控制火源，就可以使森林火灾大大减少。世界各国都把火源管理列为森林防火工作的重点，投入很多人力和物力，采取相应措施管理和控制森林火源，以减少森林火灾的发生。

2.1 森林火源种类

森林火源是能够引起森林燃烧的包括热能源、走火途径、引火媒在内的综合体，如明火焰、炽热体、火花、机械撞击、聚光作用、化学反应等。森林火源的种类、数量和出现频率直接关系森林火灾发生的可能性和发生后林火的大小。引起森林火灾的火源有许多种，通常可将森林火源可为两大类：天然火源和人为火源(舒立福等，2016)。

2.1.1 天然火源

天然火源是指在特殊的自然地理条件下引起林火的着火源，主要包括雷击、火山爆发、陨石坠落、泥炭发酵自燃、滚石的火花、滚木自燃、地被物堆积发酵自燃等，它们是人类难以控制的自然现象。

在天然火源中，雷击火是导致森林火灾的主要火源。雷击是引发植被火最重要的自然原因之一。雷击火往往发生在人烟稀少、交通不便的边远原始林区，很难做到及时发现和扑救，一旦引发森林火灾，往往造成严重的损失。雷击火的发生机制、发生时间和条件与人为火源不同。Komarek(1974)分析了地球表面雷电风暴的分布，指出由雷击火引起森林火灾较多的国家主要包括美国、加拿大、俄罗斯和澳大利亚等。美国、加拿大等国均有较严重的雷击火，美国平均每年发生 1 万~1.5 万次雷击火，约占全部森林火源的 5%~10%。美国落基山脉地区因雷击引起的森林火灾约占本地区森林火灾总数的 64%；阿拉斯加地区因雷击火而被烧毁的森林面积约占该地区森林总面积的 76%。加拿大因雷击造成的森林火灾次数可占该国森林火灾总数的 30%，其中不列颠哥伦比亚、阿尔伯塔和安大略 3 省，由雷击火引起的火灾次数分别占火灾总数的 41%、

60%和 31%(Komarek, 1974)。

雷击火在我国少数地区的发生也相当严重。雷击火引发的森林火灾占我国森林火灾总数的 1%~2%，主要分布在黑龙江大兴安岭、内蒙古呼伦贝尔和新疆阿尔泰山地区，其中以大兴安岭和呼伦贝尔林区尤为突出。大兴安岭地区几乎每年都有雷击火引起的林火，是我国雷击火发生最多最集中的区域。大兴安岭地区的雷击火占该地区森林火灾总数的 38%，呼伦贝尔地区占 18%，最多年份可达 38%，最少年份为 8%(舒立福，2003)。这些地区由于雷击火造成的损失也十分严重。例如，1976 年 6~7 月，内蒙古呼伦贝尔额尔古纳市北部多次发生雷击火，使超过 8×10^4 hm^2 的原始森林毁于一旦。

雷击火作为森林火灾主要的天然火源，其发生的时间和地点受大气中的雷电分布、可燃物状况和当时的气象条件所支配，与当地的前期天气和当时的天气系统有着密切的关系。21 世纪以来，受全球变暖、“厄尔尼诺”现象和“拉尼娜”现象的影响，全球气候出现异常，中、高纬地带干旱化加重，尤其是高温天气、低温冻害、降水不均、春夏连旱等气候异常现象日益增多，导致雷击森林火灾的发生日趋频繁。雷击森林火灾发生时期的可燃物状况、气温、温度、风速及人员活动状况等火环境与人为引发的森林火灾有极大不同，因此雷击森林火灾分布的特殊性表现得尤为突出(秦富仓等，2014；胡海清，2005)。

2.1.2 人为火源

人为火源是指由人类活动导致林火的各种着火源。人为火源是引起森林火灾的主要火源。在世界大多数国家，人为火源占林火总火源的比例都在 90%以上，如美国为 91.4%，俄罗斯为 93%。人为火源也是引起我国森林火灾的最主要火源，占比高达 99%。人为火源种类很多，按其来源可分为：生产性火源、非生产性火源和其他火源。

(1)生产性火源

生产性火源是指生产活动中由于用火不慎而引起林火的着火源。按照生产方式的不同进行划分主要包括以下 3 种：

①森工生产用火：林区工业生产用火不慎很容易引起森林火灾，如开矿崩山炸石、机车喷漏火、爆瓦、高压线跑火等。

②农林牧业生产用火：农林牧业生产活动中用火引发林火的着火源。我国是个农业国，烧荒、烧垦、烧茬子、烧田埂、烧草木灰等是我国南方重要的农作方式，这些农业生产活动成为目前发生森林火灾的主要火源，约占总火源的 50%以上。林业生产中开展的营林生产用火造成的火灾也比较多，如火烧防火线跑火、计划烧除不慎和炼山造林等。牧业用火主要是指火烧更新和复壮草场。

③林副业生产用火：林副业生产用火的火源种类较多，如火烧木炭、烤蘑菇、挖药材等不慎跑火成灾。

(2)非生产性火源

非生产性火源是指日常生活中用火不慎引起林火的着火源。在人为火源中非生产性火源也占总火源的相当数量，按照活动方式可分为以下 4 种类型：

①生活用火：野外弄火做饭、烤干粮、驱蚊驱兽等。

②吸烟弄火：吸烟不慎引起的森林火灾在我国东北林区占相当大的比例，而且分布在整个防火季节，危害极大。

③儿童玩火：此类火源也占一定数量，所以林区应加强对儿童和青少年的森林防火教育。

④迷信用火：上坟烧纸、烧香、燃蜡祭祖而引起的林火数量有所增加。应加强宣传教育，移风易俗，改用种树、种草代替烧纸。

(3)其他火源

主要有故意放火、纵火、智障人士和精神病患弄火等。从人为火源酿致森林火灾的情况分析，其中大多数是由于用火者疏忽大意造成的。但是，在有些国家或地区，故意纵火也相当普遍。例如，一些西方国家，有人因对社会、对林场主不满而故意放火酿致成灾；也有失业者为得到雇佣而故意纵火。据统计，在1978—1979年的一些欧洲国家中，故意纵火所引起的森林火灾比例，葡萄牙为85%、西班牙为70%、英国为52%、意大利为54%，美国1978年故意纵火也占30%。在我国也存在因实施报复或蓄意破坏等，采取故意纵火引起森林火灾的情况。这类火虽然数量少，但也应该引起足够重视。特别是对少数坏人有意放火，更应对此提高警惕(林其钊等，2003；姚树人，2002)。

2.2 森林火源分布及变化规律

森林燃烧火源不是随意出现的，它的出现要受一定时间、地理、人文条件的影响，这些因素有其自身的规律，因此防灭火实践中把握住这些规律，有利于对火源进行管理。

2.2.1 火源的分布规律

天然火源和人为火源的分布都随时间和空间的变化而有差异。

2.2.1.1 全国火源的时空分布规律

(1)自然火源

根据火灾资料分析，在大兴安岭林区，雷击火占该地区总火源数量18%左右。而5月发生的雷击火占总雷击火的11%，6月发生的雷击火为82%，7、8月发生的雷击火为6%。大兴安岭南部雷击火发生在5月和6月上旬，北部主要发生在6月。干旱年份雷击火多，主要发生于干雷暴天气。湿润年份雷击火则很少发生。此外，雷击火发生受地形的影响。

根据相关学者对黑龙江省的雷击森林火灾统计研究发现，黑龙江省2002—2017年共发生森林火灾1154起，其中雷击引发的森林火灾397起，占火灾总数的34.4%。从黑龙江省2002—2017年雷击火发生时段分布看，74%的雷击森林火灾发生在夏季防火期，23%的雷击森林火发生在春季防火期，仅有3%的雷击森林火灾发生在秋季防火期。雷击森林火灾的发生特点导致黑龙江省的森林防火工作已由季节性防火转变为全年性防火，5月进入雷击森林火灾高发期。从季节上看属于夏季初期，由于这段时期空气中冷暖交替次数急剧增多，地面温度也随之改变，另一重大影响因子是因为东北冷涡，有利于雷暴天气的形成。并且该区域纬度较高，水汽的形成条件很差，海拔高、地形相对平缓，干雷暴天气加上区内油脂丰富的林木，雷击火会随着雷暴现象的出现变得无法控制而演变成严重的灾害。由于春季气温回升快导致水分蒸发加快，地被物中的枯枝落叶迅速干燥。通过对地被物干燥度取样调查发现，5 月中旬 0~50 cm 地被物含水量为 10%，火险等级达到最高级别。在 1966—2006 年的森林雷击火研究中，从发生时间看，6 月是雷击火高发期，占全年雷击火发上总量的 51. 96%，而一天中 15:00~16:00 时为雷击火的高发时段。

根据 2002—2017 年的全省雷击森林火灾空间分布特点：黑龙江省雷击森林火灾的主要发生地区是大兴安岭林区，发生次数占全省 94%。呼中区雷击火发生次数明显高于其他各县区。田晓瑞等(2009)汇总雷击火发生的中心点的数据发现，74%的雷击火分布在 121°~125°E，70%的雷击火发生在 51°~53°N。所以雷击火的空间分布在经度和纬度方向并不呈正态分布，纬度方向的分布更集中。

(2)人为火源

长江、黄河流域农业用火引发火灾占总火灾次数 70%以上。在北方半山区，农业用火占相当比例。而农业用火会随节令变化，春季为农忙季节，南方逐渐开展农业活动，农业生产用火多，为该时期主要火源；秋冬则转为副业生产，林业和牧业用火明显增多。而工业用火和吸烟等火源在不同季节都有出现。

由于我国地域辽阔、人口众多，各地域经济状况、交通状况、生产开发情况不同，所以火源也随各地风俗习惯、经济状况、气候条件的不同而有差异。根据森林主要火源在地区、季节分布上的差异，大体上将全国分为南部、中西部、东北及内蒙古和新疆 4 个分布区域(表 2-1)。相关数据显示，我国森林火源以人为火源为主，人为火源引起的森林火灾占全国总火灾次数的 98%以上；南方多数为农业生产用火，北方则有一定数量的工业生产用火和公路、铁路火源；在西北主要是牧业用火，而其中的林区则有林业火源；在半山区则以农业用火不慎引起的山火为多(宋光辉等，2019；张媛等，2018)。

表 2-1　我国森林主要火源分布

区域	省　份	林火发生时段	火灾严重时段	主要火源	一般火源
南部	广东、广西、福建、浙江、江西、湖南、湖北、贵州、云南、四川	1~4 月 11~12 月	2~3 月	烧垦、烧荒、烧灰积肥、炼山	吸烟、上坟烧纸、入山搞副业、弄火烧山、驱兽、其他
中西部	安徽、江苏、山东、河南、陕西、山西、甘肃、青海	2~4 月 11~12 月	2~3 月	烧垦、烧荒、烧灰积肥、烧牧场(西北)	吸烟、上坟烧纸、入山搞副业、弄火烧山、驱兽、其他
东北及内蒙古	辽宁、吉林、黑龙江、内蒙古	3~6 月 9~11 月	4~5 月 10 月	烧荒、吸烟、机车喷漏火、上坟烧纸	野外弄火、烧牧场、入山搞副业、雷击火、其他
新疆	新疆	4~9 月	7~9 月	烧牧场	吸烟、野外用火

2. 2. 1. 2　部分地区火源的时空分布规律

(1)云南省火源分布规律

2004—2014 年，云南省共发生森林火灾 4724 次，其中已查明的火源 4039 次，占

85.50%，在已查明的火源中生产性用火和非生产性用火都是人为所致，2004—2014 生产性用火和非生产性用火合计发生 3937 次火灾，占 97.47%，人为火源成为云南省森林火灾主要原因。人为火源中生产性火源 1848 次，占 46.94%，非生产性火源 2089 次，占 53.06%。由此可知，云南省生产性火源和非生产性火源都是森林火灾的主要原因(表 2-2)，但非生产性火源所占比重更大，比生产性火源高出 2.48 百分点(李少虹，2018)。

表 2-2 云南省生产性和非生产性火源统计表

年 份	森林火灾次数(次)	已查明人为火源(次)	生产性火源(次)	非生产性火源(次)
2004	550	481	234	247
2005	665	580	280	300
2006	602	474	166	308
2007	498	423	178	245
2008	287	253	99	154
2009	510	413	201	212
2010	569	454	227	227
2011	115	99	39	60
2012	299	258	141	117
2013	264	222	121	101
2014	365	280	162	118
合 计	4724	3937	1848	2089

数据来源：云南省统计年鉴，2004—2014。

2004—2014 年，云南森林火灾已查明的火源种类及分布如图 2-1 所示。从图中可知，云南的火源有 15 种，其中生产性火源有烧荒烧炭、炼山造林、烧牧场、烧隔离带、烧窑、机车喷火 6 种；非生产性火源有野外吸烟、取暖做饭、上坟烧纸、烧山驱兽、小孩玩火、痴呆弄火、家火上山、电缆引起、故意放火 9 种。

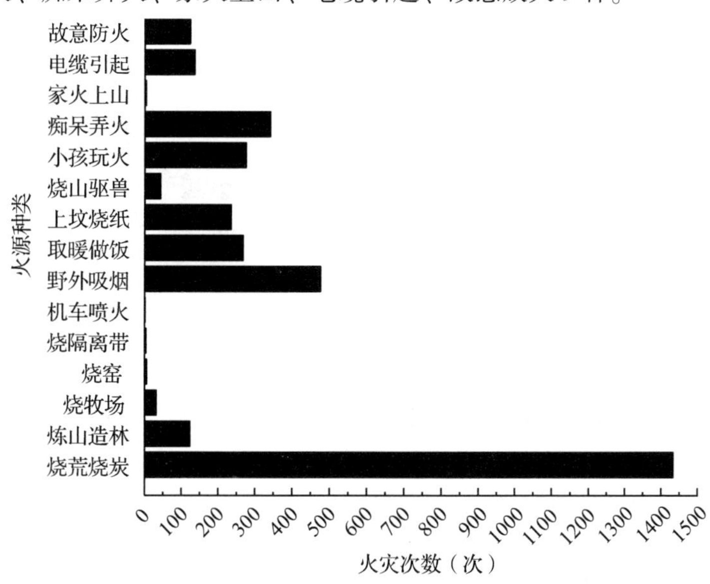

图 2-1 2004—2014 年云南省森林火灾的火源种类及分布

(龙腾腾，2017)

2004—2014 年生产性火源引发火灾共 1848 次，其中烧荒烧炭 1427 起，占比 77.22%，在生产性火源占据主导地位。非生产性火源引发火灾共 1965 次，其中在非生产性火源中占比最大的为野外吸烟，其次为痴呆弄火、小孩玩火、取暖做饭、上坟烧纸(林花明，2017)。

从图 2-2 可知，2004—2009 年非生产性火源高于生产性火源，在 2006 年几乎高出 1 倍；2010 年两者持平；但 2012—2014 年生产性火源反而高于非生产性火源。究其原因，是生产性火源与农事有关，相关部门不便管理，所以每年都有一定数量的森林火灾因其发生；而非生产性火源是由人为造成，教育和宣传力度加大，人口素质的提高，可以有效降低火灾的发生(龙腾腾，2017)。

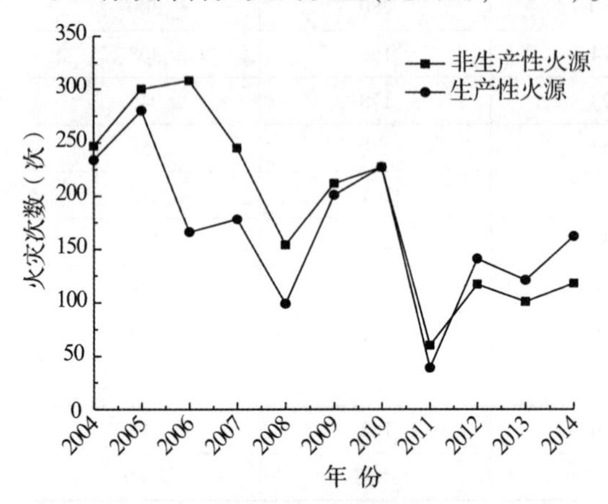

图 2-2 2004—2014 年云南省生产性火源与非生产性火源的年度分布

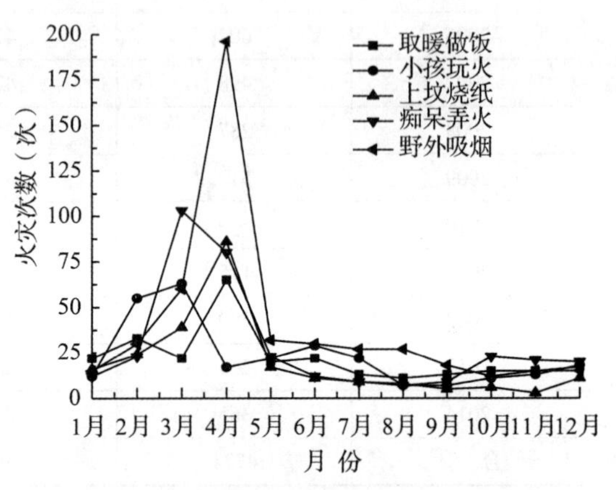

图 2-3 云南省 2004—2014 年非生产性主要火源月份分布

从图 2-3 可知，云南省全年各月都有发生森林火灾的可能性，主要集中在 3～5 月，具有明显的季节集中性特点，这个时期段人为活动较频繁，如清明节上坟、春游等活动较为集中；图 2-4 显示的日分布特点火险高峰时段集中在 9:00～13:00 和 15:00～20:00 这两个时段，具有明显的时段集中性(龙腾腾，2017)。

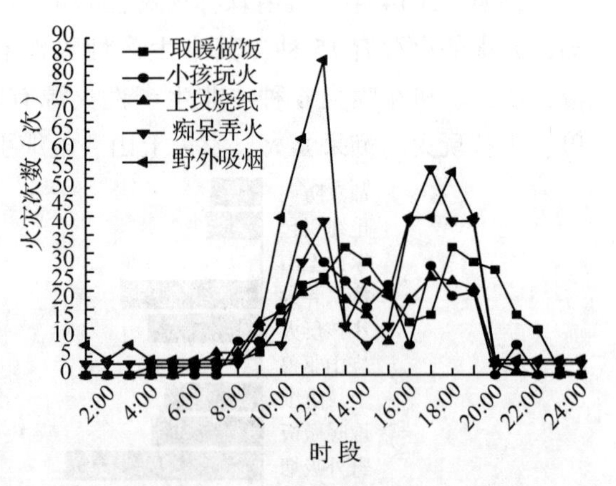

图 2-4 云南省非生产性主要火源的时段分布

(2) 福建省火源分布规律

通过收集福建省 2006—2015 年森林火灾数据，2006—2015 年福建省共发生森林火灾 3150 起，平均每年 315 起。经统计火源种类及分布如图 2-5 所示，火源种类有 15 种，其中：天然火源 1 种，即雷击火；外来火源 1 种，即由外省区烧入；人为火源 13 种，其中生产性火源有 5 种，包括烧荒烧杂、烧田埂草、烧稻草、烧灰积肥、炼山造林，非生产性火源有 8 种，包括野外吸烟、烧山驱兽(狩猎)、上坟烧纸、小孩玩火、痴呆弄火、故意放火、电线引起和取暖做饭。

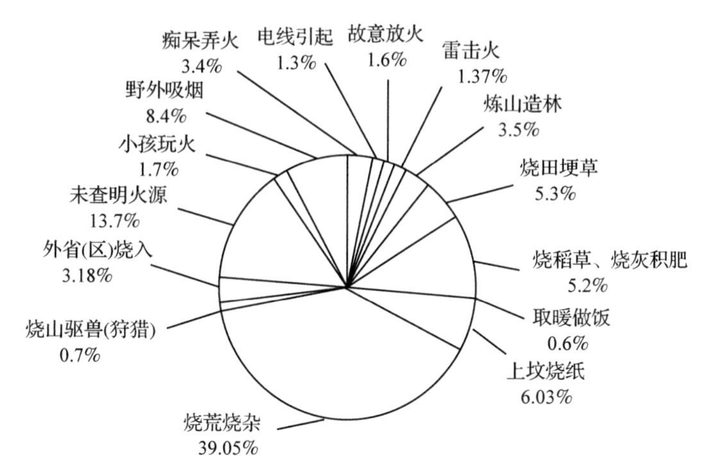

图 2-5 福建省 2006—2015 年森林火源种类及分布

（林花明，2017）

福建省森林火源主要发生在 1～4 月以及 10～12 月，其中 3 月的火源发生率最高，2 月次之。福建省森林火源主要发生在福建省的西北部，以龙岩、三明、南平 3 个设区市的森林火源发生比率最高，占福建省总火源的 65.4%，这与西北部是福建省森林资源的主要集中地有关，而闽南及闽中的厦门、漳州和莆田等地的火源发生率最低（表 2-3、表 2-4）。

表 2-3 福建省各地区森林火灾火源次数月份分布 单位：次

地区	小计	月份											
		1	2	3	4	5	6	7	8	9	10	11	12
福州市	31.33	1.67	6.67	12.33	2.33	2.33	0.67	0.33	0.33	0.67	1.00	1.00	2.00
厦门市	2.66	1.00		0.67				0.33				0.33	0.33
泉州市	25.00	4.33	4.67	4.67	2.00		0.33	0.67	0.67		2.33	3.00	2.33
莆田市	8.66	0.33	0.33	1.67						0.33	1.67	2.00	2.33
宁德市	30.68	2.00	9.00	8.67	3.67	0.33		1.67		0.67	1.33	2.67	0.67
漳州市	10.66	1.67	2.00	2.33	1.67					0.33	0.33	2.00	0.33
三明市	60.01	5.67	10.67	29.33	0.67	1.67		1.00	1.00	0.33	2.00	4.00	3.67
龙岩市	82.33	7.33	16.33	34.67	0.67	1.33		1.00	0.33	2.33	1.67	6.67	10.00
南平市	63.66	7.00	9.67	28.33	2.00	2.33		4.00	1.33	0.67	2.00	3.00	3.33
合计	3150.00	31.00	59.34	122.67	13.01	7.99	1.00	9.00	3.66	5.33	12.33	24.67	24.99

数据来源：林花明，2017。

表 2-4 福建省不同类型森林火灾火源次数月份分布 单位：次

火源	月份											
	1	2	3	4	5	6	7	8	9	10	11	12
未查明火因	6.0	8.3	12.3	1.3	1.3	0.3		0.3	1.0	2.7	7.7	2.0
上坟烧纸	3.7	3.0	3.0	5.0	0.3				0.3	0.7	1.3	1.7
野外吸烟	5.3	6.0	7.0	1.0		0.3	0.3	0.3	1.3	1.7	2.7	0.7

（续）

火 源	月 份											
	1	2	3	4	5	6	7	8	9	10	11	12
痴呆弄火	3.3	1.7	2.7	0.3	0.3		0.3		0.3	0.7	1.0	
烧荒烧杂	16.7	25.0	60.7	3.0	2.7		2.0	0.3	1.3	3.0	4.3	4.0
电线引起	1.0		0.7				1.0				1.0	0.3
炼山造林	3.0	3.7	2.0	0.3				0.3	0.3		1.0	0.3
取暖做饭	1.0	0.3	0.3		0.3							
烧田埂草	1.0	1.7	7.7	2.0	0.7	0.3	0.7			0.7	1.3	0.7
故意纵火	0.3	1.0	0.3		0.3		0.7	1.3		0.7	0.3	
小孩玩火		1.3	3.3		0.3							
雷击火	0.3		0.3				3.0	0.7				
烧稻草、烧灰积肥	3.3	4.7	3.0	0.7	1.0		0.7		0.3	0.3	1.3	1.0
外来火		2.3	4.7	0.3	0.7				0.3	0.7	0.3	0.7
烧山驱兽	0.3	0.3						0.3	0.3	0.7	0.3	

数据来源：林花明，2017。

福建省森林火灾的火源种类以人为火源为主，占总火源的 98.63%，天然火源仅占 1.37%。天然火源主要是雷击火，主要发生在 7 月，这与福建省某些年份 7 月出现持续高温干旱有关。雷击发生高峰期通常为 4~5 月，但该季节为福建雨季，发生雷击火的可能性较小。雷击火主要发生在泉州和三明。外来火源主要是外行政区烧入，主要发生在 3 月，此时正是各地森林火灾发生高峰期，因外来火源烧入未得到及时控制所致。该火源主要发生在福州和三明。

生产性火源以农业生产用火中的烧荒、烧杂火源种类为主，占总火源的 39.05%。该类火源主要发生在 1~3 月，因为到了春季，进入农业生产准备季节，很多农民开始烧荒烧杂，以便清杂和开垦农田，容易跑火导致森林火灾，主要发生在龙岩、三明和宁德。其他生产性火源，占总火源的 10.5%，主要发生在 2~4 月，此时正值农耕准备期，烧田埂草、烧灰积肥、烧稻草和杂草的人比较多，用火不易控制。该类火源主要发生在福州和龙岩。春季也是动物外出活动高峰期，野外狩猎易走火，殃及森林，主要发生在南平和福州。炼山造林主要发生在 2 月，此时正是造林的高峰期，造林前的烧山用火不慎易走火。

在非生产性火源中，以野外吸烟所占的比例最大，占总火源的 8.4%。这种情况主要发生在 2~3 月，此时春暖花开，野外活动和旅游人流量较大，部分人在野外吸烟，乱丢烟头，导致火灾。该火源主要发生在龙岩和泉州。上坟烧纸火源主要发生在 4 月，这与清明节上坟烧纸和放鞭炮有关。该火源主要发生在龙岩。此外，未查明火源火因的占 13.7%，这需要加大对火灾案件的侦破力度，以提高破案率。

(3) 吉林省火源分布规律

吉林省 1969—2017 年共有森林火灾火源 23 类，其中主要火源来源为祭祀用火、农事用火、纵火、野外生活用火、境外烧入、野外吸烟。据统计，吉林省 1969—2017 年共发生已知火源的森林火灾 5261 次，共造成受害森林面积 46 830. 73 hm^2，其中，由主要火源引起的森林火灾共 4339 次，占总的 82. 47%，共造成受害森林面积 36 443. 97 hm^2，占总面积的 77. 82%，68 次重特大森林火灾，有 52 次是由主要火源引起的。

吉林省 6 种主要森林火灾火源都具有明显的季节性特征，即主要发生在春(3~5 月)、秋(9~11 月)两季。农事用火和野外吸烟引起的森林火灾在一年中发生最为频繁，造成的危害也大。农事用火共发生了 2353 起，造成受害森林面积 28 070. 52 hm^2。农事用火火源在春季引起森林火灾次数极多，共 2196 起，占该类火源总次数的 93. 32%，共造成受害森林面积 26 755. 69 hm^2，占该类火源对应总受害森林面积的 95. 32%。秋季由农事用火火源引起的森林火灾发生较少，共发生了 139 起，占该类火源总次数的 5. 91%，共造成受害森林面积 1275. 08 hm^2，占该类火源对应总受害森林面积的 4. 54%。野外吸烟火源引起的森林火灾也在春季发生较多，共发生 924 起，占该类火源总次数的 77. 26%，共造成受害森林面积 5623. 43 hm^2，占该类火源引起总受害森林面积的 70. 14%。秋季野外吸烟以 10 月发生最多，共发生 181 起，占该类火源总次数的 15. 13%，共造成受害森林面积 1964. 27 hm^2，占该类火源总受害森林面积的 24. 50%。

纵火火源引起的森林火灾在春季主要发生在 4~5 月，共发生 90 起，占该类火源总次数的 60. 00%，共造成受害森林面积 116. 73 hm^2，占该类火源总受害森林面积的 69. 76%。在秋季纵火火源主要发生在 9~10 月，共发生 48 起，占该类火源总次数的 32. 00%，共造成受害森林面积 33. 91 hm^2，占该类火源总受害森林面积的 20. 26%。祭祀用火引起的森林火灾在春季 4 月发生次数最多，共发生 419 起，占该类火源总次数的 74. 82%，共造成受害森林面积 593. 67 hm^2，占该类火源总受害森林面积的 68. 31%。秋季祭祀用火以 10~11 月发生次数最多，共发生 43 起，占该类火源总次数的 7. 68%，共造成受害森林面积 63. 25 hm^2，占该类火源总受害森林面积的 7. 28%。野外生活用火引起的森林火灾在一年中除了 8 月其他月份都有发生，其中春季共发生 165 起，占该类火源总次数的 56. 70%，共造成受害森林面积 1767. 03 hm^2，占该类火源总受害森林面积的 65. 11%。秋季野外生活用火共发生 106 起，占该类火源总次数的 36. 43%，共造成受害森林面积 892. 78 hm^2，占该类火源总受害森林面积的 32. 89%。野外生活用火在 2 月发生次数要大于其他火源，共发生了 15 起，占 2 月主要火源总次数的 35. 71%，共造成受害森林面积 52. 27 hm^2，占 2 月主要火源对应总受害森林面积的 52. 07%。由境外烧入火源引起的森林火灾全都发生在春秋两季，其中以春季为主，共发生森林火灾 24 起，占该类火源总次数的 85. 71%，共造成受害森林面积 974. 63 hm^2，占该类火源总受害森林面积的 88. 13%。

吉林省不同地区每年由主要火源引起的林火次数和单位面积林火次数有明显的差异，其中延边、白山、吉林、通化发生较多，白城、松原、长白山管委会发生较少。值得注意的是，辽源地区每年发生的林火次数要远小于延边、白山等地区，年均仅发生森林火灾 3 次，但是辽源地区每年单位面积林火次数却极多，从均值来看仅次于延边、白山地区，高于吉林、通化等地区。辽源辖区面积小，但是林火次数较多，森林防火工作要格外重视。而不同地区之间的受害森林面积差异较小，从均值上来看除了延边地区外其他各地区都没有显著差异，但白山、吉林、通化、白城等地区历史上有重大森林火灾发生。吉林省的地貌特征为西部平原区、中部丘陵区、东部山区，所以中东部地区为森林火灾的高发地区，也是森林火灾的重点防范区。虽然白城地区发生林火次数较少，年均仅发生1次，但历史上却有重大森林火灾的发生，因此，西部平原地区的森林防火工作也不容小觑。

根据吉林省主要森林火灾火源的空间分布相关资料显示，由祭祀用火引起的森林火灾在1969—2017年共发生531次，占森林火灾总次数的10.09%，火灾森林面积845.31 hm^2，占总受害森林面积的1.81%。清明节是我国的传统节日，焚香、祭祖这样的习俗传承已久，虽然近几年来提倡文明祭扫，吉林省也加大了处罚力度，但由祭祀用火引起的森林火灾还是常有发生。虽然由祭祀用火引起的林火次数较多，但是对森林的危害较小，并没有造成重特大森林火灾的发生。在全省的分布特征大致呈反“J”形，在中部和东南部分布较为集中，即吉林市市辖区、永吉县、长春市市辖区、四平市伊通满族自治县、通化市市辖区、白山市市辖区以及整个辽源地区。辽源地区面积较小，但是由祭祀用火引起的森林火灾却极为频繁；在延边地区发生也较为频繁，且火点均匀；白城和松原地区发生祭祀用火的森林火灾次数最少，造成的危害也小，分别发生了11次和16次，造成受害森林面积分别为45.20 hm^2 和28.18 hm^2。

相关资料统计显示，1969—2017年吉林省共发生农事用火引起的森林火灾2241次，占森林火灾总次数的42.60%，造成森林火灾面积24 445.54 hm^2，占森林火灾面积的52.20%。农事用火引起的森林火灾主要发生在吉林省的中东部地区，且火点分布均匀。吉林省是我国的农业大省，同时也是国家重点林区之一，吉林省的森林资源主要分布在中东部地区，整个中东部地区林地与耕地相互交织在一起，在春秋两季，当农民在野外进行烧秸秆、烧荒梗等农事活动时，就很容易引起森林火灾的发生。农事用火引起的森林火灾以延边地区发生次数最多，共发生森林火灾1033次，共造成受害森林面积20 565.97 hm^2，尤其是敦化、安图、和龙、龙井火点极为密集，且历史上重特大森林火灾也频频发生；吉林的火点也较为密集，且蛟河、桦甸还发生过重特大森林火灾；通化和白山的火点较为集中，主要发生在靖宇县、抚松县、白山市市辖区、通化市市辖区。

吉林省在1969—2017年由野外生活用火引起的森林火灾共发生了274次，占森林火灾总数的5.21%，造成受害森林面积2954.11 hm^2，占受害森林面积的6.31%。由于集体林权制度改革的推行，改革后林业的生产经营出现了小型化、多元化、个体化的特点，所以进山搞副业(养蜂、放牧等)的人就有所增加，他们在生火做饭的时候很容易引起森林火灾，加大了森林火灾的发生概率。野外吸烟引起的森林火灾延边地区发生次数最多，危害也最大，共发生117次，包括6次重大森林火灾，共造成受害森林面积2356.22 hm^2，并且在龙井、和龙、安图分布较为集中；其次为吉林地区共发生44次，造成受害森林面积233.37 hm^2，并且野外生活用火引起的森林火灾在吉林地区分布均匀，每个县市都有发生。

据吉林省主要森林火灾火源的空间分布资料显示，境外烧入引起的森林火灾只有延边地区发生过。延边地处吉林省东部，与俄、朝两国交界，面临日本海，东与俄罗斯滨海区接壤，南隔图们江与朝鲜咸镜北道、两江道相望。延边朝鲜族自治州辖区内国境线总长755.2 km，其中，中俄边境线长232.7 km，中朝边境线长522.5 km。因此，由这两个国家越境而来的森林火灾严重地威胁吉林省森林资源。吉林省在1969—

2017 年由境外烧入引起的森林火灾共发生 26 次，占发生森林火灾总次数的 0.49%，共造成受害森林面积 888.76 hm^2，占总受灾面积的 1.89%。

吉林省旅游资源丰富，境内中东部地区的长白山景区、松花湖景区、五女峰景区、净月潭景区在每年的“五一”“十一”假期都吸引很多游客，这样就致使在林区吸烟的人数增加，大幅加重了森林火灾发生的隐患。吉林省在 1969—2017 年由野外吸烟引起的森林火灾极为频繁，共发生 1117 次，占发生森林火灾总次数的 21.23%，造成受害森林面积 7142.89 hm^2，占总受灾面积的 15.25%。野外吸烟引起的森林火灾主要分布在吉林省中东部地区，且分布较为均匀。野外吸烟引起的森林火灾延边地区发生次数最多，共发生森林火灾 419 次，且包括 6 次重特大森林火灾；其次是白山地区共发生森林火灾 212 次，包括 2 次重特大森林火灾，且主要集中发生在抚松县、白山市市辖区；吉林地区火点分布较为均匀，共发生了 177 次；通化地区发生了 107 次，主要集中在通化市市辖区。白城市由野外吸烟引起的森林火灾数量明显要高于其他火源，共发生 17 次，占该地区主要森林火源火灾总次数的 40.48%，而且还造成了 1 次重大森林火灾。

据相关资料显示，吉林省在 1969—2017 年由纵火火源引起的森林火灾共发生 150 次，占发生森林火灾总次数的 2.85%，造成受害森林面积 167.35 hm^2，占总受灾面积的 0.36%。纵火火源主要发生在近十几年，从而成为吉林省的主要森林火源。由于近年来林权逐步流向个人，私有财产因缺少单位式管理和个人原因而容易遭到他人侵犯，以及严格的限额采伐制度和对火烧材的相对优惠政策，在一定程度上诱发了放火案件的发生，加之行政边界线上和农户间的林权纠纷事件的增加，引发的利益冲突可能导致报复性故意放火烧山事件的发生。虽然由纵火火源引起的森林火灾发生较为频繁，但是造成的危害较小，并没有引起重特大森林火灾的发生。吉林省森林火灾纵火火源分布较为集中，主要发生在延边的敦化市，吉林的蛟河市、桦甸市，白山的靖宇县(龙腾腾等，2017)。

2.2.2 火源的变化规律

火源是随地理和时间而变化的，其变化规律或趋势主要体现在以下方面：

(1) 火源随着国民经济的发展而变化

当一个地区经济比较落后时，要开发山地，增加了山区的火源。当一个地区经济发达，大批的人进入森林旅游，增加了山区的火源。因此，无论穷富都要管好火源。

(2) 非生产性的火源在逐年增加

随着国民经济的发展，人民的富裕，旅游的人、吸烟的人、迷信烧纸的人、放烟花鞭炮的人增多，非生产性的火源明显增加。日本非生产性火源占了 70% 以上。我国各地也有逐年增加的趋势。

(3) 节假日的火源明显增加

我国火灾发生率较高的节日有：元旦、春节、元宵节、清明节、五一节、重阳节(老人节)、国庆节等。其中森林火灾最严重的节日清明节。各地因民族和风土人情不同，还有一些其他的节日火源，如广西壮族自治区的“三月三”，是一个主要的火源的节日。

(4) 火源随居民密度和森林覆盖率的增加而增加

一个地区的居民密度越大，森林火灾发生越频繁。库尔巴茨基用下述公式来计算可能发生的火灾次数：

$$N = KP \tag{2-1}$$

式中 N ——每 10×10^4 hm^2 的火灾次数；

P ——人口密度，人/km^2；

K ——系数，代表一个地区的民族文化素质。

如果加上森林覆盖率(L)和该地区占优势等级的自然火险林分发生森林火灾次数的百分率指数(B)进行修正，则式(2-1)成为：

$$N = KPLB \tag{2-2}$$

已知民居密度的变化后，利用该公式可在允许的精度范围内计算出研究对象的预期火灾数量。比较居民密度、预期火灾数量和实际火灾数量，就可以看出火源管理的成效。

美国加利福尼亚州 1910—1999 年统计结果表明，每百万人口增加数与森林火灾每十年火灾次数成直线增长。

(5) 各种社会矛盾加剧纵火泄愤者增加

如前所述因对社会存在不满，而放火纵火是各国都有的一种火源，尤其是在社会转型、经济发展停滞等时期社会矛盾突出时这类火源明显增加。

(6) 生产性火源在特殊情况下集中爆发

2000 年春，我国南方各省份春雨绵绵，大量的生产性用火被积压，3 月 26~27 日，天气放晴，农民急于生产用火，可这时恰逢冷锋过境，造成了南方生产性火源引起林火爆发成灾。

总之，为了控制森林火灾的发生，必须很好地掌握火源的时空变化规律。

2.3 森林火源管理措施

火源管理是在可燃物管理工作的基础上进行的行政、法律、科学技术等方面的综合性管理工作。以往人们对火源进行管理实行的是封闭式管理，在防火季节，杜绝一切野火用火。但是，随着社会的发展，这一管理模式已经不适应当今经济生活发展的要求，现在应实行开放性火源管理，实施计划烧除，鼓励积极谨慎安全地用火。虽然开放性火源管理有一定风险性，但封闭式管理是酿成特大森林火灾发生的重要因素，具有更高的风险性。

2.3.1 森林火源行政管理

森林火源的行政管理主要是指在森林防火工作中，利用行政力量，运用行政手段对森林中可能出现的火源进行管理控制，主要包括实行行政领导负责制、建立健全森林防火组织、广泛开展森林防火宣传教育、全面开展群众防火工作。

(1)行政领导负责制

国务院颁布的《中华人民共和国森林防火条例》(以下简称《森林防火条例》)明确规定：森林防火工作实行各级人民政府行政领导负责制、各级林业主管部门对森林防火工作负有重要责任。2001年，温家宝副总理提出了做好防火工作的“五条标准”，赋予了森林防火行政领导负责制新的内涵；2005年在国务院召开的重点省区森林防火工作座谈会上，回良玉副总理提出的“三项要求”，进一步拓展了森林防火行政领导负责制的外延。2019年修订的《中华人民共和国森林法》(以下简称《森林法》)第四条明确规定：国家实行森林资源保护发展目标责任制和考核评价制度。地方各级党委、政府应当把森林防火工作放在生态文明建设的重要位置，按照《森林防火条例》《党政领导干部生态环境损害责任追究办法(试行)》等有关规定，切实落实地方政府行政首长负责制，把防火责任制度的落实和防火工作成效，纳入地方经济社会发展综合评价体系，加大责任考核和问责力度。2020年7月修订的《森林法》第四条明确规定：国家实行森林资源保护发展目标责任制和考核评价制度。上级人民政府对下级人民政府完成森林资源保护发展目标和森林防火、重大林业有害生物防治工作的情况进行考核，并公开考核结果。地方各级人民政府可以根据本行政区域森林资源保护发展的需要，建立林长制。

行政首长责任制是按《森林防火条例》有关要求，每年进入禁火期前，层层签订森林防火责任状，明确目标，细化责任，将各级人员所签订的责任状中对当地的森林火灾防控、扑救责任进行清单化、条目式罗列，将责任状签订情况、落实情况纳入各级年终森林消防工作绩效考核范围，在年终考核时进行评分，并联合纪委部门制定出台森林火灾责任追究办法，对在森林火灾防控工作中失职行为设定具体的处罚依据，该措施可以更有效倒逼地方各级人民政府切实主动做好当地的森林防火工作。

在日常防火工作开展中建立森林防火监督考核制度，在重要时节及敏感时期和森林火险高危期，采取定期和不定期相结合的方式，组织开展森林消防工作巡查活动，重点巡查森林防火责任制落实情况，对在巡查中检查出的问题抄告当地森林防火指挥部，要求限期整改。

根据我国国情实行森林防火行政领导负责制，是防御森林火灾的关键措施。我们抓住了这条关键措施，就抓住了根本，抓住了要害。行政领导负责制是近几年来森林火灾受害率和森林火灾次数大幅度下降的重要原因之一。

(2)建立健全森林消防队伍建设机制

我国的森林防火工作，实行各级人民政府行政领导负责制。各级政府和有关部门要按照“形式多样化、指挥一体化、管理规范化、装备标准化、训练常态化、用兵科学化”的总体要求，建立以森林消防专业队伍为主、应急扑火队和森林消防半专业队伍为辅的森林消防队伍；探索利用政府购买服务方式，鼓励和支持社会第三方组建森林消防队伍。

根据《森林防火条例》等有关规定，我国森林防火组织体系包括以下机构：

①国家森林防火指挥部：现阶段我国设置了由应急管理部牵头，有关部委参加的森林防火工作联席会议制度，协调解决森林防火中的重大问题。国家森林防火指挥部指导全国森林防火工作和重特大森林火灾扑救工作，协调有关部门解决森林防火中的

问题，检查各地区、各部门贯彻执行森林防火的方针政策、法律法规和重大措施的情况，监督有关森林火灾案件的查处和责任追究，决定森林防火其他重大事项。国家林业局设有森林防火办公室，负责联系指挥部成员单位，贯彻执行国务院、国家森林防火指挥部的决定和部署，组织检查全国森林火灾防控工作，掌握全国森林火情，发布森林火险和火灾信息，协调指导重特大森林火灾扑救工作，督促各地查处重要森林火灾案件，承担国家森林防火指挥部日常工作。

②各级地方政府森林防火指挥部：地方各级人民政府应根据实际需要，组织有关部门和当地驻军设立森林防火指挥部，负责本地区森林防火工作。县级以上森林防火指挥部办公室，配备专职人员，负责日常工作。未设森林防火指挥部的地方，由同级国家综合性消防救援队伍履行森林防火指挥部职责。

③基层单位森林防火组织机构：林区国有林业企业单位、部队、铁路、农场、牧场、工矿企业、自然保护区和其他事业单位，以及村屯集体经济组织，应当建立相应的森林防火组织，在当地人民政府领导下，负责本系统、本单位范围内的森林防火工作。

④区域性森林防火联防组织：省、地、县、乡行政交界的林区，应建立区域性森林防火联防组织，互通情报，相互支援，定期召开联防会议，及时进行联防检查，总结、交流森林防火经验，共同做好联防工作。

⑤专业防火机构：在偏远的大面积国有林区，根据需要建立航空护林站、国家综合性消防救援队伍和专业护林队等专业组织，做好护林防火工作。有林单位和林区的基层单位，应配备专职护林员。

森林消防队伍是森林防火最基层的战斗实体，是扑救和处置森林火灾的主要力量，是实现“打早、打小、打了”的重要保障。传统、低效率、高风险的“全民扑火”观念已跟不上不断发展的林业事业的需要，只有依靠各类森林消防队伍科学扑救，才能实现“打早、打小、打了”。根据当地实际情况，着力提高专业(半专业)森林消防队伍和应急队伍的建设，逐步提升森林火灾扑救“专业化”水平，构建以专为主、专群结合的森林火灾扑救体系，提高快速应急处置的反应能力。

各级政府要切实做好森林消防队伍建设，加大在财政经费、行政管理上对森林消防队伍的倾斜力度，打造“拉得出、用得上、扑得快、打得赢”的森林消防队伍；同时，制定队伍建设标准，从队员组成、队员分组、队伍规章制度、装备建设、日常管理等方面来制定森林消防的建设标准，促进森林消防队伍健康、长久发展。各类森林消防队伍要定期开展演练和技战术培训，提高队员的森林消防安全意识和科学扑救能力，切实增强队伍战斗力，做到来之能战、战之能胜。

推进政府购买服务，引导社会力量参与森林消防。政府购买服务是新时期转变政府职能、创新公共服务提供方式的一项重要内容，国务院办公厅《关于政府向社会力量购买服务的指导意见》已明确指出，到 2020 年在全国基本建立比较完善的政府购买服务制度。因此，森林消防工作也要与时俱进。

政府购买服务，对推进社会组织和社会力量的良性发展具有积极作用，是实现中央和地方各级人民政府公共服务主体多元化的重要途径。森林防火是重要的防灾减灾事业和公共管理事务，我国实施森林防火政府购买社会组织服务，在华南、西部、西南、东北等地区以及航空消防领域都进行了实地实践，并且该措施取得了一系列成效，让政府和人们开始关注政府购买社会服务。但总体还处于摸索发展阶段，同时也发现了一些潜在的有待解决的问题。

近年来，随着国家对森林防火工作的高度重视，各级政府不断加入森林防火工作资金投入，森林防火装备信息化水平得到快速提升。无人机、卫星通信、视频监控等技术大量应用于森林防火工作，为及时预防和扑救森林防火提供了强有力的科技支撑。但从各省各地反馈的情况来看这些新技术装备普遍存在技术含量高、后续维护缺少资金等现实问题，而这些问题大都可以通过政府购买服务得到较好解决。

(3) 搞好森林防火宣传教育

在森林高火险期，进行必要的森林防火宣传，对降低辖区内森林火灾的发生率具有重要作用。森林高火险期正是农耕用火的高峰期，而农业用火是导致森林火灾的主要火源，所以进行重复性高强度的森林防火宣传对群众也是一种教育。森林防火工作是一项社会性、群众性很强的工作，它关系全社会的千家万户，涉及每个人，只有开展广泛宣传教育，提高全社会的防灾意识，才能取得良好的防控效果。各林区可采取多种形式，充分利用新闻、报纸、微博等媒体和宣传牌、森林消防横幅等工具，面向基层、面向群众、面向重点区域，大力宣传森林消防法律法规和安全防火扑火知识，特别重视典型案例的警示教育作用，使广大人民群众既懂得森林消防的政策、法规，又掌握森林消防的各项要求和应对森林火灾的能力，做到知法、懂法、守法。

各林区可根据自身的特点，分析林火发生规律和人员活动情况，开展有针对性的防火宣传教育。宣传教育要有新意，不应年年都是老一套，宣传标语、警示性标志应经常，更换内容，更换颜色，更换地点。宣传标语要简短醒目。宣传教育重点在基层，在农村、在农户和农民，在那些经常接近森林的人群。宣传教育要以人为本，尊重人们的主人翁的立场。

森林防火宣传教育内容很多，主要包括森林防火工作的重要性，森林火灾的危害性、危险性；党和国家关于森林防火方面的各项方针、政策与法律、法规及其他乡规民约；森林防火工作中涌现出来的先进人物、先进单位、先进经验；森林火灾肇事的典型案例；森林防火的科学知识经以及如何安全谨慎科学地用火等。

开展森林防火宣传，形式要多样化，在乡村与林区的结合部位，以及过境公路、路口等地设置各种固定式的森林消防宣传阵地，如设计卡通扑火员、条幅、宣传版画等，提醒人们做好森林防火工作。还可以通过广播进行宣传，将大型喇叭放置在森林防火巡查车上，将录制好的宣传语进行播放，使过往群众时刻受到教育，录制森林消防宣传语时，尽量使用本地语言，使一些不懂普通话的老年人也成为教育扩大受众面，只有不断提醒过往群众进入林区不得擅自野外用火，进行反复宣传教育，不定期的提醒和更新广大人民群众的森林防火知识，才能使森林防火责任人人清楚，深入人心，才能形成“森林防火、人人有责”自觉有序的良好氛围和局面。

森林防火宣传还要加强与传统媒体、新媒体的合作和运用，可以通过与宣传部门对接或者进行商业合作，对传统的电视、报纸媒体上的森林防火信息加大播放量，联合制作单位对一些典型案例进行一案说法，增强宣传效果。在森林防火巡查当中安排记者前行，对在森林高风险区内违法违章用火者进行曝光，用典型的事例教育群众，震慑野外违章用火者。还要加强森林公安与检察院、法院等司法机关的沟通协作，在高火险期间选取典型的失火、放火犯罪案件到被告人(行为人)所在行政村，或犯罪行为地就地开庭审判，邀请当地村民旁听，以期达到“宣判一个，教育一片”的警示教育效果。

加强与教育部门、学校的沟通协作，秉承“教育工作要从娃娃抓起”的理念，借助学校法制平台，开设“森林防火小课堂”，并选取典型案例制作森林防火知识小手册，发放赠送给林区内的中小学生，用生动形象的案例为学生们开展森林防火知识宣传。要加强与乡镇(街道)的沟通协作，组织驻村干部上门入户走访宣传或联合武装民兵分片开展扑火实战演练。同时，以文艺汇演、唱戏锣鼓、小品歌舞等这些群众喜闻乐见的宣传方式，自编一些森林防火小品等节目，增强森林消防的宣传效果，使林区常驻群众能在寓教于乐中很快体会到森林防火责任重大。

另外，对于林区内的旅游景点的森林防火宣传工作，要针对前来旅游的人群特点，有针对性地进行森林防火教育，由于旅游人群的不确定性，所以要求他们基本知晓林区内禁止吸烟、禁止携带火种进山等基本森林防火常识，可以在旅游景点的入口处发放森林防火的传单，在人群密集处设置岗哨，以及在门票上张贴相关森林防火的温馨提示，提升旅游群众防火观念。

宣传教育是一项基础工作，要舍得投入，投入一般应占整个防火资金的30%以上。

(4)广泛开展群众防火

森林火灾不同于一般的自然灾害和人为灾害，它涉及面广、突发性强，受自然、社会等多方面因素的影响和支配，对于它的预防应属于抢险救灾范围，因此它就是一项社会性很强的系统工程，既要有各级政府行政力量的参与，更要有广大群众的支持和配合，广泛的开展群众性防火工作。做好群众防火工作，加强群众防火，可减少人为火源，会使森林火灾面积明显下降。

群众防火是一项复杂的社会性很强的工作，必须做到家喻户晓，人人皆知，不能有遗漏。为了搞好群众防火，要摸清森林火灾发生的规律，深入了解各种火源出现的时间、地点、起因、种类、肇事者，要抓住关键时刻，如防火季节严加控制火源，即可预防森林火灾的发生。搞好群众防火，还要了解不同层次人的动态，如工人、农民以及各行各业群众的心理状态，及其活动规律。所以搞好群众防火是火险季节的主要防火工作。防火宣传教育是群众防火的重要组成部分，也是群众防火的主要工作方法。尤其在防火季节，要加强对进入林区的人员护林防火宣传，真正做到护林防火人人有责。除开展防火宣传外，还要进行法制教育，为以法防火，依法治林创造有利条件。

各林区要依法建立执行各种护林防火制度，并且充分利用防火乡规民约进行防火管理。如防火季节发放入山许可证，实行分片包干制度，在防火季节林区群众自觉制订防火公约，规定五级以上大风挂黄旗，禁止用火，挂牌值日防火等。

真正把野外火源管住，是群众防火的重点，也是难点。森林部队依法进行森林防火灭火和森林资源的保护工作，一定要积极参加群众防火工作(敖孔华等，2017；高芙蓉，2015；杭州市财政局，2010)。

2.3.2 森林火源法制管理

森林防火不但要重视行政管理，更重要的是以法律为依据，运用法律手段依法治火。因此，逐步建立和完善各种法律、法规和规章制度，改变森林防火工作有法不依、执法不严、违法不究的状况，使森林防火工作走上法制管理轨道。

2018年3月，在最新一轮的中央机构改革中，根据《中共中央深化党和国家机构改革方案》文件要求，在国务院直属领导的部委中，新成立了应急管理部，该部负责领导管理处置协调全国公共突发事件的危机管理事务，还把国家森林防火指挥部职责纳入其中。按改革要求，应急管理部的下属部门改革实践表基本确定，所有的县级以上地方政府都将设立应急管理局。同时在应急管理领域其公共危机管理法制建设也相应同步推进。2007年8月30日，第十届全国人民代表大会常务委员会第二十九次会议通过了《中华人民共和国突发事件应对法》(以下简称《突发事件应对法》)，使我国在公共危机管理法制化建设方面迈出了历史性的一步。

目前森林防火执法领域方面可用的法律法规，主要有《森林法》和国务院颁布的《森林防火条例》《中华人民共和国森林法实施细则》等，基本做到在日常森林防火执法检查中做到有法可依。各省、直辖市也对森林防火工作高度重视，都发布有适用各省的《森林防火条例实施办法》《禁火通告》等规范性文件。可以为森林防火执法过程中进行处罚提供相应的处罚标准。

目前，我国已形成了以《森林法》《森林法实施条例》《突发事件应对法》为指导，以《森林防火条例》为基本遵循，以防火部门规章、防火规划、《国家森林火灾应急预案》为组成部分，以地方法规为配合的较为完整的法律体系，对森林防火而言，法治化水平很高，法治管理体制很规范。

在我国的森林防火法律体系中，上下位法有机衔接、互相补充、互相配合，既明确了森林防火的责任主体，又确定了全国统一指挥火灾扑救的体制，为做好森林防火工作提供了坚实的法律保障。进入21世纪以来，随着依法治国方略的深入实施，全国和各省(自治区、直辖市)一系列法律法规相继公布实施，加快了我国林火管理立法步伐，全面提升了我国林火立法的质量。

各地在贯彻法律法规时要建立健全依法治火工作机制，建立健全地方配套法规和部门规章。实行行政执法责任制，设置执法岗位，明确执法责任，建立执法管理体系。对于违反野外用火规定，引发森林火灾的，加大处罚力度，考虑增设行政拘留等处罚措施。加强执法主体建设，探索森林防火行政执法体系。加强森林公安机关与森林防火部门的配合，建立森林火灾案件快速侦破机制，协调检法机关解决在查处森林火灾刑事案件中遇到的司法问题(李小川等，2008)。

2.3.3 森林火源技术管理

火源管理技术包括天然火源管理技术和人为火源管理技术，对火源进行统计分析，掌握火源变化规律，绘制森林火灾时空分布图，划分防火期，信息化管理等。

(1)天然火源管理

天然火源是一种难以控制的自然现象，如雷击火、火山爆发、陨石坠落、泥炭发酵自燃、滚石的火花、滚木自燃、地被物堆积发酵自燃，等等。从世界各国的天然火源引起森林火灾发生的情况来看，其中最主要的是雷击火。

对雷击火进行管理，可简单地从对雷暴天气系统的发展路径和雷达四级特征分析易于引起森林火灾的干雷暴，也可利用闪电磁电波相位差和时间差联合测距单站定位。国外利用云-地闪电的回击波所产生的电磁场对地闪进行识别，并于 1989 年得以应用。这些数据能给指挥员提供落雷具体经纬度、时间、闪电强度、回击数、定位方法、最佳定位参数、投入定位的站数，为雷击火测报提供了依据。

(2) 人为火源管理

日常管理中应该掌握、分析火源的时空分布规律和各种火源的着火途径，同时还应该了解火情、火警多发生在什么地段和什么植被上，这样才能有针对性地采取相应措施，减少森林火灾的发生。科学分析火源还应研究林火火源变化规律。

在科学分析火源的基础上，还应研制森林火灾发生图与火源分布图，以更好地掌握各种主要火源分布地点和出现时间，方便重点部署防火、灭火力量和有效地控制火源。

由于一个地区的火源随着时间、国民经济的发展以及人民群众觉悟程度而发生变化，火灾发生图、火源分析图要每隔 5～10 年进行分析修正或者重新绘制。

(3) 确定火源管理区

根据居民分布、人口密度、人类活动等特点，进一步划分火源管理区。火源管理区可作为火源管理的基本单位，同时也作为森林防火、灭火的管理单位。火源管理区的划分应考虑以下 4 个方面：一是火源种类和火源数量；二是交通状况、地形复杂程度；三是村屯、居民点分布特点；四是可燃物的类型及其燃烧性。

火源管理区一般可分为以下 3 类：

一类区：火源种类复杂，火源的数量和出现的次数超过该地区火源数量的平均数；交通不发达，地形复杂，易燃森林所占比例大；村屯、居民点分布散，数量多，火源难以管理。

二类区：火源种类较多，其数量为该地区平均水平，交通条件一般，地形不够复杂村屯、居民点比较集中，火源比较好管理。

三类区：其特点是火源种类简单，其数量少，低于该地区平均水平，交通比较发达地形不够复杂；森林燃烧性低，村屯、居民点集中，火源容易管理。

火源管理区应以林场或乡镇为单位进行划分，也可以县或林业局作为划分单位。划分火源管理区之后，按不同等级制定相应的火源管理、防火、灭火措施及制定火源管理目标，开展目标管理。

此外，也可以将火源分为时令性火源、常年性火源、流动性火源、重点火源等。依此可以对火源和林火发生进行预测预报。

(4) 开展火源综合管理

火源管理是森林防火工作的永恒主题。在一个相对的区域内，火源管理措施是否无遗漏地实现了全面覆盖，是否在调整林区社会行为方面全面发挥了作用，是否有效地预防了森林火灾的发生，是衡量火源综合管理水平的三大标准。火源综合管理不同于一般的火源管理，它是立足于全面调整林区社会有关森林防火的组织行为、生产行为和林区人群生活行为，利用法制、经济和行政等多种管理手段协调实施的管理模式。

通过森林火源综合管理，可以强化林区社会各类人群的森林防火思想观念，调整林区社会各类人群的用火行为，最终达到林区社会生产经济发展与森林生态安全相协调，实现林区社会的持久性森林防火安全和稳定。

森林火源综合管理不同于以一类或多类火源为对象而直接采取措施的一般意义的火源管理，它是站在社会学角度，以培育林区社会成员群体的火险意识为出发点，用火险状态来约束用火行为的综合性管理。这种综合性约束应当是自我约束与外力综合规制调整相结合，以协调保障林区社会生产经济活动为目的，核心目标是建立起良好的森林防火社会化基础。

森林火源综合管理在实际操作中应当确定防控指标、防控途径、资源保障政策等内容。防控指标可以包括森林火灾发生率、危害率等，具体控制指标可以包括各个火源产生类别、群体不当用火，是社会公众对火源产生数量或频率、范围方面的心理允许水平等。防控途径是营造林区广泛性的用火文明。在管理实践中应以协调性思想培育，重点以普遍的教育和行为规范为主。在管理措施上应在全面掌握本地区现有森林火源现状的基础上，因地制宜逐步完善。首先，要在国家法律体系内针对林区社会生产生活活动的基本规律、特点，研究制定森林防火法规规章及配套的行政管理制度，地方各级人民政府及其防火机构要建立健全森林防火政策制度，用法律的和行政的手段建立健全适合本地森林火源实际的系统性行为规范。其次，培育用火文明社会环境，通过各种管理手段和措施使林区群众自我约束不文明、不符合社会道德和社会规范的用火行为，形成依法文明用火的社会环境。第三，建立健全系统性综合管理方案，在每一个森林防火期前，要以当地森林防火工作的管理目标为依据确立出火源管理的具体目标和各个方面、各个环节的具体控制指标，专门研究和制定火源管理的具体政策规定和管理措施，并形成专项工作方案。最后，应全面落实管控责任要明确责任，明确规定，落实到人头。要严格按照相关的管理规定，采取引导加约束、监督加处罚等措施对各个职能单位和工作岗位，对每一个人都进行适时的管理和控制。

实施林区火源环境的综合治理，最复杂、最困难和最关键的因素就是当地林区的火源环境问题。对于火源多发区的综合治理可采取由当地政府挂帅，组织多个相关部门全面进行林区社会动员和防火安全教育；动员和教育的同时制定处罚非常严明的火源管制措施，并建立严格的目标管理责任制度，层层落实下去；普遍建立乡规民约组织，促进村民自律和相互监督，实行举报违章用火有奖和连带处罚等基础性防范工作；加大处罚措施和更加细致的火源疏导措施，实行从重处罚违章用火和合理疏导相结合的“两手抓”对策，并加大火源监管人员密度；建立和实行领导干部层层负责和分片蹲点包保责任制度；对于林区所有的生产单位、作业点和居民等林区人口，全部以户或生产组织为单位，逐个送达和签订森林防火责任书，明确规定其防火义务和法律责任；组织开展多种形式的工作安排、调度及整改活动，确保管理措施层层有力，层层加力，对相关职能部门和单位也同步实行专项考核制度，明确奖惩措施，并坚决执行。

对于时段性火源多发区的综合治理，关键是提前判断和预测，并超前采取强有力的预防性管理对策。在实践中可采取严密监控森林防火期内林区各项生产活动的运行规律和特点，结合火险天气条件预报做出相对准确的林区农业生产各个环节的出现期、高峰期、结尾期预报；提前对各个时期可能出现的火源问题进行应对部署，落实措施，对用火需求进行合理疏导和监护下的计划烧除；在高峰期时段，大量增加临时防护力量，深入到各个林区的林地边缘、入山道口等进行全天候用火巡查和管制；组织动员行政执法力量全面进行违章用火案件查处，并开动宣传工具和宣传媒体进行警示教育，公开处理违章用火案件，发挥法律的震慑作用等手段。

(5) 划分防火期

《森林防火条例》第二章第二十三条规定：县级以上地方人民政府应当根据本行政区域内森林资源分布状况和森林火灾发生规律，划定森林防火区，规定森林防火期，并向社会公布。森林防火期的确定，是一件极严肃的重大事情，它具有法律权威，因此要十分慎重，要有充分的科学依据，但我国各地的防火期确定还存在着某些主观性。苏联的火险期始期是林间空地积雪完全融化日。我国高颖仪(1988)用火灾累积频率来确定吉林省防火期。整个春(秋)季森林防火期，以累积率达到 1%或以上为防火始期，以累积率达 100%为结束期。其中累积率达 5%～99%为正式防火期，累积率达 15%～95%为紧张防火期，累积率达 25%～90%为最紧张防火期。有必要时将最紧张防火期，宣布为防火戒严期，将最危险的地带宣布为防火戒严区(图 2-6)。

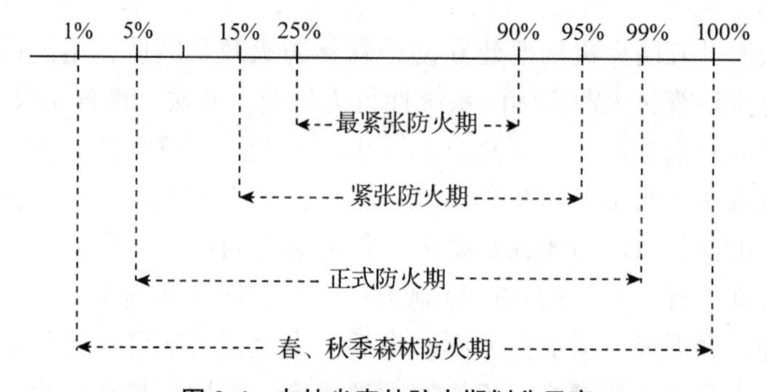

图 2-6　吉林省森林防火期划分示意

由于我国幅员辽阔，森林防火期南北差异很大。南方一年四季都可以发生森林火灾，北方除了冰雪覆盖季节以外，也都可以发生森林火灾。所以，在防火期的确定上各地要因地制宜，只有这样才能有效实施火源管理(陈小强，2008；王明等，2008)。

思考题

1. 简述森林火源的概念。
2. 简述森林火源的种类。
3. 简述主要的森林火源。
4. 简述森林火源时间分布规律。
5. 简述火险天气和火灾季节。
6. 影响林火发生的气象要素有哪些？
7. 简述森林防火期与防火戒严期区别。

8. 简述火源管理控制。
9. 请说出森林火源空间分布规律。
10. 简述森林消防队伍管理制度。

参考文献

敖孔华，周俊亮，舒立福，等，2017. 我国森林防火实行社会化有偿服务的探究[J]. 森林防火(2)：1-7

陈小强，2008. 我国政府购买社会工作服务初探[J]. 中国政府采购(85)：35-39.

高芙蓉，2015. 政府购买社会服务研究综述[J]. 郑州轻工业学院学报(社会科学版)(3)：41-47.

杭州市财政局，2010. 关于政府购买服务问题的思考[J]. 经济研究参考(44)：30-32.

胡海清，2005. 林火生态与管理[M]. 北京：中国林业出版社.

李少虹，2018. 浙江省森林火灾时空分布及其对策[D]. 杭州：浙江农林大学.

李小川，李兴伟，王振师，等，2008. 广东森林火灾的火源特点分析[J]. 中南林业科技大学学报，28(1)：89-92.

林花明，2017. 福建省森林火灾发生和火源时空分布规律研究[J]. 林业勘察设计(3)：10-12.

林其钊，舒立福，2003. 林火概论[M]. 合肥：中国科学技术大学出版社.

龙腾腾，高仲亮，王秋华，2017. 云南省森林火源特点分析[J]. 安徽农业科学，45(32)：165-166.

秦富仓，王玉霞，2014. 林火原理[M]. 北京：机械工业出版社.

舒立福，刘晓东，2016. 森林防火学概论[M]. 北京：中国林业出版社.

宋光辉，李华，方海滨，等，2019. 吉林省主要森林火灾火源的时间变化特征[J]. 森林防火(1)：15-18.

王名，乐园，2008. 中国民间组织参与公共服务购买的模式分析[J]. 中共浙江省委党校学报(4)：5-13.

姚树人，文定元，2002. 森林消防管理学[M]. 北京：中国林业出版社.

尹赛男，宋光辉，单延龙，等，2019. 吉林省主要森林火灾火源的空间分布[J]. 东北林业大学学报，47(3)：79-83.

张媛，李胜男，张运生，2018. 森林雷击火特点和监测预警技术研究进展[J]. 森林防火(3)：44-48.

郑焕能，1992. 森林防火[M]. 哈尔滨：东北林业大学出版社.

第3章 林火行政管理

在依法治国的大背景下，基于森林防火的严峻形势，为了加强我国林火管理的规范化建设，本章针对林火行政管理进行研究，选取美国作为比较分析的对象，积极探索完善我国林火行政管理的方式、方法。林火行政管理，是林火行政管理机构依据有关法律赋予的职责，通过宣传提高公民的森林防火意识，依法进行火源管理，减少森林火灾发生所展开的行政行为。林火行政管理是依法治火的政府行政行为，主体是负有林火管理职能的行政机构，运用的基本方法是法律、政策和宣传教育，最终目标是减少森林火灾的发生。

3.1 林火行政管理基础

3.1.1 林火行政管理的发展历程

盛世兴林，防火为先。森林防火是森林保护工作中最为重要的一环，因为火灾不仅会损害森林资源，更会破坏生态安全，而地球上自出现森林以来，森林火灾也就随之出现。森林火灾发生、发展的条件主要有森林可燃物、森林火源、火环境等，其影响因素有自然因素(如可燃物的数量、分布、干湿程度、火险天气、雷击发生概率等)，也有人为因素(如人类的生产性用火、生活用火、纵火、森林火灾的扑救能力等)。基于森林火灾的这两种影响因素，对界定森林火灾的属性就存在两种观点：一种将其界定为“自然灾害”；另一种则认为森林火灾应属“天灾+人祸”(李洪泽，2001)。森林火灾具有“自然灾害”和“人为灾害”的双重属性。因此，在预防和控制森林防火工作中，从其自然灾害的属性出发，森林火灾的发生和发展有不以人的意志为转移的客观规律，人们只有掌握其规律性，才可进行一定程度的控制；而从其人为灾害的属性出发，必须强化林火行政管理，才能通过依法履行法律赋予的职责，做好火源管理工作和宣传教育工作(薛文彪，1999)。

随着现代科学技术的不断发展，各种高新技术不断应用于森林防火和用火的各个领域，人类控制森林火灾的能力得以大大进步。但是，目前只有少数国家能做到基本控制森林火灾，如欧洲的芬兰、瑞典、德国、瑞士等一些国家，这主要是依靠其先进的防火手段、科学的管理方式和特殊的地理条件。而像美国、加拿大、澳大利亚、俄罗斯等一些国家，虽然具有先进的防火灭火技术和手段，但是由于地广林多，加之近年受全球气候变化的影响，至今还未解决特大森林火灾的控制和扑救问题。

目前，全球每年平均发生森林火灾约为22万次以上。纵观全球森林火灾的发生，温带地区最易发生火灾，以大洋洲的森林火灾最为严重，北美洲次之，北欧最少。如图3-1所示，2008—2010年，美国平均每年发生森林火灾7.66万起，位居第一；澳大利亚平均每年发生4.21万起，位居第二；中国平均每年发生1.02万起，位居第三；由于人为和自然因素的影响控制得当，且日本国土面积较小等，日本的森林火灾已经由20世纪80年代的年平均6906起，降为图中的年均1789次，年均火灾次数相对最少；而瑞典的森林火灾次数则由20世纪80年代的年均2359起，上升至4207次，全球森林火灾形势依然严峻。

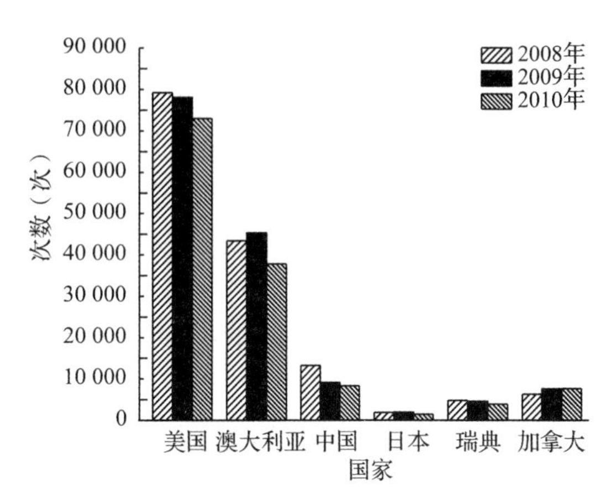

图3-1 世界主要国家森林火灾次数

（数据来源：The Geneva Association World Fire Statistics Newsletter，2014）

3.1.2 林火行政管理国内外研究现状

我国的林火研究工作开展时间并不长，且专业从事这项研究的人员并不多，但是仍取得了较大的成就。主要原因包括以下三个方面：一是科技的进步。依托科技的进步，各种高新技术被广泛应用于林火管理中，大幅提高了我国的林火管理水平，从这一领域进行林火研究的成果也是最多的。二是林火两重性的认识逐渐深入。新中国成立后，我国的林火管理一直围绕着灭火为主，在几场特大森林火灾发生后，我国开始反思现有的管理现状，逐步深入认识到林火两重性在森林防火中的有益作用。三是注重借鉴国外经验。“他山之石，可以攻玉”，这一思想一直被我国各个领域作为主要的研究方法得以运用，我国在长期的林火管理实践中也十分重视通过比较研究，借鉴他国经验来完善我国的林火管理，这一方法既有效又便捷，更重要的是具有很强的实际操作性。我国的林火基础研究开展较晚，这些研究多为针对某一简单方面或是简单的探讨，较少有全面深入地针对某一领域展开研究，尤其是关于林火行政管理的研究。

国外林火研究的成果主要集中在几个森林资源丰富却火灾频发的国家和地区，主要有美国、加拿大、欧洲和澳大利亚。其中美国和加拿大的林火研究基本实现了资源和经验共享，而欧洲则是以欧盟的协调管理为基础，这些国家的林火研究方向和研究成果一直是世界各国学习和借鉴的主要内容，也代表了当今世界的林火研究现状和水平。

3.1.3 林火行政管理研究的重要性

党的十八大报告明确指出：法治是治国理政的基本方式。为了适应形势任务的新变化，应尽快完善我国的森林火行政管理工作，实现依法治火的新目标。为了达到这一目的，应结合实际，完善我国的林火行政管理责任制度，健全现有林火法律法规体系，创新火源管理的手段和机制，提高林火宣传教育的效果。

随着林火研究的不断发展，林火研究已不再仅仅局限于林学范畴，环境生态学、地质学、气象学、灾害学、计算机应用，甚至法学和管理学等学科都有所涉及。在世界范围内，林火研究涉及的学科已多达 93 个，其中美国涉及 60 个学科，而我国仅涉及 31 个学科，且这些学科都以林火技术研究为主。相较之美国，我国的林火研究呈现出研究范围小，涉及学科少且缺少学科间的交叉研究的特征。为了改善这一现状，完善我国的林火研究工作，林火科研人员理应开拓视野、扩展知识，积极开展相关学科间的合作(Turner et al.，2003)。基于森林火灾对环境和生态的严重破坏作用，全球气候变暖加重了防火减灾的迫切性，以及当今世界林火研究领域的动向。

3.2 我国林火行政管理

组织机构的建立及其内部协作是林火行政管理中至关重要的一个部分，合理的组织机构设立是林火管理工作的基础，良好的机构内部协作则可以保证林火管理工作的高效性及有效性。林火管理包括林火的行政管理和技术管理，研究林火的行政管理，不涉及林火技术管理的研究。林火行政管理，是林火行政管理机构依据有关法规赋予的职责，通过宣传，提高公民的森林防火意识，同时依法进行火源管理，减少森林火灾发生所展开的行政行为。

3.2.1 我国林火行政管理机构

3.2.1.1 机构的建立和发展

我国林火行政管理机构的建立始于 20 世纪 50 年代，经历了从地方到国家，几起几落的过程。1951 年 2 月，吉林省实行了护林防火责任制，这是我国有关森林防火最早的地方制度，那一时期我国的森林防火工作主要由政务院负责，且政务院发出了一系列的指示，用来指导全国的森林防火工作。

我国的地方林火行政机构的发展，是从东北和内蒙古这两个重点林区开始的。1952 年，林业部在东北和内蒙古林区开始建立航空护林基地。1963 年，国务院颁布《森林防火保护条例》，明确提出：省、自治区人民委员会应当根据实际需要，在大面积国有林区建立护林防火机构，配备森林警察，加强治安、保护森林。这是我国第一次用法律形式要求必须成立专门的林火行政管理机构。1981 年，林业部根据这一时期的林业管理文件精神和林区护林防火工作实际情况，做出了要进一步加强森林防火组织、专业队伍和设施建设的指示。1986 年 5 月 6 日，发生在大兴安岭的特大森林火灾引起了全党和全国人民极大的关注。为此，国务院于 1987 年 8 月成立了中央森林防火总指挥部，由时任国务院副总理田纪云任总指挥，负责统一领导和指挥全国森林防火工作，这是中国中央人民政府层面上的国家林火行政管理机构。1993 年，因国务院机构改革曾一度撤销了国家森林防火总指挥部。直至 2006 年，由于全国森林火情日趋严重，现有森林防火组织体系弱化的弊端逐渐突出，2006 年 5 月 29 日，国务院办公厅下发文件，再次批准成立国家森林防火指挥部，代表国务院承担领导全国森林防火工作的任务。国家森林防火指挥部的恢复，标志着国家对林火行政管理工作的全面加强，从此，自上而下的林火行政管理体制在我国正式确立。

3.2.1.2　机构设置

我国的林火行政管理机构自上而下可以分为四级：国家级、省级、地市级和县级(图 3-2)。

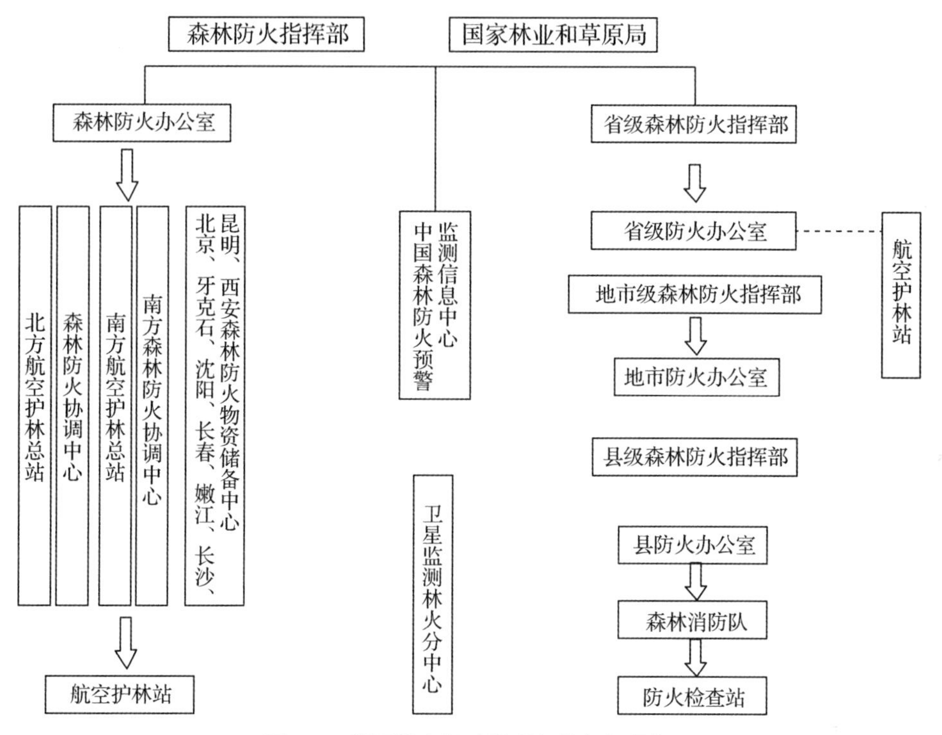

图 3-2　我国林火行政管理机构组织框架

(1)国家层面防火管理机构

我国最高也是国家层面的森林防火行政管理机构是国家森林防火指挥机构。《森林防火条例》第四条规定：国家森林防火指挥机构负责组织、协调和指导全国的森林防火工作，国务院林业主管部门负责全国森林防火的监督和管理工作，承担国家森林防火指挥机构的日常工作。国务院其他有关部门按照职责分工，负责有关的森林防火工作。

(2)地方层面防火管理机构

《森林防火条例》第五条规定：森林防火工作实行地方各级人民政府行政首长负责制。县级以上地方人民政府根据实际需要设立的森林防火指挥机构，负责组织、协调和指导本行政区域的森林防火工作。县级以上地方人民政府林业主管部门负责本行政区域森林防火的监督和管理工作，承担本级人民政府森林防火指挥机构的日常工作。县级以上地方人民政府其他有关部门按照职责分工，负责有关的森林防火工作。

在国家层面管理体制上，机构改革后，应急和林草部门重新划分了森林草原防灭火相关职能，部分市县林草管理机构合并到自然资源部门，原森林公安划归至公安部管理，在森林草原防灭火工作改革"一分为三"的情况下，各方职能划分进一步理顺细化，明确"消"与"防"的具体责任边界(图 3-3)。在地方层面管理体制上，目前大部分地市森防指办公室都未实体运行，一定程度制约了业务工作开展，可将森防指办公室

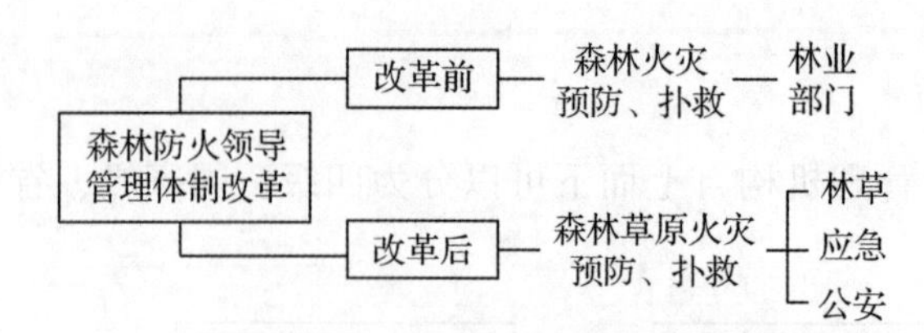

图 3-3 改革前后我国林火行政管理机构组织

作为常设机构固定下来，将人员配置、经费保障等纳入各级人民政府预算统筹安排。在基层末端落实上，进一步压实基层防火责任，切实解决森林防灭火责任落实“最后一公里”问题。

3. 2. 1. 3 行政体制的特点

(1) 政治性质的政府职能

在我国，根据《森林法》和《森林防火条例》的规定，林火行政管理是各级人民政府的法定职能，实行政府负总责的体制，地方各级人民政府对林火行政管理实行行政首长负责制，这个体制具有强烈的政治性。在各级政府及负责人的眼里，林火行政管理不仅是政府行政职能，更是一项政治任务，由于林火行政管理的核心是预防和扑救森林火灾，因此，它具有国家抢险救灾性质，是国家突发事件应急体系的重要部分，也是国家消防工作的组成部分。

(2) 首长负责的责任体系

行政首长负责制是指国家特定的行政机关首长在所属行政机关中处于核心地位，在本机关依法行使行政职权时享有最高决定权，并对该职权行使后果向代表机关负个人责任的行政领导制度(Turner et al.，2003)。在森林防火和林火行政管理中实行政府行政首长负责制，具有浓厚的中国特色，在长期实践中，这一制度和机制发挥了极大的作用。在重大林火扑救组织指挥过程中，在林火行政管理的系统中，这个制度强化了政府职责，明确了行政官员和个人的职责，有利于增强官员的责任意识，也便于依法问责追责。这一制度把林区的防火工作和防火指标层层分开，片片分解，包干到人，明确了各级森林防火工作的责任主体。但是随着这一制度发挥积极作用的同时，还应认识到现有制度也需要与时俱进，进一步完善和调整。

(3) 举国体制的统一指挥

在我国，中央、省(自治区、直辖市)、市、县四个层级人民政府都依法成立了森林防火指挥部。森林防火指挥部是各级政府中专门负责监督管理林火(森林防火)的行政机构，各级政府中的林业行政主管部门承担的是本级政府森林防火指挥部的日常工作。“森林防火指挥部”及日常办事机构的行为，就代表了本级政府的林火行政管理行为。在国务院成立了“国家森林防火指挥部”，它是代表国务院负责全国森林防火统一指挥的跨部门、跨行业、跨系统的重要的非常设机构，在党中央、国务院领导下，统一组织、协调和指导全国林火行政管理工作，是全国最高的林火行政管理组织机构。由于国家森林防火指挥部直接由党中央和国务院领导，又有《森林防火条例》等法规赋予的权力，更有跨部门、行业、系统指挥的地位，一旦发生重大森林火灾，国家森林防火指挥部就能调动、整合、指挥全国的扑火资源和专业队伍，具有中国特色的举国体制优势。

3.2.2　我国林火行政管理法律体系

3.2.2.1　我国国依法治火的发展历程

我国属于大陆法系，习惯于通过制定统一的法典对某一系统进行规制，并形成以制定法为核心的自上而下的配套法律体系。我国早在春秋初期，管子就主张依法治林，鉴于历史上“烧山林，破增薮，焚沛泽”等滥用火的惨痛教训，他主张“修火宪，敬山泽、林薮、积草”，加强山林防火立法，实行林火警戒管理。管子是我国古代森林法制思想的奠基人、他的依法治林思想对后世立法影响很大，秦代《田律》、唐朝《唐律》以及清代的相关律令都对林火保护做出了明确而严格的规定(李志勇，2009)。

新中国成立后，我国十分重视包括防火基本制度的综合性森林保护的立法，早在1963年就制定了《森林保护条例》，1979年又制定了试行的森林法。在1985年正式制定了《森林法》，1989年进行了重大修改。2000年颁布了《森林法实施条例》。在森林法及其条例中均有关于森林防火的制度和规定。《森林法》是我国森林保护的基本法，是中国森林防火单行法规的上位法，也就是“母法”。在这个上位法之下，国务院颁布了《森林防火条例》(1988年颁布，2008年修订)。《森林防火条例》对林火预测预报、联防、防火责任制、预警机制、指挥系统、火灾扑救、野外用火管理、灾后评估以及法律责任做了明确规定，是全国森林防火工作的根本法律依据。在此基础上，各地方人大依照立法权限，根据《森林防火条例》制定了一系列地方的防火法规，体现了各地防火工作机制和制度的特殊性。例如，江西、四川、福建、云南、吉林、广东、重庆、湖南、贵州等地都颁布了森林防火地方法规。这些地方法规与《森林法》《森林防火条例》共同组成了具有中国特色的森林防火法律体系。

我国的依法治火主要经历了四个阶段：①政策调整阶段(1949—1962年)；②依法治火起步阶段(1963—1987年)；③依法治火形成阶段(1988—1997年)；④依法治火提升阶段(1998—2006年)。

3.2.2.2　我国林火行政管理法律体系概述

我国目前已经形成了以《森林法》《森林法实施条例》《突发事件应对法》为指导，以《森林防火条例》为基本遵循，以防火部门规章、防火规划、《国家森林火灾应急预案》为组成部分，以地方法规为配合的较为完整的法律体系，对森林防火而言，法治化水平很高，法治管理体制很规范(图3-4)。

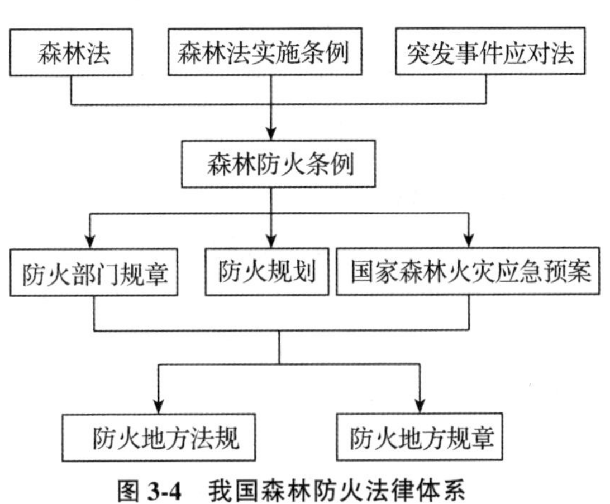

图3-4　我国森林防火法律体系

森林防火政府规章，同时各级政府制定的一系列森林防火政府规章是根据国家不同时期森林防火工作的指导方针和需求，结合实际，制定和出台了不同效力级别的森林防火法规，见表3-1。

这些法规的出台不仅仅是为了贯彻其相应时期上位法的精神，更是为了有力地推动各地依法治火工作的开展，为各地的林火行政管理工作提供有力的法制保障，从而全面完善我国的林火行政管理工作。

表3-1 全国各地林火相关法规

法规名称	制定地区
森林防火条例	2011年：汕头经济特区；2012年：云南、江西、河南；2013年：福建、四川、贵州；2014年：山西太原、云南昆明；2015年：海南
森林防火条例实施办法	1990年：湖南；2012年：新疆；2013年：山东
森林防火办法	2009年：贵州贵阳；2011年：北京
森林防火实施办法	1990年：湖南；1988年：吉林；1989年：四川；1996年：河北、广西
森林防火规定（管理规定）	1995年：广东；2004年：山东；2011年：河北
火源管理办法	2011年：安徽；2012年：广东梅州；2013年：四川、北京等

3.2.3 我国火源行政管理

火源是森林燃烧的三要素之一，是引起森林火灾的主导因素。在防火季节，当森林中存在一定数量的可燃物，并且具备引起森林燃烧的火险天气条件时，是否会发生森林火灾的关键就取决于有没有火源(胡海清，2005)。通常情况下，火源被分为两大类，即天然火源和人为火源。天然火源是指自然界中能够引起森林火灾的自然现象，如雷击、火山爆发、陨石坠落、滚石火花、泥炭自燃等，其中最为常见的火源是雷击火源，由雷击引起的森林火灾被称为雷击火。人为火源是人为引起森林火灾发生的行为或活动，来自人类对火的应用，主要是由人们用火不慎而引起的，是林区森林火灾发生的最主要火源。

3.2.3.1 管理的内容

(1)用火许可制

在我国，根据《森林防火条例》，实行野外火源管理用火行政许可制，即由一定级别的政府审批，《森林防火条例》第二十五条和第二十七条共规定了三类审批情况，即用火审批、特别行为审批和设检查站审批。用火审批中的用火，一般分为生产用火和非生产用火，两种用火均要由政府审批。

(2)用火管控制

对依法不实行行政审批的火源，采取严格管控措施。对野外用火管控措施，各地做法不尽相同，但大多是“十不准”“五不烧”等。对生产经营、工程施工等用火，一般都审批允许，但生活性用火有的禁止，有的严格管控，在特别气候条件下，有的禁止一切用火。国家森林防火指挥中心2010年12月10日在紧急发布的通知中提出，高火险时期一律严禁一切野外用火。2016年3月21日又下发通知，要求在四级以上高火险天气，坚决禁止一切野外生产生活用火，各地一般发布禁火令，冻结一切用火审批。

(3) 火源责任制

要求把管控火源责任落实到火源管理各个环节，采取市包县、县包乡、乡包村、村包户、联户联保、农户轮流防火执勤等形式，层层落实火源管控的责任，并以此为监督依据。各地方规定，火源管理也实行行政首长负责制，例如，广东省就把火源管理行政责任制制度分为 3 个层面：管理责任、预防责任、扑救责任。在每个层面上，又把各级政府的责任分解为镇级政府和街道办事处、县级政府、地级以上市政府责任。在责任主体上，实行各级政府行政首长负责制，政府和有关单位负责人为第一责任人，对森林防火工作负主要领导责任；分管森林防火工作负责人为主要负责人，对防火工作负直接领导责任；各单位的森林防火责任人，对本单位防火工作负直接责任。

(4) 人员管控制

防火就是防人的思想，严格管理进入林区、山区的人员：一是生产作业施工人员；二是进山旅游人员；三是重点防控人员，如儿童、少年、智障人员、精神疾患人员等；四是林区原住民。一些地方进山人员也要发进山许可证，无证则不可进山，允许入山人员实行实名身份证登记制度。广东省《野外火源管理十项规定》要求：进入林区从事林副业生产的人员，必须经乡(镇)政府或县森林防火指挥部批准，领取“进入林区作业证”。浙江省规定，在森林防火期内，进入林区活动的人员必须实行入山登记制度。

(5) 重点区域管控制

在重点林区、森林公园、风景名胜区、自然保护区、世界遗产区、油站、气站等重要敏感设施等区域，实行特别管理制度，主要为封控火源。江西省九江市规定，对重点区域划定用火严管区：林区文物古迹、自然保护区、风景名胜区、森林公园、易燃易爆场所边缘 200 m 以内；高速公路、京九铁路边缘 500 m 以内；机场周围 800 m 以内为野外用火重点严管区，原则上禁止野外用火。安徽省要求，林区的住宅、厂房、易燃易爆站库、重要设施、电信线路、电力设施、石油天然气管道等高危区域必须开设防火隔离带。浙江省规定，对于自然保护区、风景名胜区等特别重要的区域，县级政府可划定常年禁火区。

3.2.3.2 火源管理行政措施

火源管理行政措施，是指各级人民政府依法对火源进行管控的行政方法。根据全国各地的实践，依照《森林防火条例》，各级人民政府在火源管理方面经常采用的行政措施，主要包括以下方面：①划定防火期、防火区、高火险区；②经政府批准设立检查站；③依法履行用火审批制；④依法管理火源；⑤适时发布禁火令；⑥加强执法力度，检查、督促整改、消除隐患；⑦明确各级行政部门责任；⑧火源封控。

3.2.3.3 管理的特点

(1) 管控制度严格

我国通过《森林防火条例》、地方法规制定了严格的火源管控规范，其细致程度，堪称世界上最为严格的火源管理制度。除了被世界各国广泛采用的用火审批制以外，更重要的是首长负责制、责任追究制、入山管控制、设关堵卡制等我国特色火源管控制度。这些管控制度从上到下、从政府到群众、从实施火源管理的主体到火源管理的对象，都对其制定了严格的责任制，形成了一套极为严格的火源管控责任体系。虽然有些内容其合理性、人性化还不足，但确实取得了良好的管控效果，而这些不足正是我们研究的整改方向、以期努力在有效性和合理性中间寻求到最优的平衡点。

(2)行政手段严厉

由于火源管理实行政府行政首长负责制，所以各地管控手段几乎是最严厉的行政手段，也几乎穷尽了政府可以采用的所有行政手段，行政命令的色彩非常突出。用火审批、防火责任区划定、规定森林高火险区和高火险区、发布戒严令、发布禁火令等，都是典型的政府行政手段，带有行政命令性质，措辞几乎都是严禁什么、不得什么之类的用语。

(3)具体措施严密

各地采取措施都是最严密的，如要求“严防死守”“死看死守”“二十四小时值班制”“行政领导带班制”“路口有人把、山头有人看、坟头有人守”“横向到边、纵向到底、不留盲区、不出死角”“见火就灭、见烟就罚、成灾就抓”等。有的地方政府要求对所辖林区内的坟墓逐个清理。

3.2.3.4　问题和不足

(1)依法管火规范化不足

全国上下各地都在强调要“依法管火、以法治火”，但在制度设计上、措施运用上存在不少于法无据或与法抵触的现象和行为。

(2)科学管火制度缺失

科学管火只是停留在高层领导讲话和学者的论文中，在具体到火源管理上，制度不完善，没有在更大程度上得到推行。大兴安岭的主要树种为兴安落叶松，每年都会有大量的枯枝落叶，因这里属于寒温带，年平均气温很低，为-3~6 ℃，冬季积雪期长达 6 个月，有机物分解相当缓慢，在火灾发生前，大兴安岭北部天热林区多年来没有发生过森林大火，使得枯枝落叶年复一年越积越多，经年累月堆积的大量死地被物是特大森林火灾发生的物质基础。

(3)人性管火措施不足

有些地方为了避免火灾，尤其是为了自身不被追责，强迫命令、行为粗暴，措施过于简单化。有的不论什么情况一律禁止进山，有的一律禁止正常生活用火，妨碍百姓日常生活，甚至是谁家烟囱冒烟，消防车立即上前从烟囱中灌水。有的简单禁止百姓上坟祭祖，不是劝导或订立承诺书、或扣留火种以送鲜花代替烧纸等人性化做法，而是一律不允许上坟。应当在严格禁止用烧纸方式祭祖同时，积极推进文明祭祀新方式，形成一种新的风俗。如倡导并组织居家祭祀、社区祭祀、网上祭祀、集体祭拜等方式，既防止火源进山林，又顺应了民众祭祀祖先的传统心愿。

3.2.4　我国林火宣传教育

宣传教育是提高全社会公民森林防火意识的重要手段，也是林火行政管理的重要内容之一。

3.2.4.1　林火宣传教育的主要内容

我国林火行政管理宣传教育是围绕着“森林防火”这个中心展开的，内容十分丰富，归纳起来涉及以下几个方面的内容。

(1)保护森林的重要性

宣传保护森林的重要性，其内可容根据森林的功能性，大致概括为以下3个方面：生态功能性、经济功能性和社会功能性。

①森林防火是保护生态环境的需要：森林是陆地上下垫面最高、范围最大的生态系统，是人类及野生动物赖以生存的良好环境。众所周知，森林在维持和保护生态环境方面具有十分重要的作用。然而，森林火灾却会使森林的这些功能减弱，甚至消失。因此，防止森林火灾就是保护生态环境(喻洋，2015)。

②森林防火是保护森林发展林业的需要：森林火灾是森林三大自然灾害之首，防止火灾就是保护森林。森林是发展林业的基础，没有森林就没有林业(孙薇，2014)。我国是少林国家，森林覆盖率仅13.92%，远低于72%的世界的平均水平。因此，在保护好现有森林资源的基础上，广泛开展植树造林、绿化国土仍是我国林业所要做的主要工作。目前，国家正在实施的天然林资源保护工程等林业重点工程，可以说是我国林业事业发展的里程碑。国家为了保护现有天然林，制定了严格控制对天然林采伐的政策，并由国家财政增加对林业的投入，为我国林业的发展提供了保障。然而，森林火灾能在短时间内烧毁大片森林，不利于林业的发展。因此，森林防火是保护森林资源和发展林业事业的基础工作(王艳林，2006)。

③森林防火是维护林区社会安定的需要：在林区，森林防火关系到千家万户，森林是林区人民赖以生存的物质基础(鲁平，2011)。森林火灾会使森林遭受破坏，甚至消失，给林区人民生产生活带来困难。另外，森林火灾还会直接威胁林区人民的生命财产安全。严重的森林火灾不仅能造成人员伤亡，而且还会毁坏房屋等建筑，使人们失去家园。1987年大兴安岭特大森林火灾，不仅造成了200余人死亡，同时使5万余人无家可归，这些人的衣食住行等成了非常严重的社会问题。另外，目前林区经济不景气，有些不法分子，为了眼前的利益，采用放火烧林的手段进行开荒种地(高复军，2012)。因此，森林防火不仅要防止意外因素引发的森林火灾，而且还要同少数不法分子作斗争，防止其故意纵火，维护林区社会安定。

(2)防火相关法律、法规、政策等

我国95%以上的森林火灾是人为因素导致，因此加强对公众的宣传教育可以从根源上消除大部分火灾隐患。《森林火灾应急预案》规定，全国各级森林防火部门开展经常性的森林防火宣传教育，提高全面的森林防火意识，各级森林防火指挥部对人民群众普及避火安全常识。《森林防火条例》规定，各级人民政府、有关部门应当组织经常性的森林防火宣传活动，普及森林防火知识，做好森林火灾预防工作。我国的森林防火法律、法规宣传教育是以普法的形式进行的，《森林法》和《森林防火条例》都被列为各级政府普法教育的内容，而这种宣传教育是具有强制性的，所以我国森林防火宣传教育的社会效果非常好。但我国的森林防火宣传教育工作一直仅停留在普法宣传教育层面，这种单方面的宣教模式，并不能充分发挥群众在森林防火工作中的重要作用。只有加强推行公众参与制度才可以调动群众的积极性，加强群众的防火意识，尤其是基层防火管理机构应定期举行规模性的群众灭火演练，创建便捷的公众参与方式，才可以充分发挥公众在森林防火管理中的重要作用。

(3) 森林火灾的危险性、危害性

森林火灾位居破坏森林的三大自然灾害(病害、虫害、火灾)之首，不仅给人类的经济建设造成巨大损失，破坏生态环境，而且会威胁人民生命财产安全(田凤奇，2013)。具体表现在以下方面：①烧毁林木；②烧毁林下植物资源；③危害野生动物；④引起水土流失；⑤使下游河流水质下降；⑥引起空气污染；⑦威胁人民生命财产安全。

(4) 森林火灾的预防、扑救或避险知识

森林火灾预防，是指为防止和减少森林火灾发生而采取的措施，包括控制火源、预测预报和地空巡护等。森林火灾扑救知识的宣传，一方面是教育群众在遇到森林火灾时应如何扑火、灭火，更重要的是教育群众如何在保证自身安全的前提下扑火、灭火，避免由于扑火、灭火不当而造成更为严重的人员伤亡事故。

3.2.4.2 林火宣传教育的主要方式

林火宣传教育的主要方式有：印刷品、出版物；文艺作品；传播媒体；平面宣传等方面。

3.2.4.3 林火宣传教育的主要特点

林火宣传教育的主要特点具有：法定性；广泛性；针对性；多样性。

3.3 美国林火行政管理

3.3.1 美国林火行政管理机构

3.3.1.1 机构的建立与发展

美国在 18 世纪末至 19 世纪初才开始林火管理工作。根据美国宪法，美国实行的是联邦制国体，在这种体制下，各州拥有相当大的政治自主权和立法权，所有不属于联邦政府的权力都属于州政府。而且在 19 世纪的大部分时间里，人们并不认为联邦政府和立法机关有必要参与森林的立法和管理，而且宪法也没有赋予联邦政府和立法机关这样做的权力。到了 19 世纪末期，由于森林管理的需要，国会开始采取应对措施，通过立法，建立了第一个国家公园——在怀俄明州黄石地区联邦土地上建立了保护区，1891 年，国会在联邦土地上建立森林保护区；在 19 世纪至 20 世纪初，美国仅有少量部门负责森林和草地的火灾，这一时期许多火灾都造成了毁灭性的后果，在经历了一场场特大火灾后，美国联邦政府、各州及地方政府开始有所行动，尤其是 1910 年发生在蒙大拿和爱达荷的几场特大森林大火后，促进了火场通信和巡逻工作的开展，各州应运而生了火灾消防管理员，尤其在美国西部的很多地区，并且在1911年颁布的《威克斯法案》和1924年颁布的《克拉克·麦克纳瑞法案》大大提高了联邦政府和州政府之间的林火扑救合作关系。

3.3.1.2 机构设置

美国是联邦制国家，森林资源分属国有、州有和私有。联邦政府内政部、农业部、商务部等各有林业部门，州政府以及其他的营林企业均有自己的防火机构、扑火物资以及消防队伍(Taylor et al.，2003)。美国各州的林业管理体制不完全相同，但均设有相应的机构。内政部土地管理局、印第安人事务管理局、国家公园管理局、鱼类及野生动植物管理局和农业部林务局，对超过67 600万英亩森林的林火管理及规划负有主要责任。国家消防管理局与县和乡的消防部门合作，同时国家森林协会代表各州政府。州、县、乡管辖提供首要林火保护对公众和私有的土地，包含了另外的上亿英亩，在所有的50个州。负责其所有林范围内的防火工作，许多州成立了代表各方利益的州林业委员会，决定本州林业规划及地方政策，州林务官对州长和林业委员会负责。

舒立福所著的《世界林火简介》中介绍美国的林火行政管理机构时，只介绍了联邦农业部林务局防火处的职能分工，如图3-5所示。邸雪颖在《国外森林火灾扑救现状》里介绍美国是联邦制国家，森林资源分属国有、州有和私有。联邦政府农业部、内政部、商业部等各有林部门，州政府以及大的营林公司均有自己的防火机构、扑火物资及消防队伍，如图3-6所示。

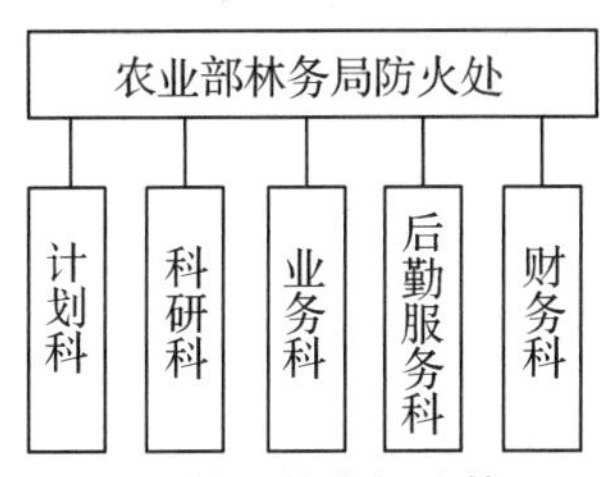

图3-5 美国林火行政管理机构框架图(1)

在前两位学者的研究基础上，本章对美国林火行政管理机构的组织构架又加以补充，如图3-7所示，美国林火行政

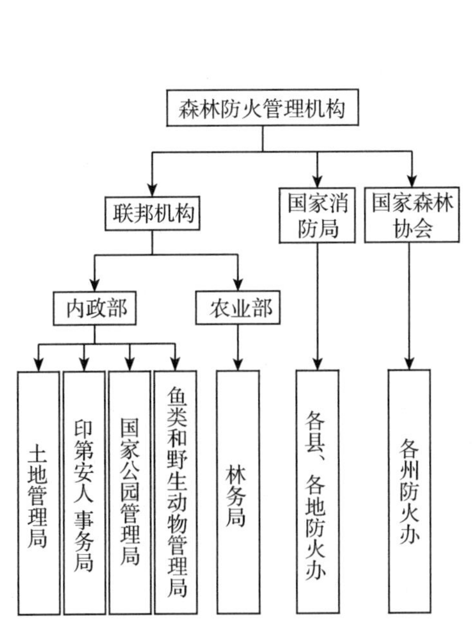

图3-6 美国林火行政管理机构框架图(2)

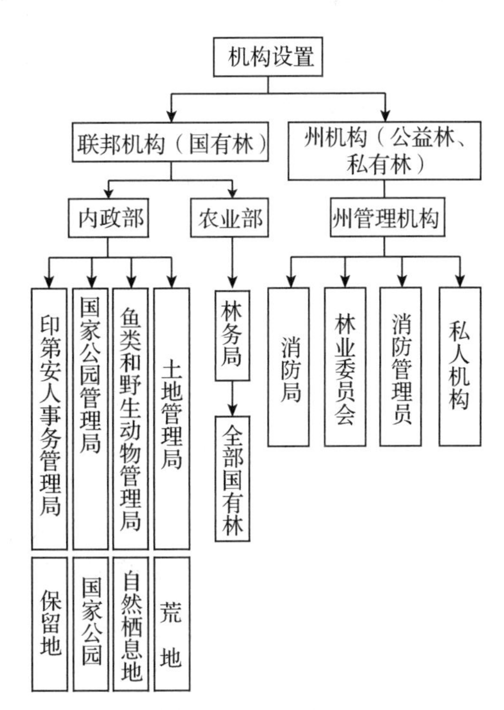

图3-7 美国林火行政管理机构框架图(3)

管理体系是以森林所有权的管理权属为划分标准，以联邦和州为单位，其主要机构设置可分为 3 部分：联邦林火管理机构、州林火管理机构和扑火组织。

3.3.1.3　行政体制的特点

(1)林火管理协调组织发达

由于美国没有全国统一自上而下、垂直管理的林火行政管理机构，美国各林火行政管理机构之间是通过一些职能不同的组织协调运作的。为了强化对全国森林防火工作的统一指导和管理，有效整合火灾扑救力量，兼顾联邦各部门及地区间的利益，实现资源共享，避免重复建设，确保全国森林防火工作协调有序开展，联邦政府在爱达荷州博伊西市建立了部际防火协调中心(National Interagency Fire Center，NIFC)，负责协调支援全国灭火和各项救灾活动。

(2)州林火机构权力大

美国宪法规定联邦政府和州政府之间享有不同的行政权力，并通过美国人权法案对政府机构行使行政权力做出了限制和约束，其目的在于保护个人权力和自由不会受到侵犯。简单地说，宪法更为关注政府权力的限制和权力的合理形式，而不是授权于政府机构以规范第三方的行为。美国超过 60%的林地都是私人的，私人土地管理和使用的管辖权一直以来被视为州的特权。

在州这一级，由州政府组织林业管理。这意味着各州林火管理机构设置极为不同，各州的森林管理由不同的州政府部门负责，如宾夕法尼亚林业署隶属于宾夕法尼亚州保护和自然资源部；犹他州林业局隶属于犹他州自然资源部；新墨西哥州林业局隶属于新墨西哥能源、矿产和自然资源部。

(3)林火行政管理机构权力分散而有序

由美国联邦制决定，联邦政府无权直接管理各州的公有林和私有林。因此，美国的联邦林火管理行政机构只能负责全部国有林，而各州的林火管理行政机构不受其领导，各州的林火行政管理机构，依据其各自州的法律行使其职能管理工作。两者之间没有领导与被领导的关系，美国林务局虽为国家的林火管理机构，但是却不能领导各州的林火管理机构，因此，美国没有自上而下垂直领导的林火机构。

美国内政部和农业部的不同部门分别对其所有权范围内国有森林的林火管理负有管理职责，如土地管理局负责其管辖内荒地上发生的火灾，鱼类和野生动物管理局对自然栖息地发生的森林火灾负责等。不同管辖权的林地相互毗邻，不同层级的管理部门相互毗邻，林火管理权分散在联邦的不同部门和州管理部门之间。森林火灾一旦发生，其烧毁的有可能是不同部门管辖的林地，这使得这些分散的管理部门之间交叉，为了解决这一问题，联邦的国有林林火管理由林务局统一协调管理，联邦各部门与各州的林火管理通过签订协议来管理。这使得美国的林火行政管理虽然分散却有序。

(4)国有林组织机构结构合理

美国大约有 1/3 的土地被划分为林地，其中约 27%为公有林，73%为私有林。公有林中包括 17%国有森林和 10%的各州、地方政府、公共机构所有林。国家森林的建立和维护是美国维护永久性森林地产的主要方式，自 1911 年以来，联邦政府通过战略性土地并购不断扩大国有林的面积(Thompson et al., 2006)。如图 3-8 所示,美国的国有林实行三级垂直领导管理体系,即国家(联邦林务局国有林管理局)、地区(国有林管理分局)以及地方的林业主管部门(林管局、营林所),这一体系使得各级林业主管部门独立于其他政府部门,拥有不被干扰的职责权力,各阶层之间权属清晰、界限分明,有效避免了不同区域间的权属纠纷问题。

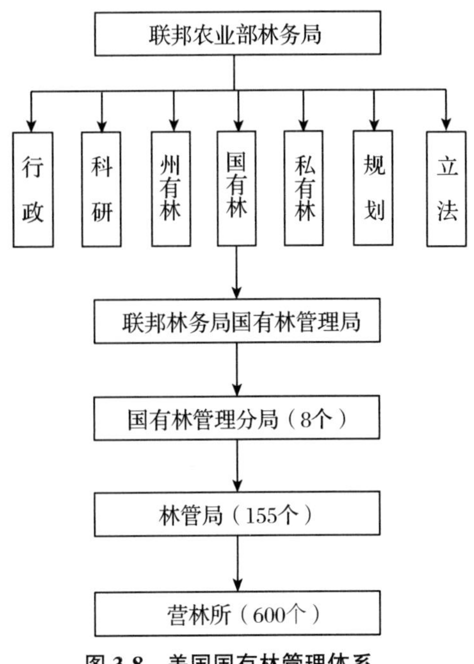

图 3-8 美国国有林管理体系

3.3.2 美国林火行政管理法律体系

3.3.2.1 美国依法治火的发展历程

通过法律手段支持林业活动,保护森林,发展林业,这是美国森林经营管理中的显著特点。美国涉及林业的法律和条例有 100 多种,它们对林业的发展起到了积极的促进作用。在 20 世纪以前,美国对森林火灾的态度是任其自燃,不灭火(Robert et al., 2012)当然也就是依法治火空白时期,到了 20 世纪,美国颁布了一系列的联邦林火法律,用以推行依法治火,这一期大部分的联邦林火法律基本上都是以协调管理全面灭火为主,其目的是为了保护木材以及林区附近的居民和社区。依据美国依法治火的目的和功能,其发展历程可以被大致分为以下阶段:①依法全面灭火开始阶段;②依法全面灭火确立阶段;③全面灭火动摇阶段;④依法多元化治火阶段;⑤依法科学化治火阶段。

表 3-2 美国关于森林防火的重要联邦法规

时间(年)	标志性法案	内 容
1908	森林火灾紧急法案	该法规定森林管理处可以在紧急状态下动用一切可用资源灭火,将来国会则会在预算中相应地补齐所耗资金。这一政策为森林管理处提供了一个潜在的无限制的灭火预算。这一法案直至 1978 年才被废除
1911	威克斯法案	威克斯法案允许联邦政府出于保护东部水源地和流域的目的,购买私人土地,并且有权召集联邦、州和个人来联合灭火。该法案已经成为美国历史上最有成效的保护自然地法案之一;同时,该法案授权林务局负责全国的森林防火工作,开始实行全面灭火政策,并且授权联邦和州政府在森林防火方面加强合作,以使森林免遭林火危害
1924	克拉克·麦克纳瑞法案	授权联邦对州政府的灭火行动进行财政支持,有效创建了覆盖全国的消防政策
1989	森林组织管理法案	创建森林储备,以用来更好地进行森林保护
1992	森林生态系统健康与恢复法	改变了森林经营的思想,推行了人工干预的"森林保健计划",其中包括对森林进行疏伐和杜绝野火等要求,调整了灭火的理念和政策
2000	国家火灾规划	将国家消防设立为长期的,有大量持续投入的规划;降低林火对社区及环境的风险。制定了十年全面战略

（续）

时间(年)	标志性法案	内　容
2002	健康森林法案	解决由高效管理、公共审查和有限的上诉程序，这3种方式实施的可燃物管理中认知的不同
2003	健康森林恢复法案	在制定的土地上，实施经授权的有害易燃物削减项目，旨在减少灾难性野火对社区、流域及其他有火灾风险的地方所造成的危害，提高农业部和内政部在国家森林系统的土地上及土地管理局所管理的土地上，开展减少森林有害易燃物项目的能力；同时为了加强流域保护并消除灾难性野火对森林和草地健康的威胁，以及其他目的
2009	美国经济恢复和再投资法案	该法案要求联邦政府资助500多个重大项目，其中包括森林内可燃物的人工清理、灾后恢复森林等内容，有170个项目涉及森林防火的内容

表3-2列出了立法揭示了以下几个事实。

(1)在过去100多年中，美国森林防火立法日趋完善

通过上述法律手段支持林业活动，保护森林，发展林业，这是美国森林经营管理中的显著特点。美国涉及林业的法律和条例有100多种，其中关于林火管理和火灾扑救方面形成了一系列法规，它们对林业的发展起到了积极的促进作用。

(2)根据需要，在个案的基础上通过各种法案

与我国的森林立法不同，美国联邦政府不是推动森林防火立法的主导力量。我国的森林防火立法多由国务院制定，而美国的森林防火立法经常起源于公众的关注，由相关利益集团提出。

(3)林火管理方面的立法体现了美国主要森林防火政策目标

第一个目标是从无限制的不受约束的灭火预算向量入为出的财政预算政策转变；第二个目标是从消灭一切野火的灭火政策向逐步承认野火的生态重要性，允许某些野火自生自灭的政策转变；第三个目标是开展清理有害易燃物的项目以减少灾难性野火对社区、流域及其他有火灾风险的地方所造成的危害。

3.3.2.2　美国林火法律体系概述

美国没有统一的适用于全国的联邦森林法，也没有联邦统一的森林防火法(图3-9)。美国森林防火规定虽比较全面，但是却散见于美国法典、解释等成文法的不同章节。例如，美国的《森林保留地法》《天然林保护法》《退耕还林法》等森林法规并不涉及森林防火，关于森林防火的规定散见于相关的单行法规和章节之中。

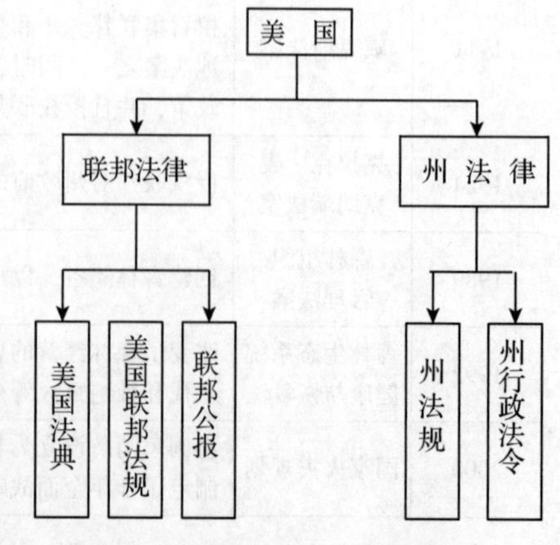

图3-9　美国森林防火法律体系

(1)联邦林火法律体系

①美国法典：美国法典是美国联邦政府有关林火法律的主要形式载体，也是林火法治的主要法律依据。美国任何一部法律的产生程序是：首先由美国国会议员提出法案，当这个法案获得国会通过后，将被提交给美国总统给予批准，一旦该法案被

总统批准(有可能被否决)就成为法律。

②美国联邦法规:《美国联邦法规》(*Code of Federal Rrgulations*, CFR)是美国联邦政府执行机构和部门在“联邦公报”(*Federal Register*, FR)中发表与公布的一般性和永久性规则的集成，具有普遍适用性和法律效应。它是由联邦公报管理委员会(Administretive Committee of the Federal Register)负责将其从每一家具有普遍适用性和法律效应的政府机构获取的，由该机构在FR上公布或发表的，或者向FR管理委员会递交的成文法律文件的草案和特别出版物及其修改版装订的法规集成。

③联邦公报:联邦公报是美国联邦政府的政府公报，其内容可概分为美国联邦机构的规则，及拟议中的规则与公告，因为美国联邦公报中发表与公布的一般性和永久性的规则，由联邦公报管理委员会经法定程序集成后，就成为美国联邦法规，因此它所发布的内容也是美国林火管理法律体系的组成部分。

(2)州法律体系

美国50个州都享有各自的立法权，因此，每个的林火管理法系不尽相同。

3.3.3 美国火源行政管理

3.3.3.1 管理内容

(1)用火许可制

美国联邦法律和州法律都要求，在林区用火必须事先取得用火许可证。任何个人都不能在未取得用火许可证的前提下或地面被雪覆盖的前提下，自己或授权他人在露天地区点燃野草、草地或其他形式的垃圾，这一许可证由当地林火消防管理员或副消防管理员发出。在发出许可证后12 h内，消防管理员应做登记，内容包括用火的时间和地点。在高火险期，林务官会通知林火消防管理员在特殊时期，不能发出任何用火许可。在非防火期，经由林地所有者、承租人、持有林地所有权的人口头许可也可用火，但是用火人在用火后必须待火完全熄灭了才可离开。

(2)用火管控制

美国火源管理的用火管控主要集中在防火期的防火区内，尤其是在高火险期。在高火险区，管理者应通过发布公告的方式来警告禁止用火，由于近年来越来越多的人住到了森林和城镇交界处，因此，这些地区也应发布公告禁止用火，实施严格的用火管控。

(3)可燃物清理责任制

可燃物清理也是预防森林火灾，实施火源管理的一项重要内容，美国尤其重视可燃物的清理工作。为此，美国联邦和各州都特别规定了林间清理可燃物的责任。

(4)营林区用火重点管控

美国十分重视营林用火的火源管控，尤其重视对国家公园内的火源管理，这是由美国遍布全国的国家森林公园内的大量野营活动造成的。据统计，美国平均每年发生3500起人为原因造成的火灾，每年烧毁大约16×10^4 hm^{2}土地，并且其中大部分都是由国家公园内的野营用火引起的，为此，美国的《国家公园服务法案》对森林公园内的用火管控做出了具体的规定，各州也将营林用火的管控作为其最主要的管理内容，并作出了单独的规定。

(5) 城镇森林交界处火源管理

美国城镇交界处的火源管理是林火管理的重要组成部分。越来越多的人开始在“红色区域”或有高火险的地区生活，为此，美国联邦林火机构发展了特殊的政策用于指导在城镇森林交界处的户主或建筑者如何建筑或维护房屋，并保护自己以应对森林火灾所带来的灾难性损失。为了实现在城镇森林交界处的火源管理目标，美国一方面推行美国城镇森路交界处的森林管理政策；另一方面帮助建设 Fire Wise 社区，最大化减少森林火灾给这些地区带来的灾难性损害。

3.3.3.2 管理措施

(1) 制定防火期

制定防火期也是美国火源管理的基本措施。全国范围内的所有国有林区、州、县、乡镇都应划定防火期。值得注意的是美国在防火期内，有的地方还划分防火时间段，如西弗吉尼亚州的《西弗吉尼亚林火法律》就规定，西弗吉尼亚州的防火期为每年的 3 月 1 日至 5 月 31 日和 10 月 1 日至 12 月 31 日。在防火期内禁止用火，但是在 17:00 至翌日 7:00 除外。

(2) 划定防火区

美国防火区一般被称为林火保护区，美国的林火保护区一般分为两种：一种是林火重点保护区，另一种是林火一般保护区。相较于林火一般保护区，林火重点保护区实施更为严格的火源管理。

(3) 组建林火预防组织体系

主要包括雇佣护林员和巡逻队，建立瞭望塔和巡逻站，建立林区的通信线。美国许多从事行政管理工作的部门和职位都采用雇员制，在林火预防组织体系中，各地方政府通过契约的形式聘用护林员、应急消防管理员、巡逻队员以承担部分勤务醒或临时性的工作。这一形式通过优化人力资源、完善组织形式的方法，大幅提高了行政效率，同时还降低了行政成本，是一条值得我国借鉴的管理措施。

(4) 依法管理火源

美国的火源管理上已经实现了完全的依法治火。由美国联邦体制决定，联邦和各州都享有独立的立法权，因此各地都适时根据需要制定了相应的法规、法令。

(5) 发布禁火公告

在高火险区、高火险区，林火管理可以采取发布禁火公告的形式，禁止野外用火。禁火公告一般用在林区、森林城镇交界处或接近林区、草场的地方。公告应刊登在当地的报纸上或张贴在这些地区。

3.3.3.3 管理特点

①以禁令的形式实施火源管控；②重视林火监测技术的发展；③重视林火科研。

3.3.4 美国林火宣传教育

3.3.4.1 宣传教育内容

美国林火宣传教育的主要内容和我国的大体相似但略有不同，美国的林火宣传内容可大致分三大类，分别是森林火灾知识、预防火灾和 Smokey Bear 的宣传(赵铁珍等，2011)。具体内容如下：

(1)森林火灾知识

森林火灾知识宣传的内容包括：火的好处；林火科学；火灾扑救。

(2)预防火灾

①营林安全用火：营林安全用火是美国林火宣传教育的重中之重，一是美国有遍布全国的国家公园和州公园，这些公园的森林占据美国国有林和州有林的绝大部分；另一方面是，远足、露营等户外活动是美国人最喜爱、也是最常见的娱乐休闲方式，在这些活动中，不可避免地要使用火。因此，必须事无巨细的普及安全用火知识。营林安全用火的内容主要有：如何选择营火点、点燃营火前的准备工作、如何搭建营火、如何维护并完全熄灭营火。

②户外设备的使用与维护：在林地周围使用户外设备和车辆的安全性，主要指通过对其的维修和保养，避免火花的产生，以达到预防森林火灾的目的，这一内容是非常重要的。而且设备或车辆的使用者必须保证身边有一部手机，一旦火灾发生立即拨打 911，请求帮助。

③后院杂物的点烧：在点烧园中的垃圾货杂物前应遵循以下重要的步骤：

a. 察看环境。不要在有风或植物很干的情况下点烧。

b. 查阅当地法规。有些地方可能需要用火许可证才可以点烧。

c. 可用于点烧物品的类型。可以点烧自家院里干枯的植物，除非当地法令禁止这一行为。家庭垃圾、塑料、轮胎等物品不易用来燃烧，而且在大部分地区这一做法是违法的。

d. 观察周围环境。确保附近没有易燃物或危险物。

e. 控制火堆。确保火堆要尽可能小，并且在可控范围内，一点点焚烧。

f. 燃烧桶的使用。要确保这个桶是金属的并且状况良好，而且要保证桶的周围至少有 3 平方英尺的空地。

g. 熄灭火堆。无论是否有要求，人都应该一直在火堆旁，直至火堆完全熄灭。用水把火浇灭后，用铁铲把灰翻起来，来回重复几次并每次都浇水，以确保火堆被完全的熄灭了。

h. 采取其他防火措施。如住在城镇森林交界处的居民，应自行建立防火隔离带；确保熄灭一切火或灰烬；吸烟者吸烟时的注意事项。

(3)Smokey Bear 的历史

美国的“防火熊”是美国宣传教育成功的典范，通过 Smokey Bear 形象的深入植入，防火观念深入人心。因此，“防火熊”的历史长久以来，而且以后也会是美国林火宣传教育的一项主要内容。

3.3.4.2 宣传教育方式

美国的林火宣传教育方式和我国的大部分教育方式基本相同，下面将重点叙述美国不同于我国却成效显著的林火宣传方式，以期从中探寻对我林火宣传教育方式的改良。

(1)基于传统媒介的宣传形式

这一宣传形式是沿用时间最长，也是在各地、各类宣传教育中最为常见的形式。可以将其大致归纳为4种：在报刊、杂志上刊登文章做宣传；在电视和户外LED屏幕上投放宣传片；发放宣传单(品)和横幅的宣传；讲座形式的宣传。美国基于传统媒介方式的宣传教育是其林火宣传教育的主要方式，与我国在这方面采取的宣传教育形式基本一致。由于这种形式过于喜闻乐见，容易使受众麻木，所以往往会忽视其宣传的内容，宣传效果一般。

(2)基于信息技术的宣传形式

这一方式主要包括政府官网的宣传栏建设、热门网站的链接、社交网络等。这一类的宣传形式，是美国林火管理宣传教育的一大特色和优势，尤其是网站建设方面。美国有专门林火宣传教育网站“Smokey Bear”，上面有美国所有的林火宣传教育内容、知识，公众需要和想要了解的防火知识，上面都有详细介绍。此外，美国所有联邦、州的林火管理机构的官方网站上在宣传和教育栏上都有链接可以直接跳转到“Smokey Bear”网站上。Facebook、Instagram、Twitter，甚至与Google+这类关注与科技的小众使用的社交上也都有林火预防宣传的推送。

(3)基于商业价值的宣传形式

这一形式也是美国林火宣传教育的一大特色。这主要是依赖于“Smokey Bear”的推广效应。美国早已申请并通过联邦法案保护其版权，在此基础上美国大力开发和推广以Smokey Bear为标识的商品。如印有Smokey Bear形象的各种物品，钥匙链、水杯、杯垫、盘子、碟子、靠垫等；Smokey Bear形象的玩偶，布的、塑胶的、陶土的等；还有Smokey bear形象的动画片、电脑游戏、少儿拼图、填图填色画板等。这些东西有的是免费的，但大多数商品都是收费的。这吸引了众多商家，更愿意积极参加其中，既达到了防火的效果，又实现了商业价值。

3.4 中美林火行政管理比较

3.4.1 中美林火行政管理机构比较分析

(1)国家行政体制不同

在不同的国家行政管理体制下，中美两国的林火行政管理体制各有优势。美国作为联邦制国家，高度分权化是其主要特点。因此，林火行政管理在地方、地区、州和联邦四个层次上得以各自依法自行发展、执行和实施，不同政府管辖区域范围内对林火的管控方案存在明显的差异，这使得美国林火机构的设置、管理内容、管理方式更为灵活且合乎当地林火管控的实际情况，从而能够最大化发挥美国林火行政管理机构的职能作用。我国作为单一制国家，高度一元化的中央政府集权管理模式是其主要特点，这一模式确立了全国上衔接、协同配合的林火行政管理体制，各级政府的防火机构间有机衔接、互相补充、互相配合。这一体制的优点是决策迅速，权威性高并且可以最快速度、最大限度地整合全社会防火资源，包括物力人力财力，这是美国不可比拟的。

美国是联邦制国家，在这种联邦体制下，各州拥有相当大的政治自主权和独立立法权，联邦立法和州行政机构之间的关系相当复杂，并不可简单的归结为自上而下的体系。国会和联邦政府所做的管理工作只针对联邦地产，大部分的管理行为并不包括州有林、市有林和私有林。而且，美国各州的林业管理体制也不完全相同，但均设有相应的机构，州林业机构主要对州有林和私有林进行管理。州政府以及大的营林企业依法设有自己的防火机构、扑火物资以及消防队伍负责其所有林范围内的防火工作，许多州成立了能代表各方利益的州林业委员会，决定本州林业规划及地方政策，州林务官员对州长和林业委员会负责(刘广菊，2003)。

我国是中央高度集权、地方服从中央行政体制的国家，因此林火管理体制建立在传统的高度一元化的行政管理模式基础上。我国的森林防火机构从上到下可分为国家、省、市、县等层次，不同层次设置有相应的森林防火办公室负责日常森林防火工作。

我国的防火组织机构及职能与美国相比，具有自己的特点。经过几十年发展，我国建立了政府主导、行政首长负责、跨地区联防、层层落实责任的防火指挥系统。其一，《森林法》和《森林防火条例》都规定各级政府是防火的主体，林业主管部门是防火的职能部门。国家成立森林防火指挥部，统一组织、协调和指导全国森林防火工作。其二，《森林防火条例》(1998 年)就规定：森林防火实行各级人民政府行政领导负责制。新的《防火条例》进一步明确了政府的责任，提出实行地方各级人民政府行政首长负责制，使责任落实在一把手身上。其三，建立了联防机制。在防火工作涉及两个以上行政区域的，当地政府应建立联防机制，强化协调职责。其四，建立了分层次的防火责任制。《森林防火条例》要求森林经营单位和个人，在其各自经营范围内承担防火责任，层层签订责任契约，确定防火责任人。当发生火灾时，由国家森林防火指挥部统一指导、协调全国扑火工作，依法行使采取紧急措施的权力。

(2)管理权适用范围不同

中美两国林火行政管理权适用范围有很大差异。

在中国，由于国家实行单一制的行政管理体制，实际上形成了两个层级的行政管理范围。全国的林火管理由中央政府国务院设立专门的国家森林防火指挥部统一负责，地方人民政府在其行政管辖区域内，设立地方森林防火指挥部，负责本行政区域的林火管理工作，森林防火指挥办公室是其常设机构，负责地方日常的林火行政管理。中央政府对地方各级是行政领导关系，下级政府服从上级政府，各级地方政府服从中央政府。因此，在各个地方，各级政府的林火行政管理权适用于本行政区域内的所有森林。

在美国，林火行政管理权适用范围因森林所有权不同而不同。美国联邦林务局依照法律规定，只负责管理联邦国有林，地方各级政府无权参与联邦国有林的管理，也包括不参与林火的行政管理。当然，联邦林务局也无权对各州的公有林和私有林进行林火行政管理。联邦林火行政管理机构与各州政府林火行政管理机构之间，没有上下级领导关系，没有法律规定下级机构必须服从上级，都是根据不同的法律赋予的权限来行使林火行政管理权。美国联邦政府对国有林实行垂直管理，按照联邦林务局、地区国有林管理分局、林管局 3 个层次行使管理，这个体系独立于政府其他部门或各州。这个体系的优点是对国有林管理的力度大、效力高、效果好。

美国的宪政联邦制国家体制使得一些跨州、跨区域的林火管理工作受阻，发展受限。美国各州、各地区的财政是分开的，相对独立，各州的税收情况也不相同，这就造成了一些跨区域的林火发生后，各个州之间相互观望。

(3)组织机构体系不同

我国的林火行政组织机构体系十分完整，自上而下、统一指挥、协调有序、实用高效。这个体系具有突出的优点：一是，林火管理是各级人民政府的法定职责，不以森林所有权不同划定中央和地方的林火管理权限及责任；二是，政出一门，统一指挥。国家森林防火指挥部是森林火灾预防、扑救、协调、指挥的最高决策机构，在日常林火管理中，地方各级政府森林防火指挥部接受国家森林防火指挥部的指导，在发生重大火灾时，中央政府各部门以及各地政府统一服从国家森林防火指挥部的统一调度，整合社会资源，使防火扑火各方力量迅速形成合力，能用最快速度扑救火灾，具有很高的效率，能最有效地保护森林资源和公众人身及财产安全。

美国的林火行政组织体系比较复杂，职能分散、权力不同。美国没有全国上下一致、统一指挥的林火行政管理体系。联邦和各州对森林资源按所有权不同划分管理权限，国家林务局只负责国有林，各州、县政府只管私有林和本区域内的公有林，相应地林火管理也由联邦和州两级负责，各自为政。在美国联邦政府各部门中，有几个部门都有林火行政管理权限，但管理的具体对象又各不相同。联邦农业部和内政部都有林火管理权力，土地管理局负责所辖范围内荒地上发生的野火；鱼类和野生动物管理局对自然栖息地的林火有管理权。美国各州的防火机构设立在各州不同的行政部门，在这种林火行政组织机构体系下，职能分散甚至交叉，权力行使各自为政，既不利于统一指挥，又大幅降低了管理效率。

(4)林火管理协调机制不同

我国林火行政管理组织机构是一个行政效率很高的体系。在国家层面上，国家森林防火指挥部是国务院设立的全国最高林火管理行政非常设机构。这个体系的效率来自它的协调能力。首先，国家森林防火指挥部本身就是由国务院各职能部门组成的，其中包括了外交部、国家发展和改革委员会、公安部、民政部、财政部、交通运输部、工业和信息化部、农业农村部、民航局、广电总局、气象局、国务院新闻办等。这些部门本身就是指挥部的成员，在一个体系中相互协调就十分顺畅。其次，国家森林防火指挥部每年定期召开两次例会，研究落实国务院关于林火管理的部署要求，协调各部门之间在具体防火措施上的配合，使这个体系内部各组成部门之间始终处于一个合力联动、运作和谐的状态，大大减少了部门磨合带来的行政成本。最后，在工作机制上，国家森林防火指挥部和各级森林防火指挥部在发生森林火灾时，作为同级政府的最高指挥机构全权指挥和指导，具有最高权威性。因此，这个体系是一个指挥有力、协调顺畅、运转高效的系统。

美国的林火行政管理组织机构，由于职能分散、权限分散、细致复杂，其协调运作必须靠不同的协调机构和组织来实现。由于美国各州都有独立的立法权和行政权，各州的税收也是独立的。当某地发生火灾时，相邻的州在确保自身利益不受损的前提下，主动相互支援是比较困难的。为了整合全国林火行政管理资源，调集全国森林火灾扑救队伍，兼顾联邦各州利益，美国成立了全国森林防火的协调组织。例如，美国在爱达荷州设立了部际防火协调中心，将全国划分为 11 个大区，每个大区再设立协调中心，以此来协调联邦和地方的灭火行动。此外，还有国家野火协调组织、荒地火灾领导委员会等政府和非政府组织，也承担不同方面的林火管理协调职能。但这些组织的行政权力，相较于我国的国家森林防火指挥还是要弱得多，因此无论是协调力、指挥力，还是动员力都比我国逊色得多。

3.4.2 中美林火法律体系比较分析

(1) 立法体制不同

我国在立法上，更重视国家经济、社会发展某个领域的基本法的制定，重视某方面的专门法的建设。在全国法制统一性的要求下，立法更强调上位法对下位法的指导作用，同时也十分注意下位法对上位法宗旨、原则、基本制度的遵循。从林火行政管理方面看，国家的《森林法》《突发事件应对法》对林火管理都有原则上、制度上的规定，但又很难全面规范指导林火行政管理工作，因此我们又制定了森林防火的专门法规《森林防火条例》，把国家对林火管理的宗旨、原则和制度从相关基本法整合出来，集中在一部法规中。《森林防火条例》的制定为林火行政管理提供了专门的法律依据，奠定了我国依法治火的重要法律基础，提高了林火管理工作的法治化水平，提高了林火行政管理的法律地位和权威性，提高了法律的可操作性，降低了林火行政管理执法上的成本。森林防火的专门立法这在世界上也是精彩范例。我国森林火灾扑救的组织能力、资源整合能力、扑火的效力都源于森林防火的专门法规。此外，我国在林火方面的地方立法上，在落实上位法的原则和制度的具体化上，更有针对性、可操作性，更有特色。这些地方法规，对《森林防火条例》是必要的补充、细化，是我国依法治火法律体系的重要组成因子。

美国是联邦制国家，在这种联邦体制下，各州拥有相当大的政治自主权和独立立法权，立法权在联邦和各州具有独立性。因此，联邦立法和州立法之间的关系相当复杂，并不可简单的归结为自上而下的体系，除了宪法以外，不要求各州立法与联邦立法之间有上下位衔接的关系。国会和联邦政府所做的立法工作只针对联邦地产，大部分的法案并不能适用于州有林、市有林和私有林。各州有权通过自己的法律，当州法律和联邦法律有矛盾冲突之处，应以联邦法律为准。美国联邦制的特点使林火的立法工作在地方和国家、州和联邦层次上得以自行发展、制定和实施。由其立法体制决定，各州享有独立的立法权，各州管辖区域范围内实施的林火管理法律存在明显甚至很大差异，这虽然带来了林火管理执法上的协调和效力低下问题，但是也使得美国各地方的林火法律更为灵活且合乎当地林火管理的实际情况和实际需要，从而能够最大化发挥法律对林火管理的规范和指导作用，有效实现依法治火。

(2) 法律体系各有所长

中美两国关于森林防火的法律体系及法治管理方法各具特色。美国虽然没有统一的森林法和森林防火专门法规，但涉及森林防火的单行法规较多，且某些规定针对性、操作性很强。美国林火管理方面的立法，不强调上下位法律的对应性和衔接性，更侧重各州立法的独立性，不强调自上而下的法律体系的完整性，更突出用单独的、有针对性的规范林火管理的某一方面，更突出时效性和针对性。我国已经形成了以《森林法》为指导、以《森林防火条例》为基本遵循、以地方法规为配合的完整的法律体系，对林火行政管理而言，法治化水平更高，法治管理体制更规范。我国的立法，强调上下衔接、成龙配套，突出法律体系的完整性、立法宗旨的统一性、立法目标的协调性，因此更重视林火行政管理法律法规体系建设。

中美两国法律体系分属于不同法系，美国属于海洋法系，我国属于大陆法系。在不同法系背景下，中美关于森林防火的法律体系具有明显不同。此外，中美两国的立法体制也有较大差异。我国强调中央立法权，一般先有国家某个方面的基本法，然后再制定实施上位法的下位法，直至制定地方法规。美国更强调在立法授权下的各州立法，常常是各州立法并没有联邦上位法做根据。因此，美国至今也没有如我国一样统一的森林法。大陆法系重视成文法的制定，其法律渊源包括各种制定法但不包括司法判例，而海洋法系法律渊源既包括制定法又包括司法判例，并且判例在法律体系中一般占有重要位置。但在林火管理领域，美国的制定法则尤为重要，因为判例法不具有预防的功能，只能对实际发生的损害进行救济，并不能事前预防森林火灾，而林火预防却是林火管理中最为重要的内容。

在立法上模式上我国有针对森林防火而制定的基本法律，与森林法这一上位法相互配合，形成森林防火管理方面的专门法律体系。而美国的森林防火管理法律体系不以制定法典为主，常以单行法的形式对林火管理中的某一类或某一问题进行专门规定，结合判例法予以实施。简而言之，美国没有统一的适用于全国的联邦森林法，也没有联邦统一的森林防火法。美国森林防火规定虽比较全面，但是却散见于美国法典、解释等成文法的不同章节，如《森林保留地法》《天然林保护法》《退耕还林法》等森林法规并不涉及森林防火，关于森林防火的规定散见于相关的单行法规之中。

3.4.3　中美火源行政管理比较分析

(1) 管理目标不同

我国林火行政管理的目标是：通过法律、政策、经济的手段，采取严厉的行政管控措施，运用层层设立的责任追究制度，以期实现全面防火，减少森林火灾发生的概率。一切火源管理的措施和手段都是为了“打早、打小、打了”。美国火源行政管理的目标是：通过林火行政管理，采取“火灾必须扑、林火应当管理”的管理理念，运用法律、政策、经济、技术手段，利用可燃物管理、计划烧除等技术措施，以期达到保证森林的健康、确保社区安全、促进森林的可持续经营目标(Ryan et al., 2003)。而计划烧除目前被认为是行之有效的，它不仅能够促进森林更新、提高森林质量，还能积极降低火险，扭转长期灭火的负效应。

对比分析美国、加拿大和澳大利亚等国把计划烧除的主要作用总结为以下 7 个方面：减少可燃物积累，降低林地火险，预防森林火灾；控制森林病虫害；促进森林的天然更新；抑制非目的植物；复壮山特产品和牧草；保护野生动物的栖息环境；保护自然生态系统。

中美两国的火源行政管理主要是针对人为火源。我国的森林火灾大部分都是人为原因引起的。如图 3-10 所示，在 2005—2010 年间，我国由人为原因引起的森林火灾次数占火灾总次数的比例高达 98%。由自然火引起的森林火灾约占我国森林火灾总数的 1%，因此，我国的火源行政管理工作主要围绕着人为火开展。

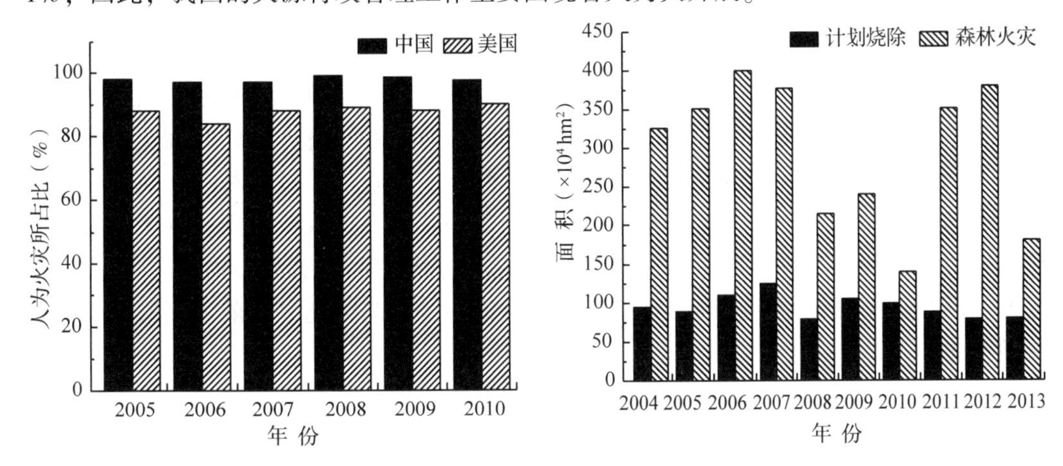

图 3-10 中美人为森林火灾占当年火灾总数的百分比　**图 3-11 联邦计划烧除与野火烧毁的森林面积对比**

林业部门每年通过计划烧除和机械疏伐来减少草类、灌木丛、树木以及其他“高危易燃物”的数量，这可以从野火的威胁下每年拯救出约 200×10^4 ~ 300×10^4 hm^2 的联邦所有林。美国在 1996 年全国开展计划烧除仅为 1.6×10^4 hm^2，到 1970 年计划烧除面积竟达到 100×10^4 hm^2，已超过当年森林火灾总面积。如图 3-11 所示，美国 2004—2013 年计划烧除的面积基本维持在 200×10^4 hm^2，通过采用计划烧除的方法积极预防了灾难性森林火灾的发生，成为科学防火的重要手段(Finney，2007)。

目前我国的林火火源管理在实质上归根到底还是追求全面灭火。各级政府在理论上认识到放弃全面灭火的政策必要性，并不表示在实际操作中就能清楚地划分哪些野火可以任其燃烧，哪些野火必须阻止。火势的发展有很大程度的不确定性，计划性防火尚且如此，更何况不可控的野火，并且野火发生后在往往需要在短时间做出决策，因此决策者偏向于实施全面灭火，以期把损失减到最小也是可以理解的。但是计划烧除的发展是林火管理发展的必然趋势，一位野火生态学家指出，灭火的最大悖论之一就是我们越是成功地灭火，就会积累越多的燃料，也就导致了下一场火灾的更大强度(孙丹等，2006)。

(2)火源管理政策不同

纵观美国火源管理政策的发展过程，首先经历了顺其自然阶段，在这一时期美国的林火基本上处于自生自灭的状态。然后又经历了严防一切火源的阶段，美国实行严防一切火源，见火就灭政策。目前，美国的火源管理政策处于多元化管理阶段，严防一切火源、放任一些林火燃烧和计划烧除三种林火政策相结合时期。我国的火源管理政策也先后经历了 3 个阶段：走群众路线阶段、单纯防火阶段和科学管火阶段。我国的火源管理政策主要还是围绕在防患一切火源，不同阶段的区别主要是管理的内容、手段不同而已，计划烧除工作也一直进展缓慢。

(3)措施手段不同

我国火源行政管理的措施和手段虽然表现形式多样，但从根本上讲还是以行政命令为主，行政强制性色彩很浓，行政手段经常是最严厉的。由于我国林火管理实行政府负总责，政府行政首长为第一责任人，法律也强调各级政府的林火管理的义务，所以各级政府为了认真履行法定职责，为了不被追究责任，就特别重视林火管理的行政手段的运用。在火源管理的具体措施上是十分严密的，全国各地普遍推行“十不准”“五不烧”火源管控措施。这些行政手段主要表现为生菜用火、生活用火政府审批；政府划定当地的防火期、防火区、防火戒严期和戒严区，划定森林高火险期和高火险区；政府在防火期发布戒严令、春节或秋季森林防火禁令；禁止人员进入林区；对林区内居民及社区层层签订防火责任状、人人签订防火责任状等。这些行政措施绝大多数都是合法的，是依法采取的必要手段，但在个别情况下，也有一些智能型措施有悖于法律。但是，从林火火源管控的效果上看，在一个地区一定时间内还是有效的，避免了一些火灾的发生。

美国在火源管理的一般措施手段上与我国有所不同，与我国强烈行政色彩的管理措施手段更为不同。一是美国由于执行“火灾必须扑救、林火应当管理”的理念和林火政策，政府对“野火”的容忍度要远远高于我国，美国不主张“见烟就灭、见火就扑”，林火管控措施不像我国那么严厉。二是美国私有林占全国森林的大部分。联邦林务局的行政职能是“管理公有林、指导州有林、服务私有林”，因此政府对私有林的火源管理采用行政命令的措施时受限的。三是美国更强调用宣传教育的手段普遍提高公民林火意识，以期增强民众自我行为约束，来减少火的滥用。四是美国的火源管理，既强调运用必要的行政手段和措施，更注重社区住民的合作。对社区居民房屋和其他建筑临近林区的多采取动员、劝告等方法促使房主清除房屋周围的可燃物，降低发生森林火灾的风险。

(4)雷击火预测预报重视程度不同

由雷击引起的森林火灾通常发生在交通不便利的偏远原始林区，一旦酿成火灾很难及时发现，往往会形成大面积的森林火灾，对植被和生态环境造成严重破坏，危及人类的生存，造成严重的经济损失。因此，深入研究雷击火的发生规律，特别是对雷击火的着火条件、时空分布和监测预报等研究，引起了各国学者和专家的高度重视，并产生了诸多研究成果(范明虎等，2014)。

美国由雷击火引发的森林火灾无论在数量上，还是毁林面积上都远比我国的严重。长期以来，为了减少由雷击火引发的森林火灾，美国一直非常重视雷击火的相关研究工作，尤其是在雷击火的发生规律和预测预报方面，这些研究工作远比我国的更为全面和深入(王轩，2014)。我国由雷击火引发的森林火灾比例虽然较小，但是由于其不可避免性，仍不可忽视。因此，借鉴和学习美国在雷击火方面的研究成果，是一条有效减少雷击火引发的森林火灾的便捷之路。目前，我国也积极学习和实践运用多种方式开展雷击火的研究工作，其中包括雷击火的预测预报等(刘丹等，2012；胡林等，

2006；张昕，2007）。

3.4.4 中美林火宣传教育比较分析

宣传教育是提高全社会公民森林防火意识的最重要、最有效的手段，也是林火行政管理的重要内容之一。不论是美国还是我国，对森林防火的宣传教育都是非常重视的，都把其作为一种最重要的，有效预防森林火灾的管理内容。

（1）宣教内容各有侧重

我国宣传火的好处最终是为了教育公众，森林对人类的重要性，在林区及林区周围的人要牢牢树立防火意识“杜绝一切火”，如全国大部分地区都在用的“严防森林火灾，呵护绿色家园”这一口号就是典型的例子。因此，我国林火宣传教育注重的是让人们从思想上牢牢树立防火意识，更多的是口号类的宣传，法制宣传教育和火灾的预防、扑救、避险知识。为了达到这一目的，我国采取了近乎“洗脑”的宣传方式，大量抛洒宣传单、利用宣传车、刷墙口号等，这些方式虽然是让公众被动地接受宣传内容，但其为了是让受众了解防火知识的目的却实现了。美国是注重实际操作和应用，我国注重从思想上加深人们的防火意识。虽然中美两国的宣传教育都意识到在宣传过程中必须要坚持宣传林火的两重性，而不能一味地认为火对森林是有害的，但是两国出发点却是截然不同的。

（2）宣教形式各有千秋

近年来，随着防火形势的日益严峻，我国也在积极开创林火宣传教育形式。例如，河南省淅川县林业局通过“淅川百米上火 WiFi 网络”，首次以“互联网+”的形式开展防火宣传工作；陕西佛坪通过在重点林区入口安装太阳能护林防火语音提示器的形式，使所有进入林区的人都会听到“共享森林美景，严禁森林火灾”的防火语音提示。但是，这些新形式只占到我国林火宣传教育形式的很小一部分，大部分地区还是采用口号宣传各类内容的模式，这一形式虽然简单，却便于普及和操作，比较实用。美国更多元化，我国简单却实用。美国的林火宣传形式种类繁多，无论是基于传统媒介的宣教形式，还是基于信息技术的宣传形式，抑或基于商业价值的宣传形式，美国的林火宣传教育形式都统统覆盖。随着各类智能技术的普及。美国还在不断地增加新的防火形式用于林火宣传教育。例如，近年来以智能手机为中心的各类 App 的开发和应用。

（3）宣教效果各具成效

我国的林火宣传教育其火灾预防效果更好。得益于我国林火宣传教育的“宣传教育不留死角”“宣教内容不留空白”的方针，我国的森林防火预防工作完成得非常好。例如，安徽安庆市在 2013 年由于上坟祭祖引发了连绵山火，损失惨重，教训深刻。在 2014 年，为了预防火灾的再次发生，安庆市加大了宣传力度，通过报纸、电视、电台等媒体不间断播发等形式广泛宣传安庆市森林防火指挥部令和森林防火通告，做到家喻户晓；通过森林火灾肇事者现身说法，加强警示和震慑。

美国的林火宣传教育在公众参与方面效果好。美国通过林火宣传活动赢得了社会各界的关注和帮助，尤其是新闻媒体的捐助，1980 年以来有来自各地超过 10 亿美元的媒介估值捐助，这些捐助使其能有足够的渠道去传播相关信息。由于公众的积极参与，美国的野火数量明显下降，从宣传初期 20 世纪 30 年代的平均每年有野火 167 277 起到宣传发展期 20 世纪 50 年代的平均每年野火数量下降到 125 984 起，直至宣传成熟期的 90 年代下降到平均每年 106 306 起(张思玉，2008)。

3.5 美国林火行政管理对我国的启示

3.5.1 完善林火行政管理责任制度

行政首长负责制是指国家特定的行政机关首长在所属行政机关中处于核心地位，在本机关依法行使行政职权时享有最高决定权，并对该职权行使后果向代表机关负个人责任的行政领导制度。在森林防火和林火管理中实行政府行政首长负责制，具有浓厚的我国特色。在长期实践中，这一制度和机制发挥了极大的作用。在重大林火扑救组织指挥过程中，在林火行政管理的系统中，这个制度强化了政府职责，明确了行政官员和个人的职责，有利增强官员的责任意识，也便于依法问责追责。

(1) 创立党政同责制度

在森林防火首长负责制发展的这几十年中，这个制度由政府负责，发展为政府主要负责人负责，又进一步演变为政府行政首长负责制。在我国林火行政管理体制中，这一制度发挥了非常重要的作用。一方面它明确了政府是林火行政管理的主体，也是承担防火责任的主体，强化了政府的林火管理职责；另一方面，它革除了以往“集体讨论、集体决定、无人负责”的个人责任不清的体制弊端，明确了行政首长是承担责任的个人主体，避免了责任的推诿，明确了行政首长是承担责任的个人主体，避免了责任的推诿及追责的困难。特别是防火责任与个人升迁及“乌纱帽”相关联，增强了官员的责任感和责任心。

目前，我国建立“党政同责”的森林防火责任追究制度，已初步具备了体制上和法理上的条件，2015 年中共中央办公厅、国务院办公厅印发的《党政领导干部生态环境损害责任追究办法(试行)》第一条规定：为贯彻落实党的十八大和十八届三中、四中全会精神，加快推进生态文明建设，健全生态文明制度体系，强化党政领导干部生态环境和资源保护职责，根据有关党内法规和国家法律法规，制定本办法。森林防火是生态文明建设中的一部分，也理应据此强化党政领导干部的防火职责。此外，第三条还规定：地方各级党委和政府对本地区生态环境和资源保护负总责，党委和政府主要领导成员承担主要责任，其他有关领导成员在职责范围内承担相应责任。明确的写明地方各级党委和政府主要领导成员承担主要责任，这一规定使得森林防火也实行党政同责制度有理有据，具备了创立的条件。

(2) 创立终身追责制度

众所周知，林火一旦失去控制，就会变成“害火”和“破坏性火灾”，它给森林资源和森林生态带来了重大的损失，甚至给社会公众带来重大生命和财产损失。因此，特大森林火灾对生态环境和人类生存环境造成的损失甚至是难以估量的。如 2007 年美国的加利福尼亚州大火，大火直接或间接造成 12 人死亡，在该州全境的毁林面积约为 1970 km^2。据英国媒体报道，美国加利福尼亚州过火总面积相当于 1945 年日本广岛原子弹爆炸中被毁面积的160倍，火灾给美国加利福尼亚州造成的损失已超过10亿美元（金琳等，2013）。

森林在生态系统中具有不可替代的重要作用，在维护国家生态安全中具有十分重要的地位。保护森林资源和森林生态系统，是国家生态文明战略中不可或缺的组成部分。因此，要把森林防火工作放在国家生态文明整体建设工作中考量，以此体现森林和林业在生态文明战略中的作用。与之相应，我们也必须把森林防火责任制放在国家生态文明损害责任体系中考量，才能从国家生态文明制度建设的高度去审视森林防火的责任。

(3)创立"上下同责"制度

完善行政首长负责制，还要改革现行的地方政府首长负责制，建立中央政府与地方政府上下一致的首长负责制。我国现行森林法律只规定实行地方政府行政首长责任制，而把国务院林业主管部门行政首长排除在外，这是责任体系中的重大缺陷。我国《森林防火条例》第四条规定：国务院林业主管部门负责全国森林防火的监督和管理工作，承担国家森林防火指挥机构的日常工作。国家林业行政主管部门既然依法负责全国森林防火的监督管理工作，当然应当是森林防火责任制体系中的责任主体之一。

3.5.2 健全以法治火的法律体系

(1)完善中国特色依法治火法律体系，加强《森林防火条例》的实施

加强地方立法工作，例如，地方森林防火条例和《森林防火条例》实施细则的制定和执行等；坚持从各地森林防火实际（考虑林情、社情、山情、气候等）出发，积极推进《森林防火条例》的实施，积极推动有关森林防火的地方性法律法规、地方政府规章、单行条例的制定和实施，构建中国特色依法治火法律体系。积极推动地方立法机关和有立法权的地方政府及时修改和废止与《森林防火条例》相抵触、相违背的法律条文，尽快实现各地原有防火法律规范与《森林防火条例》的衔接。加强《森林防火条例》实施，强化监督制度。依法治火的核心是依《森林防火条例》治火。各级森林防火指挥部和各级林业主管部门，都必须以《森林防火条例》为根本的活动准则，并且负有维护《森林防火条例》权威、保证《森林防火条例》实施的职责。一切违反《森林防火条例》的行为都必须予以追究和纠正。

(2)加快森林防火地方立法进度，健全森林防火法治体系

由于我国地域跨度大，南北方差异明显，林火管理工作也存在相应的差异，围绕《条例》，加强森林防火地方立法，充分发挥条例的作用，如广东省森林防火指挥部办公室于2009年7月下发了《划定森林防火指导意见》，省内各地按照该指导意见，制定了《森林防火区划定方案》，并以政府名义公布，明确了森林防火区分为森林防火区和森林高火险区的标准，但我国绝大部分省份森林防火区、森林防火期、森林高火险区、森林高火险期的确定缺乏标准。此外，部分省份配套规章制度尚需健全，部分省份仍未制定野外火源管理办法，行政执法缺乏统一的法律文书等。

(3)明确森林防火责任核心地位，完善政府森林防火问责机制

借鉴美国《国家政策法》的经验，明确确立"统一管理，分工负责"的原则，按照

“权责对等，有权必有责”的思路，可以考虑设立跨行政区域的森林防火监督机构。在实施地方人民政府行政首长负责制的形势下，要强化政府森林防火工作质量问责机制，将森林防火的职权直接委任给各级政府及其主要负责人，强化各级政府作为森林防火第一责任人的责任和义务。建立森林防火工作质量综合考核制度，完善对地方政府及政府官员的考核体系。

(4)建立高效森林防火管理体制，实施严格的火源管理制度

重在制定预防和森林资源保护为目的的监督管制制度，实行严格的火源管理制度：明确规定野外用火审批制度，对野外火源实施统一监督管理；完善野外用火监察制度，健全县级监察、镇级监管、村级负责的野外火源监管体制，保障独立进行火源监管，配合行政执法；建立生态红线制度，在重要生态功能区、陆地生态环境敏感区、脆弱区等区域划定生态红线，发挥森林防火功能，保障生态环境；设立集中野外用火期，政府匹配相关技术人员，积极组织广大林农有计划、有防范地投工投劳集中烧除林缘农田边可燃物，从源头上消除可燃物隐患；将森林防火工作的重点落实在县乡镇等防火一线，推行“联保”制度，如吉林、黑龙江大兴安岭、江西上饶等地推行的“十户联保”制度，即以十户农民为一组，十户以下的自然村以自然村为一组，组成联保组，实行联保，共同遵守森林防火相关公约，开展森林防火和消防各项知识宣传普及，查找整改森林火灾隐患，搞好火源管理，从而引导村民之间互相监督、互相帮助、互相提醒，共同做好森林防火工作。

(5)将市场机制引入森林防火立法，建立森林防火经济法体系

利用市场机制激励进入林区的企、事业单位企业树立森林防火意识，如江西省将林区旅游景点门票收入按照一定比例用于森林防火，减轻森林防火经费压力。研究制定森林防火经费和基础设施建设标准，落实地方政府的经费保障责任。进一步完善森林防火经费保障机制，在确保将森林防火经费纳入各级财政预算的基础上，结合本地工作实际，逐年确定森林防火经费增长比例，规范经费的申报、审批、划拨、监管等程序，并在年度财政预算中将火源管理人员开支、宣传教育经费、燃油补贴、设施建设、设备购置资金及乡村协管人员补贴等纳入公共财政预算。同时，应将森林防火经费的保障情况列入各级政府森林防火考核目标，对有保障到位、增幅较大的地方予以加分。

(6)加强技术法规(包括标准、规范和规程)的制定工作

依法全面追究森林火灾案件中的行为人责任，合理承担法律责任；例如责任追究制的制定、森林防火行政首长负责制的标准制定和森林防火督导暂行办法等。技术法规应该涵盖森林防火工作的全过程，主要包括行政首长负责制情况、日常工作管理情况、基本建设和规划情况、物资储备情况、经费落实情况、队伍建设情况、隐患排查情况、宣传教育情况、预警响应情况、火源管控情况、火灾扑救情况、灾后处置情况和责任追究情况等。

(7)加大执法力度，规范执法行为

坚持地方各级人民政府行政首长负责制，完善地方各级人民政府行政首长负责制责任制度。坚持各级森防指的组织、协调和指导职责，进一步明确和细化国家森防指和各级森防指的组织、协调和指导森林防火的工作职责。

坚持县级以上地方人民政府各级林业主管部门的监督和管理职责，完善森林防火监督和管理制度。进一步明确和细化县级以上各级林业主管部门的监督和管理职责。进一步细化和明确县级以上地方人民政府其他有关部门的职责分工。进一步细化和明确森林防火联防机制的防范主体、防范区域、联防制度、信息共享内容和监督检查规范。

坚持森林、林木、林地经营者和个人的森林防火个体责任，完善森林防火个体责任制。进一步明确和细化森林、林木、林地经营者和个人的森林防火个体责任的责任主体、职责内容、责任形式、奖励方式等。

强化依法治火法制宣传。各级林业主管部门和各级森防指应当组织经常性的森林防火宣传活动，普及森林防火法律常识，普及森林防火知识。

完善森林防火表彰和奖励制度。进一步界定和明确在森林防火工作中作出突出成绩的具体表现，明确表彰的具体方式和奖励的具体内容。进一步界定和明确在扑救重大、特别重大森林火灾中表现突出的具体情形，明确当场表彰好奖励的条件、表彰和奖励的具体方式。

坚持依法治火和科学预防相结合。

明确法律边界，加强法律解释工作。国务院林业主管部门和省级林业主管部门要依法加强法律解释工作，及时明确《森林防火条例》和有关森林防火地方法律的法律规定含义和适用法律依据看，明确各级林业主管部门的执法权限和范围。

(8)深入推进依法治林，加快依法治火建设步伐

各级森林防火组织要依法全面履行森林防火职责。深化森林防火执法体制改革。推进综合执法，明确委托森林公安机关行使森林防火行政执法权限的法律依据、条件、内容、程序和责任。坚持严格规范公正文明执法，依法惩处各类森林防火违法行为。强化对森林防火执法权力的制约和监督。

(9)增强全面依法治火观念，推进依法治火社区建设

推动全社会树立依法治火意识。推进多层次、多领域依法治火。支持村民(居民)防火自治制度建设。村民(居民)防火自治原则是村民(居民)自治原则的重要组成部分，要充分发挥村规民约、宗教禁忌、公序良俗等各种非正式法律制度的功能和作用，引导各级自治组织在法律框架内制定森林防火的规章制度，落实村民(居民)自治组织的森林防火权利，明确个体责任制度和奖励制度，做到森林防火、村村有权、人人有责、个个有利。健全依法维权和化解森林火灾纠纷解决机制。

3.5.3 创新火源行政管理机制

(1)推进火源管理法治化

建设法治国家、法治政府，这是我国法治建设的大目标。法治政府的基本特征就是职能法定、依法行政、依法办事，法无授权不可为、法定职责必须为，这就要求各级政府及其工作人员，一切行政行为都必须合法，保证政府的“红头文件”、行政命令、行政措施都必须合法。林火行政管理是政府行政管理的一部分，也是一种政府行政行为，因此，林火行政管理必须符合法律。而火源管理是林火行政管理的组成部分，这就要求火源管理行为必须符合法律，不能违背法律，不能超越法律，不能没有法律依据。

(2)实行火源管理措施的人性化

林火管理是一项社会公益事业，也是涉及千家万户利益的社会工作。在我国95%以上的林火都是人为火，是管好人为火源是林火行政管理的重点和难点。在某种意义上，火源管理就是对人的管理(人为火源)。对人的管理就离不开人的配合和公众参与，离不开社区民众与政府的合作。长期以来，由于我国森林资源的主体是国家所有和集体所有，所以政府对林火行政管理的权威性和强制性很强，政府的管理方法主要是靠行政命令，凡事强调“令行禁止”“一律禁止”“坚决杜绝”，在个别情况下甚至因为防火而损害群众利益。例如，有的地方采取“见烟就罚”的做法，当农户住宅烟筒因做饭而冒烟时，消防车立即冲上去往烟囱里灌水；有群众进山祭祀扫墓，一律严禁，有时手段过于简单粗暴，甚至引起殴斗冲突。这些一味强迫命令的做法，使民众心气不顺，反感抵触，不愿配合。林火行政管理的出发点和归宿归根到底是维护公众利益和公共财产，是使民众受益，因此我们应当推行人性化的林火行政管理。

(3)强化火源管理的信息化

目前，以计算机网络为基础的信息技术在火源管理工作中迅速普及应用，极大地提高了森林防火工作的效率和经济效益。高度重视林业信息化建设，是当今我国政府推动林火管理工作的重要手段。森林防火信息化，是预防和控制森林火灾，最大限度减低火灾损失的关键，也是现代林业科学发展的三大支柱之一。实现林火管理信息系统高速高效、畅通无阻的运行，必须要有各种可靠的计算机软件。在林火管理工作中一直应重视信息技术的研发和运用，如林火管理决策综合程序、森林火险预测报模型、林火发生预测模型、雷击火监测模型、可燃物分类模型、火行为预测模型、森林防火预算分析模型、森林火灾评估模型等，基本满足了现代林火管理的需要。

3.5.4 提高林火管理宣传教育的效果

(1)内容人性化

传统的森林防火宣传，以宣传国家防火方针、政策、法律法规、火源管理规章制度以及火灾扑救知识为主，内容严肃，宣传方式也简单。林火宣传工作人员多是面色凝重、机械宣讲效果不是很理想。宣传必须考虑群众的心理和感受，使人感到亲近，使“说教”不像说教。一般而言，让群众感到此事与自己利益有关，他就有兴趣参与，宣传效果就好，宣传的目的才能真正达到。念法规、喊口号基本流于形式。例如，“进入林区、防火第一”“森林防火是每个人的责任”“爱护森林人人有责”这类标语，效果较差。而替换成类似于“冬春草木干、防火要当先”“森林是我的家园，火灾是森林的杀手”“大树生长几十年、大火焚毁一瞬间”这样的标语，更容易被公众记住和接受，其宣传效果就会好很多。

(2)形式多样化

宣传形式影响宣传政策，好的宣传形式往往事半功倍。中美两国在林火宣传教育方面，都运用了很多手段，形式各具特色，丰富多彩，各有所长。总体而言，我们还有进一步改进和提高的空间。

(3)教育常态化

在我国，森林防火宣传教育虽然写进了法律，具有法定性，这为宣传教育的常态化奠定了坚实基础，但在宣传教育的常态化和系统化上还需要进一步努力。

(4)手段现代化

应当充分利用现代传媒的影响力、扩散力、认同力，全力提高宣传的时效性、有效性、生动性。

思考题

1. 我国林火行政体制的特点是什么？
2. 我国火源管理的行政措施都有哪些？
3. 我国林火宣传教育的主要方式和特点是什么？
4. 美国林火行政机构的主要设置是什么？
5. 美国森林防火法律体系是什么？
6. 中美林火行政管理机构有何差异？
7. 中美林火法律体系有何差异？
8. 美国林火行政管理对我国有哪些启示？
9. 中美林火宣传教育有何差异？
10. 创新火源行政管理机制有哪些？

参考文献

查正，2012. 火源管理是森林防火工作的核心——对泸定县森林防火野外火源管理工作的调查[J]. 科技风(7)：217.

范明虎，樊红，李新广，2014. 一种适用于林火预测的并行计算模型[J]. 武汉大学学报(工学版)(47)：135-140.

高复军，2012. 齐抓共管，开创森林防火工作新渠道[J]. 科技创新与应用(7)：274.

胡海清，2005. 林火生态与管理[M]. 北京：中国林业出版社.

胡林，冯仲科，聂玉藻，2006. 基于 VLBP 神经网络的林火预测研究[J]. 林业科学(1)：155-158.

金琳，刘晓东，张永福，等，2013. 森林可燃物调控技术方法研究进展[J]. 科学与财富(2)：155-161.

李洪泽，曾志，2001. 森林火灾的属性及其危害[J]. 湖南林业(1)：19.

李志勇，斯特芬曼，叶兵，2009. 主要国家《森林法》比较研究[M]. 北京：中国林业出版社.

刘丹，李桂英，2012. 面向林火预测的无线传感器节能算法的研究[J]. 计算机应用与软件，29(10)：141-144.

刘广菊，2003. 计划烧除在森林经营中应用的初步研究[D]. 哈尔滨：东北林业大学.

鲁平，2011. 走进约塞米蒂[J]. 世界遗产(3)：58-65.

孙丹，姚树人，韩焕金，等，2006. 雷击火形成，分布和监测研究综述[J]. 森林防火(2)：11-14.

孙薇，2014. 森林防火的重要性及措施[J]. 农家科技(12)：159.

田凤奇，2013. 加强森林防火工作建设生态先行林区[J]. 森林防火(3)：03-07.

王轩，2014. 基于物联网技术的森林火灾监测研究[J]. 宁夏农林科技(1)：58-59.

王艳林，2006. 基于资源评价的森林公园景观规划研究[D]. 长沙：中南林业科技大学.

薛文彪，李桂英，1999. 森林火灾的自然属性与人为作用探讨[J]. 森林防火(2)：28-29.

喻洋，2015. 论森林防火的意义与措施[J]. 北京农业(15)：170-171.

张思玉，2008. 浅析森林火灾分区分类施治[J]. 森林防火(1)：32-33.

张昕，2007. 我国森林公园管理法律制度研究[D]. 重庆：重庆大学.

赵铁珍，柯水发，韩菲，2011. 美国林业管理及林业资源保护政策演进分析和启示[J]. 林业资源管理(3)：115-120.

2005. 美国森林防火考察报告[J]. 森林防火(3)：43-45.

Beggs J M, Plenz D, 2003. Neuronal avalanches in neocortical circuits[J]. The Journal of Neuroscience, 23(35)：11167-11177.

Finney M A, 2007. A computational method for optimizing fuel treatment locations[J]. International Journal of Wildland Fire, 16(6)：702-711.

Ryan K C, Knapp E E, Vamer J M, 2003. Perscibed fire in North American forests andwoodlands: history, current practice, and challenges[J]. Frontiers in Ecology and the Environment(11)：15-24.

Ryan R L, 2012. The influence of landscape preference and environmental education on public attitudes toward wildfire management in the Northeast pine barrens (USA) [J]. Landscape and Urban Planing, 1(107)：55-68.

Taylor A H, Scholl A E, 2012. Climatic and human influences on fire regimes in mixed conifer forests in Yosemite National Park, USA[J]. Forest Ecology and Management(267)：144-156.

Thompson J R, Johnson K N, Lennette M, et al., 2006. Historic Disturbance regimes as reference for forest fire policy in a multiowner province: a simulation experiment[J]. Canadian Journal of Forest Research, 36(2)：401-417.

Turner M G, Romme W H, Tinker D B, 2003. Surprises and lessons from the 1988 Yellowstone fires [J]. Frontiers in Ecology and the Environment, 1(7)：351-358.

第4章

计划烧除

计划烧除由“prescribed burning”翻译而来，也可译为规定火烧或计划火烧，部分文献采用“控制火烧”(controlled burning)，联合国粮食及农业组织1986年出版的《野火管理术语》*Wildland Fire Management Terminology* 解释为：在特定环境条件下将火烧限定在规划范围，对室外自然状况或人工处理的可燃物选择一定的火强度和蔓延速度控制用火，实现资源管理的目的。1998年美国国家公园管理局、林务局、印第安人事务局、鱼类和野生动物管理局和土地管理局共同颁布的《荒火与计划烧除火管理规定》的定义为：任何为了实现特定目标而人工点燃的火烧，必须有书面的经过批准的烧除计划。美国林学会定义计划烧除为：在一定气候、可燃物湿度、土壤温度条件下，熟练地用火烧除天然可燃物，把火限定在规定的范围烧除地面天然可燃物，在一定的时间内产生合适的火强度和蔓延速度实现防火、育林、野生动物管理、放牧和减少病虫害等一个或几个目标，获得一定的预期效果。利用火烧清理采伐迹地、炼山造林、荒山和牧场采用的生产用火都属于计划烧除范畴。计划烧除是人用一系列移动的火点烧地表可燃物或活的植被，强调人为地科学用火进行营林管理，以最小损失和合理费用实现最大收益。

4.1 计划烧除概述

4.1.1 计划烧除历史

4.1.1.1 国外计划烧除历史

早期欧洲到美洲大陆的移民利用火烧清理整地、农牧业和林业生产，实现定居、开垦农田、生产或其他目的。1890年，美国学者提出以减少可燃物为目的森林火烧，1907年，F. E. Olmoste首次提出“计划烧除”概念，从提出到确定这个阶段花了约40年。1910年，北美开始采用计划烧除清理采伐剩余物。1911年，R. Harper用计划烧除清除森林下层杂木。到20世纪40年代，计划烧除逐渐得到提倡和应用。1935—1960年逐步由林区大范围应用到广泛推广，1966年计划烧除面积约 1.7×10^4 hm^2，5年后计划烧除面积扩大近60倍，到20世纪中后期被选为森林生态的管理手段。加拿大在1912年于温哥华林区全面推广计划烧除，自1925年开始研究计划烧除降低火险和促进森林更新的作用，20世纪初期开展实战，中后期大规模应用于生产实践。澳大利亚的土著人很早就会利用计划烧除实现农牧业和林业生产，使桉林、袋鼠、牛羊与火和人和睦相处，每年都开展计划烧除。西方国家中美国、加拿大、澳大利亚的计划烧除技术最为发达，烧除面积最大。进入20世纪80年代，美国每年计划烧除面积达1400×10^4 hm^2，澳大利亚达150×10^4 hm^2以上。

4.1.1.2 国内计划烧除历史

我国用火历史悠久，黄帝时期设置专门管理用火安全的官员"火政"，舜时期开始烧毁森林进行农耕和放牧，先秦时期有"火官""修火禁"，春秋时期管仲提出"修火宪"即防火的法令，《管子·立政》："修火宪，敬山泽、林薮、积草。"《荀子·王制》："修火宪，养山林、薮泽、草木、鱼鳖、百索。"杨倞注："不使非时焚山泽"。古代劳动人民应用计划烧除可归纳为以下几个方面。

(1)清理造林地

明代农学家徐光启的《农政全书》讲到：江东、江南之地，惟桐树、黄栗之利易得。乃将旁近山场尽行锄转，种芒荻，收毕，仍以火焚之，使地熟而活。梁延栋在《种岩桂法》中提出：既定种桂之山场，7、8、9月伐木烧草，将山地锄治。在造林整地过程中，或在造林前种植农作物收获之后，或在杂草灌木生长旺盛之时进行火烧，可加速土壤营养元素循环，提高土壤肥力，同时改善环境，利于幼树生长发育。

(2)促进森林更新

北魏贾思勰在《齐民要术》中有用火烧促进天然和人工更新的详尽记载，指出生产纤维的槽的轮伐期应为3年，砍伐后的第2年正月"常放火，自有干叶在地，足得火烧。不燃则不滋茂也"。《南岳志》中提及"衡山有山笋，笋之小者，竹经野烧，当春怒发"。《汝南圃史》中讲到杉木经过砍伐后，第2年"放火烧笋，驱牛耕转，则火灰压下，土气渐肥，然后播种"。槠和杉，经济价值是较高的，采用火烧，清除采伐剩余物，提高土壤肥力，有利于迹地的更新和造林。

(3)南树北移引种过程中采用计划烧除

明代俞贞木《种树书》中讲：木自南而北多枯。寒而不枯，只于腊月去根旁土，麦穰厚覆之，烧火深培如故，则不过一二年皆结实，若岁月此法，则南北不殊，犹人烛艾耳。

(4)火烧促进林木根株萌蘖生长

《泛胜之书》中讲到种桑法时指出：五月取摆著水中，即以手愤之，以水灌洗，取之阴干。每亩以黍、棍子各三升衙种之。黍、桑当俱生之，锄之，桑会稀疏调适。黍熟获之。桑生正与黍高平。因以利镰摩地刘之，曝令燥；后有风调，放火烧之，常逆风起火，桑至春生。贾思勰在《齐民要术》中指出：捕和麻一起混种，明年正月初附地芟杀，放火烧之，一岁即没人(不烧者瘦，而长亦迟)，三年便中斫。同书在讲到榆树播种造林时指出：在播种的第二年正月初，附地芟杀，以草覆上，放火烧之(不烧则长迟也)。一岁之中，长八、九尺矣(一根上必十数条俱生，只留一根强者，余悉捏去之)。后年正月、二月移栽之。《三农记》在讲到栎的播种造林时指出：点种者，藏土害中。春芽生，以锥斜钻宿窍，相离三、五尺，每窍只宜一、二粒。槌封窍口，不惧畜耗。当年苗高尺余，留草遂长。次年苗长，临冬焚之，易茂。上述这种对于桑、糖、榆、栋，或是出苗的当年或是第二年砍掉，放火烧除，目的是促进林木根株萌囊生长。

我国烧荒、炼山、清理牧场，以及林业用火有近千年历史，但多属于"刀耕火种"的原始经营方式，到20世纪中后期，我国南方、北方才开展计划烧除。1953年，在东北黑龙江省西部林区采取火烧沟塘草甸来防止山火的蔓延，后来逐渐在大小兴安岭、内蒙古等林区广泛推广应用。1975年，我国云南南盘江开始了松林内的计划烧除，1980年普遍应用此项技术。1980年，广西百色地区在隆林县中山林场，在防火重点的天然云南松林下用火烧地被物的方法开设防火线几十千米，宽度在100m以上。1984年，黑龙江省汤原林区也开始进行林内规定火烧，面积达667 hm^2 以上，效果较好。1988年，四川在西昌市磨盘林区开展云南松冠下的计划烧除，后在整个攀西地区进行推广。1996年，林业部在四川攀枝花召开了全国计划烧除现场会，极大地推动了我国的计划烧除。

4.1.2 计划烧除分类

计划烧除与计划火烧、控制烧除、控制用火、控制火烧同义，主要是对天然可燃物、采伐剩余物、某些特殊方面采取控制措施的地区进行有计划、谨慎地用火(胡海清，1995；胡海清，1999；林其钊等，2003；骆介禹，1991；马志贵等，1993)。

(1)从广义角度划分

从广义角度可将计划烧除划分为以下类型：

①减灾防灾用火：包括森林火灾扑救用火、开设隔离带、减少病害发生用火、控制鼠害用火和减少局部地区的气候灾害用火。

②营林用火：包括造林用火、更新用火、幼林抚育用火、修枝用火、抚育伐用火、主伐用火、特种林经营用火、次生林用火、维护顶极群落用火。

③农业生产用火：包括烧垦、烧荒、烧秸秆和茬子、农林复合经营用火等。

④林副业生产用火：包括发展野果用火、发展药用植物用火、发展菌类资源用火、发展食用植物和其他经济植物用火。

⑤牧业用火：包括草地更新与复壮用火、改良草场用火等。

⑥野生动物保护用火。

⑦自然保护区用火。

(2)从经营角度划分

从经营角度可将计划烧除划分为营林性计划烧除和生态管理计划烧除。

①营林性计划烧除：包括减少危险可燃物，降低森林火险；造林整地；清理采伐剩余物；控制病虫害；控制竞争性植被；用火抚育间伐，改善林地条件等。

营林计划烧除的方式又可划分为计划烧除和控制火烧。

a. 计划烧除。指在规定的地区内利用一定强度的火烧除森林可燃物或其他植被，以满足该地区造林、森林经营、野生动物管理、环境卫生和降低森林燃烧性等方面的要求。计划烧除对火强度有一定限度，一般都比较低，通常不超过350~700 kW/m，烧除时烟是散布和飘移的，不产生对流烟柱，对森林环境不会产生不良影响，有利于维护森林生态系统的稳定和发展。

b. 控制火烧。指在一定的控制地段，将大量中度和重度的死可燃物集中烧除。控制火烧只限于采伐迹地的采伐剩余物或林内可燃物移出林外的烧除。为了尽可能烧除全部剩余物和清理物，保证迹地更新或造林，一般采用固定堆积或带状集中烧除，火强度很大，持续时间长，能产生小体积对流烟柱。控制火烧的火强度有时可能高于一般森林火灾的火强度。控制火烧对森林小环境短期内有一定影响，但它能够彻底消除林内杂乱物，特别是皆伐迹地，经过控制火烧后，将大量的采伐剩余物在短时间内分解掉归还于土壤，为迹地更新创造了有利条件。经过抚育采伐后的剩余物，根据森林防火的要求，不应成堆地堆放在林内，应移到林外，在适当的季节，适当的地块尽早采用控制火烧将其烧掉，以免经过抚育后的林分遭受火灾的危害。

②生态管理计划烧除：包括改善野生动物生态环境；转变植被类型；维持特定物种和种群；管理濒危物种；促进物种多样性和生物系统景观多样性；用火来维持生态系统，加速物质流和能量流。

(3)按照火强度划分

按照火强度可将计划烧除分为低强度计划烧除和高强度计划烧除。

①低强度计划烧除：指在不损害优势林木的树冠和树干的情况下，烧除地表积累的可燃物，或者烧除林缘的沟塘草甸、道路两侧的杂草，目的是为防止森林火灾的发生和蔓延，防止病虫害和森林抚育以及其他目的。低强度计划烧除的火强度一般为60~250 kW/m，最高强度限度为500 kW/m，火焰高度一般不超过1.5 m。

②高强度计划烧除：有的国家称它为控制火烧，一般指对皆伐作业留下的枝杈进行烧除，要求将绝大部分采伐剩余物烧除进行造林更新。我国南方的炼山造林，应属高强度计划烧除，其火强度一般大于500 kW/m。

4.1.3 计划烧除用火理论

人类自学会用火，逐步提升对火的认识和利用，特别是火对森林以及森林生态系统的作用和影响，逐步意识到林火具有两重性，体现在有害和有益两个方面。频繁发生的森林火灾，严重损害森林资源，影响森林可持续发展，重特大森林火灾将摧毁森林生态系统，给森林、环境和人类本身造成严重危害和巨大损失，森林火灾已成为各种干扰中对森林影响最大的因子，这是火灾森林有害面。同时，林火管理工作者、森林经营者等用以弱度火烧除林间内的地表细小可燃物，清理地表可燃物，降低森林火险，减少和避免森林资源的损失，预防森林火灾发生和降低森林火灾损失，这是火对森林的有益面。火对森林生态系统作用有益害两重性，高强度的火严重破坏生态系统，造成森林的毁灭，低强度的火则可以促进枯落物及细小可燃物的转化，降低森林的燃烧性，保护自然生态系统(秦富仓，2014；舒立福等，2016；张敏，2006；郑焕能等，1998；郑焕能，1992)。

单纯的防火是被动的，只有“防”和“用”结合，才是积极主动的且最为有效的措施。提出以计划烧除开展森林防火工作，变被动防火为主动防火。计划烧除是以低强度的火烧除地表可燃物，缓慢释放森林积蓄的能量，不会破坏生物之间的关系，也不会破坏森林生态系统平衡，这就是澳大利亚学者提出的以计划烧除取代高能量森林大火的理论依据。

计划烧除就是利用火的有益面，从生态观点和经济利益出发，将火作为一个工具，在人为控制下，在指定地点有计划有目的地进行安全用火，并达到预期的经营目的和效果，成为森林经营的一种措施和手段，用其清除林下枯枝落叶，减少森林可燃物积累，降低森林燃烧性，以及清除沟塘里的草甸营造防火隔离带或防火线等经营活动，利用其特性主动创造森林燃烧的有利条件，合理地利用火为林业生产和其他各种森林经营活动服务，化火害为火利。

4.1.4 森林火灾与计划烧除的区别

森林火灾发生具有一定的规律，要求有一定负荷量的森林可燃物、干旱的天气条件和火源。但火灾发生是随机的，发生时间、发生地点难以预测。森林火灾是失去人为控制的一种灾害，既存在规律又难以预测，具有突发性和复杂性，从森林可燃物、燃烧的条件、火环境、着火后的火行为等方面而言又具有难控性。

计划烧除则是在人为控制下，有目的、有计划、有方法、有步骤地开展用火，并要达到预期目的和要求。计划烧除使用的许多条件是可控的，体现在用火区域和范围、用火时间确定，可燃物负荷量、可燃物湿度的人工处理，用火天气条件选择，点火时机和用火技术的合理把握，预期火行为的控制等都是可以根据用火的目的事先设计好，并按这种设计实施的。

计划烧除和森林火灾具体存在以下几方面的区别。

(1)定义方面的区别

森林火灾是失去人为控制的森林燃烧现象，火在森林中自由燃烧、蔓延和扩展。计划烧除是在人为控制下有计划、有方法、有步骤地用火，并达到现期目的和取得一定的生态、经济效果。二者的主要区别在于有无人为控制。

(2)释放能量速率差异

森林火灾是爆发式地大量释放能量，破坏森林生态系统的稳定，使森林生态系统内的生物因子和生态因子发生混乱，长期不能恢复。

计划烧除则是在一定生态条件下进行的，以低强度的火烧清除地表可燃物，缓慢释放积蓄的能量，即使是高能量的控制火烧，也是在人为控制下，将森林经营作业区内分散的采伐剩余物或林内杂乱物集中在一起烧除，不会破坏生态系统的稳定和发展，而是起到加速能量流动和物质循环的作用。

(3)火烧天气条件不同

森林火灾大多发生在高温干旱的春、秋、冬季，但在东北、内蒙古大小兴安岭林区和新疆林区在夏季雨季发生雷击火也会发生森林火灾，发生火灾的天气条件复杂。计划烧除是在特定的天气条件下的安全期才能开展，主要考虑气温、风速、湿度等条件，气温不能过高过低、风速不能太高，湿度则主要影响可燃物的含水率在一定的范围，保证林火的持续蔓延。气温、风速过高、湿度过低则容易跑火引发森林火灾。

(4)后果不同

森林火灾破坏森林结构和影响森林的正常生长发育，并给人类造成损失。计划烧除则能为森林的生长发育创造有利条件，是经营森林的工具和手段，给人类带来经济效益。

(5)不同的生态效应

重、特大森林火灾对森林生态系统的影响是毁灭性的，造成逆行演替。计划烧除能有效提高生物多样性、增加土壤营养、加速系统物质能量流动，对森林的生态影响是有益的。

4.1.5 计划烧除的优缺点

(1)计划烧除的优点

①经济适用性：计划烧除是一种经济的营林管理手段，同其他人工清理、机械清理和化学清理等手段相比要便宜很多。计划烧除是目前清理林下可燃物和采伐剩余物，炼山造林和烧荒、烧垦，最经济适用的手段。

②生态适用性：火是生态的环境因子，生态系统需要火，离不开火。这是自然规律，不以人的意志为转换。

③低火灾风险性：森林过度保护带来了大量的可燃物累积，造成了森林火灾特别是特大森林火灾发生概率的增加。森林火灾特别是特大森火灾造成的水土流失、河流和空气的污染、动植物区系的破坏，要远高于计划烧除所造成的损失。因此，强制性的森林防火，是高风险的管理。随着对计划烧除研究的深入，对计划烧除规律的掌握，使计划烧除成为低风险的管理方法。

④维持火生态顶极系统：火顶极群落中主要树种对火有很强的适应能力，在火作用下排除其他竞争对象，暂时成为非地带性植被，一旦火的作用消除，会被当地的顶极群落替代，采用计划烧除可以很好地维护火顶极生态系统。

⑤不可替代性：森林火灾是不可避免的，减少森林火灾的发生，特别是减少特大森林火灾的发生，重要的方法是减少林地可燃物的累积。目前减少森林可燃物累积最经济适用和生态适用方法是计划烧除，其他方法不可能替代。

(2)计划烧除的缺点

①计划烧除容易引起水土流失：高强度计划烧除会破坏土壤的团粒结构，烧除过程中产生的焦油和有机气体下渗到土壤，附着在土壤粒子表面，形成不透水层，造成土壤透水性、透气性变坏，使得土壤下渗的水减少，进而雨水地表径流增加，同时由于枯枝落叶层被烧毁，地面失去地被保护，水土流失增加，加剧了土壤侵蚀。高强度计划烧除能烧死树根，坡地的土壤中缺少固土的植物根系，土壤在雨水中会增生崩落。土壤崩落现象会在高强度火烧当年，火烧后几年甚至十几年的暴雨期和干旱期都会发生。火烧暂时增加的土壤营养元素很快被雨水冲洗掉。火的强度越大，土壤侵蚀越严重。

②计划烧除会造成河流和空气的污染：计划烧除后形成的大量黑炭、土壤会随着雨水流入河流，破坏水质，增加泥沙的含量。计划烧除过程中产生的二氧化碳、烟尘

等会造成空气污染，甚至影响交通安全。

③计划烧除会影响甚至破坏动植物的区系：高强度计划烧除会烧死树根，坡地的土壤中缺少固土的植物根系。

④计划烧除用火不当容易跑火：2004 年 10 月 14 日，黑龙江省嫩江县嘎拉山林场点烧防火线出现跑火，之后火势失控引起森林火灾。2004 年 11 月 20 日，黑龙江黑河市烧防火线失控，跑火引发了特大森林火灾，受害森林面积共计 6.6×10^4 hm^2，占当年全国受害森林面积的 46.3%。2005 年秋季，黑龙江省呼玛县计划烧除失控跑火引起特大火灾，受害森林面积 2.1×10^4 hm^2，烧毁房屋 37 户、造成 140 人受灾。2010 年 10 月 28 日，黑龙江森林工业总局伊春林管局上甘岭林业局施业区内的林火因计划烧除时跑火所致。基于上述弊端，过去和现在都有人反对计划烧除。但是计划烧除有其经济适用性、生态适用性、低风险性和不可替代性。计划烧除值得深入研究，应大力提倡和推进计划烧除。

4.2 计划烧除对生态系统的影响

4.2.1 维护森林生态系统稳定

(1)加速养分循环

计划烧除能将有机物分解缓慢、容易形成较厚枯枝落叶层和粗腐殖质层的养分快速被林木吸收利用，清除林内站杆、倒木和病腐木，加速死地被物的分解，加快森林生态系统内部的养分循环进程，提高土壤肥力，改善林木生长环境，加快林木的生长发育速率，促进森林更新和生长。

低强度的计划烧除对土壤侵蚀的影响很小，甚至没有，土壤渗透性能得到一定程度的改善。低强度的计划烧除造成的氮、磷等元素的损失是有限的。计划烧除使朽木和枯枝落叶烧成灰分以后，比原来的有机状态更易溶于水，使得土壤中可利用的钾、钙、镁等离子有所增加，土壤肥力提高，土壤酸度下降。土壤矿物质的增加，使得土壤结构变得疏松，微生物活动活跃，蓄水能力和通气条件有所改善。计划烧除后土温和 pH 值升高，水分、养分供应量增加，有利于共生和非共生微生物氮素固定速率的提高。火烧后残留在地面的灰分中所含的营养物质被淋洗，或进入表层矿质土壤中，同时火直接灼烧土壤，加快土壤中部分养分矿质化速率。计划烧除还改变了土壤生境条件，特别是土壤中 pH 值的提高，刺激了土壤微生物的增殖及固氮植物的生长，土壤中固氮作用强度加大，矿质化作用强度增大，使其他元素从活生物量和腐殖物中重新回到土壤。

计划烧除加快了营养物质的循环速率，增加了土壤的速效性养分。计划烧除后土壤营养元素的变化与可燃物消耗最密切相关，弱度和中度地表火烧基本不影响土壤结构。计划烧除促进森林生态系统的物质流和能量流，特别是在高寒地区，死地被物分解速率非常缓慢，火烧可以加速物质循环、增加林内可用营养，有利于森林更新及幼苗的生长。在其他地区，低强度火烧也能为随即进行的更新幼苗提供充足营养。

(2)促进天然更新

计划烧除能刺激萌生树种的萌芽并更新为枝条或根茎萌发成为新的植株，或能促进林下枯枝落叶层以及土壤层中埋藏着的得不到足够水分、达不到温度、某些物质抑制的林木种子萌发，以及改变受枯枝落叶或草根盘结层的阻挡，不能很快地接触到土壤而死亡的情况，适度的计划烧除改变长期“被压迫”的种子萌发的不利条件，消除种子萌发的限制因子，使被压迫的种子释放出来。

计划烧除能将种子晚熟、球果迟开、果皮或种皮质地致密坚硬的扭叶松、叶松、沙松和黑松等树种种子释放，更新幼苗数量与在火烧中幸存下来的具有生命力种子的数量呈正比。

(3)调节森林生态系统的能流和物流

森林生态系统的能流和物流的收支接近平衡则生态系统的和谐与稳定。低强度或小面积的林火不会使森林生态系统的能流和物流受阻，而且能加速养分循环和能量的合理流动，有利于森林的生长发育，有利于森林生态系统的和谐与稳定。计划烧除烧掉地表枯枝落叶层，加速了物质循环速率，有利于林木生长发育，而且能烧掉了病虫害滋生蔓延的基地，阻断了部分能流，改变了食物链(网)结构，有效地防治了病虫的危害，有利于森林生态系统的和谐与稳定。

(4)维护和转变植被类型

计划烧除转换植被类型的作用明显。计划烧除对原生演替影响不显著，可促进次生演替为进展演替(由较低等的森林群落演替为较高等森林群落)。计划烧除后植物生存环境发生了改变，其中最为主要的是迹地上光照加强，土壤温度升高，有利于喜光植物的生长发育。计划烧除后植物无性繁殖能力增加，植物开花结果提前，促进球果开裂，种子脱落和散布，促进种子释放和种子萌发，增加喜光植物和固氮植物的数量。我国东北的阔叶红松林较大面积火烧后，迹地上最先侵入和演替起来的是山杨和白桦等喜光阔叶树种。在白桦树下进行低强度的火烧，可促进兴安落叶松林取代白桦林。如果目的是使植被逆行演替，只需正确使用计划烧除就可达到目的。如利用火烧可以成功地去除草地中的木本植物；利用计划烧除也可以成功地去除针阔混交林分中的阔叶树种，因为火能控制杂木生长从而有利于松树生长。以上两种情况都是利用火烧维持植被类型的例子。成功的关键还是在于对于群落演替方向的了解，以及对于火烧强度、火烧频度和火烧时机的选择。

计划烧除能影响群落的层次结构，使复层林变成单层，使森林组成发生变化，混交林变成单一林分，喜光树种增加，耐阴树种减少，使森林的年龄和年龄结构发生变化，时异龄林变成同龄林；反复计划烧除后，由实生林变成萌生林；计划烧除能使相对稳定的森林群落变成不稳定的群落。

(5)丰富森林生态系统的物种和景观多样性

计划烧除放出的能量加速种子释放，一定的火焰高度使成熟后的种子提早下落，减少动物的取食。火烧后形成的灰分，在有效覆盖种子的同时，为种子的萌发以及今后幼苗的生长提供丰富的营养物质和生长空间，火烧越频繁，萌发数量越多。低强度小面积火烧或不均匀火烧通常可建立较多的过火斑块，从而增加景观的异质性和多样性。计划烧除不会烧毁森林原有的物种，且能增加环境多样性，使一些新的植物种类侵入，一些新的动物迁入，增加森林生态系统物种的多样性。计划烧除产生的多样化生境，利于各种动、植物的生存。计划烧除后促进植被类型的多样化从而有利于景观多样性，增加了森林的美学价值。在美国，人们用计划烧除促进公园景观多样性，以吸引观光者。

(6)提高森林生态系统的稳定性

火是维持生态系统动态平衡的潜在力量，每一种生态系统都有其固有的火烧历史。每种生态系统的现状都同一定火烧历史有关。不同种类的林火，不同强度的林火，施于森林生态系统不同压力的作用时，森林生态系统的稳定性将作出不同的反应。从系统的恒定性看，林火必然会影响到物种数量、群落生活型结构、自然环境特点等；从系统的持续性看，林火可以使群落中长期占优势的种群失去优势甚至消失；从系统的惯性和抗性看，对抗火性强的树种，频繁的林火使其抗火性更强，对抗火性弱的树种，则毁灭了系统抵制或维持原有结构和功能免受外界破坏的能力；从系统的弹性看，高强度的林火会使系统恢复和继续运行的能力丧失，低、中强度的火有利于自我更新，增强了系统的伸缩性，新系统的伸缩性较原有系统高。因此，低强度、小面积的计划烧除和有计划、有目的的计划烧除，会促进生态系统的良性循环，有利于增加生物量、促进森林更新和群落发生进展演替，有利于森林生态系统稳定性的提高。

美国曾对其森林甚至国家森林公园利用计划烧除促进更新演替。郑焕能在研究火在森林生态系统平衡中的影响时，提出了火的行为、作用时间及作用的条件等不同，会产生两种不同的演替方向：顺行演替(进展演替)和逆行演替；物种的多样性增加与减少；火对森林群落的稳定性取决于森林群落的抵抗力和忍耐力；火能增强或削弱森林群落自我调节能力。

低强度的火烧仅消耗总可燃物的6%左右，不会破坏生态系统的结构，加速有机物转化为矿物质。我国东北林区采用营林用火复壮残破的杨桦林，可以尽快地恢复森林群落多物种、多种群、多结构，在最短的时间内恢复森林生态系统的功能。低强度和一定周期的计划烧除能促进森林生态系统的物质流和能量流，有利于维持生态系统的稳定，有益于森林的天然更新和林地生产力的提高；高强度和过频繁的林火会破坏森林生态系统的稳定性。

(7)计划烧除维持特定物种和种群

许多物种在长期的进化中已经演变为靠火烧才能完成天然更新的生活特征，那些种子包闭在球果鳞片并由脂类黏在一起的球果，经过森林火灾或计划烧除的高温熔化，脂类熔化使鳞片张开后才下种。如果没有火烧，就只有在天气很热或枝条枯死时才会掉下来。但是靠这种方式掉下的种子数量太少，即使不被动物捕食，也会由于上部遮阴或林地枯落物太厚而无法发芽、扎根，无法完成天然更新。在自然状况下，这些树都是靠高强度火来完成更新的。一方面火烧使球果大量开裂，放出种子；另一方面又能清除地表枯枝落叶层，暴露出矿质土壤，有利于种子发芽和扎根。火烧烧掉林内灌木杂草消除了营养和空间竞争。至少会烧死部分上层林木，从而为下层幼苗更新提供其所需的光热条件。北美洲和地中海地区的松柏科植物如北美池松、北美短叶松、扭叶松、展松等都属于这一类别。澳大利亚的一些山龙眼科植物也有这样的特性。有些种类的兰花也要靠频繁的计划烧除才能延续其种群。过于频繁和过于推迟的计划烧除都会影响其更新能力，影响植被的演替途径。

(8)计划烧除促进林木生长

低强度计划烧除主要对下层灌木或被压木或幼树造成伤害，对主林层的影响很小。黄鳞栎林内的计划烧除实验表明，胸径小于5 cm的树的死亡率为50%；胸径大于5 cm的死亡率为10%。Brwn et al.(1987)发现美洲山杨林内计划烧除后，树皮的厚度与耐火能力密切相关，火烧对当年的生长影响不大，火烧还刺激萌条的生长，火烧后萌条密度与火强度没有明显相关关系。Daskalakou et al.(1996)研究了土壤和树冠层种子库在叙利亚松火后更新中的作用，发现叙利亚松球果有迟开的特性，因火刺激球果开裂而使土壤种子库变得丰富，林冠层散落的种子形成的土壤短期种子库存在火后更新中也起到重要的作用。火刺激对宽叶扭叶松的更新有重要的影响，实验表明受火烧10~20 s的球果种子发芽率最高，为37%~64%。

(9)计划烧除活跃土壤微生物

土壤微生物是森林土壤生态系统中最活跃的部分，在推动土壤物质转换、能量流动和生物地化循环过程中起着重要作用，它既可以生产又可以储存养分，并可催化养分的转化，同时对土壤结构的形成与维护以及植物健康生长均具有重要作用。土壤微生物也是衡量土壤质量的重要指标，计划烧除后地表积累大量黑炭，这些黑炭吸收热量，提升土壤温度，促进土壤微生物活跃程度。如火后真菌的菌丝网可将土壤团聚成颗粒，从而提高土壤的透气性和水的渗透。

4.2.2 计划烧除改善野生动物的生境条件

森林是野生动物最主要的栖息地，是野生动物赖以取食、栖息、生存和繁衍的场所。随着人们对森林的干预越来越强烈，天然林提供野生动物丰富的食物结构越来越单一，提供的较为隐蔽的居住、繁衍场所也越来越少，使得野生动物的种类越来越少，即使是幸存的野生动物，其种群数量也是越来越少。因此，利用低强度计划烧除促进萌芽(萌藤)树种萌发出更多的嫩芽和嫩枝，增加林下局部区域的隐蔽性，改变动物栖息环境，改善野生动物的居住、生存、繁衍条件，影响野生动物种类和种群分布。

在野生动物筑窝、繁殖期以外的时间，开展低强度计划烧除可产生半裸式动物栖息地，促进萌芽树种萌发出更多的嫩芽、幼枝，使迹地嫩草、枝条、树叶等比烧前更鲜嫩适口，更富营养，食草动物增加，增加肉食性动物和改善野生动物的栖息环境。大多数动物和鸟类都喜欢多样化生境和边缘地带，低强度计划烧除有利于促进边缘效应。在设计烧除计划时一定要考虑火烧对某些动物的危害，权衡利弊，综合考虑有关动物的要求。

4.3 计划烧除在森林经营管理领域的应用

4.3.1 计划烧除在造林中的应用

为改善造林条件，提高造林质量和成活率，造林前需要做好造林地选择和规划造林准备，做好树种搭配之外，还应清除造林地上的杂草、灌木和杂乱物，以及整地和预防病虫、鼠害等工作，均可以选择计划烧除来完成，为种子萌发、幼苗生长创造良好的生育条件。

(1)利用计划烧除造林整地

在造林前安全选择用计划烧除清理林地竞争生长的杂草和灌木，减少造林地的病虫害，还能提高温度，加速土壤微生物活动，促进造林地土壤营养元素加速循环，保证造林成活率。计划烧除效果可以与人工翻耕、松土锄草和施药的效果相类似，而且计划烧除的成本更低。一般情况下，计划烧除后土壤中的矿质养分增加，如钙、钾、镁、铁等，短期内可溶性元素可增加到炼山前的2~8倍，但土壤中氮含量则明显降低。火烧后植被所释放出的有效养分可以被随后出现的处于快速生长、正需营养的植被所吸收，有利于人工幼林的生长。同时，计划烧除方法比机械方法引起土壤压实、物理移动的可能性也要小些。计划烧除整地的一个弊端就是由于可燃物特征、地形地貌，以及可燃物分布和点火技术的不均匀性容易导致火烧效果的不一致。通过对可燃物进行预处理如分散、集中、控制点火技术等措施加以克服。

利用计划烧除进行大面积荒地造林前整地，可节省时间和成本，快速有效完成任务。计划烧除通常在造林前15~30 d进行为宜，造林地四周应有天然与人为的防火障碍物，以防跑火成灾。点烧应选择适宜用火的天气条件、立地条件，尤其是荒山造林，一般采用带状点烧，点逆风火和短距离带状火，比较容易控制，同时火烧时间较长，使造林地杂乱物和杂草燃烧彻底，提高造林成活率和质量。特别是一些喜光树种和速生树种，采用造林前火烧整地更适宜。

我国利用计划烧除进行炼山造林的历史悠久，目前南方多省仍在运用，但我国浙江、福建、广东、广西、江西、湖南等地因计划烧除炼山造林不慎引起森林火灾时有发生。计划烧除炼山造林虽实施已久，但利弊说法不一。有学者认为炼山造林能清除杂草和杂乱物，提高土壤肥力，保证造林质量，有利于农林间作和增加收入；也有学者认为炼山造林易跑火成灾。在南方局部区域，炼山造林容易引发水土流失，破坏生态环境。因此，一般在山体比较高大、坡度较陡的林地不宜采用炼山造林。对于雨水较多的地区，应该慎重地采用炼山造林。

计划烧除炼山造林应掌握用火条件和时间，不宜选择大风天，应选择可燃物能燃烧，但火强度不会过大的天气条件。可燃物太干燥容易导致大面积高强度火，对立地本身的破坏作用可能会超过其所产生的效益，强度太大也容易失控造成损失。可燃物湿度太高时，不仅达不到烧除目的，而且烧除时机受气象因素影响明显。炼山后，如果有未烧尽的可燃物，可在造林前堆积再烧。我国东北林区采伐后通常用此法来清除林地剩余物，以便重新造林。在有些经济落后的地区，炼山造林的做法一直沿用至今。

(2)利用计划烧除飞播造林

思茅松、云南松、马尾松、油松和樟子松等常绿针叶阳性树种适合在荒山大面积飞播造林，幼年生长比较迅速，能忍受比较恶劣的生态环境，但许多飞播林常遭受森林火灾危害。飞播造林前进行计划烧除，清除造林地内的杂乱物和枯干杂草，可以减少火灾的同时还可以减少地面覆盖物的累积，保证飞播种子接触土壤，有利于种子发芽，还可以消灭林地病虫鼠害。

(3)利用计划烧除林冠下造林

林冠下造林大多选耐阴树种，形成复层林或混交林，这种林型能改善林分结构，保持水土，不断改善森林生态条件，提高林分质量。林冠下造林可以用低强度计划烧除，减少林地覆盖物，提高成活率和保存率，可以节省劳动力和资金。

我国东北东部林区林业管理部门春季用火安全期在次生阔叶林开展弱度计划烧除，特别是林中空地和疏林地区域，清除地表可燃物，杂草和丛生灌木，之后在林冠下穴播红松种子，或林下栽种红松幼苗，烧除后利于红松种子发芽和幼苗、幼树的生长发育，加速向阔叶红松林的演变进程，提高森林培育的质量。红松幼林生长缓慢，需要庇荫，适宜在阔叶树保护下生长。等红松进入快速生长阶段，可适当采伐上层庇荫阔叶树。此种方法既可降低火灾风险、减少病虫鼠害，又有利于提高森林经营集约度。

(4)利用计划烧除在低湿地和沼泽地造林

低湿地和沼泽地造林可选择计划烧除方式进行改造。低湿地土壤含水率高，特别是冬季可能产生冻害，降低造林成活率。在造林前对低湿地采用计划烧除进行造林前整地，烧掉造林地的杂草和杂乱物，提高土壤温度，促进水分蒸发，同时消除病虫鼠害，保证幼苗、幼树的正常生长。

在沼泽地区域连续多年的计划烧除塔头甸子和小叶樟，配合排水沟将积累多年的高肥力泥炭的塔头逐步退化和分解，在塔头顶部劈开十字栽种兴安落叶松或劈倒、堆烧作肥料造林，利于树木根系吸收，种植兴安落叶松10年后就能形成郁闭的松林，起到阻止森林火灾的蔓延的良好效果，将沼泽地较好、较快地转变为林地，形成防火林带，减少火灾发生，同时还能扩大森林覆盖率。

4.3.2 计划烧除促进森林更新

我国现有的原始林和过伐林多属于过熟林，林相残破，林内杂乱物、风倒木和风折木较多，需要及时清理和森林更新。同时大面积次生林的森林质量较差，需不断更新和提高经营水平。计划烧除作为促进森林更新的一种经营手段和工具。只要用火恰当，目的明确，方法正确，能够取得良好效果。

(1)利用计划烧除森林更新

我国原始林和过伐林多为成、过熟林和地带性顶级群落，林相残破，林下有大量杂乱物和较厚的枯枝落叶层，并混生有大量杂草，对森林更新不利，且遇到干旱的天气容易发生森林火灾。在此类森林下种前开展计划烧除，烧掉林内杂乱物、枯枝落叶层及杂草，若杂乱物过多时将其堆积于林中空地，在用火安全期冬季地面积雪时进行控制火烧。点火时应距离母树和活树远些，以免被火烧伤，在母树下种前，再进行全面火烧，有利于天然下种，种子能接触土壤，幼苗根系也容易扎入土壤，森林更新成活率高。如大兴安岭地区，兴安落叶松火烧更新应在秋季进行，火烧下种后，被积雪覆盖，翌年积雪融化时，种子接触土壤，容易发芽。大小兴安岭的山杨、白桦树种的种子成熟期在春季，春季火烧有利于天然更新。因此，计划烧除进行森林更新时，应考虑更新树种种子成熟期和大量落种的时期。火强度不宜过高，只需烧掉地表层的枯枝落叶，使种子容易接触土壤即可。

(2)计划烧除促进采伐迹地更新

采伐是森林经营过程一种重要方式，主要有皆伐和间伐两种，采伐迹地上常有大量采伐剩余物，普遍采用的方式是将采伐剩余物堆积在林下让其自然腐烂的清林措施，但这个腐化过程漫长，极易引发病虫害，增加林内可燃物数量，提高森林火灾风险。

采伐迹地开展计划烧除可清除杂乱物和杂草，为下种创造良好的环境。对于已达到成熟年龄的林分需进行主伐时，如果林内更新不良，可在主伐前1~2年为种子年时，采取计划烧除清理地表可燃物，保证种子下落时接触土壤，再进行主伐。如果选择渐伐则在第一次渐伐后，对采伐迹地对杂乱物、采伐剩余物以及杂草进行计划烧除，下种后再继续开展计划烧除有利于下种更新，加快森林更新进程。

(3)计划烧除促进森林无性更新

部分针(阔)叶树种具有无性繁殖能力，树干、树根、干基内的不定芽可繁殖或萌发形成新的植株。我国大面积的次生林就具有良好的有性繁殖和无性繁殖能力。计划烧除能将林相残缺不齐的次生林逐步向林相整齐发展，稀疏阔叶次生林经过计划烧除后，蕴含大量养分的树干、干基和根系激发萌发大量不定芽，进而形成大量新植株和扩大根系分布范围。计划烧除能调节种群数量，促进次生林的无性更新，提高次生林产量。我国东北东部山地次生林采用“栽针保阔”方法，结合弱度计划烧除，加速次生林转变为地带性顶极群落。

(4)计划烧除促进植物无性繁殖、开花、种子释放和萌发

通常情况下，植物根部生命力旺盛，经计划烧除后根部会萌生不定根和不定芽形成新植株。有些植物计划烧除后促进养分循环，增加上坡营养，促进植株开花；或烧除后林冠稀疏，光照加强，降低竞争，改变日照格局促进开花。正常情况下球果不易开裂，经计划烧除后球果开裂释放种子，种子与土壤接触，提供更新种源。

4.3.3 计划烧除在幼林抚育中的应用

幼龄林常杂草丛生，杂草与幼林争取养分、光照等影响幼林生长，同时增加林地可燃物数量，提高森林火险。从营林与防火角度都需要进行幼林抚育。幼林抚育主要是对幼林林分除草培土，改善幼苗、幼树生长的生态环境，保证其正常生长。但幼树组织幼嫩，对外界抵抗能力弱，采用计划烧除进行幼林抚育时须从树种的生物学特性、生境条件、生长期考虑计划烧除的可能性、方式、强度等保证幼林安全。

(1)利用喷火工具消灭杂草

人烟稀少、劳动力不足的偏远林区可采用喷火工具消除杂草进行幼林抚育。用金属挡板隔开幼苗、幼树以免被火烤伤，喷火器喷出火焰将幼苗四周生长的杂草烧死，减少杂草与幼苗的竞争，增加土壤养分。连续开展3年幼林就可能进行低强度的计划烧除。

(2)计划烧除在落叶松幼林抚育中的应用

落叶松是针叶林中抗火能力较强的树种，小枝、树皮含油脂类相对于其他常绿针叶树种低，叶小、灰分较多，比其他常绿针叶树种难燃，针叶落地后堆积成密集地毯

状，结构紧密、孔隙度小，在林下不容易燃烧，同时凋落物在林内多年也不容易分解。落叶松达到一定胸径时，对中度、弱度地表火具有一定抵抗能力，可用计划烧除对落叶松幼林进行抚育。一般在落叶松幼林4~6林龄、树高为2~4 m、形成林冠及林冠有地毯状凋落针叶层、造林穴无杂草时的早春季节、5%~10%残雪时节早晚开展计划烧除抚育，此期间杂草含水率为20%~25%，火焰高度在50~100 cm，无风、气温较低情况下不会烧到树冠，少数幼树会遭受轻微灼伤。经过计划烧除抚育的落叶松幼林可免遭火灾危害的同时，还能改善幼林的火环境，改良土壤，增加营养元素的循环，消灭病虫鼠害，加快幼树生长。

(3)计划烧除在云南松幼林抚育中的应用

云南松属于易燃针叶树种，枝、叶含有大量树脂和挥发性油类，其树皮厚、结构紧密，幼年树皮抗火性强，火灾后容易自然成林，天然更新效果好，在云南省、四川省等云南松分布区域均有开展计划烧除的应用。云南松幼树树高在2 m以内绝大多数会被火烧死，树高在2~4 m时容易烧伤，超过6 m则相对安全，不会遭受伤害。

(4)计划烧除在修枝打杈方面的应用

自然整枝是人工林和天然林幼林郁闭后林冠下方的枝条死亡、脱落，自然整枝容易造成地表积累大量的枯落物，特别是含有树脂和挥发油类的针叶林一旦发生火灾极易转化为树冠火。为满足营林和防火需求开展修枝打杈，根据树种差异、林分疏密、立地条件等确定修枝时间，一般情况喜光树种、林分密度大、郁闭早、立地条件好的要提前修枝，反之则推后。修枝高度取决于林下可燃物高度、树冠枝条密集程度、树枝和树干上是否有易燃地衣及其他易燃附生物等方面，通常情况下，林下可燃物越高，修枝高度增加，一般修枝高度为地表火焰高度的1~1.5倍为宜，草本植物或灌木高为0.5~1 m，火焰高为1~2 m时，最佳修枝高度为3 m。如果地表易燃物燃烧火焰的高度为0.8 m时，其修枝高度为2 m；树冠密集，枝叶数量多的树种容易由地表火转变为林冠火，修枝高度增加，稀疏林冠层空中可燃物的数量不足以引起树冠燃烧，修枝高度可以适当低些。如果树枝和树干上附有易燃地衣和其他易燃附生物，地表火容易转变为树冠火，增加修枝高度。

修枝下来的粗枝条应堆积在林中空地，等到冬季树木停止生长或下雪天气点烧，以确保不会发生森林火灾。如果林下全面点烧应选择抗火能力较强的树种进行，或先进行试烧，对幼林不会有伤害时方可大面积进行。

我国人工林多为樟子松、油松、赤松、马尾松、云南松、思茅松等喜光树种和幼年生长比较迅速的树种，10年左右幼林郁闭，自然整枝十分明显，修枝高度应在2~4 m为宜。红松、华山松、西伯利亚红松和海南五针松等幼年生长缓慢，郁闭晚，整枝时间也迟，故修枝高度在0.5~1 m。我国北方人工林主要为云杉和冷杉阴性树种针叶林，幼年生长缓慢，郁闭晚，树冠深厚，林下可燃物数量少，枝叶细小，结构紧密，火焰低，修枝打杈时间约20年或更长时间。云杉和冷杉的抗火性差，树干上常有地衣和苔藓，树干容易烧坏，计划烧除时须提高警惕。南方各省份一般在秋末冬初进行修枝，然后开展计划烧除；北方在深秋或初春进行。

4.3.4　计划烧除在抚育采伐中的应用

森林在未郁闭前，幼林与杂草、灌丛间存在争取营养、光照、水分等，必须对幼林抚育消灭杂草和灌丛。森林郁闭后，天然林林木间自然稀疏或人工林抚育采伐，保留生长旺盛的健壮木，加速林木生长，改变森林的卫生状况。间伐抚育是人工林和次生林培育过程中一项重要措施，带来极为有利的经济效果。森林抚育采伐可采用计划烧除，主要用在下层抚育伐、生长抚育伐、解放抚育伐、卫生抚育伐等方面，利用计划烧除进行抚育可彻底清除杂乱物和采伐剩余物，改善林内卫生状况和火环境。

计划烧除在森林抚育中，调节森林结构和组成，剔除耐火性弱的树种，抗火性强的树种被保留；改善森林环境，烧掉地表可燃物，降低林地的燃烧性；消灭林木病虫鼠害，使林木健康成长；改善林内生态环境，增加林内营养元素，加速养分循环，有利林木生长；调节林内光照、温度和湿度，改善森林生态环境条件。

(1)利用计划烧除进行组成抚育伐

组成抚育伐是在两种以上树种组成的混交林中进行的抚育采伐，保留目的树种，清除非目的树种。计划烧除可作为组成抚育的一种方法，选择计划烧除进行组成抚育时主要目的树种树皮厚、结构紧密、抗火性强。非目的树种多为树皮薄、结构疏松、抗火能力很弱的树种。计划烧除可以烧死、烧伤非目的树种，使抗火性强的树种得以保存。同时还能改善林内生态环境，促使保留下来的目的树种迅速生长发育，达到森林抚育的目的。

计划烧除进行组成抚育采伐一般选择在10~20年林龄，目的树种平均胸径超过5 cm且具抗火能力的松林。如果目的树种抗火能力较差，胸径应更大些，年龄也应后延，否则火烧后影响目的树种生长发育。一般用火在早春尚有残雪时，采用逆风火进行火烧，四周应设防火线、人为防火障碍物或控制线，以保证火烧地块的安全。在火烧抚育时应有人监视，保证火烧顺利进行。组成抚育伐在偏远林区、人烟稀少、交通不便的大面积次生林区，远山飞播林区均可采用，该方法能够节省劳力、资金，无须复杂工具和机械，只需掌握火行为规律，保证用火安全和用火目的，能取得较好效果。

(2)利用计划烧除进行林木下层抚育伐

利用计划烧除进行林木下层抚育伐，烧除生长落后的林木，保留林木的生长条件得到改善。计划烧除进行林木下层抚育适用于人工针叶林，特别是同龄林针叶林，改善森林火环境和卫生条件，促使林木快速生长。下层抚育伐属于间伐抚育，及时采用下层抚育，使优良木获得更加良好的生育环境，短时间内提供大量木材，并充分发挥森林良好的生态效益。

(3)利用计划烧除进行生长抚育伐

森林生长抚育是森林接近成熟情况下进行的抚育，这是抚育的最后阶段，目的是保证林木所需养分，去除少量生长较差、干形不良和有病虫害的林木，加速保留木的径级生长。此阶段林木径级较大，有较好的抗火能力，低强度计划烧除不会伤害林木，可烧掉竞争植物、杂乱物和采伐剩余物，加速营养元素循环，提高土壤肥力，改善林地卫生状况和生育环境，加速林木生长，缩短森林的培育期，促进森林有序更新。

(4)利用计划烧除进行卫生抚育伐

卫生抚育伐主要是消灭森林中的不健康林木，伐除病害林木，改善森林卫生状况，控制病虫害的蔓延，确保林木健壮生长。伐除干形不良、弯曲、生长不正常的林木，用火安全期在森林中进行计划烧除，可有效控制病虫蔓延，清除病原体，将遭受病虫危害严重和干形不良、站杆、倒木和病腐木可燃物或站杆伐倒截断后，搬到就近的林中空地或林外安全地带，在冬季地面有积雪时浇上燃烧油点烧，如果站杆本身距离四周树冠就较远，点燃后的树干火不会波及四周树木的安全，也可直接点烧。在林内浇燃油点烧消除站杆、倒木和病腐木等粗大可燃物时，四周一定要做一些必要的处理，如清理四周的易燃物，用水在四周浇出环形阻火带(包括树冠部分)，或者用化学灭火剂营造环形阻火带等，以防跑火。

卫生抚育伐可以消灭病虫鼠害，防止其蔓延；减少可燃物，改善火环境；调节森林生态环境，确保保留木有良好的生长条件。

(5)利用计划烧除进行除伐

除伐是人工伐除次要树种，减少次要树种与目的树种的竞争，以维护目的树种的生长发育。不同树种的抗火性存在差异性，可选择计划烧除进行除伐。

经济价值低，生态价值较小的次要树种的抗火性较弱，而经济价值高，生态价值高的目的树种的抗火性较强时，便可选择计划烧除维护目的树种的生存，起到除伐的作用。

计划烧除可用于控制竞争性植被，促进主要树种更新。例如，在以针叶树为主的用材林中，当主林层郁闭后，林内小环境的湿、热、光等条件发生变化，针叶树幼苗无法适应林内环境，只有耐阴的硬杂木幼苗可以建群生长，如果不加以控制，这些硬杂木既会与目的树种争夺资源又不利于针叶树的天然更新。由于硬杂木与目的树种高度不同，树木抗火性也不一样，硬杂木、林下植被等的抗火性不及针叶树强，利用计划烧除可以消除下层植被，从而消除竞争树种，火烧后，林木稀疏，林内阳光充足，保留木得到了较好的生长发育条件，有利于其开花结实和种子传播，大大地改善了森林的更新条件。

(6)利用计划烧除进行疏伐

疏伐是在林木分级的基础上进行的一种森林抚育措施。在林木竞争激烈，自然分化剧烈(明显)的林分，可以用计划烧除的办法起到弱度疏伐的作用。特别是那些被压木和濒死木无利用价值时，通过计划烧除，可以淘汰生长不良的被压木和濒死木，以促进保留木的更快速生长发育，而且不必像疏伐那样投入较多的资金，可以大幅节约森林经营的经费。

(7)利用计划烧除进行解放抚育伐

解放抚育伐是适用次生林的一种森林抚育方法。次生林中有些散生林，在其下栽种目的中性或阴性针叶树，在高大的散生木庇荫下生长良好；但经过几年后，这些散生树由于林地空旷而变成霸王树，对下面幼树生长有抑制作用。要解放下层的幼树，就必须伐掉霸王树，但这些霸王树冠幅较大，伐倒后会压死压伤大量幼树，不利于森林恢复。可以利用喷火器，在树根基部环状火烧，形成树干基部环状剥皮，促进霸王树死亡。经过2~3年，霸王树枯死，枯枝逐渐脱落，不会影响幼林，从而使幼树解放出来。

(8)利用计划烧除处理抚育采伐剩余物

森林抚育采伐后的大量采伐剩余物，人口稠密或交通方便的地区，采伐剩余物可以运出作当地群众的烧柴。而边远地区，缺乏劳力，交通不便，可采用计划烧除清理抚育采伐剩余物，一般在抚育后的冬季用火安全期进行，火烧枯枝堆时应与林木相距5 m以外，可降低林地燃烧性，该方法适用于人烟稀少、交通不便的偏远地区，省时省力、耗资少，有利于森林防火，改善森林卫生环境，维护森林生态平衡。

4.3.5 计划烧除维护火顶极群落

美国南部地区采用计划烧除维持亚顶极群落以培养大径级木材。南方松林培育过程中亦常用计划烧除抑制地带性顶极群落的常绿阔叶树生长，能高效清理这些小径木，促进松林的快速生长。

(1)火顶极群落的原理

火顶极群落主要依靠火维持森林的自我更新。美国南部生长迅速的火炬松、加勒比松等喜光树种是当地速生用树林，幼年生长快，10~20年可生长为大径材，这些松林树皮厚、结构紧密、抗火能力强，几厘米粗的林木对中、低强度火就有较好的抵抗性。该区域生长缓慢的常绿阔叶耐阴树种树皮较薄、结构不紧密，对火敏感、抗火能力差，遇到弱度火林木地上部分极易烧死，火后有较好的萌发能力。在经营南方松大径级材时，常采用低强度计划烧除控制林下硬阔叶树的生长，松树树皮厚，抗火性强，硬阔林树皮薄，火易烧坏形成层，使植株死亡，同时给松林地增加灰分和营养元素，促进松林快速发育成材。这就是火顶极群落的形成过程，其中主要的经营措施是用计划烧除来维持亚顶极群落，故又称火顶极群落。

(2)维护火顶极群落的措施

荒地采用南方松造林时，当森林郁闭后，松林的平均胸径大于6 cm时，就可以采用低强度计划烧除，火焰高度保持在1 m以内，在春冬两季用火安全期点烧，在点燃区四周应设阻火带0.5~2.0 m，或开生土带。每间隔2~3年，计划烧除一次，可抑制其他树种侵入或控制原有耐阴的硬阔叶树发展；不断进行低强度计划烧除能使林地可燃物大大减少，不易发生森林火灾。间断性计划烧除，减少杂乱物及病虫害，改善林地卫生状况，有利于林木生长发育。林地不断计划烧除，减少地被物，有利于松树更新以长期维持松林的存在与更新。

(3)火顶极群落应用

美国南方各州利用火顶极群落理论培养大径级用材林取得较好的经济效益。我国南方各省引进美国南部生长快速的湿地松、火炬松和加勒比松等树种，生长良好，生长速率不亚于原产地。经营这些树种时亦可采用计划烧除促进其快速生长和持续经营，解决我国缺少大径材提供有效途径。我国南方生长迅速的松林是当地的亚顶极群落，抗火能力较强，利用计划烧除可以培养大径级木材。

计划烧除经营用材林是一种多快好省的营林措施，这是将计划烧除作为经营的工具和手段，是营林政策的创新。

4.3.6 计划烧除在次生林经营管理中的应用

次生林是我国森林的重要组成部分。次生林多分布在人口密集区，由于管理不严，遭到人为多次反复破坏，林相不整齐，林中空地、疏林地较多，林分质量也非常差，急需进一步培养和经营，提高质量使其变为我国重要的森林资源，在经营管理次生林过程中可采用计划烧除，促进森林更新，扩大森林覆盖率；提高经营水平和林分质量；加快次生林转化为地带性顶极群落的进程。掌握好各次生林的特点、火行为规律、计划烧除的目的和方法，就能获得良好的效果(郑焕能等，2000，1992；姚树人等，2002；文定元等，1995；周道纬，1995)。

(1)利用计划烧除扩大次生林面积

我国次生林绝大多数是原始林经过人为反复破坏所致，使原有的主要树种、珍贵树种遭受采伐、火烧等破坏。保留下来的次生树种大多数具有先锋树种的特点，种子颗粒小，种子或果有翅、毛等，可以远距离传播，年结实量大，遇到较适宜地块，种子容易萌发。先锋树种幼年生长快，能够忍耐极端生态条件，具有较强的竞争能力。只要在1~2 km以外，有母树存在就有更新的可能。如果适当在下种前采用计划烧除，更有利于下种更新，同时也改进次生林森林环境和生态条件，有利于森林的经营。

次生林绝大多数为次生阔叶林，有较好的无性繁殖能力，有的根蘖能力较强，可以用无性繁殖扩大区域，可采用计划烧除刺激其无性繁殖能力，扩大分布范围。用计划烧除处理过的林地，应封山育林，有助于恢复自然力，促使这些林地休养生息，促使森林早日恢复。

(2)利用计划烧除提高次生林经营质量

次生林经过多次反复破坏，林相极不整齐，经营管理应根据不同次生林采取相应措施。针对性地使用计划烧除可取得较好效果，可应用于林中空地、疏林地，以及采伐剩余物处理。林中空地计划烧除后种子能接触土壤，促进更新，还会刺激根的无性繁殖更新，部分难于更新的地块，可在火烧后直播或植苗造林；郁闭度低于0.3的疏林地经计划烧除后能促进森林有性更新和无性更新，提高森林质量，改变森林的组成和结构。计划烧除后能调节森林的组成和结构，使保留下来的林木得到良好的生长条件，增加森林抗火性；计划烧除清理采伐剩余物，降低森林燃烧性，促进迹地更新，加快森林的恢复。

北方林区利用计划烧除实施“栽针保阔”，针叶林过量采伐或火灾等破坏后，以杨树和桦树等为先锋树种的次生林大量出现，伴随人类不合理的干涉以及自然干扰，次生林、残次林比例不断扩大。理论上次生林处于不稳定的演替阶段，最终将可能被针叶林所取代。但实际中，如果残次林得不到及时合理的抚育和改造，最终占据这些地域的将可能是灌丛、草地，甚至是荒山荒地。在次生林下人工栽植红松，或进行弱度计划烧除，烧后在次生林中直播红松种子，可节省劳力和资金，加速次生林转变为地带性顶极群落。

4.3.7 计划烧除在森林主伐中的应用

主伐是森林达到成熟年龄时进行的采伐，主伐后用计划烧除清理采伐剩余物，可大量节省劳力和资金，加速采伐迹地更新，促进森林生态系统良性循环。森林主伐后，采伐迹地上留有大量杂乱物和采伐剩余物是林地上的危险可燃物，载量高达几十吨甚至上百吨，采伐迹地空旷风大，阳光充足，可燃物很快失去水分，一旦遇到火源就会发生高强度的森林大火。利用计划烧除清理采伐剩余物，可增加森林的抗火性，减少病虫鼠害，保证迹地上的幼苗和幼树茁壮成长，加速森林恢复进程。清除可燃物和杂乱物，以及迹地上的杂草和灌木，有利于种子接触土壤，促进更新，保证幼苗、幼树有良好的生长发育条件，加速森林恢复进程。

(1)计划烧除清理采伐剩余物

计划烧除清理采伐剩余物一般有以下 3 种方式。

①堆积烧除法：堆积烧除法适宜在非火灾季节或与采伐同时进行，将采伐迹地上的采伐剩余物和枯枝堆成长 3 m，宽 2 m，高度不超过 1 m 的小堆。堆间间距 3 m，每公顷可堆成 150~200 堆，一般小枝放下层，大枝放上层，并且要避开母树下种的范围，在冬季地面有积雪时或无风、阴凉的天气进行点烧。枯枝堆最好堆在伐根或空地上，不会烧伤保留木。火烧后，如果仍有未燃尽的大枝，应重新点烧，保证迹地清理彻底。

②带状堆积火烧清理：在山腰堆带，将迹地采伐剩余物堆成带状进行火烧，堆成宽 1~2 m，高 1 m 的带，在用火安全期点烧。堆积枯枝最好干燥半年以上，容易点烧。将小枝或者针叶枝放在下层，上层堆放大枯枝，以便燃烧彻底。这种火烧清理有利于水土保持，节省劳力和资金。

③大面积采伐迹地火烧清理：森林达到成熟阶段，伐前计划烧除可促进森林伐前更新，缩短森林恢复进程和森林培育时间。如果林下更新不良，可在主伐前种子年下种前进行低强度计划烧除，清除林下杂草、灌木和林地上的地被物，使种子容易接触土壤，保证森林伐前更新的数量和质量。伐前计划烧除清理了地被物，有利于种子发芽和幼苗、幼树的生长发育和喜光针叶树的更新。

在地势平缓的原始林区，大面积采伐时可采用全面计划烧除清理采伐剩余物，在迹地四周设置好控制线后，可有效控制火烧，烧除后不容易造成水土流失；可促进采伐迹地更新；一般采用中心点火法，火烧彻底，并有利于采伐迹地的天然更新和人工造林，加速森林的恢复进程。大面积计划烧除清理的方法速度快、清理干净、花费资金少、节省劳力。用火时间应选择在安全期，冬季或是夏季比较安全，适用于大面积采伐迹地、更新不良的迹地，及地形平缓的山地火烧。

(2)计划烧除促进大面积皆伐更新

大面积皆伐是指伐区宽度超过 500 m 的皆伐。如果保留下种母树，则应在伐区计划烧除前，将母树四周的枯枝和采伐剩余物清除，或堆积起来，距离母树 5~10 m，以免点烧时烧坏母树。如果有较好的幼树群，也应在火烧前开设好隔离带，以免烧坏幼树。一般选择在安全用火期进行全面点烧。点烧时应在外侧点烧防火线 1~10 m，然后采用中心点烧法，燃烧干净。如果迹地上还有枯枝未烧干净，应该将这些大的枯枝堆积起来，进行第二次焚烧，以保证火烧彻底。

如果大面积皆伐迹地更新良好，则选用带状点烧或者堆积火烧，既能清除迹地大量可燃物，又可促进森林更新。小面积皆伐一般指伐区宽度在250 m以内，适用于中小粒种子天然更新。为更好地保证天然下种，可采用计划烧除清除采伐剩余物、杂草、灌木，以及林地杂乱物，促进皆伐迹地的天然更新。如果第一次更新不良，可以在第二种子年再次计划烧除，直至皆伐迹地森林更新良好为止。

(3)择伐迹地计划烧除促进森林更新

择伐作业时可采用堆积火烧法，清理采伐剩余物和杂乱物，保证森林更新。堆长2 m，宽1 m，高0.5 m，将枝杈堆放在伐根上，或是堆放在林中空地，在安全用火季节点烧。然后将焚烧剩余物撒开，有利于母树下种，促进森林更新。择伐作业用火一般适用耐阴树种，森林更新形成的是异龄林，用火次数应减少，火的强度也不宜过高，否则影响森林更新的质量。

(4)计划烧除促进渐伐更新

一般典型渐伐是在一个龄级内完成，森林更新仍然为同龄林，分为预备伐、受光伐、下种伐和后伐。简易渐伐是采伐分两次完成，第一次采伐一半，相当于预备伐和受光伐；第二次完全伐完，相当于下种伐和后伐。预备伐和受光伐主要给母树结实做准备。第一次渐伐伐去一半，保留的林木应健康、生长良好，保证留下的林木有良好结实能力，以便保证林地更新有充足的种源。第一次采伐后应堆积清理枯枝，并远离保留木，用计划烧除清理时，应将林内可燃物与杂乱物、采伐剩余物清理干净，为种子萌发创造优良条件。

4.3.8 计划烧除在特种林经营中的应用

计划烧除广泛应用于用材林经营，取得较好的经济效果。只要计划烧除恰当，不但对生态环境影响较小，而且可带来许多有益的效果。计划烧除在母树林、经济林、果树林等森林经营有较好的效果。

(1)计划烧除在母树林经营中的应用

天然母树林林相整齐、生长发育良好，年龄达到成熟龄或近熟龄时，一些树种树皮较厚，结构比较紧密，具有一定抗火能力，能耐低强度地表火，一些种子园株行距大，营养空间大，株行间杂草丛生，防火季节容易发生火灾，采用计划烧除管理母树林和种子园，烧出防火线以及清除林下杂草、灌木、杂乱物和凋落物，改善林内卫生状况，促进母树生长发育，减少森林火灾危害。计划烧除使林地营养元素加速循环，增加母树养分来源。一般应在结实前一年进行计划烧除，翌年种子丰收。

(2)计划烧除在经济林经营中的应用

经济林能活跃山区经济，板栗、柿子、枣等经济林一般要求土质肥沃，排水条件良好，株行距较大，以保证充足的营养空间，同时还需要减少林下的植物对养分及水分的竞争，可采用计划烧除清除林下杂草、灌木、杂乱物和凋落物，减少森林可燃物，提高森林抗火性；定期烧除可减少林内植物与经济林之间营养物质和生存环境的竞争，加速土壤养分循环，增加经济林产量，提高其经济效益。

根据不同经济林的生长发育特点，摸清用火的频率、周期，用火季节、火行为要求、火蔓延方向、火强度和火烈度以及其他营林措施，以达到最佳的经营目的；还可依据经济林经营目的选择用火的方法，如杜仲、黄波罗、肉桂等，以皮为效益目的的树种，一般可在幼年期采用低强度火的刺激，增加树皮的厚度。

(3)计划烧除在果树林经营中的应用

果树林一般在山区或浅山区水肥条件良好的地方，行间距要大，以保证充足的营养空间及光照条件，并有较好水肥条件，才能保证果树大量结实。在用火安全期，将果树四周的杂草、灌木烧除，可以起到防火的效果，又能减少果树与其他植物的竞争。利用火烧过的空地，种植蔬菜和牧草，可提高土地利用率及生产力。营造大量果树防火林带，防止农业生产性火向山上蔓延，增加农业经济收入。

4.3.9 计划烧除在林副业生产和管理中的应用

计划烧除能使林地植物组成结构及森林环境发生变化，如计划烧除迹地上野果类植物和药用植物增加，经济植物和野生动物也发生一定变化，植物资源种类丰富，有利于发展林副产品及多种经营。计划烧除可以促使林区发展林副产品，迅速提高林区经济水平。在广大林区可以广泛应用计划烧除迹地加速发展林副业。如在林区进行野果资源开发、药用植物栽培、野生动物资源繁殖及经济作物利用等。

(1)利用计划烧除发展野果生产

森林中的许多野果类含有大量的维生素和微量元素，是营养丰富的食品，这些野果种类多、数量大，是一类重要的自然资源。这些野果除鲜食外，主要用于加工饮料、罐头或酿制果酒，如红豆饮料、山葡萄酒、黑加仑酒等。开发和利用野果资源，有利于山区经济振兴，是解决林区“两危”的重要途径。

①开发计划烧除迹地的野果资源：计划烧除后，火烧迹地野生动物增加，鸟类增多。它们啄食野果，排出的粪便里面有许多野果种子，这些种子容易萌芽，促使野果大量繁殖，这是火烧迹地产生大量野果类植物的重要原因。火烧迹地生态环境发生变化，土地肥沃，温度高，空旷且阳光充足，有利于野果类生长发育和开花结实。一般情况下会长出大量的野果类植物，果实含有丰富的维生素，是一种优良天然绿色食品。在有条件的低山丘陵、地势平缓、土壤和水分条件均好的地区可以发展果树带，发展林区多种经营及生态林业。

②在计划烧除迹地发展养蜂业：计划烧除后引进了大量果树，这种环境有利于放蜂采蜜，发展养蜂业，获得较高经济收入。同时，蜜蜂又促进果树授粉，有利野果的丰收。充分利用火烧迹地的生态环境，开发野果资源，提高林副业生产经营水平。

③利用计划烧除发展林果生产：我国大兴安岭地区用中低强度计划烧除，烧掉林地枯死杂草和一些老枝叶，清除林下杂乱物，增加土壤肥力，提高土壤温度，促进红豆越橘、笃斯越橘、草莓、黑加仑等萌发新的枝叶，促进其开花和结果，提高野果产量，提高经济效益，活跃林区经济。天然次生林区计划烧除降低次生林的燃烧性，发展山葡萄和猕猴桃等野果产品，提高次生林的防火、阻火能力。

(2)利用计划烧除发展药用植物产业

部分药用植物属于耐火、喜光植物，可利用计划烧除发展这类药用植物产业，既达到防火目的，又能发展林区经济，提高林地生产力和森林综合经营水平。

许多药用植物属喜光植物，喜生于火烧迹地上，能充分利用火烧迹地充足的阳光和丰富的养分(灰分)快速生长，可用计划烧除方式结合人工播种获得优质高产中草药。枝、叶入药的中草药可在其分布区于春季节开展计划烧除，将老叶枯枝烧掉，激发它萌发幼嫩枝叶，可提高药效和产量；树皮入药的中草药进行计划烧除可刺激树皮生产，明显增加树皮产量。

在林缘用难燃、耐火的药用植物(如人参、五味子、黄芪、砂仁、黄连、魔芋、杜仲等)构建生物防火带，阻止地表火蔓延，防止森林火灾烧入森林，进而发展立体林业，开展多种经营，提高复种指数，增加经济收入。

(3)利用计划烧除及其迹地发展经济植物

发展林区、山区经济植物，搞好林副产品生产，改善生态环境，促进环境良性循环，提升林区多种经营、综合经营和农林复合经营，提高林区森林经营水平和经营集约度，增加林业经济收入，繁荣和活跃林区经济，同时有利于生物防治，提高林区保护功能，加速我国综合阻隔网的建设，提高我国林火管理现代化水平。

胡枝子、荆条、柳树等萌条可以做编织材料，制成各种编织品，发展编织业，在其分布区开展计划烧除，促进萌发，发展林副业生产。

杜香、铃兰等香料植物在初春(即防火初期)进行火烧，烧掉老枝、老叶和杂草，刺激嫩枝和嫩叶萌发，增加枝叶的产量或促进开花，增加香料、香精的产量并提高质量。

(4)利用计划烧除发展食用植物和菌类资源

许多山野菜、菌类与火密切相关，可用计划烧除方式提高山野菜产量，发展菌类。

①利用计划烧除提高山野菜产量：早春安全期开展计划烧除，提高蕨菜、薇菜等山野菜产量，计划烧除后迹地留有大量灰分和黑炭，有利于改良土壤，增加肥力，提高土壤温度，同时地温和光照有利于山野菜的生长和产量的提高。

②计划烧除发展食用菌：林区木耳、蘑菇等菌类能吸收大量纤维素，降低森林燃烧性，有利于防火。同时森林火灾的发生，也有利于这些菌类的大量发生，可采用计划烧除方式发展蘑菇类真菌。蘑菇主要吸收森林中可燃物体内的纤维素与半纤维素，蘑菇的大量发生，可大大减少可燃物的数量，从而降低林分的燃烧性，有利于林区防火。森林火灾较多的年份，林区蘑菇的数量有所增加。早春季节计划烧除多为速行地表火，烧掉地表的枯枝落叶，而下层死地被物还未解冻，因此对菌丝没有影响。火烧后营养元素淋溶到下层，增加土壤的肥力，有利于菌丝大量发生。此外，火烧增加了林下光照，有利于菌丝生长发育，火烧当年就能产生大量蘑菇。

4.4 计划烧除在林业工程减灾防灾领域的应用

计划烧除在林业工程减灾防灾中有许多方面的应用，如预防森林火灾、预防病虫鼠害，以及预防某些气候灾害等。

4.4.1 利用计划烧除预防森林火灾

(1)利用计划烧除管理森林可燃物

森林可燃物是森林火灾发生的物质基础，没有可燃物就不可能发生森林火灾。地表死可燃物是森林最危险的可燃物，其负荷量直接影响森林火灾的大小及其火强度。发生火灾时，森林可燃物燃烧释放的能量由可燃物所含热量和负荷量决定。一般情况下，可燃物负荷量每增加1倍，火强度可提高4倍。可燃物负荷量低于2.5 t/hm^2 情况下，即使被点燃，林火蔓延和扩展也难以维持。在林区开展计划烧除能够大幅减少有效可燃物载量，计划烧除后的林分即使发生火灾，火强度较小，火势也较弱，容易扑救。减少地表可燃物载量的积累是森林防火工作的重要组成部分。一般可每隔若干年进行一次计划烧除。

(2)利用计划烧除开设防火隔离带

防火隔离带是为了防止森林火灾扩大蔓延和方便灭火救援，在森林之间、森林与村庄、学校、工厂等之间设置的空旷地带，可以是河流、道路、裸露地等，或以人工、机械以及其他方式清除全部或大部分易燃物清除的带状闭合区域。构建森林防火隔离带是一种重要的森林防火措施。其目的在于阻断火势较弱的地表火，可以作为人员和器材移动的道路，以及依托其进行以火灭火。

利用计划烧除开设防火隔离带、防火线在我国东北林区、内蒙古林区和西南林区应用较广泛，多用于沟塘、林缘、草甸防火隔离带的开设。与采割法、机械法、化学除草法和爆破法等防火隔离带的方法相比，计划烧除是一种多快好省的方法。但若不考虑时间、地点，不负责任地任意点烧则会适得其反，容易跑火引起森林火灾。

成功的火烧防火线具有如下优点。

①速度快：以计划烧除开设隔离的速度比人工清理、机械割除、化学方式的速度快、效率高，通常1 km的隔离带只需要半个工日，其他方式则需更长时间。

②成本低：计划烧除需要的材料费、工时费比人工清理、机械割除、化学方式的费用低很多，一般情况下，点烧1 hm^2 防火隔离带的支出费用不到1.0元。

③效果好，效益大：人工清理、割除的防火隔离带能清除大部分有效可燃物，但隔离带地面仍残存部分有效可燃物，一旦出现火源，就有发生火情火灾的可能。采用计划烧除的办法可以清理地表有效可燃物，清除火灾发生的隐患。

(3)利用计划烧除维护生物防火带

生物防火带是林区防火的重要设施之一，在每年森林防火期到来之前，林业部门都要组织大量的人力、物力和财力，对生物防火带进行全面维修，以恢复或增强防火效果。由于防火林带一般多设置在山脊山顶，分布偏远，不论是人工铲修，还是应用化学除草技术维修防火林带，费时费工，工人劳动强度大，成本较高，且维护效果不是非常理想。计划烧除能清理生物防火带地面上的有效可燃物，效果好、速度快、工人劳动强度低，提高生物防火林带阻火性能，这种方法具有广阔的应用前景。

在森林防火领域方面广泛应用计划烧除防火，使用得法会达到事半功倍的效果；若用火目的性不明确，方法不当则可能会引起森林火灾。计划烧除防火是短期效应，如以火开设防火线，仅可发挥作用1~2年，而连年使用，则会破坏环境，因此，用火时应严格控制间隔期。计划烧除防火在许多方面可以应用，并可取得较好效果，如火烧防火线、火烧沟塘、草甸、林内计划烧除和可燃物管理等(柴红玲等，2010)。

4.4.2 利用计划烧除预防森林虫害

计划烧除可以清理枯枝落叶层、杂草丛、灌木丛或树干基部越冬的虫茧和幼虫，使来年林木受害程度减轻。枯死木上的蛀干害虫采用常规方法很难根治。实施计划烧除可以根治小害虫侵害的有力措施之一。通常在计划烧除前将受害树木先伐倒截断，也可直接对立木或者对伐倒木先喷洒一些燃油，然后点燃将蛀干性害虫虫源彻底消灭。

采用计划烧除消灭虫害要考虑昆虫产卵的地点和时间，要在保证森林安全的同时考虑计划烧除是否符合应用条件，即采取计划烧除一定要在害虫大量发生的气候出现之前，又在用火安全期，点火消灭害虫的隐蔽处，抑制害虫大量发生。

(1)利用计划烧除消灭松毛虫

松毛虫是一类食针叶的害虫，大量发生会对我国常绿针叶林危害相当严重。如我国南方的马尾松林、东北的落叶松人工林和天然林均遭受大面积松毛虫的危害，有时极其严重，甚至将针叶全部食光，连地表的草本植物和灌木树叶都难于幸免，危害十分严重。

①北方火烧控制兴安落叶松松毛虫幼虫：东北林区分布着大面积的落叶松人工林和天然林，经常要受到松毛虫的严重为害。在适合条件下，可以采用火烧的方法来减少松毛虫的危害。其方法如下：在北方，落叶松幼虫为2年生，第1年幼虫要下树，钻到枯枝落叶下层越冬。第2年春季再钻出枯枝落叶层，沿树干上树取食落叶松针叶。在秋后防火季节，点火烧掉林下枯枝落叶层，使松毛虫幼虫失去越冬场所，导致大批松毛虫冻死。在翌年春季防火季节，点烧枯枝落叶，松毛虫幼虫受高温灼烧后又遭受冷冻，这种交替折磨，使大批幼虫死亡。在松毛虫活动期，地表枯枝落叶在连续干旱天气，可以进行点烧。大量烟和高温将松毛虫薰落到林地，高温烟灰可将松毛虫幼虫杀死。

②南方计划烧除控制松毛虫：南方松毛虫幼虫多为1年生，其大量发生季节，恰是马尾松生长旺盛季节。密集松林下有大量凋落松针叶，针叶不易腐烂，积累较多，一旦连续晴天，可以点燃。由于高温和烟熏，可以将树上的松毛虫幼虫熏落到地面被燃过的热烟灰杀死，大幅减少松毛虫的危害。

(2)利用计划烧除消灭蚜虫

蚜虫是对林木危害较严重的一类害虫，可以采用以火灭蚜的方法进行控害。当蚜虫越冬时，许多蚜虫集聚在胶囊内。该胶囊悬挂在树枝上，在深秋季节或早春季节，点烧地表的枯枝落叶，高温将蚜虫的胶囊烤化，等到夜间气温下降，很快使大量蚜虫致死。这种火烧办法防治蚜虫，既简单又方便，还不会污染环境，能有效消灭大量蚜虫。

(3)利用计划烧除烧死虫卵和蛹

许多害虫的卵和蛹能抵御寒冷，分布在树干基部的树皮、树枝、干枯叶、灌木枝以及凋落物枝叶上。因此，一旦发现有大量蛹和卵时，可以预测翌年有大量病虫害发生。可以在适合安全用火季节点烧，以控制害虫的大量发生。采用计划烧除烧死大批卵和蛹，省工省资金，用火恰当就可以取得多快好省的效果，同时也是一种极为有效的消灭害虫的方法。但一定要摸清不同害虫、不同变态时所需的生态条件，才能更好开展用火消灭害虫的工作。

(4)利用计划烧除的火光诱杀成虫

有些昆虫的成虫具有趋光性，可以利用计划烧除的火光诱杀害虫成虫。在害虫成虫交配、产卵阶段进行诱杀，就可以大幅减少害虫的发生。

(5)利用计划烧除控制小蠹虫的发生

受伤木很容易受到山松大小蠹、花旗松舞毒蛾、西方松小蠹及红脂大小蠹等害虫的袭击。如采用计划烧除可能减少或控制这类害虫的大发生。例如，波缝重齿小蠹常喜欢生活在采伐剩余物中过冬。若对采伐迹地进行计划烧除处理可以显著减少小蠹虫种群数量。采用计划烧除控制鞘翅目害虫种群数量也取得成功。

4.4.3 利用计划烧除减少森林病害

森林病害会导致林木生长不良、产量、质量下降，甚至引起林木整株枯死或大片森林衰败，造成经济损失和生态环境恶化。引起林木致病的原因简称病原，主要有以林木为取食对象的真菌、细菌、病毒、类菌质体、寄生性种子植物，以及线虫、藻类等寄生生物类的生物性病原和其他不适于林木正常生活的水分、温度、光照、营养物质、空气组成等非生物性病原两类，生病的脱落叶、果和病死的枝条等形成的枯枝落叶层成为这些病原体越冬的最好场所。清除病源是防治森林病害的重要措施之一，在森林病害较严重的区域实施计划烧除，可以清除枯枝落叶，消除侵染病原，效果理想，可以作为防治森林病害的措施。

(1)利用计划烧除控制落叶松早期落叶病

东北林区有兴安落叶松、长白落叶松、日本落叶松、朝鲜落叶松和华北落叶松等落叶松，这些落叶松均属喜光针叶树种，幼年生长迅速，有“北方杉木”之称，但是它们容易感染早期落叶病。此落叶病在6~7月林木生长期间感染，开始叶发红，然后脱落，影响落叶松正常生长发育，严重时可使落叶松死亡。这种病原菌主要寄生在当年病叶上，第二年凋落叶上的孢子随上升气流，又带到新生叶上，侵染针叶后使之发病。特别是8~20年生的人工落叶松林，更易感病。根据早期落叶病病原菌生活史，只需将落叶松的凋落叶清除就可以消除其侵染源，就能有效控制落叶松早期落叶病的发生。

采用计划烧除清除落叶病的侵染源，有效控制落叶松早期落叶病的发生一般可在两个季节进行：一是秋后防火期，在落叶松林内进行计划烧除，只要把当年带有病原菌的落叶烧掉消灭侵染源；二是翌年春季防火季节，将凋落叶烧除防止早期落叶病传染。

落叶松平均胸径为6 cm时，就能抵抗弱度火烧，可以进行计划烧除。但在密集落叶松人工林下，有地毯状的落叶密实度大，孔隙度小，不易点燃。一般在坡度15°~30°时，或是林分郁闭度小于0.6时，林下为草本植被，比较容易点烧。如果落叶松人工林处在平坦低湿地，郁闭度在0.8以上，林下又无易燃的杂草，很难点燃。为此，对这类林地应选择比较干燥的天气条件，同时还有必要铺上易燃杂草，利用风力灭火机进行点燃。点烧时只需将凋落叶表层点燃彻底，就可以切断并清除早期落叶病的侵染源，减少落叶病的危害。

(2)利用计划烧除控制松树落针病

东北林区许多樟子松、红松、油松林等天然林和人工林，容易遭受落针病危害。落针病病原菌的孢子生长在针叶上，使针叶早期脱落，直接影响松树的正常生长发育。采用在秋季或春季防火期对平均胸径6 cm以上的松林计划烧除，切断其侵染源，可有效控制该病的发展。

(3)利用计划烧除控制落叶松褐锈病

引起该病害的病原菌冬孢子在落叶上越冬，春季6月上旬产生担子和担孢子，借风传播至新长出的落叶松针叶上，半个月左右落叶松发病，并在变色区产生夏孢子，7月下旬形成冬孢子堆，并随病叶落地越冬。该病害在我国东北三省落叶松林均有发生，重病区发病率高达80%。春、秋两季采用计划烧除清除地面枯枝落叶层，可有效地控制冬孢子萌发率，减少病害的发生。

(4)计划烧除控制落叶松杨锈病

引起落叶松杨锈病的病原菌是一种长循环型、转主寄生菌。该病原菌必须在落叶松、杨树上完成其生活史。每年早春，杨树头年落叶上的冬孢子萌发，产生担孢子，由气流携带到落叶松针叶上，侵入一周左右，在叶背产生黄色锈孢子堆，锈孢子又被风带到杨树叶背，由气孔侵入，一周后形成夏孢子堆，8月末，形成铁锈色的冬孢子堆，随病叶落地越冬。

杨树叶片比落叶松针叶易燃，在早春或晚秋防火期用计划烧除清除杨树叶片，可有效地切断病原菌的侵染循环，控制落叶松–杨锈病的发生。

(5)利用计划烧除改善林内卫生状况

采伐迹地有许多采伐剩余物，以及病腐木和腐朽木，影响林地卫生状况，容易使迹地的病菌滋生。林地上有许多种子发芽后就被病菌孢子侵染，在未清理的迹地上，发病率高80%。如果迹地进行计划烧除清除林地杂乱物，改善迹地卫生状况，感染病害的种子显著下降(<20%)，减少病菌感染。同时，林地受过高温处理，林地变干，不利病菌繁殖，减少病菌发生。另外，计划烧除清除采伐迹地剩余物，可以使幼苗立枯病明显减少。

4.4.4 利用计划烧除控制鼠害

森林鼠害会造成森林的巨大损失。鼠类可破坏树根，啃食树皮，破坏树干形成层，严重破坏成片幼林。以前防治上多采用药物，但对环境以及野生动物危害很大，成本高。在皆伐迹地利用直升机进行计划烧除，可使火烧迹地上的鼠类比火烧前减少60%。因此，采用计划烧除防治鼠害投入少，效果好，值得推广。

(1)利用计划烧除清除林内杂乱物，减少鼠害

林中鼠类在杂草、枯枝落叶下层或土壤中隐蔽起来，免遭鸟类及其他野生动物天敌的袭击。有些鼠类属盲鼠，视力弱，行动迟缓，如果及时清理林地内的杂乱物，使鼠类失去隐蔽场所，遭受天敌袭击，可以大大减少鼠害。采用计划烧除清理林地，鼠类数量会有明显降低。

(2)利用大面积计划烧除皆伐迹地消灭鼠害

大面积皆伐迹地存在大量鼠类等啮齿类动物，如果不及时消灭，对迹地更新影响极大。这些鼠类啃食种子、幼苗和幼树，破坏林内卫生状况，不利于森林恢复。为此，对于大面积采伐迹地，一定要清理采伐剩余物和杂乱物，以利于种子发芽、生长和森林恢复。

采用计划烧除清除大量采伐剩余物，可清除80%~90%的鼠类等啮齿类动物。在大面积皆伐迹地，一般多采用中心点火法进行高强度火烧，形成强烈的对流烟柱，有时火强度高于一般野火。在大火中鼠类有的被高温烤死，有的窒息而死。伐前更新不良的迹地可以采用中心点火法；一般择伐、渐伐或其他采伐方式的迹地，也可以采取堆积法。

(3)利用计划烧除清除杂草减少幼林鼠害

我国东北林区有许多次生林和人工林，林区内的鼠类等啮齿类动物危害十分严重。一般在秋季降霜后，采用计划烧除清除杂草和林内杂乱物，既能消灭鼠类的隐蔽场所，又能烧死部分鼠类。

(4)利用计划烧除促进草类生长，减少啮齿类动物的危害

啮齿类动物啃食树干基部树皮，形成环状剥皮，使整株树木死亡；或啃食幼苗、幼树的顶芽，使大量幼苗、幼树死亡。在用火安全季节，采用林地计划烧除可以减少啮齿类动物数量，促进幼枝、幼芽生长，减轻啮齿类动物对幼树生长发育的危害。

总之，计划烧除在减少森林病虫鼠害方面，大有用武之地，高温可消灭虫卵、幼虫、成虫，抑制害虫种群的发展，给森林带来有益的功效。

4.4.5 利用计划烧除减少局部地区气候灾害

我国地形复杂，变化万千。如山南、山北气温相差很大；山上、山下土壤水分也不一样。因此，在山地条件下，往往有时带来不同的自然灾害，最常见的自然灾害有霜害、冻害、雪压等。然而，可以利用计划烧除的烟雾来减少这类灾害，使幼苗、幼树免受气象灾害的侵袭。

(1)利用计划烧除烟雾减少苗圃露害

一般林区的苗圃多选择在山地平坦处，靠近水源，有利于排灌。然而往往秋季苗木生长还未木质化时，就容易遭受到霜冻危害。因此，在秋季霜冻来临以前，应做好防霜冻的准备工作。在苗圃四周空旷地堆积一些杂草和树枝杂乱物备用，当天气晴朗，谷地夜间辐射增强，气温急剧下降时，在苗圃附近，安放霜冻报警器，在出现霜冻前2~3 h，开始用计划烧除薰烟，放出大量烟雾，可以防止苗圃气温继续下降，可苗使圃幼苗免遭霜冻危害。

(2)利用计划烧除熏烟预防湿地森林冻害

我国北方林区和中部林区的低湿谷地，幼苗、幼树容易遭受冻拔害。因为冬季土壤中含有较多水分，到夜间气温急剧下降，土壤中水分结冻膨胀，将苗木举起，第二天天晴，气温高，化冻后水分蒸发，根与土壤脱离，造成死亡。可采用计划烧除防止冻拔害，在造林前利用火烧清除杂草和杂乱物，使造林地增温，水分蒸发，林地逐渐变干；火烧杂草和杂乱物，也起到造林前整地的效果，对幼苗、幼树生长发育有利。同时，尚未清除的草根可起到固土的作用，不会使造林地产生冻拔害。

(3)利用计划烧除预防谷地珍贵阔叶树种霜冻害

核桃楸、水曲柳和黄波罗等东北三大珍贵阔叶树种，主要分布在窄沟谷、低洼平坦地或阴缓坡立地条件。沟谷变暖有利幼苗、幼树顶芽萌动生长，一旦遭受晚霜袭击，这些阔叶树的顶芽易遭受霜冻害而枯萎，影响主干生长。为保护三大硬阔叶林正常生长发育，可以在容易遭受霜冻危害地块上堆积一些杂草和杂乱物。当观察三大硬阔的幼树顶芽开始萌动后，在晴朗夜间，有出现霜冻的可能时点烧，使大量烟雾在树冠下形成保护层，可以使林下或林窗外的三大硬阔幼苗、幼树免遭霜冻危害。

(4)利用计划烧除改善永冻层，促进林木生长

我国大小兴安岭北部地区有永冻层分布，影响林木的生长发育。如果在这些局部有永冻层的地方将林内的杂乱物和枯损木进行计划烧除，提高土壤温度，使局部永冻层下降，可改善林木生长发育条件，充分发挥林地生产力。计划烧除能提高土壤温度，留下的黑炭增加吸收热辐射，还改善林地卫生状况，有利于保留木生长发育。

在北极冻原地区采取计划烧除，使永冻层下降，改善冻原生态条件，促使白云杉分布区向北推进。

(5)利用计划烧除薰烟促进人工降雨

天气比较干旱时，在降水的天气条件下，可在山脊点火熏烟，增加空气中的微粒，形成冰核，促使水滴增大，增加降水，减少旱情。同时也可以减少森林火灾，有预防森林火灾发生的功能。在该类地区进行计划烧除一定要选择有降水的天气条件点火熏烟，这样可以大量增加空气中的微粒，促进水汽凝结，使水滴增加形成降水。

4.5 计划烧除在农牧业领域的应用

4.5.1 计划烧除在农业中的应用

我国农田大多数是与森林镶嵌的农林交替结构，南方多为集体林，农业生产方式仍然是包产到户，农业生产用火较多，用火不慎常引起森林火灾，影响森林涵养水源和保持水土能力，搞好农业生产用火有利于发展农业生产和林业生产，提高我国农业的经营水平和林业发展，稳定社会，繁荣经济。

计划烧除前在邻近森林边缘开设50~100 m宽的防火线，防止计划烧除跑火。充分利用自然防火障碍物(如道路、河流、裸露地等)，可以节省劳力和资金。荒地上有较大的灌木应伐掉、晒干，以便火烧。计划烧除时应留有扑火人员，一旦遇到天气变化或刮大风时，立即将火扑灭，以免引起森林火灾。计划烧除后，扑火人员不能马上撤离烧荒场地，一定要等到烧荒场地无烟不会再发生火灾时，才可撤离火场。计划烧除后还有大量杂乱物或杂草未烧干净，应该堆积后重新火烧，确保场地燃烧干净。

大面积计划烧除时应先点燃四周边缘，由外逐渐向里烧，越烧越安全，不会引起跑火。一般情况下，先点烧危险地段，这是因开始点烧时，火强度不大，人数也比较多，容易控制火势。若计划烧除面积过大，应区划若干小区，一般烧除面积最好控制在10 h内点烧完毕，减少天气条件影响，比较容易控制。在大面积计划烧除时应加强监控，配备点烧和扑火的专业队伍，以及防火、扑火设备、车辆、机械等。

我国山区或林区多为农林镶嵌地区，加强农业生产用火管理，避免农耕火引发森林火灾，制定防火期农业用火管理办法，按林火预测预报进行用火管理，一般防火期注意防火，防火戒严期严禁用火，确保农业生产安全用火。农业生产用火需考虑以下条件：农田四周无森林区域，烧荒不受防火期限制，可根据农业生产需要火烧；农田区一侧与林区接壤时，应在毗邻地段开设10~100 m防火线或营造防火林带，预防农业生产用火不慎烧入林内，在防火戒严期或高火险天气严禁农业生产用火；四周包围森林的农业用地，一般农业用火应在非防火期或防火初期和末期，戒严期严禁农林用火，火险天气1~2级时可进行农业生产用火，3级时慎重用火，4级以上禁止用火。

(1)利用计划烧除减少大量草籽

在开垦的荒山、荒地上生长着许多杂草，这些杂草将是农作物的竞争对手，开垦土地时应力争消灭杂草。火烧就是消灭杂草的最好办法。选择草籽尚未成熟时开展计划烧除，可烧死大量杂草种子，脱落地面的草籽被高温烤死，促使一些鸟类啄食减少杂草种子数量，火烧过的荒山荒地应及时翻耕，使草本植物萌发的幼草压入土壤深层变为绿肥，可促进农作物的生长，有效地控制杂草。

(2)利用计划烧除清除耕地上各种杂草和杂乱物

计划烧除可以清除杂草和杂乱物，烧除比较干净彻底，速度快，是最经济、效果最好的开荒、开垦方法，可以保证农作物的稳产和高产。掌握好用火的天气条件和点烧技术，确保用火绝对安全，就能取得事半功倍的效果。

(3)利用计划烧除控制病虫鼠害

计划烧除可以将影响农作物的生长、存在于杂草和杂乱物中的病菌和孢子体，以及昆虫卵、幼虫、茧和成虫等烧除，改变其生存环境，使其失去繁殖能力，烧毁隐藏处，病虫害明显减少。计划烧除后立即翻耕，土壤中的病虫暴露在土壤表面，遭受冻热伤害，使新开垦地病虫害明显下降，确保种植农作物丰收。同时，荒山荒地的大量杂草和杂乱物是鼠类隐蔽的地方，通过计划烧除可以清理鼠类隐藏处，烧掉它们的食物，改变鼠类栖息地的环境。烧除中大量的烟雾，使许多鼠类在洞穴内窒息而死。

(4)利用计划烧除促进机械化操作

田间杂草清除不干净会影响机械施工进度，易导致机械故障甚至影响机械使用寿命。大面积开荒、开垦时实行计划烧除一定要干净彻底，不应留有未烧地，以免直接影响机械作业。

(5)利用计划烧除增加土壤肥力

计划烧除能将耕地上的杂草、杂乱物等有机物经过高温处理，转变为可溶性的营养元素(灰分)，部分营养元素被雨淋溶到土壤中储藏起来，被农作物吸收利用。计划烧除后应立即翻耕，使这些营养元素翻入土壤中保存，有利于农作物的充分吸收利用，并保持土壤肥力。

(6)利用计划烧除清理农田剩余物

农业区丰收时，农田里有大量秸秆和茬子，不及时处理会直接影响土地的耕作。火烧秸秆和茬子的益处：可在较短时间内快速焚烧大面积秸秆和茬子，只需掌握用火规律和天气条件，在安全期计划烧除可以取得多快好省的效果；可以杀死病虫卵、幼虫、成虫、茧等，烧死或熏死鼠类，烧掉杂草、种子，改善农田卫生状况和耕作环境；能将秸秆、茬子灰分的营养元素归还于土壤，提高农田肥力，降低施肥成本。

①烧除秸秆：高粱、玉米等高秆作物秋收后，将高粱、玉米收回，剩下的秸秆则放在地里。等到翌年春耕前3~4月，点火焚烧，可以很快将这些秸秆烧除，有利于耕作，同时又能烧灰归田，提高农田肥力。火烧秸秆一般在地面仍有部分残留积雪时进行，此时点烧比较安全，火烧时，田内的秸秆平铺后再烧，可使农田受热均匀，烧完后灰分分布均匀，等于均匀施肥。同时，也可以加速农田积雪融化，提高地温，有利于提前进行农业耕作。在火烧秸秆时，不要堆积点烧，这样易使农田受热不均匀，因为堆积处火强度高，对农田土壤结构和微生物都有影响。在火烧秸秆时，应该选择稳定天气，风速应小于3级。在大风天或风向不稳定的天气条件下不宜点烧，因风大时火烧易跑火，且火烧后灰分也容易被风吹走，影响秸秆还田。火烧秸秆后，应该立即进行土壤翻耕，使大量灰分翻入土壤深处，这样可保持农田土地的肥料增加。在交通发达和秸秆能多种利用的地区，烧秸秆的做法已日益减少。

②烧除茬子：火烧茬子是农业生产中的主要用火行为，在农田收割时，留茬过高不宜翻耕，采用火烧茬子的方法，既快速，效果又好。如果火烧不慎，会引起未收割的麦子着火，使农作物受损失。因此，火烧茬子时应注意防火，不要因烧茬子而引起农田火灾或森林火灾。一般烧茬子应选择无风或小风天气，火烧是在低火险天气下进行，应该先烧危险边缘。如果毗邻森林和荒山，或是有未收割的谷物、稻田和麦地，要避免跑火烧毁森林或庄稼，农田火烧茬子时，注意点火的天气和点火四周的环境，有时在危险地段需要开设防火带。火烧茬子后，应立即进行耕作，将火烧灰分翻入土中，做到茬子还田，提高土地的肥力。农作物还有高秆作物，根部大，比较坚硬，不容易腐烂，因此，应该将这些茬子刨出后进行火烧，将火烧后的灰分均匀撒在田地中，再进行耕作。

(7)计划烧除在农林复合经营中的应用

农林复合经营有较好的经济效益，还能维护生态平衡及物种的多样性，以及美化环境。农林复合经营系统不仅能够充分利用自然资源，提高光能利用率和生产力，而且能够开展多种经营、复合经营、综合经营，以获得多种物质产品。采取农林复合经营，还能够充分利用自然力，维护物种多样性，维护天然物种基因库，提高复合生态系统的抗火性，维护群落的稳定性，防止环境污染，促进生态环境的良性循环。

在经营农林复合系统时，计划烧除是一项重要措施，作为经营工具和手段，并能取得最佳效果。计划烧除在农林复合经营中若应用恰当，能获得多快好省的效果，是充分利用再生资源的好措施。因此，在农林复合经营中要充分发挥计划烧除的作用，适当应用计划烧除开展经营，用火适当才能取得较好效果，如果超越用火的要求，就会得到相反的效果。农林复合生态系统应用计划烧除有以下方面的要求：

①农林复合生态系统开展计划烧除只适用低强度的火烧，若采用高中强度的火烧，农作物或野生动物都会有不良影响。

②计划烧除应采用游动火，火在一定地块停留时间短，不容易伤害植物，而固定火对树木或农作物容易造成伤害。

③农林复合生态系统开展计划烧除应在物种休眠期。休眠期的林木或农作物抗火能力较强，对火有一定抵抗能力。若在植物活动期用火，林木和农作物的细胞和组织抗高温能力低，容易被火烧伤。在农林复合经营生态系统用火时，在用火四周都应有隔离线，形成封闭区，以防跑火成灾。

农林复合经营生态系统为了达到用计划烧除经营的目的，要求对作业区进行规划，提出经营目标和用火要求。调查作业区，写出可行性报告，经上级批准方可实施。达到报告提出的要求后，有领导在场，配备一定用火、防火设备和有后备扑火人员时，才可点烧。一旦天气突变，应立即出动后备人员将火扑灭，以防不测。烧除后应有人看守，检查用火是否完全熄灭，以防死灰复燃。此外，还应进一步检查用火是否达到经营目的和要求。达不到标准的需要重新点烧或采取补救措施，直到最后完全达标。农林复合经营生态系统可以把计划烧除作为经营工具和手段充分利用，主要技术指标有以下几个方面：

①经营技术指标，明确农业复合经营生态系统差异，其计划烧除目的不同。

②不同农林复合经营生态系统进行计划烧除的季节和时间标准不同，应用计划烧除促进森林更新，必须在下种以前进行，其他时间则不能保证更新。

③不同农林复合经营生态系统进行计划烧除要求的天气条件不同，如要求气温、相对湿度、风速、风向、火险预报等级等。只有适合的天气条件，用火才能保证安全和达到经营效果。

④不同农林复合经营生态系统进行计划烧除时不同地形条件的用火要求不同，如点上山火或下山火，坡度大小，点火带间距等都应明确规定，超过一定坡度则禁止应用计划烧除。

⑤不同农林复合经营生态系统中不同的可燃物种类和可燃物数量，进行计划烧除的方法及要求应有明确规定。计划烧除前还需要采取相应的准备措施，否则，达不到应用的效果。

⑥不同农林复合经营生态系统进行计划烧除的火行为指标不同，如火蔓延速度、火焰高度和火强度等指标。计划烧除是开展复合经营的有效工具和手段。

(8)其他农业生产用火

农业生产用火形式多种多样，前面介绍了大面积烧荒、烧垦、火烧秸秆、火烧茬子以及农林复合经营用火。另外，还可以用火除草、火烧田埂草、烧灰积肥和烤田等。

①用火除草：国外曾有人采用拖拉机，下面装有小的火焰喷射器，在垄台上种植农作物时，两侧用火焰喷射器把杂草烧死。这样，垄台旁的杂草被火烧死，而垄台上的幼苗则安全。这种中耕除草方法快速，不会污染农田。这种拖拉机火焰除草器只适合于大型机械化作业，在幼苗不算高时，除草效果好。

②火烧积肥：为了提高粮食产量，土地每年都需要大量肥料用于提高地力。在农田中大量施用化肥，虽能提高地力，但对土壤结构产生不利影响，常造成土壤板结。因此，目前农村提倡多施农家肥、腐熟肥，如人粪尿和牲畜粪便等，还有的就是火烧杂乱物、杂草、垃圾和用于增加农田的灰分元素(如钾肥)等。但是烧灰积肥仍然是我国南方半山区和农林交错区农业生产用火引起林火的一种重要火源。因此，在广大农业区采用烧灰积肥时，应该注意防火，以免不慎发生森林火灾。

③火烧田埂草：在我国南方，许多农田的田埂上有许多杂草，一般在春耕前，将这些田埂草用火焚烧，既增加土壤中的肥料，又消灭了杂草，有利于耕作和肥田。但这也是南方一种主要农业生产性火源，特别是农林镶嵌地区，是容易引起森林火灾的火源，应提高警惕。

④烤田用火：有些农田比较湿，特别在南方有些湿度较高的山地或高山峡谷开垦的农田，温度低，直接影响农作物的生长和产量。为此，对于这种农田，为了进一步提高其产量，进行烤田是很有必要的。在春季春耕前，火烧杂草和杂乱物，可以提高农田温度，同时火烧留下灰分和黑色炭粒，有利于吸收太阳热辐射，改善农田热状况，从而加速农作物生长和产量提高。

⑤CO_2施肥：CO_2是植物进行光合作用、制造有机物的主要原料之一。自然条件下CO_2供应充足，但在温室或塑料大棚内与室外空气交换不畅，CO_2的来源主要是土壤中有机物的分解和植物的呼吸作用，白天植物光合作用旺盛时常常出现CO_2气体浓度亏缺，致使植物的光合作用强度减弱，蔬菜减产幅度可达36%。近年来，CO_2施肥已逐渐成为温室或塑料大棚增加蔬菜产量的重要手段：施用压缩气体、干冰等CO_2制成品；碳酸氢盐加硫酸，碳酸盐加盐酸等化学方法产生CO_2；用CO_2发生器燃烧天然气、煤油、丙烷、酒精等；燃烧作物秸秆(或微生物分解)产生CO_2，起到CO_2施肥的作用。我国主要利用作物秸秆来提高温室内CO_2浓度，燃料来源可因地制宜进行选择，但不易控制CO_2浓度，并常有CO和SO_2等有害气体产生。

4.5.2 计划烧除在牧业中的应用

火在草原生态系统中是最活跃的生态因子之一，草原生态系统的形成和发展与火关系密切，起促进作用或破坏作用。通常情况下，火灾后不仅草本植物种类增加，而且许多草本植物很快“复生”，甚至比火烧前生长更加茂盛。所以，在草原生态系统中使用计划烧除是可行的。只有掌握草原生态系统计划烧除的基本规律，使火真正成为经营工具和手段。但火在不同草原生态系统中的生态作用不同，应采取不同的管理措施。在干旱草原和荒漠草原应该限制火的发生和存在；疏林草原、草甸草原、山地草丛、灌丛草原和沼泽草原则可有条件地使用火，特别是在高(山)寒(冷)草原可以将计划烧除作为草地经营的一种手段和工具(梁峻等，2009；刘广菊等，2008，2003；吕爱锋等，2005；马爱丽等，2009)。

实施计划烧除的目的因草地类型和草地管理目标的差异而不同，主要有以下几方面：消除非适口性植物，促进优质牧草的生长；复壮嫩(幼)灌木枝条；控制非理想植物侵入或发展，促进理想牧草定居生长；消除有毒杂草；改良土壤和牧场，控制病虫鼠害等。火烧防火线、沟塘和草甸，可预防大面积森林火灾的蔓延与扩展，有效降低草地火的燃烧性。

草原、草甸和草地计划烧除，主要用于发展牧业。草原计划烧除有利于更新草场，改善草的可食性，增加草量。为增加单位面积草场上牲畜的密度，可以进行计划烧除，烧除后利用飞机播种优良草种，增加优良牧草的品种和数量。

4.5.2.1　计划烧除对草原生态系统的影响

(1)计划烧除对草原土壤的影响

①计划烧除能提升草原土壤温度：草地火的地表温度与地表可燃物数量有关，可燃物越多，地表温度越高，地表温度一般为70~200 ℃。地表温度还与可燃物含水率有关，含水率低于30%时可以点燃，地表温度升高较少，并持续2~4 min，然后迅速下降。草地火的温度与草地植物丛大小有关。草原大针茅丛着火，温度可高达500 ℃，持续时间可达2 h。一般小丛草地植物着火，则温度低，持续时间也短，因而影响程度也小。草原火对下层土壤温度影响不大，近地表层温度较低，向上温度逐渐升高，超过火焰高度以后，温度又随之下降，但在火焰顶部温度最高。

②计划烧除影响草原土壤氮储量：一般低强度火，对氮影响较小，损失量为20%~40%，如果高强度火，使氮损失60%~80%。氮的恢复主要来源于固氮植物，即豆科植物和一些草本植物，雷电产生的氮每年不到5 kg/hm^2，而生物固氮有时每年每公顷高达几百千克。

③计划烧除造成草原土壤有机物损失：土壤表层有大量枯落物，可以阻止土壤受雨水的冲击，火烧若失去了枯落物的保护，可能会产生水土流失，同时也影响土壤的渗透性。

④计划烧除影响高寒草原土壤营养元素变化：高寒草原由于低温抑制了土壤有机质的分解，使土壤有机质和全氮、全磷含量较高，但速效养分含量较低，致使牧草因长期养分供应不足而生长不良。计划烧除可加速有机质的分解和氮的挥发损失，使土壤有机质和全氮明显减少，但速效氮和速效磷却大幅度提高，特别是磷在高达45℃以上才部分挥发损失，火烧加速有机磷的转化，反而使土壤中的全磷浓度和速效磷浓度均迅速升高，加大有效养分的供应，加上火烧后土壤温度的提高，使火烧迹地的土壤肥力水平明显提高。随着火烧后植被的恢复，土壤中枯枝落叶残根的积累，土壤有机质和全氨含量在短期内又很快开始增加，3~4年后，土壤速效养分含量又明显减少，牧草产量也急剧下降(王利繁等，2015；王秋华，2004；杨鸿培等，2013；易绍良，2011；张立存等，2012)。

⑤计划烧除影响草原土壤水分：计划烧除后土壤表层温度增加，使表层土壤蒸发量增加。同时，由于草本植物提前生长，蒸腾作用加强，使表层土壤水分大量消耗，计划烧除对草原表层土壤水分影响较大。

⑥计划烧除对土壤动物和微生物的影响主要在土壤表层12 cm以内。

(2)计划烧除对草原植物群落结构的影响

火对不同生活型植物的影响不同，对某些种群的生长发育起促进作用的同时，对另外一些种群的生长发育则可能起抑制作用，进而影响或改变草原植物群落的结构。

如火烧对羊草的生长具有显著的促进作用，对大针茅、菊科植物有明显的抑制作用，促进豆科草类的生长和提高产草量。

(3)计划烧除提升草原牧草产量和质量

计划烧除对草场产量的影响比较复杂，有增产的、减产的研究数据，也有影响不大的结论，其干物质的积累极不稳定。一般认为降水量是一个限制因素，降水量在380~420 mm时，草量有所增加；相反，在比较干旱的年份，草产量有所降低。计划烧除可以提高牧草质量，火烧后，牧草干物质中的粗脂肪、粗蛋白质、无氮浸出物等含量增高，粗纤维、灰分等含量降低，提高牧草的有效营养成分，以及增强了牧草的适口性和营养价值，延长牧草的生长发育期。

(4)计划烧除促进草原牧草繁殖

土壤中种子库的库存量、种子的存活状态及其在经受各种外界因子影响后的萌芽能力，直接影响草原植物群落的组成、结构与演替方向。计划烧除所产生的高温对草原植物种子活性物质的刺激作用，可以改变种子的化学或机械组成，提高种子的发芽率和发芽势，火烧迹地种子萌芽力比未火烧迹地的种子发芽力更高。部分草地种子有较厚的种皮，能抵抗高温的危害，有些种子经5 min火烧后，仍有较好萌芽率。由于草地火温度不高，持续时间不长，对地下芽影响不显著。火烧后，当年生种子的千粒重也有所提高，计划烧除作为工具进行草原管理，有利于草原植物进行有性更新和复壮。

(5)计划烧除对草地开花的影响

草地计划烧除是否能使花茎增多，促使开花，结论不一。部分研究结论认为草地计划烧除促进花茎增多，促使植物开花。也有研究结论认为计划烧除不一定能促进开花。一般情况下，烧掉枯落物，使土壤增温，可使草地提前2~3周生长，从而使营养器官增加产量，使花茎有所增多。另外，草地计划烧除可使土壤中的磷含量增加2~8倍，进而促进花茎增多。但不同草种对计划烧除的反应不一，如早熟禾，火烧后花茎不会增多，反而会减少，主要原因是早熟禾花茎形成较早，当火烧时，花茎生长受到抑制。因此，计划烧除草地对草地花茎的影响不同，用火时应依据不同的草地做具体分析。

(6)计划烧除对草地小气候的影响

计划烧除对地面气温的影响。计划烧除直接影响地表温度，使草原植物提早生长2~3周；而未发生火烧的地段，有枯落物覆盖，地表增温较慢，前期草本植物生长缓慢，但后期能加速弥补生长缓慢的不足。火烧使草原白天增温，但夜间由于没有枯落物的覆盖，地表温度下降快，温差较大，影响草原植物的生长和发育。

计划烧除对草地空气质量的影响。草地计划烧除对空气质量存在影响，包括对地球的温室效应的影响。火烧产生有害气体，如芳香族化合物等。

(7)计划烧除对草地径流量的影响

草地径流量与坡度大小有关，坡度越大，径流量也大；同时与草地覆盖度有关，火烧后地面裸露，径流量大，径流的浑浊度也高，从而间接影响水资源的质量。

(8)计划烧除对草原野生动物的影响

计划烧除能提高饲料草的质量、营养，非常有利于驼鹿、狍子等食草野生动物的繁殖和生长。草原上生活着各种鸟类，计划烧除迹地有大量被火烧熟的种子和昆虫，鸟类容易觅食，会使鸟类数量大增。计划烧除实施过程中鸟巢被火烧掉，影响了一些鸟类筑巢，改变了鸟类的栖息地，因而对这些鸟类的发展不利。为了使草原鸟类得以发展，可以采用计划烧除，即在草原上采用间隔式栽烧，其间隔距离应按照鸟类飞翔的能力确定。这样可以保证鸟类既有筑巢地点，以防天敌的袭击和干扰，又有丰富的食物，使得这些鸟类种群得以发展。同时又能控制草原病虫鼠害的扩展和蔓延，也有利于草场的复壮。

4.5.2.2 计划烧除促进草地更新与复壮

牧区采用计划烧除的理论依据是建立在草地火生态基础上的。使用计划烧除对草地的更新复壮一定要遵循草地火生态基础。否则，容易对草地的发展带来不利影响。

(1)计划烧除促进草地更新

计划烧除烧掉枯落物层，提高土壤表面温度，促进草地种子提前发芽，使草地植物提前生长 7~10 d，使草地提前放牧。草地种子能够忍耐高温。一般高温有利于草地种子发芽，增加更新数量。北方早春火烧，有利于草地更新，秋季火烧，则不利于草地更新。因为火烧增温，促使草籽萌发，随后进入冬季，使一些发芽草籽受冻害致死。计划烧除有时增加草地草量，但有时也会使草地草量减少，降水量是一个限制因子。一般降水量增多，草量也随之增多。草地计划烧除可以抑制灌木和乔木的发展，促使草本植物发育。

(2)计划烧除改善饲草可食性

计划烧除后，迹地上饲草或嫩条的蛋白质和钙、磷含量较高，可到达未烧地的 2 倍，草质柔软，大型牲畜啃食比平时多 2~3 倍。计划烧除可清理抑制有毒杂草和抑制不可食杂草的生长发育，刺激草场可食性杂草萌发、更新和复壮，提高草场质量，增加草产量。同时，火烧后，可以清除草地的枯落物，有利于改善草地生境，激发草根萌发，为草地尽快恢复提供生机。草地若几年不进行火烧，枯落物增厚，不利于草类更新。

(3)计划烧除可以消灭草原感染病虫鼠害

计划烧除的高温烧除虫卵、幼虫、成虫、茧和蛹，以及消灭病原体，预防病虫害的蔓延，改善环境，促使牧草正常生长发育。计划烧除消灭鼠害及啮齿类动物，减轻危害，促进草地复壮。计划烧除控制草地火灾，合理的计划烧除可消灭或减轻这些灾害，改良草场，有效地阻止大面积火灾的发生，减少草地可燃物积累，降低草地燃烧性，维持草地良好生态环境，保证牧场安全，促使草地复壮、再生。

(4)应用计划烧除改良草场

为提高饲草质量，采用计划烧除改良草场，已是当前一项广泛应用的措施。

①计划烧除改善草原过度放牧的局面：草原牧业不断发展，使单位面积草场放牧数量增加，轮回放牧草场越来越少，出现过度放牧，使草场逐渐衰退，导致可食性草种减少，草场质量降低，直接影响牲畜的数量和产量。为此，对于这些过度放牧的草场，应进行休闲改良和计划烧除。计划烧除要选择有利时机进行，火烧后，会促使过

度啃食的草场复壮，刺激可食性草类萌发和生长。

②计划烧除与飞机播种结合更新草场：过度放牧会引起草场数量明显减少和草场质量衰退，可食性草的质量明显下降。对于过度放牧的草场，采用计划烧除与飞机播种优良草种结合取代退化的低产草种，达到改良草场，更新草场的目的。

③采用休闲轮作等综合措施，改良草场，提高草地生产力：大面积衰退草原采用轮作措施，促使衰退草原恢复生机。如计划烧除促进草地恢复再生能力，通过休闲，恢复土地生产力。在衰退草原杂草生长季节撒施肥料，增加土地肥力，促使草原禾本科草类再生，增加其产量，使草场恢复生产力。种豆科植物来改善饲料质量，同时又改良了土壤，增加地力，促使草量增加。沙漠附近的草原应严格控制计划烧除，否则，容易形成沙丘。这是由于火灾或火烧草地后容易引起风沙流动，使被固定的沙丘转变为流动沙丘，进而侵蚀周边农田、村庄。

4.6 计划烧除实施方法和技术

计划烧除技术实施除要有一定的理论作指导外，还应该有正确的方法和技术，才能使计划烧除取得较好的效果，计划烧除实施技术和方法包括选择安全用火窗口、点火方法、用火技术、用火行为等，以及天气条件、立地条件、可燃物类型、计划烧除的目的和要求等。计划烧除应用需要建立实施操作规程和用火专业队伍，保证用火的绝对安全，并取得较好的效果。

实施计划烧除需要了解被保护树种对不同强度、频度、季节火烧的物理、生理反应，根据可燃物状况、气候条件以及被保护树种生长情况选择烧除时机和点火技术，确定恰当的烧除间隔期，控制火行为。

各国科学家根据不同的具体情况制定了许多针对不同树种的林内开展计划烧除以降低火险的用火规程。我国很多林区也根据各自所在省份情况制定了开展计划烧除的林业政策和火烧规程，用于指导所在省份的计划烧除工作，东北林区、四川林区、云南林区等，每年都烧除很大面积，主要目的是降低森林火险等级、减轻防火压力，取得了良好的效果。

4.6.1 选择安全用火窗口

火灾的发生需具备可燃物、火源和氧气三要素，但不是具备了三要求就会发生火灾，必须具备一定的火环境。冬季地面积雪将所有可燃物覆盖，不会发生森林火灾，为非防火期。随着气候逐渐转暖，积雪开始融化，干枯可燃物露出地面，燃烧可能性增加，此时便进入防火期。随后，绿色逐渐扩大，进入夏季和雨季，植物生长旺盛，体内含有大量水分，不易燃烧，此时便进入非防火期。秋季寒冷，植物停止生长，进入休眠期，地面由绿变黄，此时又进入秋季防火期。冬季下雪，又进入冬季非防火期。在南方，春、夏、秋季为绿色植物生长期，植物体内含有大量水分，不易燃。进入深秋以后，地面植物枯黄，进入防火期。

实施计划烧除要做到安全用火的效果，应根据季节的变化和防火期的划分，选择用火窗口。实施计划烧除首先应选择好用火月份，其次选择安全用火窗口，防止火向四周扩展和蔓延。因此，实施计划烧除时应在四周设依托条件或控制线，保证用火不超出规定范围。最后，安全用火窗口的火行为最好保证在规定要求范围内，以达到最佳效果。安全用火窗口的选择原则如下。

①按照季节进行选择：一般在非防火季节进行计划烧除比较安全可靠，不会跑火成灾。如用火烧烧除枯枝堆或重型可燃物，应选择在冬季积雪或夏季植物生长旺盛季节，不容易跑火，其他一些轻型可燃物，可选择在防火初期或防火后期，比较安全有效。

②依据天气变化：一般大雨后林地湿度大，可以延长几天点燃。相反，天气晴朗，气温高，湿度小，可燃物容易干燥，应该及时进行点燃，否则，不容易控制燃烧。此外，用火应在大气条件稳定，风向稳定，没有阵风，容易掌握火行为变化的情况下进行。因此，在选择安全用火窗口时，要掌握不同立地条件的干湿情况，过湿不易燃烧，过干又容易跑火成灾。

③依据不同植物群落用火：如在大兴安岭林区，下雨后转晴，沟塘枯草就可以点燃。蒙古栎–黑桦林则需 3 d，白桦林需 5 d，兴安落叶松林需 7~10 d，沟谷云杉林则需 15 d 以上。因为不同森林类型小气候极不相同，直接影响群落的燃烧性。

④依据不同地形条件：如在东北林区，春季阳坡积雪融化后可以点燃。此时，山脊有融雪线，阴坡和沟塘还有积雪，火只烧阳坡，比较安全。再过段时间，阴坡积雪完全融化，这时点燃阴坡，因为阳坡已烧过，阴坡的火不会烧至阳坡。此外，地形还影响立地条件，可按干湿程度，先烧干后烧湿，依次安全点燃。

⑤依据昼夜变化：因白天气温高，相对湿度小，容易控制，因此对干燥危险地段点烧，可以选择在夜间进行，比较安全可靠。

⑥选择依托条件：如在小局部用火，四周有水，点燃小岛上的可燃物，火不会向四周蔓延。有时可以在有跑火危险的地块上开设防火线，形成安全地带，也不会跑火。

4.6.2 确定计划烧除实施时间

从理论上讲，只要有足够的人力控制，一年四季都可以用火，但考虑到用火的目的、安全性、效果、对火的控制难易程度，以及投入人力、物力和财力的规模等，在一个地区便不是一年四季都能用火。一年中，鉴于在某一天的特定时间内用火才有可能达到最佳的用火效果。一般而言，用火多选在既能保证安全效果，又能达到用火的最佳时节。

(1) 春季安全期

从雪融开始到完全融化止。这段时间内绝大部分植物尚处在休眠状态，只有少数萌动。雪融之初，受“春旱”风及升温的影响，林外草地及林缘草本植物上覆盖的积雪先融化，可燃物变干，随后向林中空地及林内地表植物挺进，待林下积雪全部融化时，林外和林缘的草本植物大部分已开始萌动，变绿。把握好这个“时间差”，在防火期尚未到来之前跟随雪融化的趋势，融化一块点烧一块，由林外和林缘向林内推进，由林内空地向四周扩展，俗称“跟雪烧”。由于周围有雪作为依托，不易跑火，该段时间是安全的。

(2)夏末安全期

夏末安全期只适用于点烧积累了多年的干草塔头草甸，但不能连年点烧。因为塔头上积累的干草较少时就不能使火游动。点烧时间大致为8月中旬至9月上旬(大兴安岭林区)，植被物候为菊科植物开花期。此时塔头上部的薹草虽处于生长季节，呈绿色，但如果几天不下雨，塔头下部积累的老草易干燥，可点燃并可将上部生长的绿色薹草一并烧掉。当火烧到山脚时，由于植被湿度大，火会自动熄灭。在无干草的塔头草甸，不适于这种安全期。

(3)秋季霜后安全期

在第一次降霜后到连续降霜，此时的沟塘草甸的杂草和林缘的植被经连续霜打后脱水干枯易燃，而林下的草本植物由于林冠阻截霜降，仍处在生长期，体内的含水量较高不易燃。这段时间很短，10 d左右。一旦林下草本植物也枯黄时，点燃就易跑火，造成火灾。密林用火季节比疏林晚1周，密林多为原始林，森林郁闭度大，林下杂草枯黄时间长，所以点燃沟塘草甸，火不会烧入密林。次生林与原始林相比，次生林比较稀疏，湿度小，用火早；原始林密，未被破坏，湿度大，用火要晚一些。

(4)冬季安全用火期

正常年份，从第一次降雪到第二次降雪间隔时间较长，且第一次降雪量通常较少或很快便化完。在两次降雪的间隔期内会出现升温，使可燃物干燥，林内出现短暂的有利于用火的时机，即"雪后阳春期"。如果第一场大雪降得太晚，地已经封冻，气温过低，积雪不能融化，就找不到计划烧除的时机了。但即使是积雪的冬季，如果配合皆伐对采伐剩余物进行控制火烧，其点烧时机还是很多的。对皆伐剩余物进行控制火烧，最好能在即将降大雪之前完成，以便降雪能将燃烧的灰烬覆盖住，以利于翌年春季的迹地更新，防止燃烧的灰烬被吹散而使迹地裸露，导致迹地退化造成更新困难。

(5)午后安全用火期

秋后植物均枯死，沟塘、林内、坡上、坡下都能着火蔓延，比较难控制，此时，可选择午后开始点烧。随着时间的变化，气温逐渐下降，湿度增大，火蔓延速度减缓，火强度也相对降低，用火比较容易控制，有时烧至深夜，火就会自然熄灭。这个时刻用火比较安全，容易控制。

4.6.3 点火方法

因风向、地形的不同，点火方式也不同。不同的点火方式直接影响火的蔓延程度、火强度、火行为，同时还能影响燃烧的程度和燃烧的效果。因此，不同的营林用火应选择不同的点火方式。在应用火生态工程时，应了解和掌握各种点火方式，如澳大利亚在桉树林内大面积计划烧除，采用棋盘式点烧或方格式点烧；为了达到大面积点烧，采用固定翼飞机进行点烧；美国在清除大批采伐剩余物时，采用中心点火法等。目前，世界上计划烧除普遍采用以下几种点火方法。

(1)点逆风火

逆风点火技术就是让林火逆风燃烧。点火前应以公路、小径、生土带、溪流和其他形式的障碍物作为基线，逆着风向点火蔓延。假如风向由西向东吹，则在作业区东边缘点火，使火迎着风燃烧。这是一种燃烧速率最慢，需要花费时间最长的点火模式。通常，风速的变化对逆风火蔓延速度影响不明显，火蔓延速度只有 20~60 km/h，但燃烧比较彻底，只要风速不发生变化，风向稳定，这是计划烧除中最容易控制、最安全的一种点火方式，对树皮的碳化最小，适合于可燃物储量大的地段，不足之处是烧除太费时，在林内需较多的机耕路以防止跑火，通常每隔 2000~4000 m 为一带。为了提高用火效率，通常在一个区域中开设若干条内部线，分成几个带同时点烧，带与带之间的间隔一般为 100~200 m。采用这种点火技术时，要求有较强的风速 1.8~4.5 m/s，以便烟雾消散，防止热量直接向林冠辐射，坡地对燃烧的影响类似于风对火蔓延速度的影响。例如，山麓的下山火和平地上的逆风火效果是一致的。

点逆风火的适用条件和特点包括：①适用于重型可燃物；②可用于小径级材、幼林及树高 3.5~4.5 m 以下的林地；③在短时间内能点燃较大面积(几个带同时点烧)；④需要开设内部控制钱，点烧造价较高；⑤要求风向稳定，适合风速为 1.7~4.5 m/s 以下。

(2)点顺风火

点火前要开设基线和周围线，首先要依基线烧出一条较宽的安全带。然后沿着与风向垂直的方向在距离安全带(与安全带相对)一定距离处点一条与安全带平行的火线，使火顺风向朝着安全带处燃烧，烧至安全带处火熄灭。生产中为提高点烧效率，常采用带状顺风火的方式：按照距离安全带的远近，由近向远进行点火，往往是第 1 条(距离安全带最近的一个小区域)刚刚烧出，便开始点第 2 条与安全带平行的火线。这样，第 1 条首先到达安全带处而熄灭，第 2 条到达第 1 条火线烧过的区域也熄灭，依此类推。这样更便于控制，以防跑火。

带的间距取决于林分密度、森林类型、可燃物的分布、数量及预期效果等。通常点火线之间应有 20~60 m 的间隔。在小面积地块上，可燃物分布均匀而数量少时，顺风火可以全面展开，不需要分带。

点顺风火的适用条件和特点包括：①冬天应用此方法较多，要求气温-6~10 ℃；②除了极粗大的可燃物外，在大部分可燃物中均可采用；③适用于中等到大径级林木的林分；④在短时间内可燃烧较大的面积，燃烧速率快；⑤一般是在相对湿度为 40%~60%，可燃物含水量为 10%~20%时采用；⑥要求一定的风速，一般要求 1.7~4.5 m/s 以下；⑦生土带较少，费用较低；⑧比较灵活，可随风向的变化而加以调整；⑨点火前要有安全控制线。

(3)点侧风火

点侧风火之前需要先烧出一条安全带，然后在安全带上垂直分成若干条带，同时进行逆风点火(各条带上与安全带相对方向点火)，与点逆风火不同的是：侧风火是沿着一条条与风向平行的线向安全带蔓延。侧风火适用于在可燃物较少林地或湿度较大气候条件下，但应用该方法时不允许风向发生变化，并且需要专业点火人员的配合及选择点火时机。在小范围、短时间内烧除大面积的林地应用此方法是很适用的。

点侧风火的适用条件和特点包括：①适用于轻型可燃物和中型可燃物，可燃物量应少于18.8 t/hm^2；②要求风向稳定；③适用于中等到大径级林木的林分；④点烧速度介于逆风火和顺风火之间；⑤需要少量生土带；⑥最好有扑火队员的协助，随时注意风向的变化，以防万一。

(4)中心点火法

一般可应用于平坦地和20°以下的坡地。首先在火烧区选定的一个中心点位上点火，当燃烧产生一个活动性的对流柱时，再在其边缘按同心圆、螺丝形或其他合适的形状一圈圈地点火，这些火会合后被吸向中心的高温区，然后很缓慢地再向外缘蔓延。这种点火模式在火区中心能产生强空气对流，引起高强度向内蔓延的燃烧，很安全，不易跑火，但应防飞火。点火起始点及随后一系列点火位置应根据地形和火烧区域的形状来确定，火烧圆形可能是呈"四纹状"或山形斜纹及环状等各种形状。这种点火方法适用于各种季节，但气候条件趋于不稳定的时候容易产生强大、猛烈的对流柱。也可用于点烧大面积皆伐迹地及伐前更新不良的迹地，能够比较彻底地烧除大量采伐剩余物，消除病虫鼠害，有利于迹地的天

(5)棋盘式点火

在相等间隔点位上迅速地连续点火，用火区域由围棋点位状的火点组成，间隔点火是让各个点的火相互靠拢并连成一片燃烧，而不是让它们单独蔓延。此法为澳大利亚所创，已成为该国的主要火烧技术。

棋盘式点火的适用条件和特点包括：①适用于均匀、轻型或中型的可燃物类型；②适用于风速小和风向不定的条件；③在中等到大径级林木的林分，或在开阔地和火烧促进迹地更新的情况下使用效果最好；④如果火点之间的间距不当，就可能产生高能量火；⑤可快速点火，例如，用飞机投掷燃烧胶囊；⑥不需要开设内部生土带，费用低；⑦点火前四周要有安全控制线。

(6)带状点火法

带状点火法适用于山地点烧。如果点上山火，山坡长或坡度陡时，点烧上山火距离不宜过长。因为燃烧时速度加快，火强度加大，难以控制。针叶林或是易燃阔叶林，容易产生片面燃烧而转变为树冠火。在平缓的坡地点烧时，由于顺风火距离过长，火强度大，火蔓延速度快，应改为短带状点顺风火，这样比较容易控制。点带状火时先点烧基干带，然后间隔一段距离，点燃一排上山火，烧完后再点下一排上山火，直至点烧到山麓处为止。

(7)"V"字形点火

这是山地条件下最常用的一种火烧法。沿排水沟进行点火，呈玄月形或"V"字形。可将逆风火引下山脊或坡面，使其燃烧慢而稳定。"V"字形点火可单独使用，也可与其他点火技术配合使用。

(8)"人"字形点火

"人"字形点火是专门用于丘陵或山麓地区，烧除山脊地段或山脊侧面的可燃物。火线应同时从山脊地段的顶点开始，顺坡向下燃烧。这种烧除基本上就是一种侧面烧除。此外，各个火线也互不平行，任何两条火线都交汇在一点，而不是一条线，这样

势必增加结合区或地段的火强度。因此，“人”字形烧除技术在大多数山麓的地形上不能单独使用，只能与其他烧除技术结合使用。

(9)归堆和堆行点火

由于可燃物的特性和分布，用于归堆和堆行烧除的技术是固定的。每堆或每行可燃物通常单独沿周边点火，从而形成各点或各地段的高强度燃烧。可燃物被归成堆或行后，用火尽可能地烧除采伐剩余物。

可燃物堆行要不时中断，为植树和救火设备留下通道，也为野生动物的活动提供方便。虽然归堆的费用一般比堆行的费用高，但归堆比堆行更可取，因为通道不成问题，植树更容易，而且烧除更安全。一般来说，堆状可燃物包含的土壤少，干燥更快。堆状可燃物在燃烧时也可以“翻动”，以便清除剩余物质，使燃烧更彻底。经过这样该地段就能得到全面的改造。

归堆要小，堆行要窄，土壤的混入量要减少到最小，这样表层水分能通过采伐剩余物干燥得更快。先让采伐剩余物干燥，然后在归堆时，抖动剩余物，以便尽可能除去土壤。土壤越少，获得的氧气越多，将会使燃烧“更干净”，产生的烟雾也更少。燃烧越有效，产生的热量越大，则烟雾上升越高，从而减少了烟雾在地面附近的聚焦。因此，在大气不太稳定时，也可燃烧(但不能过分不稳定，以致火势难以控制)。当燃烧时，能见距离应在 3 km 或更远的距离，以减少烟雾污染的可能性。全树采运能减少采伐剩余物归堆或堆行燃烧的工作量。大型移动或削片机可对全树削片，提高利用率，减少了立地准备的要求。一些南方制材厂现已接受相当数量的这种削片机械。一种将全树连根拔起的新型机器提高了收获量，减少了采伐剩余物。如果这些系统投入使用，立地准备的费用将极大地减少，现已设计出一些其他设备可用于收集间伐和采伐的剩余物，以及作为薪材和纤维用的灌木。由于能源需求量增加，这些将变得切实可行。

(10)点状点火

点状烧除技术有一套严格的操作步骤，这就需要有相当实践经验的计划烧除人员来施行。这种方法是点燃一系列的点状火，而这些点状火向四面八方蔓延，从而相互汇合，采用这种方法减少了由于一处着火获得了足够的能量而引起热循环的可能性。单独火点的点火时间和间隔距离是成功地应用此技术的关键。

在伐后保留林地中应用此方法时，应注意烧除点之间的距离不得小于 600 m，否则产生较多的结合带，会增加火强度，同时烧除点又不能相距太远，以单独的火点形成若干过热的火头，一组技术熟练的烧除人员可采用此方法在短的时间内处理完大面积的林地。无经验的计划烧除人员应使用其他技术，直到他们对火行为有了相当多的实践经验后才可使用此法。这种方法可用在微风及不定风的条件下应用。注意：不定风可能反映了气流不稳定性(周梅等，2009；朱利英等，2012)。

4.6.4 计划烧除实施

为了保证计划烧除取得良好的效果，除了掌握好用火窗口和点火方法外，还应掌握用火技术。计划烧除是一门要求用火技术很强的科学，用火时有一定的用火指标和火行为。否则，用火不仅不会取得良好的效果，反而会带来巨大的损失和灾难。

计划烧除技术应用有许多因素，如用火天气条件，可燃物的性质、数量、分布、含水率，地形以及火行为特点等。为此，用火技术指标应有明确规定，需要执行正确的安全用火规程，并要由专业用火人员操作，方可保证安全用火，并得到良好的生态效益。安全用火技术有许多内容，这里主要介绍掌握用火天气、调节可燃物、按不同地形条件用火、按经营技术要求用火等。

4.6.4.1 计划烧除实施的天气条件

(1)风

在安全期内进行的用火，由于有雪、含水量较大的活可燃物、防火隔离带等作依托，对风力的要求不是太严格，但是，风力太大也存在跑火的风险。生产中，用火一般要求4级风(5.5~7.9 m/s)以内进行，在2.0~4.0 m/s(介于2、3级风之间)最为合适。完全无风虽然安全，但不利于用火的工作效率。

风在安全期内进行的用火，由于有雪、含水量较大的活可燃物、防火隔离带等作依托，对风力的要求不是太严格。但是，风力太大也潜伏着跑火的危险。生产中，用火一般要求4级风(5.5~7.9 m/s)以内进行，在2.0~4.0 m/s(介于2、3级风之间)最为合适。完全无风虽然安全，但不利于用火的工作效率。

(2)气温

气温较高的地方，比潮湿和气温较低地方的可燃物燃烧起来要快得多。春秋季节，气温在-10~-5 ℃，林内5 cm深处的土壤温度在0~5 ℃时，适于点烧。而夏季则应在10~20 ℃的气温下进行点烧。

气温较高的地方，比潮湿和气温较低的地方的可燃物燃烧起来要快得多。春秋季节，气温在-10~-5 ℃，林内5 cm深处的土壤温度在-5~0 ℃时，适于点烧。而夏季则应在10~20 ℃的气温下进行点烧。

(3)空气相对湿度

进行计划烧除时，必须考虑相对湿度对细小可燃物含水量的影响，如果相对湿度低于50%达1 h或数小时之久，细小可燃物含水量则将小于30%，此时的细小可燃物将燃烧得很快，并且火强度也较大。

空气相对湿度进行计划烧除时，必须考虑相对湿度对细小可燃物含水量的影响，如果相对湿度低于50%达1 h或数小时之久，细小可燃物含水量则将小于30%，此时的细小可燃物将燃烧得很快，并且火强度也较大。

(4)降雨和降雪

春秋两季，应在降水后2~5 d内进行点烧，而夏季则应在降水后2~7 d内进行点烧。

大量开始融化前的积雪，是春季融雪安全期进行物候点烧的主要依据。如果上一年冬季降雪量小，春季林地没有积雪，就不能进行火烧。一般年份，在我国北方的冬季林地内都会有积雪，2~3月又有间歇降雪，很容易找到几次最佳点烧时机。秋冬的“雪后阳春期”也是能找到的。

降雨和降雪春秋两季，应在降水后2~7 d内进行点烧。开始融化前的积雪，是春季融雪安全期进行物候点烧的主要依据，如果头年冬季降雪量少，春季林地没有积雪，就不能进行春烧。在我国北方的冬季林地内都会有积雪，2~3 月又行间歇降雪，很容易找到几次最佳点烧时机。秋冬的“雪后阳春期”也是能找到的。

4.6.4.2 计划烧除实施的可燃物温度指标

可燃物含水量越低，燃烧越快。含水率超过 15%的可燃物层上，火蔓延速度相当慢；然而，当可燃物含水量下降到 15%以下时，则火的蔓延速度增长得非常快；当可燃物含水量介于 5%~10%时，火蔓延速度便增加 3 倍；当含水量在 7%以下时，在特定的风速下，可燃物含水量每降低 2%，枯枝落叶上点烧的火蔓延速度便提高 1 倍。

假定空气相对程度保持不变，可燃物含水率从 7%降低到 5%，就等于气温提高 17 ℃的作用效果。假定气温保持不变的话，可燃物含水量从 7%降低到 5%就相当于相对湿度下降 15%~20%的效果，活可燃物的含水量(指直径为 0.3 cm 的嫩枝含水量)低于 60%时，计划烧除对于灌木林地是危险的。当活可燃物的含水量从 70%起开始上升；则点烧越来越困难。而在活可燃物含水量高于 85%或 90%时，灌木也只能在做了碾压或喷洒灭火剂处理后点烧才能燃烧。

可燃物的总量也是影响用火成败的因素之一，直径小于 7.6 cm 的可燃物少于 10 t/hm^2 时，应在含水量为 10%~12%时点烧。当可利用可燃物为 10~20 t/hm^2 时，应在含水量为 12%~15%时点烧；当可利用可燃物为 20~25 t/hm^2 时，应在含水量为 15%~17%时点烧。

美国农业部林务局在其《防火线手册》中指出，在含水率超过 15%的可燃物层上，火蔓延速度相当慢；然而，当可燃物含水率下降到 15%以下时，则火的蔓延速度增长得非常快；当可燃物含水率介于 5%~10%时，火蔓延速度便增加 3 倍；当含水率在 7%以下时，在特定的风速下，可燃物含水率每降低 2%枯枝落叶上点烧的火蔓延速度便提高 1 倍。

4.6.4.3 计划烧除实施的地形

我国为多山国家，绝大部分森林分布在山区。计划烧除实施要注意地形的影响，否则会影响安全用火的效果。

在山地用火，如果点烧下山火，火速缓慢，可燃物燃烧彻底，但有时会烧伤树木。如果点烧上山火，火蔓延快，在针叶林或易燃阔叶林山地片面燃烧，容易由地表火转变为树冠火，给森林带来严重破坏。高山平坝子或山脊马鞍形地段为火窝子，点烧时能量聚集过高，易造成大量林木死亡。

在点烧上山火遇到长坡或陡坡时，由于片面燃烧，火容易转变为树冠火，使计划烧除变为火灾。当计划烧除越过山脊时，容易形成火旋风。当两个前进速度不同的火头相遇时，也会产生火旋风。当火冲向山体或遇到冷气团，都会产生火旋风，给计划烧除带来麻烦。

在山地条件下，点火应注意两点：一是长坡或陡坡处点上山火时，最好应分段进行，否则，由于长坡火速逐渐加快而失去控制；二是上山火速度加快后形成片面燃烧，使地表火转变为树冠火，由于火蔓延速度的加快，容易产生火星雨和飞火，尤其是蔓延到山顶背坡，反气流作用使火抬高，产生大量火星雨，形成新的火源，扩大火区而失去控制。

总之，在山地条件点烧，由于地形起伏分配，从而直接或间接影响火行为的变化。

4.6.4.4 计划烧除实施的火行为技术指标

(1)蔓延速度

蔓延速度会影响生态因子的重新分配，一般应控制在1~5 m/min(线速度)，在较干旱的条件下，则应控制在1~3 m/min。面积速度一般小于1 km^2/h为宜。

(2)火强度

用火强度的高低受可燃物含水量、天气条件、地形、用火目的、用火类型等多种因素的支配，一般要求在75~750 kW/m，即使是皆伐剩余物的控制火烧，其火强度也应控制在10 000 kW/m以下。

(3)火焰高度

用火中，人工针叶林下的火焰高度一般不超过1 m，次生林内的火烧，火焰高度有时可能超过2 m，这时应加以控制。一般而言，安全用火的平均火焰高度应控制在1~1.5 m，最大不超过2 m(皆伐剩余物的控制火烧不在此范围)。

(4)熏黑高度

树种不同，对熏黑高度的要求也不同，一般情况下，计划烧除应将熏黑高度控制在8~10 m以下。有时也用烧焦高度(也称炭化高度)代替熏黑高度，炭化高度是指树干上方被烧焦了的树皮所留下的痕迹，距离地面的高度。一般情况下，林内计划烧除的平均炭化高度不超过50 cm。

(5)用火的持续时间

用火的时间与火蔓延速度，以及可利用的有利于点烧的时段有关。一般要求1次用火要在10 h内完成，这样有利于对火的控制。如果需要烧的地块过大，可以分成几个小的地块分别(分几次或者分几天)点烧。

4.6.4.5 计划烧除实施准备工作

(1)确定计划烧除的目的

如前所述，计划烧除可以实现多重管理目标，如降低火险、维持生态系统、控制外来物种的入侵等。在开展计划烧除时必须首先确定烧除的目的，由于火烧的作用是多重的，其对一方面有利时可能对另一方面有害，所以在决定开展计划烧除时必须进行综合考虑、权衡利弊，明确资源管理的主要目标，分析火烧对其他管理目标可能产生的负面影响，争取在充分利用火利的同时，将火烧带来的消极影响降低到最低程度。

火的影响有时是短期的，有时是长期的。计划烧除是强有力的工具，但有其局限性。在大多数情况下，计划烧除必须与其他林业生产一起，如火烧后的机械整地、种植、补植或林间栽植、粗杂材的清理或除草等，最终计划烧除必须发展成为森林经营不可分割的一部分。随着对森林资源需求增长的压力和公众对环境及生活质量标准的要求，必须坚持森林资源的持续发展，合理利用计划烧除技术。

用火决策是用火程序的第一步，也是不可缺少的关键步骤。火烧的目的以及对立地条件的具体分析是决定使用火的最好依据。它应该包括以下要素：

①明确具体的目的。

②定性及定量表示的预期效益。

③预期费用：如业务费，按比例分配的各种管理费和公共关系费用，对立地条件、生产能力的影响以及对外界环绕的影响所需要支付的补偿费用等。

④限制因素：如法律法规、公众意见是否认可或许可等。

⑤替换性：如果同其他可能达到同一目的的手段进行比较分析，用火这种措施是否是最优？是否是最佳选择？

⑥制订用火规范与方案：一旦经过多方证明用火是最佳选择，就要认真细致地制订用火规范和具体的实施方案，并做好经费预算。

(2)准备工作的内容

充分的准备工作是烧除成功的关键，它必须以有限的费用实现最大的效益，准备工作包括对烧除地区作出点火准备的各项必要步骤。这种点火前的工作应是受过训练的，对计划烧除有一定经验的人，其工作是布设建立控制线(用拖拉机犁)以便能圆满完成烧除设计的目的(要求)。为了能熟练地进行这项工作，必须有个人的经验，掌握如下烧除设计方面的资料：所涉及的气候要素；火行为；烧除区的可燃物类型及数量；人为的和自然的林火障碍位置；所存在的危险及受害程度；烧除技术及应用的火强度；特定区域的烧除目的；法律或本地惯例所要求的限制措施；灭火安全；可以消除危险的地段；

在计划烧除单元内的某些地段可能需要与火隔断，例如，该地区林火难以补救并有越界的危险(锯屑堆、枯立木等)、具有较高风景价值的地段、易于侵蚀的地段、溪流岸边地段、可能遭受林火破坏的野生动物保护区、对林火伤害敏感的林地及草地等。

①在用火地区设立临时气象台站：一般在大面积用火的地区，用火前 10 d 应设立临时气象台站，观察该地气象因子变化，了解该地天气与当地气象台的气象要素之间的关系。此外，还应该连续观测可燃物含水率的变化。在点烧时，这些临时台站可以补充当地台站的不足，纠正一些变化的气候因子，准确掌握火烧时气象要素的变化。这种气象台站一直要等到该地区用完火后再撤除。这些气象记录也应一并存放在计划烧除的档案中。

②确立控制线：为了减少凋落物对建立防火线的影响，用拖拉机耕防火线最好在落叶后进行。机耕道要浅些，在山丘地段应尽可能地与地形一致，沿等高线进行。控制线的内线要耕得尽可能窄些。在可能的地区使用集材道和运材道作为内部防火线。控制线应尽可能端正。非烧除地段四周的控制要避免急弯或突然改变方向。要避开岩石裸露地面和沼泽地。在危险地段机耕道应加宽或呈两道。将大面积林地再细划成合理的、一天能烧除的小块。机耕道附近要避开密集的用材林分或可燃物堆积过多的地段。

③清理机耕线：沿烧除地区的边界机耕线，在内侧清除灌木和采伐剩余物。清除机耕线上的任何可燃物，这些可燃物可能使火越过控制线。伐去机耕线附近的枯立木

(内侧和外侧)。在陡峭的地区，要设立保水带，挖排水沟，以防止水流失。在陡峭的地形条件下，要对机耕线所暴露的土壤进行播种和施肥，以防止水土流失。

④绘制烧除单元图：每个烧除单元的详细图形是计划烧除设计的重要部分，可用这张图来标示烧除单元的范围、林主、地形、防火线位置、点火及控制等详细情况，以及其他一些必要的信息，排除在外的区域或要保护的区域，例如，次生林改造、幼树更新、锯屑的堆积等都应标出来。每个烧除地段还可进一步细分一天可烧完的方块。如果烟雾管理有进一步的要求，还可再划小些。在设计图上画出所有的控制线，对原始设计所作的任务改变都应加以说明。在设计图上标注所有的可能沿控制线跑火的危险地段。

⑤确定技术指标：在分析了烧除目标和烧除可能带来的消极影响以后，需要通过制定技术指标来指导随后的烧除工作。技术指标实际上是将火烧要实现的目的用具体的、可以测量的术语表示出来，比如至少除去90%的直径3 cm以下的可燃物，或去除70%直径在3 cm以下的杂木等。

⑥编写计划烧除方案：计划烧除方案制订能够满足土地经营者的具体目标的火烧的各个特定的参数的条件范围，以实现土地经营者的具体目标。火烧方案中必须根据烧除目的明确计划烧除的气温、风、相对湿度、降水、可燃物水分含量、一天中的烧除时间等。编制火烧方案需要对管理目的、目标林分的生物、生态和燃烧学特征，火行为和气象学知识等都要有比较充分的了解，尤其是利用计划烧除降低森林火险时更是如此。在实施烧除中绝不能超出烧除方案中各个参数的上限。但是如果只是为了安全原因而将各参数定得太低，则可能会造成火强度太低而无法满足烧除目的。

⑦制订烧除计划：在确定了烧除烧除以后，需要制订烧除计划，在计划中需要明确烧前准备工作、试验火烧程序、正式点烧程序、控火措施、烧后评价等的时间、实施方法、实施人员、所需设备、后勤工作保障、费用等。

4.6.4.6 计划烧除实施

一年中很适合计划烧除的气候很少。当这种气候到来时，最优先考虑的问题是实施计划烧除。如果开始准备工作做得好，计划烧除就能不失时机地进行。

一个计划烧除小组通常由一名领班和5~6人组成。只要准备充分，这种小组能处理数百公顷的烧除面积，领班应该是一名对火行为很了解的有经验的计划烧除人员。通常一个小组包括3名配有点火器的点火人员，2名带有手持工具的巡逻员，一般还有1名带有犁具的拖拉机手，以备紧急情况下使用。

对于大面积的烧除任务，无线电话设备总是必需的，以便使领班和小组人员具有最大的机动性。油锯也是非常有用的辅助设备之一。领班应该让他的人员在条件许可的情况下尽早点火，以便留下足够的时间进行余火清除和沿控制线巡视频。一般，要计划在一个标准工作日完成一项任务。当烧除气候到来时，最优先的问题是实施计划烧除。领班应该做到：①将烧除计划和地图带到工作现场；②开始烧除前，检查气候条件，并随时准备应付气候的变化；③检查计划烧除地区和保留地区四周的控制线。如果需要，再次加强安全措施；④开始烧除前，通知邻近的林主和本地防火机构；⑤给小组人员讲解操作程序，包括安全预防措施；⑥在公路上张贴通知，如果烟雾有可能影响能见度，还需配备交通管理人员；⑦检查凋落物层和土壤的湿度；⑧在烧除前，先用小火进行试验性烧除，检查在烧除现场的气候条件下的火行为和烟雾状况；⑨通知小组人员烧除的起点和顺序；⑩配备与小组所有人员通话的联络工具；⑪警惕气候条件的变化，准备改变烧除技术或者当危险发生时，犁沟灭火；⑫在风能将烟雾吹离敏感地区时进行烧除；⑬在作业过程中，不断地清除余火和巡视烧除区域的边缘线，直到不存在跑火的危险性为止。

由于林分中的道路和空旷地，可燃物状况不同，气候的变化，以及烧除技术等各种原因，计划烧除的行动也会随之而不同的。计划烧除的实施大致可以分为下列几个步骤：①到达拟烧现场；②负责控制火烧范围的人员检查拟烧除区四周的防火线，并纠正有问题的地方；③进行天气观测并和火烧配方中规定的条件进行对照，如果相差太大，就应该取消火烧或等待合适的时机；④点烧试验火，在正式烧处之前需要选择典型地段进行试验火烧，目的是将实际的火行为同火烧配方中预计的火行为加以对照检验；⑤如果试烧的火行为与预期的一致，烧除指挥就可以同点火与控火人员进行最后的任务讲解，保证每个人都明了自己的任务；⑥按照计划进行正式点烧；⑦评估烧除结果。

4.6.4.7 计划烧除实施的烟雾管理

计划烧除实施过程中释放烟尘颗粒，造成一定的空气污染，烟雾量和烟成分由所烧可燃物类型和数量决定。一般情况下，计划烧除是以低强度火烧除枯枝落叶、杂草、苔藓、地衣、蕨类植物等地表可燃物，所释放的烟雾量远比森林火灾释放的量小很多。但应用计划烧除要最大限度地消除烟雾对环境的影响，或将其减少到最低程度，这要求实施计划烧除人员对烟雾管理必须有明确的认识，认真研制计划烧除方案，寻找最佳方案、用火技术和控制计划烧除总负荷量；划分烟雾管理的范围；一般情况下低层、中层逆温天气不进行计划烧除，要避开复杂地形的局部逆温和不利于烟雾扩散的风向；计划烧除后对烟雾的传送与扩散进行评估。

烟雾影响林木生产力和生长量，取决于烟雾笼罩的时间长短和有害物质的含量，烟雾笼罩时长，有害物质多，危害越大。少量有害物质可降低植物光合作用的效率，大量则可能造成植物急性中毒和组织坏死。

烟雾污染物可使某些节肢动物的产卵功能受到影响，烟雾可抑制某些真菌原体的生长，使孢子的萌发和病原体传播受到影响，烟雾对防止某些植物病虫害具有积极作用。可以用计划烧除释放的烟雾来预防某些植物病虫害。

计划烧除过程中可从以下方面减小烟雾影响。

①掌握气象数据和火险天气，有利于确定烟雾状况的和火行为。

②空气污染危险或逆温气候期间不能计划烧除：这种情况下烟雾将滞留在地面附近，不易扩散。

③确定烟雾的方向和烟雾量：在烟雾敏感地区附近、居住区附近或逆风烧除情况下进行计划烧除时，只有当风能将烟雾吹离交通要道、机场和居住区时才应实施烧除，避免烟雾造成的不利影响。

④采用逆风进行计划烧除：逆风使可燃物燃烧较慢、燃烧较彻底，产生的烟雾少，

进入空气中的污染物质较少，能见度也很少受到限制。

⑤做烧除试验验证烟雾状况：在计划烧除的区域内，选定一块远离公路或其他“边界”地段做试验。

⑥沿公路清除：燃烧完毕，要尽快地沿公路清除余火和烟头，以减少对能见度的影响。

⑦分小块面积烧除：烧除面积越大，顺风面的能见度越低，散发到空气中的粒子浓度越高。然而，当气候条件适合烟雾的快速扩散时，一次烧完应烧除的全部面积则更好。

⑧注意夜间烧除：预测夜间烟雾走向和能见度是非常困难的。风可能减弱或完全停止，烟雾将会停留在地面附近，只有确定为预报的最佳条件时，才能进行夜间烧除。

⑨天气条件利于烟雾快速扩散时可进行计划烧除：大气稍不稳定的情况下烟雾能够上升并扩散，但不能太不稳定而使火势难于控制。

⑩要有应急计划：要做好准备，在风向改变时，控制附近公路交通；在烧除失去控制时或天气情况发生变化时，犁出防火线，停止计划烧除。

总之，计划烧除既是一门科学，也是一门艺术，它需要气象、火行为、可燃物和植物、生态学等知识背景。同时，计划烧除是一项科学性和实践性都很强的工作。管理人员需要对森林火烧机理、林火与环境、林火与具体的物种、群落和森林生态系统之间的互动关系有比较深刻的了解。还必须根据管理目标设计出切实可行的烧除方案和烧除规程。如果使用得当，计划烧除是一种廉价的资源管理手段，可以用来实现多重管理目标。

4.7 计划烧除实施效果评价

计划烧除实施效果应有正确的评价指标和体系，以确定计划烧除效果的好坏。计划烧除实施效果是一个长期的过程，长期观测才能更好地评价计划烧除实施的效果，采用分次评价法评价计划烧除的实施效果。计划烧除实施效果从管理目标、安全性、技术指标、经济效益、生态效益和综合效益等进行评价。

(1)计划烧除实施的管理目标评价

分析计划烧除是否达到预期的目的和效果，如果林内计划烧除是为了降低森林燃烧性，在用火后就需要重点对烧除前后地表可燃物载量、地表易燃、可燃和难燃可燃物各部分在火烧中的消耗量，火烧的均匀度等进行分析比较。

(2)计划烧除实施的安全效益评价

采用计划烧除，应该达到安全用火的目的。从是否进行了烧除前的准备工作，是否达到烧除目的，是否是按烧除计划进行，气候条件、可燃物状况和火行为是否在计划限度内、火是否控制在烧除区之内以及是否发生跑火等方面评价实施的安全性。如果计划烧除超出规定范围则为不安全用火，按超越面积计算其负效应。

(3)计划烧除实施的技术指标评价

计划烧除实施效果应达到其经营目的，要求达到一定的技术要求和技术指标。如火烧防火线，应将防火线上的可燃物或杂草完全烧尽，才能起到隔火作用。如烧防火线还有5%以上的杂草和可燃物未烧尽，都需再烧，否则未达标准。火烧清理采伐剩余物和火烧清理林场，如果大枝杈尚未完全清除，就需要返回继续清除。因此，火烧要达到规定指标，按达标要求评估。

(4)计划烧除实施完成情况评价

计划烧除实施完成情况是否合格，例如，火烧沟塘草甸时，火烧面积(过火面积)超过70%，并且没有出现连续未烧地段，可视为点烧合格，否则需要补烧。再如，火烧铁路、公路两侧的防火线时，要求火烧面积在90%以上方视为合格。否则需要补烧，即不合格。所以，用火工作的完成情况是否合格，要视用火的目的而定。

(5)计划烧除实施效果的经济评价

经济评价是计划烧除实施费用与其他方式的经济效益相比较。如开设1 km生土带和火烧1 km的防火线所需要的经费相比较，就可以了解火烧比开设生土带、化学除草等方法所取得的经济效益要大得多。

(6)计划烧除实施的林木影响评价

计划烧除是森林经营的一种手段和工具，其主要目的是保护森林资源和促进林木生长发育，提高林分的生产力。所以，计划烧除过程中烧伤烧死的林木株数越少越好。当然，完全不损伤林木是不可能的。因此，在用火的实践过程中，应不断地总结，把对林木的危害降低到最低限度。

(7)计划烧除实施效果的生态效益评价

计划烧除生态效益的评价指标多，诸如土壤、空气、植被、微生物、水和野生动物等，所带来影响也是极其多变的，有时简单，有时复杂；有时明显，有时隐蔽；有时是短暂的，有时是长期的；有时是正效应，有时是负效应。通常从自我更新、演替、物种多样性、群落生物量、群落稳定性、群落自我调节和自我控制等方面评价计划烧除的生态效益，能维护自我更新、维护进展演替、维护物种的多样性、群落的生物量减少不多、维护群落的稳定性、维护群落的自我调节和自我控制则有利于生态平衡，生态效益佳；反之则差。为正确评价计划烧除的生态效益，长期、定期在标准地内进行主要生态因子的调查分析。

可参考以下具体指标进行计划烧除实施效果评价。

①计划烧除实施效果首次评价指标：是否进行了烧除前的准备工作；是否达到了目的；是否是按烧除计划进行的；气候条件，可燃物状况和火行为是否杂计划限度之内；对土壤、空气、植被、水和野生动物有何影响；是否发生事故或者有发生事故的前兆；火是否控制在烧除区之内？是否存在跑火现象；烧除技术是否正确；烧除费用与效益相比是否合算；评价应在烧除后立即进行，隔段时间后再进行一次。

②计划烧除实施效果第二次评价指标：树冠叶的变色量；下层植被的烧毁量；长叶松苗的针叶是否被烧掉，而顶芽未受损害；林地腐殖质层残留量；烟雾向上层大气扩散是否良好；烟雾是否避开了烟雾敏感地区；是否存在跑火现象；烧除前，烧除进行中，烧除结束后，是否引起负面的公众舆论或反应。

③计划烧除实施效果第三次评价指标：树冠叶变色的百分比；延伸到形成层的裂

纹；松树渗出的树脂；是否有目的树或其他植被被烧死的情况；烧毁非目的植被的百分比；烧掉了褐斑病的长叶松幼苗的恢复情况；残留的腐殖层、矿质土壤暴露、土壤流失等情况；公众对烧除计划赞成或反对的意见。

思考题

1. 如何看待火是把“双刃剑”的观点？
2. 计划烧除与森林火灾有何差别？
3. 计划烧除在维护生态系统方面有何作用？
4. 简述计划烧除在造林工程领域的应用。
5. 计划烧除如何促进森林更新？
6. 简述计划烧除在幼林抚育工程领域的应用。
7. 简述计划烧除在抚育采伐工程领域的应用。
8. 论述计划烧除如何维护火顶极群落。
9. 简述计划烧除在次生林、森林主伐中的应用。
10. 简述计划烧除在森林防火领域的应用。
11. 简述计划烧除在防虫害、防病害和鼠害中的应用。
12. 简述计划烧除在农业生产中的应用。
13. 浅析计划烧除在农林复合经营的应用。
14. 简述常用的计划烧除点火方法。
15. 计划烧除实施的天气条件、可燃物指标、地形条件有哪些？

参考文献

柴红玲，吴林森，金晓春，2010. 森林可燃物计划烧除的相关分析[J]. 生物数学学报(1)：175-181.

胡海清，1999. 林火与环境[M]. 哈尔滨：东北林业大学出版社.

胡海清，2005. 林火生态与管理[M]. 北京：中国林业出版社.

梁峻，周礼洋，叶枝茂，2009. 云南松林内可燃物与计划烧除火行为的相关分析[J]. 福建林业技，36(1)：49-53.

林其钊，舒立福，2003. 林火概论[M]. 北京：中国科学技术大学出版社.

刘广菊，2003. 计划烧除在森林经营中应用的初步研究[D]. 哈尔滨：东北林业大学.

刘广菊，沙庆益，刘桂英，2008. 计划烧除促进杨桦林更新和复壮山野菜的研究[J]. 中国林副特产(4)：71-73.

吕爱锋，田汉勤，刘永强，2005. 火干扰与生态系统的碳循环[J]. 生态学报，25(10)：2734-2742.

骆介禹，1991. 燃烧能量学[M]. 哈尔滨：东北林业大学出版社.

马爱丽，李小川，王振师，等，2009. 计划烧除的作用与应用研究综述[J]. 广东林业科技，25(6)：95-99.

马志贵，王金锡，1993. 林火生态与计划烧除研究[M]. 成都：四川民族出版社.

秦富仓，王玉霞，2014. 林火原理[M]. 北京：机械工业出版社.

舒立福，刘晓东，2016. 森林防火学概论[M]. 北京：中国林业出版社.

王利繁，王兰新，2015. 利用计划烧除对野生动物栖息地进行管理的探讨[J]. 山东林业科技，45(1)：50-52.

王秋华，2004. 思茅松林分冠下烧除技术的研究[D]. 昆明：西南林学院.

文定元，1995. 森林防火基础知识[M]. 北京：中国林业出版社.

杨鸿培，宋军平，王巧燕，2013. 西双版纳保护区计划烧除林下可燃物对大型食草哺乳动物群落结构及动态的影响[J]. 林业调查规划(1)：9-13.

姚树人，文定元，2002. 森林消防管理学[M]. 北京：中国林业出版社.

易绍良，2001. 马尾松林分计划烧除技术研究[D]. 昆明：西南林学院.

张立存，郑育桃，熊建平，等，2012. 计划烧除对土壤微生物数量的影响研究[J]. 江西农业大学学报，34(5)：988-992.

张敏，2006. 林火生态与应用火生态[M]. 北京：人民武警出版社.

郑焕能，1992. 林火生态[M]. 哈尔滨：东北林业大学出版社.

郑焕能，1992. 森林防火[M]. 哈尔滨：东北林业大学出版社.

郑焕能，2000. 中国东北林火[M]. 哈尔滨：东北林业大学出版社.

郑焕能，满秀玲，1998. 应用火生态[M]. 哈尔滨：东北林业大学出版社.

周道玮，1995. 草地火生态学研究进展[M]. 长春：吉林科学技术出版社.

周梅，杨洪琴，王广山，等，2009. 计划烧除对大兴安岭冻土、湿地环境的影响分析[J]. 地层学杂志(4)：73-75.

朱利英，赵春章，莫旭，等，2012. 计划烧除攀枝花苏铁林区地面覆盖物对苏铁生长和土壤理化性质的影响[J]. 应用与环境生物学报，18(3)：381-390.

第5章

森林燃烧产物及管理

森林可燃物是生物质燃料的重要组成部分，而生物质能源是仅次于煤炭、石油、天然气的第四大能源，全球约14%的能源需求来自生物质能源(Purohit et al., 2006；田贺忠等，2011)。目前，国内外有关生物质燃烧的研究包括草原火灾、森林火灾、秸秆焚烧等方面，其中约有42%来自草原火灾、23%来自农作物秸秆，17%来自森林，18%来自木材燃料(田宏伟等，2010)。在我国，每年生物质废弃物中含有约2.6×10^5 GW·h，相当于3.65×10^8 t煤的储量(He et al., 2009；Chen et al., 2017)。我国大约有1/2的人口居住在农村，并把生物质废弃物(如作物秸秆等)作为主要能源燃料用于取暖和烹饪等。但近年来随着经济快速地增长和人口增多，农作物秸秆直接在农田露天焚烧，特别是在作物收获期后，露天焚烧是消除作物秸秆最方便、最经济的方法(Chen et al., 2017；刘丽华等，2011)，亦是作物还田以利于下季种植。同时，中国作为世界上主要的农业国家之一，秸秆焚烧占全球17%位居首位(Bi et al., 2010)，农作物秸秆露天燃烧排放物显著影响了区域大气化学成分和空气质量，进而影响全球气候变化(Andreae et al., 2001；Chen et al., 2014)。Cheng et al. (2014)监测了长三角地区(上海、杭州、宁波、苏州和南京)5个城市的空气污染情况，发现在2011年5月28到6月6日10天时间里空气污染非常严重，能见度为2.9~9.8 km。在这期间，白天的PM2.5浓度的平均值和最大值分别为82 μg/m^3和144 μg/m^3，基于观测数据和多尺度空气质量模型模拟数据表明，在长三角地区的收获季节中，生物质进行室外燃烧对周围空气的PM2.5浓度贡献了37%。生物质燃烧释放了大量气态和细颗粒物，如CO_2、CO、NO_x、O_3、气溶胶、PM2.5、PM10等，这些排放物对人体健康产生极大威胁。Sigsgaard et al. (2015)研究表明，生物质燃烧是造成欧洲每年至少4万人过早死亡的原因。

大量的研究表明，影响雾霾形成的关键因素主要为细小颗粒物(二次气溶胶粒子)和细小颗粒物中易于活化为云凝结核的颗粒物(Deng et al., 2011；Zhang et al., 2012)。细小颗粒物主要通过非均质核化(水汽分子在可溶性粒子和不可溶性粒子上的凝结)而活化为云凝结核的主要途径(王婷婷，2011)。但由于不同粒径细小颗粒物的组成成分不同其活化为云凝结核在混合均匀程度和吸湿能力有显著差异(韩艳妮，2016；车浩驰，2017)，从而改变云的面积、云的光学性质及降水，直接影响地气系统的辐射平衡，间接影响气候变化(石广玉等，2008)。一般来说，这些影响增加了反射到空气中的太阳辐射，总体上对气候具有冷却作用。相关研究表明，海洋上空的层积云和积云具有显著的冷却效果。生物质作为一种清洁能源，目前仍然以直接燃烧为主，这种粗放的使用模式，容易造成生态环境污染，因而通过生物质燃烧排放的研究，进而了解森林燃烧产物对区域大气化学成分和空气质量以及地气系统的辐射平衡产生的影响，从而有利于开展大气污染防治工作的基础，为制定防控污染天气应急预案提供依据。

森林燃烧亦是温室气体(green house gases，GHGs)排放的重要来源之一。自1750年以来，由于人类活动，大气中CO_2、CH_4和N_2O等GHGs的浓度均已增加。生物质燃烧排放占CO_2来源的40%(张鹤丰，2009)，NO_x、CO和有机物通过光化学作用使对流层臭氧(O_3)含量发生变化。同时，GHGs和其他有害气体如SO_2、NO_x携带致癌物在更大范围进行扩散(Zhang et al.，2011；Li et al.，2016；Sun et al.，2016)。生物质燃烧形成的烟羽和城市工业环境排放物的交互作用，促使形成的二次颗粒物得以增加(Wang et al.，2015)。全球每年约1%的森林遭受火灾(He et al.，2009；Sigsgaard et al.，2015；韩艳妮，2016)，森林火灾排放约4 Pg/年的碳到大气中(车浩驰，2017；石广玉等，2008)，这相当于每年化石燃料燃烧排放量的70%(车浩驰，2017)。森林燃烧产物是大气温室气体主要来源之一，是空气污染的主要贡献者，其对区域大气化学成分和空气质量以及地气系统的辐射平衡产生直接影响。因而科学阐明森林燃烧产物是开展大气污染防治工作的基础，亦是制定防控污染天气应急预案的重要依据。

本章从4个方面阐述森林燃烧产物的研究进展：一是森林燃烧产物，包括颗粒排放物、气态排放物和多环芳烃；二是排放源解析，包括源排放清单法、受体模型源解析、扩散模型法和特征比值法；三是生物质燃烧排放特性，探讨了排放物对大气环境质量的影响；四是燃烧排放物时空异质性，剖析了影响因子，指出大气温度、相对湿度和排放源强度是生物质燃烧排放时空变化的驱动因子。最后本章展望了生物质燃烧排放研究的3种路径选择。

5.1 森林燃烧产物

森林可燃物燃料的来源多样，目前最常见的为森林生态系统的植被(乔木、灌木和草本)、凋落物、腐殖质等物质。森林燃烧产物主要包括不完成燃烧排放物和完全燃烧排放物两种。森林可燃烧的主要部分是纤维素、半纤维素和木质素，在森林燃烧过程中，由于受森林可燃物固有性质的影响，各元素发挥不同的作用，碳是燃料中的主要元素，在燃烧时均会释放大量气态污染物及大气颗粒物，其中气态污染物如CO、NO_x和有机物，是O_3和二次有机气溶胶(SOA)的前体物，极大地降低活性羟基自由基(—OH)的对流层浓度，对生态环境和人体健康产生影响(Logan et al.，1981；Anderson et al.，1998)。

5.1.1 颗粒排放物

颗粒物(particulate matter，PM)是指空气中固体颗粒和液滴的混合体(Hinds，1998)，具有不同的物理和化学属性，是我国空气污染物的主要形式(Fang et al.，2009)。Andreae et al.(2013)认为生物质燃烧过程中，木质素、纤维素和半纤维素不完全分解，将会释放出包括碳烟、有机碳、甲烷等含碳物质。排放到大气中的含碳物质的组分含量高达73%，由有机碳(organic carbon，OC)和元素碳(elemental carbon，EC)组成(Chan et al.，2008)，其中有机碳占含碳物质的60%~90%，具有明显的散射特性，虽然EC所占比例很小，但其具有较强的吸光特性对辐射强迫起着重要作用，含碳物质的消光能力对大气能见度产生重要影响，最高减弱95%左右(Rasheed，2015)。OC包括一次有机碳(primary organic carbon，POC)和二次有机碳(secondary organic carbon，SOC)，既有一次源也有二次源，POC主要来自污染源的直接排放，SOC主要是通过大气中挥发性有机物(volatile organic compounds，VOCs)从气相到颗粒相转化机制，结合光化学烟雾途径而形成，其含有更强吸湿性和极性的含氮和含氧等极性官能团，从而对大气能见度、气候变化和雾霾形成产生重要影响(谢邵东等，2006)。EC则由生物质含碳物质不完全燃烧排放形成。我国在1996—2010年期间，含碳物质的排放量增加了大约20%(Lu et al.，2011)。据估计，在大气细颗粒物PM2.5的含碳物质比例变化范围在20%~50%(Cao et al.，2007)，在可吸入颗粒中(PM10)占20%~30%，在总悬浮颗粒物(TSP)重量中约占10%~15%(Cacier et al.，1995)。Torvela et al.(2014)研究结果表明，生物质燃烧产生的颗粒物主要组成是灰、碳烟和有机物颗粒，在燃烧不充分条件下形成高浓度的碳烟和气态烃，而木材燃烧产生的颗粒物灰粒子和碳烟颗粒物的形成过程在很大程度上是相互独立的。对北京城市和郊区的研究表明，在生物质燃烧的严重污染期间，超过一半的OC和EC来自碳烟颗粒排放(Cheng et al.，2013；Cheng et al.，2014；Yao et al.，2016)。

5.1.2 气态排放物

生物质燃烧是VOCs和CO的重要来源，它是O_3和SOA的前体物，对空气质量和人体健康造成损害(Chen et al.，2017)。在生物质燃烧整个过程里，CO是可燃物不完全燃烧的产物，常将其作为燃烧效率指示气体(Roy et al.，2013)。一般在燃烧预热分解阶段，由于氧气供应量小及温度上升较慢等原因从而产生较高浓度CO。而在热解释放气体阶段，CO排放量明显较低。CO也是目前人们了解较多并被证实会致人员伤亡的有毒气体，已引起人们的重视。此外，CO在大气层中尤其在对流层中还会参与O_3的物理化学反应过程，从而加快O_3的光解速率，促使大气层中的O_3含量下降而使紫外线的透射率增加，对人体的健康造成威胁(Konopacky et al.，2013)。Guo et al.(2004)量化中国东部农村地区生物质燃烧对CO贡献值为18%±3%，且与氯甲烷(CH_3Cl)有很好的相关性。根据排放清单，珠三角地区生物质燃烧产生的CO排放量达到0.5 Tg/年(He et al.，2011)，甚至在21世纪初的整个中国达到了16.5 Tg/年(Yan et al.，2006)。另外，生物质燃烧也可释放出VOCs，可延长CH_4在大气中的停留时间，同时增加了O_3的背景值，其作为光化学反应的重要参与者对全球碳循环和环境气候有重要影响。VOCs种类可包括烷烃、烯烃、芳烃、卤代烃等多种有毒有害物质。Guo et al.(2004)在中国东部发现生物质燃烧对VOCs的贡献值为11%±1%。Zhang et al.(2013)在珠三角地区收集了稻秆和甘蔗叶，并在实验室测试VOCs的排放因子。结果表明，排放的前10个非甲烷VOCs(NMVOCs)分别为乙烯、乙烷、丙烯、甲苯、乙炔、丙烷、苯、异戊二烯、1-丁烯和二甲苯。Yuan et al.(2010)采用源示踪物比例法确定了珠三角地区平均生物质燃烧贡献 12.6% 的含氧有机化合物(OVOCs)。在我国中部秋季生物质燃烧贡献的 VOCs 甚至占到了 54.8%±0.5%，并被确定为该地区暖季霾污染的主要原因(Lu et al., 2016)。而排放源成分谱表明各排放源 VOCs 化学成分和各组分排放相对贡献，是识别排放源示踪 VOCs 和估算 VOCs 反应活性的重要信息，为空气质量运行模型提供基础数据(莫梓伟等，2014)。

此外，生物质燃烧过程中还会产生大量的氮氧化物(NO_x)以及次生污染物，NO_x 的排放量主要与可燃物燃料中 N 的含量有关(Fokeeva et al., 2011)。NO_x 和 C_xH_y 在太阳紫外线的作用下会引发光化学污染，是光化学烟雾的引发剂之一。大气中的 NO_x 微小扰动就可能导致光化学烟雾的产生，对人体健康有巨大危害，而且能造成农作物的减产。研究发现，高浓度的 NO_2 和高浓度的氨气在生物质燃烧的烟羽飘移输送中，可以通过水溶液反应来提高硫酸盐的形成，并产生作为副产品的亚硝酸(HONO)(Nie et al., 2015)。同时，在这飘移过程 NO_x 存在情形下，有机化合物(如 VOCs)可以被氧化产生二次有机气溶胶(SOA)，而 NO_x 与大气中的 SO_2 也可以被氧化形成二次无机气溶胶(SIA)。而在低压天气条件下这些 NO_x 与次生污染物(如 SOA、SIA)，通过物化的相互作用，可进一步加剧雾霾的污染(Huang et al., 2016；Ding et al., 2016)。排放因子是表明气态污染物排放特征的重要参数，也是建立污染源排放清单的基础数据。张鹤丰(2009)在实验室模拟了水稻、小麦和玉米秸秆在明火燃烧状态下测定燃烧排放的气态污染物的排放因子，研究结果表明，生物质燃烧的排放因子取决于可燃物的燃烧状态、可燃物类型、可燃物密实度和可燃物的组分含量等。

5.1.3 多环芳烃

多环芳烃生物质挥发分并发生高温裂解着火燃烧时，将碳氢化合物从生物质颗粒析出并分解成更小的碎片，这些碎片与周围着火环境反应形成多环芳烃(polycyclic aromatic hydrocarbon，PAHs)。PAHs 是典型的致癌物，其在含碳颗粒物中以大相对分子质量化合物存在，在气态污染中则以小相对分子质量的化合物为主。研究得出 PAHs 是从稻草、玉米秸秆、麦秆的不完全燃烧中排放出来的(Zhang et al., 2011)，表明大多数生物质燃烧是 PAHs 的重要来源，不同生物质燃烧产生的 PAHs 种类和含量也有所不同。大气中 PAHs 的排放主要由萘、菲、芘、芴、苊、蒽、苊等轻量的 PAHs 组成，而较重的 PAHs 如苯并芘、苯三酚[b]荧蒽、苯二苯、二苯丙烯、二苯丙烯和吲哚(1，2，3-cd)等的排放量较小(Li et al., 2016)。

随着我国生物质燃烧程度的不同，生物质燃烧的多环芳烃排放水平也因地区而异。据估计，华北平原、四川盆地和华南地区是生物燃料多环芳烃的主要排放源，而中国东北地区则是野火焚烧的主要多环芳烃源(Zhang et al., 2008)。这是因为华北平原和四川盆地的小麦秸秆主要来源为农作物，与其他作物秸秆相比，多环芳烃排放因子明显高于其他作物。华南地区也有大量稻草焚烧，但由于稻草的排放量低，多环芳烃的排放量较低(Zhang et al., 2008)。Lin et al. (2015)研究表明华北区域由于生物量和煤混合燃烧产生高含量的 PAHs，但未明确区分生物质和燃煤的各自排放量(Shen et al., 2013)。

5.2 排放源解析

细颗粒物是霾形成的主要驱动因子之一，相关研究表明，大气能见度与细颗粒物PM2.5质量浓度呈负相关关系(梁延刚等，2008)。科学阐明大气细颗粒物PM2.5主要污染来源及其贡献是合理开展相关大气污染防治工作的重要条件，亦是制定重污染天气应急预案的重要依据，因而颗粒物和含碳物质的来源解析在我国各地得到定性和定量研究，并已成为大气污染防治的核心内容之一(Cheng et al.，2014，2013；Yu et al.，2013)。颗粒物源解析研究方法主要包括源排放清单法、扩散模型法和受体模型法(唐孝炎等，2006；环境保护部，2013)。

5.2.1 源排放清单法

源排放清单法(emission inventory)利用排放因子模型对生物质燃烧排放量进行研究，对排放的源头进行评估并建立排放源清单的方法，称为"自下而上"(bottom-up)研究方法。完整和准确的源排放清单对于确定污染源、污染事件的起因以及制定污染控制措施具有重要意义。为了解某一地区空气污染和预测未来污染趋势、分析模拟大气污染物浓度和时空分异性提供基础数据。使用该方法时，因随机误差、测量数据误差等排放因子固有的不确定性因素导致建立的排放清单出现偏差，需要利用计算其不确定性来进行评估。同时，源排放清单没有同空气质量变化建立直接关系，仅仅考虑了各类污染源排放的相对重要性，因此，该方法成为大气颗粒物源解析的重要辅助手段(张延君等，2015)。目前，在我国的一些重点区域(张鹤丰，2009；Li et al.，2016；Cheng et al.，2013；He et al.，2011；Ding et al.，2016；Lin et al.，2015)已经建立了大气污染源清单，并识别了影响空气质量的重点源和敏感源。相关研究表明，我国农作物秸秆燃烧排放主要集中在产粮地区，包括华中、华东地区，而在西北地区由于农作物资源匮乏导致排放较低(田杰，2016)。

5.2.2 受体模型源解析

受体模型法基于受体采样点获取物理化学信息来反推各种源贡献的源解析方法，主要分为显微镜法、物理法和化学法，是目前国内外最常用的PM2.5源解析方法(张延君等，2015)。其中化学法发展最为成熟，主要包括化学质量平衡法(CMB)、主因子分析(PCA)、正定矩阵因子分析法(PMF)、富集因子法(EF)、因子分析法(FA)、多元线性回归法(MLR)等，其中化学质量平衡(CBM)模型是受体模型的代表，已被美国环保局(EPA)推荐用于大气颗粒物源解析和贡献率的重要方法之一。

CBM基于物质守恒原理，在明确主源类和受体成分谱下，建立一组线性方程来确定各源类的贡献率。Singh et al.(2017)在亚洲地区PM2.5来源解析研究中，PMF模型和PCA法使用频率最高，共占62%，已成为PM2.5来源解析的首选。窦筱艳等(2016)采用化学质量平衡模型对西宁PM2.5污染源进行解析，结果表明，生物质燃烧贡献了6.6%。Yu et al.(2013)在2010年观测了北京的空气质量，使用PMF源解析表明，平均11%的PM2.5受生物质燃烧活动的影响。一般情形下，如果待研究区域大气颗粒物主要污染来源缺乏了解，应优先使用 PCA 和 PMF 等方法初步研判研究区域可能的源类别(张延君等，2015)，同时应建立本地成分谱作为 PMF 开展研究的基础资料，避免在源解析过程中低估或忽略本地低浓度毒性物质和化学元素。在实际生产实践中，往往采用单一源解析方法对 PM2.5 进行研究(Yu，2013；窦筱艳等，2016)，但采用多种源解析方法对同一区域进行对比研究，能降低源解析结果的不确定性及增加源解析结果的时空分辨率(郑玫等，2014)。Hu et al. (2014)利用扩散模型的敏感性分析进行颗粒物混合源解析，并结合受体模型和实测数据校正源解析结果。

5.2.3 扩散模型法

扩散模型法也称为源模型法(source-oriented model，SM)，是结合气象因子以及污染源排放清单，用数值方法模拟污染物在大气中的传输、扩散、转化和沉降过程，基于此计算各污染源对受体点位污染物浓度的贡献率(张延君等，2015)。在研究细颗粒物中碳组分污染来源的过程中，比较常用的扩散模型是后向轨迹模式(hybrid single particle lagrangian integrated trajectory model，HYSPLIT)，该模型主要利用气象数据计算简单的气团轨迹，并分析大量气团轨迹、模拟复杂的扩散和沉降过程，可以识别出本地排放源和外来传输源对受体占位细颗粒中碳组分的贡献情况(Aia et al.，1996)。Polissar et al. (2001)将 PMF 模型与 HYSPLIT 模型结合，建立 PSCF(potential source contribution function)模型，解决了 PMF 模型中无法确定污染源可能来向的问题。Tian et al. (2015)基于 PMF 模型与 HYSPLIT 模型结合，加入概率加权算法定量估算了各污染源在不同来源上的贡献情况。

5.2.4 特征比值法

由于生物质燃烧排放的含碳气溶胶中 OC 和 EC 相互伴生的特点，利用两者间的相关性，可以识别它们之间是否有相似的污染源，OC 和 EC 的浓度比值方法可以用来判断碳组分的来源以及转化过程。因此相关研究人员指出，当 OC/EC 比值>2.0 时，表示有 SOA 存在以及碳组分的污染源(Cao et al.，2005)。此外，示踪物质是研究生物质燃烧污染的主要研究手段，通过分析测定示踪物质来识别某一污染源对大气环境的影响。大气颗粒中钾的来源广泛，包括生物质燃烧、土壤及道路扬尘、建筑扬尘、石化燃料以及海洋源等。特征比值法中使用水溶性离子组分(如钾离子/元素碳，有机碳/元素碳，焦炭/炭灰，多环芳烃的比例和一些气体种类)，以及通常在野外使用生物质燃烧跟踪特定的目标粒子(如煤烟、焦油球、晶体氯化钾颗粒)有助于进行污染源解析(Li et al.，2016；Guo et al.，2004；Wang et al.，2011；Saffari et al.，2013；Li et al.，2015)。

生物质燃烧源中钾主要以可溶于水的 KCl 形式存在，在生物质燃烧排放的气溶胶中所占比例较大，因此水溶性钾在生物质源与其他来源中存在显著的差异，可以作为生物质燃烧的示踪物质，同时水溶性钾也是指示生物质燃烧最经典的方法。左旋糖类(果糖、甘露聚糖、半乳糖)是在纤维素和半纤维素热解过程中形成的一种多糖，是生物质燃烧排放的常见有机分子成分(Li et al.，2016)。因其释放量大、光化学稳定、具有一定特异性，在区域尺度上被用于生物质燃烧的示踪物质。He et al. (2006)调查了北京全年的包括粒子左旋葡聚糖在内的有机示踪物质。跟木炭、黑炭、多环芳烃不同，左旋葡聚糖只可能来源于含纤维素燃料的燃烧，因而用来示踪生物质燃烧(特别是森林或草原火灾)更准确(占长林等，2011)。

5.3 生物质燃烧排放特性

森林可燃物燃料具有含热值低、挥发分高、密度低、易燃尽、含硫量低等特点(何甜辉等，2014)，因而其排放物呈现出如下特征。

5.3.1 粒径分布

研究证实，生物质燃烧是大气中细颗粒物的主要来源，生物质燃烧过程中，颗粒物的形成和分布模式与可燃物类型、可燃物性质、燃烧方式、燃烧设备及烟羽的老化程度相关，因此生物质燃烧排放也呈现不同的特性(Zhang et al.，2011；Nie et al.，2015；Li et al.，2015；Capes et al.，2008；Gunthe et al.，2011；张学敏等，2014)。粒径分布不仅决定其进入人体呼吸道位置以及沉积速率，还决定其对人体健康影响程度(Hinds et al.，1998)。研究发现由较小颗粒组成的复杂结构混合体比由较大颗粒组成的简单结构混合体具有更大的表面积，亦更容易吸附一些对人体健康有害的重金属和有机物，因此毒性更大。颗粒物的粒径分布由两个参数来评价：一是颗粒物质量浓度随粒径的分布，称为质量浓度粒径分布；二是颗粒物数量浓度随粒径的分布，称为数量浓度粒径分布(陈振辉等，2014)。

目前国际上用来测量单颗粒物光学粒径分布和空气动力学粒径的仪器主要有激光光学粒子计数、气溶胶飞行时间质谱仪(ATOFMS)、关联动态粒度仪(DMPS)、扫描电关联动态粒度仪(SMPS)、透射电子显微镜(TEM)和被动式腔体气溶胶光谱仪探头(PCASP)等(Capes et al.，2008；蔡靖等，2015；疏学明等，2005)，而利用数学方法拟合粒径大小分布表达式有 Rosin-Rammler 分布函数、正态函数和对数正态分布函数(疏学明等，2005)。张学敏等(2014)采用低压电子冲击仪对玉米秸秆、棉秆和木质燃料燃烧后的颗粒物数量浓度和质量浓度进行研究，结果表明，3 种燃料的颗粒物质量浓度粒径分布都成双峰分布，主要集中在5~7 级和 12 级，占 TSP 的 90%，颗粒物数量浓度粒径都成单峰分布。Li et al. (2007)研究表明，雾天燃烧的麦秆、玉米秸秆和稻秆排放的颗粒物粒径一般小于 2 μm 的积聚模态中。Li et al. (2015)研究发现，混凝是促进粒径增大的主要机制，空气中的相对湿度则加快了这一过程的实现。同时，烟雾颗粒径增大导致散射效率更高，从而改变了其光学性质(IPCC，2013)。

5.3.2 吸湿性

吸湿性是指颗粒物在空气相对湿度增加时的吸水能力，是大气颗粒物重要的热动力学性质之一，研究大气颗粒物的吸湿特性对于探讨雾霾的形成机制、评估气溶胶辐射强迫具有重要作用(Ye et al.，2011；王渝等，2017)。温度、相对湿度和气溶胶的化学组分是影响颗粒物吸湿性的三大因素(韩艳妮，2016)。颗粒物表面饱和蒸汽压随温度的变化而引起风化点和潮解点的变化，当周围空气相对湿度达到潮解点时，颗粒物因吸收周围空气的水分而发生潮解，从而导致颗粒物粒径在短时间内快速增大，吸湿增大粒径所含的凝结水可作为异质和均质成核的化学反应床，亦进一步影响大气光化学反应(韩艳妮，2016；车浩驰，2017；石广玉等，2008；刘玥晨等，2016)，与之相反当周围的空气相对湿度小于风化点时，颗粒物因结晶而释放出附着在颗粒物表面的水汽导致颗粒物粒径变小。在区域和全球尺度上，由于不同粒径颗粒物的组成成分不同，颗粒物吸湿性是决定其活化为云凝结核的关键参量，进而对地气系统辐射强迫、平衡及气候变化造成影响。

气溶胶中的多数无机气溶胶以离子状态且可溶于水，因此在气溶胶中发挥主要吸湿特性。对大气中常见的无机组分的吸湿性能研究有助于解释大气中无机气溶胶的形成机制。一般利用集成吸湿性串联微分电迁移分析仪(HTDMA)和单颗粒子技术(TEM)提取烟雾粒子吸湿性生长因子(GF)和吸湿参数 k。吸湿性参数 k 通常用于将颗粒的吸湿性和云凝聚核活化性联系起来，作为颗粒粒径大小和化学成分的函数。Petters et al.(2007)基于 Köhler 理论公式，重新定义了有效吸湿参数 k。吸湿性参数 k 值因可燃物类型和燃烧条件不同而异，包含了所有与颗粒物化学组分有关的因子。王渝等(2017)基于自主搭建的 HTDMA 在外场测量研究了颗粒物吸湿参数 k 表征及模态分布特征，结果表明，亚微米颗粒物吸湿性随粒径和相对湿度增加而增强，但没有呈现与纯硫酸铵类似的潮解行为。在高山点观测到吸湿模态外，其余观测点均呈现多个模态分布(不吸湿模态、弱吸湿模态、强吸湿模态)，说明颗粒物呈外混态。此外，在颗粒物老化过程中，初始非均匀的内部混合到更均匀的混合状态、形态和尺寸变化影响吸湿参数 k 值(Zhang et al.，2008；Rose et al.，2010；Cheng et al.，2015)。

5.3.3 密度

颗粒物密度是大气气溶胶重要的物理特性之一。颗粒物的有效密度与空气动力学直径和电迁移率粒径(等效粒径)有关，能够决定颗粒物在大气的输送过程及人体呼吸道的沉降过程(Hinds et al.，1998；Khlystov et al.，2004；Lee et al.，2009)。将数量浓度粒径分布转换成颗粒物的质量浓度粒径分布、质量闭合计算和沉积模型评价中也起着至关重要的作用(Decarlo et al.，2004；Beddows et al.，2004)。此外，有效密度的时间变化序列可以为颗粒物的形成和老化提供相关信息，如凝结过程与聚合物重建过程等(Zhang et al.，2008)。目前国内外用来测量颗粒物迁移率粒径和空气动力学粒径的仪器有气溶胶化学物种监测仪(aerosol chemical speciation monitor，ACSM)、气溶胶质谱仪(aerosol mass spectrometer，AMS)、扫描电迁移率颗粒物粒径谱仪(SMPS)(Li et al.，2015；樊茹霞，2016)。目前，研究颗粒物密度的方法一般包括3种：①利用仪器测量颗粒物总质量和各化学组分的质量分数计算密度；②根据迁移率粒径和质量分数计算有效密度；③通过空气动力学粒径和迁移率粒径的关系计算有效密度。

大气颗粒物的密度会受到其物化性质的影响，形状同样大小、相同孔隙度的颗粒物，会因化学组分不同致使有效密度也不同。此外，空气相对湿度对颗粒物有效密度也有影响，当相对湿度较高时，颗粒物表面的水汽因凝结而使颗粒物粒径变大，使颗粒物的粒径和形态明显发生变化。Li et al.(2015)研究了农作物废弃物燃烧排放的新颗粒密度为 1.1~1.4 g/cm^3，颗粒密度取决于可燃物大小形状、可燃物类型、孔隙度和化学组分的比例，但随着烟雾气溶胶的老化，颗粒物内部结构更加紧凑，聚合程度加大，因此密度逐渐减小。樊茹霞(2016)对北京 50~350 nm 的分粒径气溶胶的有效密度进行了研究表明，有效密度随粒径的增大而增大，有效密度的变化主要与颗粒物中硫酸铵、硝酸铵等二次无机组分的比例有关。

5.3.4 挥发性

挥发性是有机物的一个重要特性，它在气—粒两相间的分配机制决定了 SOA 的产量(Seinfeld et al.，2003；谢邵东等，2016)。相关研究表明，SOA 是由人为源或自然源燃烧排放的 VOCs 和 SVOCs(semi-volatile organic compounds，SVOCs)前体物生成，其在大气中经过一系列气相氧化、成核、凝结和气/粒分配等过程形成的产物。VOCs 在气相氧化过程中，和大气中的氧化剂—OH 自由基、NO_3 自由基(夜间)和 O_3(白天)发生光氧化反应，形成的 R 自由基迅速与 O_2 发生化学反应，在 NO_x 存在情形下，形成对 SOA 贡献不同的各种挥发性产物。光化学过程是形成 SOA 的重要途径，其主要产物为有机硝酸酯和复杂有机化合物(谢邵东，2016)。在这过程中，蒸汽压高的挥发物直接进入环境大气中，而蒸汽压适中的挥发物即 SVOCs 在成核、凝结和气—粒转化等途径从气相进入颗粒物相，此外，颗粒物的体相、表面性质和浓度等因素决定了其挥发性，通过吸收和吸附两种途径使气—粒分配平衡向颗粒态移动，也进一步促进 SOA 的形成(谢邵东，2016，2010；陈文泰等，2013)。

形成 SOA 的有机前体物种类较多，其来源可分为一次源和二次源。一次源中既有人为源 VOCs 的烷烃、烯烃、芳烃三大类，它们主要来自化石燃料燃烧、生物质燃烧和有机溶剂的挥发，也有自然源 VOCs 的异戊二烯、萜烯(α-蒎烯、β-蒎烯、柠檬烯)、倍半萜烯化合物，它们主要来自植被的天然排放的碳氢化合物，且与温度有一定的关系。二次源主要是 VOCs 在大气中通过光化学氧化生成的氧化产物。在全球尺度上，物质源是 VOCs 转化生成 SOA 主要来源，年均贡献达 10~100 Tg，而人为源的年均贡献不到 10Tg(Farina et al.，2010)。

近年来，关于生物质燃烧的 VOCs 排放特征受到广泛关注(Guo et al.，2004；Yan et al.，2006；Zhang et al.，2013；Yuan et al.，2010；莫梓伟等，2014)。姚兰(2016)采用 PMF 受体模型对山东地区夏季 VOCs 来源进行分析表明，生物质燃烧排放因子贡献占 13.5%，其中老化的 VOCs 主要来自污染物的长距离输送。而使用参数化的方法估算不同 VOCs 物种在大气中的氧化过程对 SOA 贡献的研究结果表明，存在 NO_x 条件下，芳烃类占 SOA 的 80%以上，异戊二烯在高、低 NO_x 条件下氧化生成的 SOA 分别占 10.3%、8.6%。陈文泰等(2013)基于二产物和挥发性分级这两种常用的参数化方法，结合烟雾箱实验的结果，估算了 VOCs 转化生成 SOA 产率和浓度贡献值，并指出不但要考虑基于气(粒分配理论，还应考虑 VOCs 在水相中如云、雾等的液相反应可能对 SOA 生成有重要作用。最近的研究也证实了乙二醛(CHOCHO)进入颗粒物的水相中通过液相反应，生成了低挥发性物并转化为 SOA(Corrigan et al.，2008；Galloway et al.，2011)。

5.4 燃烧排放物时空异质性

5.4.1 时间变化特征

生物质燃烧是一个复杂的物化过程，燃烧过程在不同燃烧条件下异常敏感，且燃烧条件的不同组合引起的微小变化都有可能导致排放因子较大变化(Chen et al.，2017)。此外，生物质燃烧排放与不同地区的大气成分的交互作用，也加大了其影响机制和时空变化的复杂性。许多研究表明，生物质燃烧具有明显的时间变异性，给生物质燃烧排放量的准确估算带来挑战。生物质燃烧排放受到多种因素的驱动，致使生物质燃烧排放不仅具有一定的规律性，还呈现出不规则的复杂变化。研究生物质燃烧排放的时间变化，对于准确估算地区生物质燃烧排放及研究区域排放物与大气中不同成分的二次生成途径均有重要意义。一般来说，生物质燃烧排放的时间变化包括日变化和季节变化。

相关研究结果表明，在大气温度、相对湿度等因素驱动下，生物质燃烧排放具有明显的昼夜变化，这种变化致使二次排放物的生成过程不同，排放物中不同组分的环境浓度因此存在较大差异的特点，这主要取决于大气温度变化的幅度和范围。碳质气溶胶 OC 和 EC 日变化峰值分别出现在当地时间 7:00 和 20:00，最小值出现在下午时段。OC 和 EC 浓度日变化趋势多呈双峰分布，其变化特征与大气昼夜温度变化趋势一致，此外，SOC/OC 白天高于夜间，且与 O_3 的日变化趋势一致，表明在白天发生了光氧化反应生成 SOC(姚兰；2016)。毕丽玫等(2015)利用气相色谱—质谱联用仪研究了昆明大气中 PM2.5 中 16 种 PAHs 进行分析，发现大气温度与 PAHs 日浓度变化呈显著负相关。

生物质燃烧排放的季节变化主要受污染源排放源强和气象条件共同作用。作物收获后短期内集中进行野外燃烧，以利于还田利用。中国的生物质燃烧集中期一般发生在夏季收获期后、秋季收获期后和北方的取暖期(Chen et al.，2017)。其中西南区主要发生在 2~3 月，中东部主要在 5~6 月，东北主要在 10 月，因此具有明显的季节变化特征。杨文涛等(2017)利用地理时空加权回归对北京市 PM2.5 污染浓度进行分析，结果表明春夏季节 PM2.5 污染程度均低于秋冬季节。王甜甜等(2016)利用 MODIS 数据，研究了我国东北地区生物质燃烧 CO 排放，结果表明近地表 CO 浓度高峰值出现在冬季和春季，低值出现在夏季和秋季。Yao et al.(2016)利用源解析和生物质燃烧示踪物质研究了山东省东营地区 PM2.5 季节性贡献，结果表明春秋和冬季的贡献比夏季大。

5.4.2 空间变化特征

生物质燃烧排放空间异质性出现在各种尺度上，因而要精准化监测与分析区域乃至全球的生物质排放就须了解其空间位置上的分布特征。生物质燃烧排放作用在时间尺度上具有显著的空间异质性，主要表现在全球尺度、区域尺度和小尺度。

在全球尺度上，生物质燃烧主要分布在赤道附近的热带地区以及北半球中、高纬度区域(王甜甜等，2016)。高温碳烟可穿透大气边界层进入自由对流层及上部，并沿盛行风向区域、洲际甚至半球尺度上作长距离飘移，不同区域间污染物的长距离输送是导致生物质燃烧排放浓度空间分布差异的原因之一。对于监测全球生物质燃烧气溶胶的空间差异，一般用多源遥感卫星传感器监测火灾面积、可燃物载量、排放因子、垂直性质和远距离输送，如MODIS(中分辨率成像光谱仪)、MISR(多角度成像分光辐射计)、CALIPSO(云气溶胶激光雷达红外探测卫星观测)、OMI(臭氧监测仪)和AIRS(大气红外探测器)最为常用。这些传感器通过反演气溶胶各种物化特性、前体物和痕量气体和长距离飘移，可提供关于火灾面积、火灾地点、烟羽分布及其注入高度的重要信息，这有助于生物质燃烧气溶胶的研究(Vadrevu et al.，2015)。Yu et al.(2013)研究北京大气污染期间气溶胶光学特性，发现在生物质燃烧时气溶胶的深度和单一散射反照率从0.24和0.865增加到对应晴朗天的0.64和0.922，总气溶胶光学深度和单散射反照率均增加。

在区域尺度上，通过统计资料结合遥感数据估算生物质燃烧排放(Streets et al.，2003)。而在小尺度上，通过实地调查数据和实验测定的方法计量生物质燃烧排放量(胡海清等，2012)。伴随环境因子和污染源的改变，在同一行政区域和环境监测点空间上相近的不同位置上燃烧排放物浓度可能相差很大。杨文涛等(2017)分析北京市PM2.5时空变化，发现各季节PM2.5浓度空间分布相似，在空间上由北向南逐渐降低呈阶梯性变化趋势。

5.5 森林燃烧产物计量方法及影响因子

5.5.1 小尺度森林火灾燃烧产物计量模型

5.5.1.1 森林火灾总燃烧产物计量模型

森林火灾虽然是自然界普遍存在的燃烧现象，但其发生发展受多种因素的制约，从而导致对森林火灾燃烧产物计量并不简单，因而人们对森林火灾燃烧产物的定量化计量研究起步较晚。直到20世纪60年代后期，国外才有学者研究森林火灾燃烧产物计量问题(Zhang et al.，2011)。1980年，Seiler et al.(2015)提出了森林火灾燃烧损失生物量的计量方法，即森林火灾损失生物量计量模型。迄今为止，森林火灾的燃烧产物计量模型方法主要是基于上述模型，其表达式为：

$$M = A \cdot B \cdot a \cdot b \tag{5-1}$$

式中 M——森林火灾所消耗的可燃物量，t；

A——森林火灾的燃烧面积，hm^2；

B——未燃烧前单位面积平均可燃物载量，t/hm^2；

a——地上部分生物量占整个系统生物量的比重，%；

b——地上可燃物载量的燃烧效率。

假设所有被烧掉的可燃物中的碳都变成了气体，根据可燃物载量的含碳率(f_c)，就可计算由于森林火灾所造成的碳损失(C_t)(Li et al.，2016；Hinds et al.，1998；Chan et al.，2008；蔡靖等，2015)，表达式为：

$$C_t = M \cdot f_c \tag{5-2}$$

通过计量森林火灾中不同可燃物的碳密度(Sigsgaarrd et al.，2015；Chan et al.，

2008；Cachier et al.，1995；Cheng et al.，2013），将式(5-1)代入式(5-2)，并进行修正，使之用来计量森林火灾中排放的总碳量，其表达式为：

$$C_t = A \cdot B \cdot f_c \cdot \beta \tag{5-3}$$

式中 β——可燃物的燃烧效率，是指单位面积森林火灾过程中所消耗的可燃物占火灾前可燃物的比重；

其他参数含义同式(5-1)。

通常根据式(5-3)计量的燃烧产物小于实际排放量(Sun et al.，2016；Fang et al.，2009)，这是因为计量森林火灾消耗可燃物时只考虑了地上部分(乔木、灌木、草本)可燃物的燃烧产物，忽略了地表部分(凋落物、地表有机质、粗木质残体)对燃烧产物的贡献以及地下部分(土壤有机碳)的损失(田宏伟等，2010；Sun et al.，2016；Logan et al.，1981；Anderson et al.，1998；梁延刚等，2008；蔡靖等，2015)。学者们在充分考虑地表部分可燃物中凋落物、地表有机质、粗木质残体和地下部分土壤有机碳在森林火灾中不同的燃烧效率(Anderson et al.，1998；Andreae et al.，2013；Cheng et al.，2013；蔡靖等，2015)，对式(5-3)进行修正，其表达式为：

$$C_t = A(B_a f_{ca} \beta_a + C_l \beta_l + C_d \beta_d + C_c \beta_c + C_s \beta_s) \tag{5-4}$$

式中 B_a——森林火灾所消耗的地上部分可燃物载量，t/hm^2；

f_{ca}——地上部分可燃物的含碳率；

β_a——地上可燃物的燃烧效率；

C_l——地表凋落物的碳密度，t/hm^2；

β_l——地表凋落物的燃烧效率；

C_d——地表有机质的碳密度，t/hm^2；

β_d——地表有机质的燃烧效率；

C_c——粗木质残体的碳密度，t/hm^2；

β_c——粗木质残体的燃烧效率；

C_s——土壤有机质的碳密度，t/hm^2；

β_s——土壤有机质的燃烧效率。

5.5.1.2 森林火灾含碳气体排放计量模型

森林火灾含碳气体排放计量的前提是通过有关公式计算出森林火灾所排放的总碳量，再利用排放比法或排放因子法进行含碳气体排放量的计量。

(1)排放比法

一般而言，森林火灾所排放的总碳量中，以 CO_2 形式所排放的碳占 90%(Deng et al.，2011；梁延刚等，2008；Cao et al.，2005；Li et al.，2016)。因此，森林火灾排放的 CO_2 所含碳量的表达式为：

$$C_{CO_2} = 0.9C_t \tag{5-5}$$

式中 C_{CO_2}——森林火灾所排放 CO_2 所含碳量，t；

C_t——可燃物燃烧所排放的总碳量，t。

通过森林火灾所排放 CO_2 的含碳量和 CO_2 的质量分数，直接计量森林火灾所排放

的 CO_2 量(梁延刚等，2008；Gunthe et al.，2011；张学敏等，2014；蔡靖等，2015)。其表达式为：

$$E_{CO_2} = C_{CO_2} \times \frac{44}{12} \tag{5-6}$$

式中 E_{CO_2}——森林火灾直接排放的 CO_2 量。

根据森林火灾排放的某种含碳气体量与 CO_2 排放量的比值(emission ratio，ER)可计算各种含碳气体的排放量(田宏伟等，2010；Li et al.，2016)。其表达式为(ΔX 和 ΔCO_2 均为扣除了相应气体的背景浓度)：

$$ER = \frac{\Delta X}{\Delta CO_2} \tag{5-7}$$

式中 ΔX——森林火灾排放的某种含碳气体的浓度；

ΔCO_2——森林火灾中 CO_2 的浓度。

森林火灾中某种含碳气体的排放量(E_s)为该气体的排放比与燃烧中 CO_2 的排放量之积(Deng et al.，2011；Cheng et al.，2013)。其表达式为：

$$E_s = ER \cdot C_t \cdot E_{fsCO_2} \tag{5-8}$$

式中 ER——某种含碳气体与燃烧中 CO_2 的排放比；

C_t——可燃物燃烧所排放的碳量；

E_{fsCO_2}——燃烧中 CO_2 的排放因子。

利用式(5-8)可计量森林火灾各含碳气体的排放量。但需说明的是，用排放比法计量含碳气体排放量时，首先需计算出 CO_2 的排放因子，才能计量其他的含碳气体量。

(2)排放因子法

排放因子法指森林火灾中某种含碳气体的排放量为该气体的排放因子与燃烧过程中排放的总碳量之积(Fang et al.，2009；蔡靖等，2015)，其表达式为：

$$E_s = E_{fs} \cdot C_t \tag{5-9}$$

式中 E_{fs}——某种含碳气体的排放因子，g/kg。

将式(5-4)代入式(5-9)，可得到某种含碳气体排放量计量公式(Li X et al.，2016；蔡靖等，2015)为：

$$E_s = A(B_a f_{ca} \beta_a E_{fs} + C_l \beta_l E_{fs} + C_d \beta_d E_{fs} + C_c \beta_c E_{fs} + C_s \beta_s E_{fs}) \tag{5-10}$$

通常情况下，森林火灾中地上可燃物燃烧时焰燃占80%、阴燃占20%，地表可燃物燃烧时焰燃占20%、阴燃占80%(Zhang et al.，2011；Li et al.，2016)，土壤有机质在燃烧过程中主要是阴燃的过程(Sun et al.，2016；Anderson et al.，1998；Fang et al.，2009；Chan et al.，2008；Lu et al.，2011；蔡靖等，2015)，因此其表达式为：

$$\begin{aligned} E_s = A[&B_a f_{ca} \beta_a (0.8E_{fs-f} + 0.2E_{fs-s}) + C_l \beta_l (0.2E_{fs-f} + 0.8E_{fs-s}) + \\ &C_d \beta_d (0.2E_{fs-f} + 0.8E_{fs-s}) + C_c \beta_c (0.2E_{fs-f} + 0.8E_{fs-s}) + C_s \beta_s E_{fs-s}] \end{aligned} \tag{5-11}$$

式中 E_{fs-f}——森林火灾中焰燃阶段的排放因子；

E_{fs-s}——森林火灾中阴燃阶段的排放因子；

式中其他参数含义同式(5-4)。

对于小尺度森林火灾排放碳量及含碳气体量可用两种方法(排放比法、排放因子法)分别计量。对比两种方法，从理论上说，排放因子法比较可靠，排放比法的误差较大，这是因为排放比在某一次森林火灾中随燃烧阶段的不同而变化，并且很难同时获取 *ER* 和 E_{fsCO_2}，因而不能保证 *ER* 和 E_{fsCO_2} 具有良好的一致性。但目前应用排放比法估算温室气体排放量的报道较多(Li et al.，2016)，主要是排放因子一般只能在控制环境实验中取得，而在野外和大规模的火灾发生时比较容易进行排放比的测定。

5.5.2 大尺度森林火灾燃烧产物计量模型

目前，对大尺度森林火灾燃烧产物的计量，主要是通过小尺度研究得出相应计量参数，然后进行尺度扩展，外推到大尺度的森林火灾燃烧产物中。对大尺度森林火灾燃烧产物计量中各参数的确定主要通过小尺度的控制环境实验以及经验获取进行尺度扩展，使各个参数在较大范围内具有扩展性和适用性。然而，由于各参数都有很强的时空异质性，与计量参数的均一化要求存在矛盾，导致森林火灾燃烧产物计量的不确定性(梁延刚等，2008)。对于大尺度火灾总碳和含碳气体排放计量时，应尽量将大尺度划分为若干个小尺度，并尽量保持小尺度中各计量参数异质性较小。当然，尺度划分得越小，计量结果亦会相对准确，但也将增加工作量和成本(Shen et al.，2013)。目前仍然缺乏各尺度的总碳和含碳气体排放计量的参数值。因此，应加强室内控制环境试验与野外火灾采样，并结合火烧迹地调查，对燃烧产物计量参数进行测定。遥感影像估测森林火灾燃烧产物计量参数具有客观性、宏观性、周期性和实时性等优势，是未来的发展方向，但应进一步提高估测精度。

5.5.3 计量森林火灾燃烧产物的影响因子及测定方法

在计量森林火灾总碳和含碳气体排放量时涉及一系列的计量参数，如何更精确地测定这些计量参数，获得较为有效可靠的参数，使森林火灾燃烧产物的计量更加定量化，是森林火灾燃烧产物计量模型研究所关心的问题。对于小尺度的定量化计量采用实地调查测量法比较可行，而且能够定量化，但把小尺度的燃烧产物计量方法外推到大尺度的火灾燃烧产物计量中，将产生许多不能定量化的问题。计量燃烧产物的影响因子(计量参数)主要包括森林火灾面积、可燃物载量、可燃物含碳率、燃烧效率、排放因子或排放比(图5-1)。同时，实际计量中还受森林类型、气象条件、立地条件、火行为、火强度等影响，因此大尺度燃烧产物计量中的每一个参数都存在如何定量化的问题，从而影响计量精度。

(1)森林火灾面积

森林火灾面积是计量燃烧产物的重要参数。小尺度上估测森林火灾面积的方法包括航空地图勾绘法和地面实地调查法。地面实地调查法虽然较精确，但工作量大、成本高，不适合大尺度的应用，所以一般用地图勾绘法进行估测。通常在大尺度上估测森林火灾面积有3种方法：

①源于资料：包括各政府部门和联合国粮食及农业组织的统计资料(Shen et al.，2013)。

②根据经验公式估算火灾面积：如 Conard et al.(2014)利用火灾周期估算俄罗斯每年的平均燃烧面积。各个国家或地区由于政治、经济等方面的考虑，森林火灾面积的

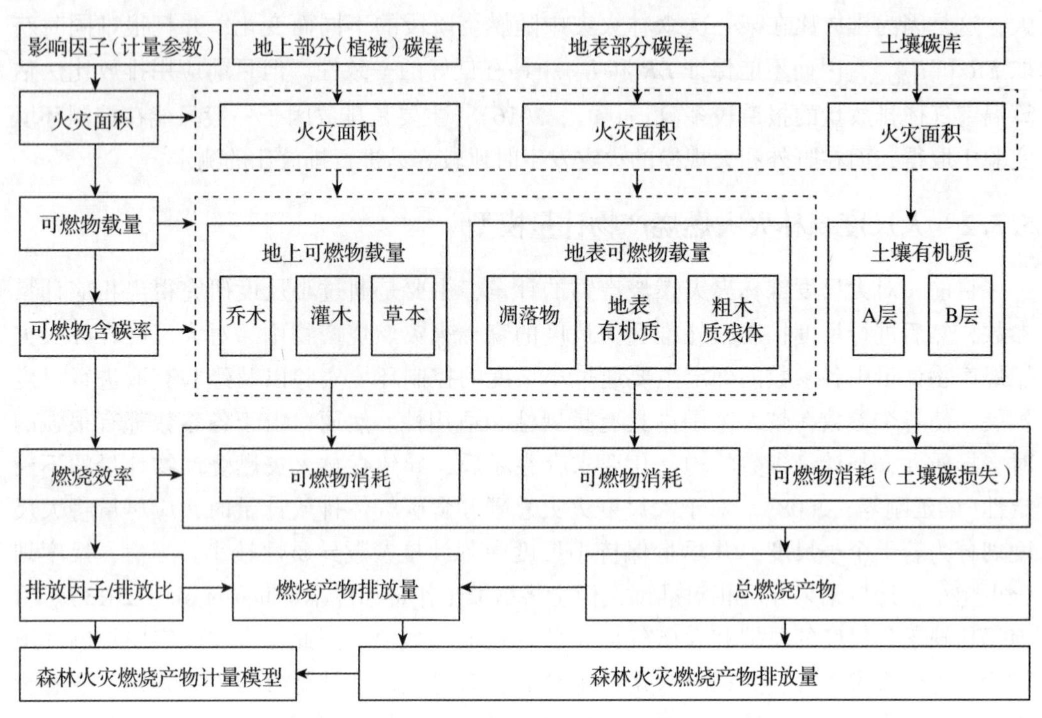

图5-1 森林火灾燃烧产物排放量计量模型流程图

(改绘自胡海清等,2012)

估算往往表现出不确定性(Roy et al.,2013;梁延刚等,2008)。经验公式估算法虽然方便快捷,但缺少时空信息。前两种方法得到的火灾面积不能很好地与以时空信息为基础的计量模型相结合,因此存在局限性。

③根据遥感影像估测火灾面积:随着遥感技术的进步,图像分辨率不断提高,估测火灾面积的精度有较大提高。在大尺度上NOAA卫星以其时间分辨率高、空间覆盖范围广、资料获取成本低等优势,在火灾面积估算方面获得了广泛应用。如Kasischke et al.(1995)用AVHRR数据估测了1990—1991年阿拉斯加森林火灾面积;Fraser et al.(2005)利用AVHRR数据估测火灾面积;Cahoon et al.(2007)用AVHRR影像估测1987年中国东北和西伯利亚的火灾面积。在中小尺度上用遥感影像估测火灾面积方面:Zhang et al.(2013)应用SPOT卫星数据估算俄罗斯每月燃烧区域;Isaev et al.(2011)应用SPOT数据估测俄罗斯火灾面积;Justice et al.(2007)用MODIS数据估测全球森林火灾面积;Hoelzemann et al.(2013)用MODIS数据并结合火灾排放模型估测全球火灾面积;Turquety et al.(2016)采用MODIS数据研究2004年北美火灾面积;Page et al.(2013)通过TM/ETM+数据对印度尼西亚1997年森林大火面积进行估算;Mitri et al.(2014)通过TM数据估测地中海森林火灾面积。用遥感估测森林火灾面积,不断提高估测精度是火灾面积估测的发展方向。

(2)可燃物载量

作为森林燃烧的三要素之一,森林可燃物载量计量是森林火灾燃烧产物计量的基础。目前获取可燃物载量信息的方法有地面调查法和遥感图像法(Ye et al.,2011)。地面调查法通过大量地面调查，可以比较准确地获得可燃物载量信息，但费用太高。遥感图像法相对于地面调查法成本较低，是当前使用最广泛的方法，所使用的遥感图像从航空照片、NOAA-AVHRR、Landsat TM（Lu et al.，2016），发展到 MSS、LISSII、LIDAR 等（王渝等，2017）。

遥感影像估测森林可燃物载量的核心问题是确定每一像元所代表的可燃物载量。TM 影像的高空间分辨率对于估测可燃物载量具有广泛的应用前景。如 Brandis et al.（2016）用 TM/ETM+数据估测澳大利亚森林火灾消耗可燃物量；彭少麟等（2016）基于 TM 数据应用逐步回归技术估测粤西的可燃物载量；国庆喜等（2007）利用 TM 影像对小兴安岭的森林可燃物进行研究。SPOT 影像对于估测可燃物载量的精度不断提高，如 Fraser et al.（2016）使用 SPOT 影像估测北方林火灾可燃物消耗；Ito et al.（2016）用多光谱遥感影像估测 2000 年全球生物质燃烧的载量；Lewis et al.（2015）用多光谱遥感影像估测 2004 年阿拉斯加火灾可燃物消耗量；de Groot et al.（2016）使用多时相遥感数据对加拿大火灾消耗可燃物进行估算。遥感技术的进步和遥感分辨率的提高，为遥感技术在大尺度估测森林可燃物载量提供了条件。

（3）可燃物含碳率

按照一个比率（可燃物的干质量中碳所占的比重）可将森林可燃物转换为森林碳储量。对森林碳储量的计量，一般用直接或间接测定植被生物量的现存量乘以生物量中含碳率进行推算。目前，国内外对不同区域森林群落组成树种的含碳率报道较多，但在区域与国家尺度上碳储量的精确测定仅见几例报道（Zhang et al.，2008）。在区域或国家尺度上森林植被碳储量的估测中，由于植被类型、林龄、组成等差异，转换率变化较大，且获取各种植被类型的转换率有限，所以一般采用国际上常用的转换率 0.5，国内外学者大多亦采用 0.5 作为所有森林类型的平均含碳率（梁延刚等，2008；Zhang et al.，2008；Rose et al.，2010），亦有采用 0.45 作为平均含碳率（唐孝炎等，2006；Li et al.，2016；Rose et al.，2010），极少数根据不同森林类型采用不同含碳率（Cao et al.，2005）。可靠的可燃物含碳率应分林型进行实验测定（Saffari et al.，2013）。

（4）燃烧效率

燃烧效率指森林火灾燃烧所消耗的可燃物占未燃烧时总可燃物载量的比重，是决定可燃物消耗量的主要因子，其影响森林火灾燃烧产物的计量（Chen et al.，2017；Saffari et al.，2013）。目前可供参考的燃烧效率较少，实际调查资料亦不多，比较可靠的燃烧效率应来自大量的实际调查资料并结合有效的室内控制环境燃烧试验（Sun et al.，2016）。Kasischke et al.（2015）研究认为，不同的生态系统燃烧效率存在很大差异，热带（亚热带）稀树草原地上物质燃烧效率最高，约 0.8~1.0，而赤道或北方针叶林的燃烧效率较低，约 0.2~0.3，热带雨林的燃烧效率在 0.2~0.25。Sinha et al.（2015）估算赞比亚稀树草原火灾的燃烧效率 50%~90%。Kasischke 和 Bruhwiler（1998）通过测定不同植被的燃烧效率，建立了燃烧效率与土壤排水等级的关系。

控制环境燃烧实验能够观测焰燃阶段和阴燃阶段的气体排放状况，因而得到广泛应用。Cofer et al.（2006）把燃烧过程分为焰燃和阴燃，其测定的燃烧效率为 0.03~0.9。然而实验成本很高，许多学者采用遥感等方法来研究燃烧效率。Michalek et al.（2010）

利用TM数据估测的轻度、中度和重度火强度燃烧效率分别为23%、57%和70%。Lambin et al.(2008)应用遥感数据研究了中非地区火灾的燃烧效率，发现不连续燃烧面积比连续燃烧面积的燃烧效率低。French et al.(2015)用遥感建立了火灾面积与燃烧效率的相关关系。Soja et al.(2013)用AVHRR影像结合实地调查确定西伯利亚火灾燃烧效率为21%。Kaufman et al.(2014)使用AVHRR影像估测亚马孙地区火灾燃烧产物中的燃烧效率(97%)高于其他热带地区。王明玉等(2014)通过遥感数据估测大兴安岭草甸火燃烧效率为64.5%。遥感技术的进步为遥感估测火灾燃烧效率创造了条件，是未来的发展方向。

(5)排放比

排放比指森林火灾排放气体中扣除相应气体背景浓度的某种含碳气体量与CO_2释放量的比值。目前，用于测定含碳气体排放比的方法可分为5种(梁延刚等，2008)：微型燃烧实验、受控环境燃烧实验、地面采样实验、空中采样实验和卫星遥感技术，这5种技术各有优缺点，均可用来测定排放比。Ito et al.(2016)研究表明，CO、CH_4和NMHC对CO_2排放比的范围分别为4.7%~25%、0.3%~2.2%和0.3%~23.4%。由于森林火灾发生区域、燃烧阶段和燃烧组分的不同，其排放的含碳气体的排放比也不同，如阴燃阶段处于一种不完全燃烧状态，有较多的CO、CH_4和NMHC气体释放出，而在焰燃阶段，则有较多的碳被氧化成CO_2排出。庄亚辉等(2017)建立了动态与静态燃烧室，对暖温带乔木、灌木与草本进行规模不同的燃烧实验，测得痕量气体的排放比。Hoelzemann et al.(2013)利用火灾模型测定了火灾排放气体的排放比。焦燕等(1996)通过控制环境实验得出各含碳气体排放比。要得到较为有效的排放比，应通过多次测定求均值的方法获取。

(6)排放因子

排放因子指单位干可燃物在燃烧过程中所排放的某种气体量(田宏伟等，2010)。排放因子主要通过控制环境燃烧实验进行测定。测定可采取两种方法：第一种方法是在实验过程中取少量样品，通过控制环境的方法得到森林火灾中某种含碳气体的排放量与森林火灾总燃烧产物之比(Cao et al.，2005)；第二种方法用烟气中某一组分的量除以所有含碳气体组分的总碳量。这两种方法各有优点，第一种方法可获得整个燃烧过程中不同时期和总的排放因子；第二种方法可从空中进行采样，得到各气体浓度组成后，再计算各气体的排放因子。Cofer et al.(2001)用直升机采样对北方林森林火灾的排放因子进行测定。Kasischke et al.(1998)对1998年北方林含碳气体排放因子进行测定。Campbell et al.(2016)对俄勒冈2002年森林大火的排放因子进行测定。王效科等(2010)测定CO_2、CO、CH_4和NMHC的排放因子分别为82%~91%、2.2%~9.1%、0.1%~0.5%和0.04%~1%。Korontzi et al.(2013)利用室内控制实验测定火灾排放因子。排放因子的测定受各种因素影响，要获取比较准确的值，应对不同可燃物不同燃烧阶段进行实验测定。

5.6 计量森林火灾燃烧产物不确定性的原因

5.6.1 森林生态系统的异质性和复杂性

森林生态系统受降水、温度等因素影响，加之树种、群落结构、林龄、林型等的不同，造成森林生态系统具有较强的异质性(梁延刚等，2008)。正是这些异质性，以及火灾发生时受可燃物载量、温度、湿度、风速、风向、地形等因子影响，会产生不同的火行为，导致燃烧产物计量参数确定的困难。王效科等(2010)研究发现，我国单位面积森林火灾释放的CO_2、CO和CH_4量主要受森林群落生物量影响，吉林、西藏和青海的森林生物量较大，单位面积森林火灾的燃烧产物亦较大，生物量较低的广东和江苏的排放量较低。Lü et al. (2013)估算1950—2000年我国森林火灾燃烧产物时发现，燃烧产物存在较大空间差异。Hoelzemann et al. (2015)利用MODIS数据估测全球森林火灾燃烧产物时发现，燃烧产物分布具有很强的时空差异。森林生态系统的异质性是导致燃烧产物模型参数测定困难的主要原因。

5.6.2 火灾面积数据来源不规范

火灾面积数据来源多样化(有政府部门统计资料，亦有遥感数据)且不规范。同时，不同地区对森林火灾面积的界定存在差异，有些把过火面积认定为火灾面积，也有把过火林地面积认定为火灾面积，还有通过火强度来确定火灾面积，还有些地区对火灾面积的统计处于空白。虽然利用遥感数据估测火灾面积比较客观，而且目前估测火灾面积的精度有了较大提高，但缺乏统一的确定火灾面积的规范，仍不能满足需要。不同学者使用不同分辨率的遥感影像获取火灾面积。如Cahoon et al. (2007)利用AVHRR数据估测1987年中国东北和西伯利亚的火灾面积；Hoelzemann et al. (2013)用MODIS数据估测全球火灾面积；Zhang et al. (2008)用SPOT数据估算俄罗斯火灾面积；Mitri et al. (2014)用TM数据估测地中海火灾面积；Lewis et al. (2015)用多光谱遥感影像估测2004年阿拉斯加火灾面积。虽然使用遥感数据估测火灾面积有了较大进展，但由于精度问题，仍需进一步深入研究。

5.6.3 可燃物载量的数据不准确

受各种因素的交互作用，加之实测数据的获取尚缺乏统一标准，不同学者对火灾中可燃物消耗量的计量方法差别较大。如de Groot et al. (2013)对加拿大森林火灾消耗可燃物量进行实地调查。而采用遥感影像估测森林可燃物载量能减少地面调查工作量，在结合少量样地资料的基础上，能够较准确地估计可燃物载量(Shen et al.，2013)。Page et al. (2016)通过TM/ETM数据对印度尼西亚1997年森林大火可燃物消耗进行估测；田晓瑞等(2015)利用卫星火产品对我国2000年森林火灾可燃物消耗量进行估测；Fraser et al. (2016)用SPOT影像估测北方林1949—1998年火灾消耗可燃物量；Isaev et al. (2011)应用SPOT数据结合航空摄影估算了俄罗斯火灾所消耗可燃物；Soja et al. (2013)通过遥感数据利用可燃物模型估测西伯利亚火灾消耗可燃物。由于各种原因，仍需提高对可燃物载量信息的估测精度。因此，建议使用更高分辨率遥感影像，选择更合适的中间特征以及它们与可燃物载量的关系模型，使用连续变量来描述可燃物载量的变化，不断提高估测精度。

5.6.4　燃烧效率的确定缺乏标准

燃烧效率不仅直接影响可燃物消耗量，且间接影响森林生态系统中各个碳库的变化。燃烧效率受火灾类型、植被类型、火烧持续时间、火强度、立地和气象条件等多因素交互影响，但由于实验室和室外自然条件下对燃烧效率测定的难度大、可操作性差，而且成本高，因此，国内外对于燃烧效率的报道均十分有限。Kaufman et al.(2014)基于AVHRR影像的亚马逊火灾的燃烧效率(97%)高于其他热带地区。Lewis et al.(2015)利用多光谱遥感影像估测阿拉斯加森林火灾燃烧效率时发现了其时空差异性。王明玉等(2011)估测大兴安岭草甸火燃烧效率在44.4%～90.6%。Sinha et al.(2015)估测赞比亚稀树草原火灾的燃烧效率在50%～90%。Lambin et al.(2008)应用遥感数据研究了中非火灾的燃烧效率，发现不连续燃烧面积比连续燃烧面积的燃烧效率低。Korontzi et al.(2013)用多时相遥感影像对南非森林火灾的燃烧效率进行测定。Hudak et al.(2011)发现，用TM影像估测的燃烧效率随火灾面积的变化而改变。虽然比较可靠的燃烧效率应来自大量的实际调查资料并结合有效的室内控制环境燃烧试验，但由于工作量大和成本高，相关报道较少。因此，在今后的研究中，应使用遥感数据不断提高燃烧效率估测的精度。

5.6.5　排放比和排放因子测定的复杂性

受各种条件的限制，只能在特定条件下选取有限的树种，进行野外试验采样或室内控制环境状态下进行有限实验，测定特定时间和阶段排放气体的排放比或排放因子。然而，由于森林火灾均在开放的森林生态系统中发生，而且在立地条件、可燃物状况、气象条件等影响下的火行为瞬息万变，从而造成排放气体组成随时发生变化，增加了测定的难度，导致室内测定值与野外真实火灾的参数值相差较远。Cofer et al.(2001)用直升机采样对北方林火灾的排放因子测定时发现不同燃烧阶段差异较大。Kaufman et al.(2014)对亚马孙地区森林火灾的排放比和排放因子进行测定，发现其测定值与北美洲相近。Andreae et al.(2001)研究发现，不同树种火灾排放因子和排放比的差异较大。Korontzi et al.(2013)研究发现，南非森林火灾的排放因子存在较大的时空异质性。如何科学有效地测定排放比和排放因子，仍存在许多挑战性(Saffaria et al.，2013)。由于燃烧过程中焰燃和阴燃分配的不同，以及可燃物和气象条件的差异，应通过大量的室内燃烧实验与野外空中采样试验，获取可靠有效的排放比和排放因子。

5.7　研究展望

森林燃烧过程中排放的气态、颗粒态等排放物而造成的污染源(如PHAs、VOCs等)对我国的生态环境污染产生重要影响。我国每年农作物秸秆产量为1.02×10^{8} t，每年增长指数为3.4%，在2014年达7.4×10^{14} g(Chen et al.，2017；Zhang et al.，2011)。森林可燃物载量和燃烧的比例是估算森林燃烧排放的两个关键参量，也使森林燃烧成为人为源污染的主要来源，致使整个我国北部和东部地区形成了雾霾，同时也占亚洲森林燃烧总量的25%，这些森林燃烧产物造成的污染源，不仅对生态环境污染产生影响，而且对人体健康有严重危害，并对气候产生影响(Cheng et al.，2014；Streets et al.，2003；He et al.，2015)。

近年来，森林燃烧已成为相关学者的研究热点之一。目前在大尺度的森林燃烧排放强度和二次污染转化机制的研究较多，但通常没有考虑释放排放的时空异质性，同时涉及中小尺度的研究鲜有报道。针对目前存在排放不确定性问题，及减少污染物对环境和人体健康的危害，有关森林燃烧排放及其在形成理论、反应热力学、大气动力学的研究需进一步探讨。主要有以下方向：

①加强森林燃烧排放时空变化规律的研究，综合分析其时空异质性的驱动因子及其驱动因子之间的交互关系，揭示其时空变化机制。进一步加强森林燃烧产物的排放规律研究，构建森林燃烧产物的数值模型，同时进行实证验证，优化模型。

②建立颗粒物形成及二次污染的模型模拟。模拟的前提是精确掌握区域内的污染源强、排放方式和布局等有关污染排放的模拟参数，深入探讨森林排放在不同气象条件、地形条件下的大气传输、迁移扩散、转化和清除物化规律，加强模拟实验研究，构建能精确反映各影响因素对排放的作用大小及过程的预测方法。

③加强“3S”技术在森林燃烧排放的应用，结合源解析形成污染源点位及环境空气敏感区分布图，建立区域污染物浓度等值线分布图，进一步探讨昼夜变化下的森林燃烧排放的不同反应机制，以及污染控制中的边际效应，为全面设计森林燃烧活动提供理论和实践依据。

思考题

1. 森林燃烧产物主要包括哪些？
2. 颗粒物源解析研究方法包括哪些？
3. 简述生物质燃烧排放特性。
4. 简述燃烧排放物时空异质性。
5. 森林燃烧产物的计量方法有哪些？
6. 简述森林燃烧产物的影响因子。
7. 森林火灾总燃烧产物计量模型有哪些？
8. 森林火灾含碳气体排放计量模型有哪些？
9. 简述计量森林火灾燃烧产物的影响因子。
10. 浅析计量森林火灾燃烧产物不确定性的原因。

参考文献

毕丽玫，郝吉明，宁平，等，2015. 昆明城区大气PM2.5中PAHs的污染特征及来源分析[J]. 中国环境科学，35(3)：659-667.

蔡靖，郑玫，闫才青，等，2015. 单颗粒气溶胶飞行时间质谱仪在细颗粒物研究中的应用和进展

[J]. 分析化学, 43(5): 765-774.

车浩驰, 2017. 基于长期观测的长三角背景区域云凝结核活化特征和预报方案的研究[D]. 北京: 中国气象科学研究院.

陈文泰, 邵敏, 袁斌, 等, 2013. 大气中挥发性有机物(VOCs)对二次有机气溶胶(SOA)生成贡献的参数化估算[J]. 环境科学学报, 33(1): 163-172.

陈振辉, 杨海平, 杨伟, 等, 2014. 生物质燃烧过程中颗粒物的形成机理及排放特性综述[J]. 生物质化学工程, 48(5): 33-38.

窦筱艳, 赵雪艳, 徐珣, 等, 2016. 应用化学质量平衡模型解析西宁大气PM2.5的来源[J]. 中国环境监测, 32(4): 7-14.

樊茹霞, 2016. 北京上甸子地区分粒径亚微米气溶胶密度测量研究[D]. 北京: 中国气象科学研究院.

韩艳妮, 2016. 农村大气气溶胶化学组成、粒径分布与吸湿性能研究[D]. 北京: 中国科学院研究生院.

何甜辉, 蔡建楠, 贺丽君, 2014. 典型生物质燃料燃烧污染物排放综述[J]. 四川化工, 17(3): 19-21.

胡海清, 魏书精, 孙龙, 2012. 大兴安岭呼中区2010年森林火灾燃烧产物的计量估算[J]. 林业科学, 48(10): 109-119.

梁延刚, 胡文志, 杨敬基, 2008. 香港能见度、大气悬浮粒子浓度与气象条件的关系[J]. 气象学报, 66(3): 461-469.

刘丽华, 蒋静艳, 宗良纲, 2011. 农业残留物燃烧温室气体排放清单研究: 以江苏省为例[J]. 环境科学, 32(5): 1242-1248.

刘玥晨, 吴志军, 谭天怡, 等, 2016. 基于实测PM2.5化学组分估算其有效吸湿参数和含水量: 理论模型与实例分析[J]. 中国科学(地球科学), 46(7): 976-985.

莫梓伟, 邵敏, 陆思华, 2014. 中国挥发性有机物(VOCs)排放源成分谱研究进展[J]. 环境科学学报, 34(9): 2179-2189.

石广玉, 王标, 张华, 等, 2008. 大气气溶胶的辐射与气候效应[J]. 大气科学, 32(4): 826-840.

疏学明, 郑魁, 袁宏永, 等, 2005. 火灾标准火烟雾颗粒测量及粒径尺度分布函数研究[J]. 中国工程科学, 7(8): 51-55.

唐孝炎, 张远航, 邵敏, 2006. 大气环境化学[M]. 北京: 高等教育出版社.

田贺忠, 赵丹, 王艳, 2011. 中国生物质燃烧大气污染物排放清单[J]. 环境科学学报, 31(2): 349-357.

田宏伟, 邓伟, 申占营, 等, 2010. 生物质燃烧的环境影响研究进展[C]//中国气象学会. 第27届中国气象学会年会大气物理学与大气环境分会场论文集. 北京: 中国气象学会.

田杰, 2016. 基于实验室模拟我国农作物秸秆与家用煤炭燃烧的PM2.5排放特征研究[D]. 北京: 中国科学院大学.

王甜甜, 陈良富, 陶金花, 等, 2016. 生物质燃烧对中国东北地区CO浓度的影响研究[J]. 遥感技术与应用, 31(2): 297-306.

王婷婷, 2011. 华北地区云凝结核特性研究[D]. 北京: 中国气象科学研究院.

王渝, 吴志军, 胡敏, 2017. 我国不同大气环境下亚微米颗粒物吸湿特性[J]. 中国环境科学, 37(5): 1601-1609.

谢绍东, 田晓雪, 2010. 挥发性和半挥发性有机物向二次有机气溶胶转化的机制[J]. 化学进展, 22(4): 727-733.

谢绍东，于淼，姜明，2006. 有机气溶胶的来源与形成研究现状[J]. 环境科学学报，26(12)：1933-1939.

杨文涛，姚诗琪，邓敏，等，2017. 北京市 PM2.5 时空分布特征及其与 PM10 关系的时空变异特征[J]. 环境科学，39(2)：684-690.

姚兰，2016. 山东典型地区大气 PM2.5 化学组成、来源及二次生成研究[D]. 济南：山东大学.

占长林，曹军骥，韩永明，等，2011. 古火灾历史重建的研究进展[J]. 地球科学进展，26(12)：1248-1259.

张鹤丰，2009. 中国农作物秸秆燃烧排放气态、颗粒态污染物排放特征的实验室模拟[D]. 上海：复旦大学.

张学敏，张永亮，姚宗路，等，2014. 不同进料方式燃烧器对生物质燃料颗粒物排放特性的影响[J]. 农业工程学报，30(12)：200-207.

张延君，郑玫，蔡靖，等，2015. PM2.5 源解析方法的比较与评述[J]. 科学通报，60(2)：109-121.

郑玫，张延君，闫才青，等，2014. 中国 PM2.5 来源解析方法综述[J]. 北京大学学报(自然科学版)，50(6)：1141-1154.

Aia S, 1996. Trajectory statistics-A new method to establish source-receptor relationships of air pollutants and its application to the transport of particulate sulfate in Europe[J]. Atmospheric Environment, 30(4): 579-587.

Anderson B E, Blake D R, 1998. Photochemistry in biomass burning plumes and implications for tropospheric ozone over the tropical South Atlantic[J]. Journal of Geophysical Research Atmospheres, 103(15): 8401-8423.

Andreae M O, Merlet P, 2001. Emission of trace gases and aerosols from biomass burning[J]. Global Biogeochemical Cycles, 15(4): 955-966.

Andreae M O, Ramanathan V, 2013. Climate's Dark Forcings[J]. Science, 340(6130): 280-281.

Beddows D C S, Dall'osto M, Harrison R M, 2010. An enhanced procedure for the merging of atmospheric particle size distribution data measured using electrical mobility and time-of-flight analysers[J]. Aerosol science and technology, 44(11): 930-938.

Bi Y, Wang Y, Gao C, 2010. Straw resource quantity and its regional distribution in China[J]. Journal of Agricultural Mechanization Research(3): 1-7.

Cachier H, Liousse C, Buat-Menard P, et al., 1995. Particulate content of savanna fire emissions [J]. Journal of Atmospheric Chemistry, 22(1-2): 123-148.

Cao J J, Lee S C, Chow J C, et al., 2007. Spatial and seasonal distributions of carbonaceous aerosols over China[J]. Journal of Geophysical Research Atmospheres, 112(22): 1-9.

Cao J J, Wu F, Chow J C, et al., 2005. Characterization and source apportionment of atmospheric organic and elemental carbon during fall and winter of 2003 in Xi'an, China[J]. Atmospheric Chemistry & Physics, 5(11): 3127-3137.

Capes G, Johnson B, Mcfiggans G, et al., 2008. Aging of biomass burning aerosols over West Africa: Aircraft measurements of chemical composition, microphysical properties, and emission ratios[J]. Journal of Geophysical Research Atmospheres, 113(D00C15).

Chan C, Yao X, 2008. Air pollution in mega cities in China[J]. Atmospheric Environment, 42(1): 1-42.

Chen J, Li C, Ristovski Z, et al., 2017. A review of biomass burning: Emissions and impacts on air quality, health and climate in China[J]. Science of the Total Environment(579): 1000-1034.

Chen L J, Xing L, Han L J, 2009. Renewable energy from agro-residues in China: Solid biofuels and biomass briquentting technology[J]. Renewable and Sustainable Eneryg Reviews, 13(9): 2689-2695.

Cheng H, Hu D, Wang L, et al., 2015. Modification in light absorption cross section of laboratory-generated black carbon-brown carbon particles upon surface reaction and hydration[J]. Atmospheric Environment(11): 253-261.

Cheng Y, Engling G, He K B, et al., 2013. Biomass burning contribution to Beijing aerosol[J]. Atmospheric Chemistry & Physics, 13(15): 7765-7781.

Cheng Y, Engling G, He K B, et al., 2014b. The characteristics of Beijing aerosol during two distinct episodes: impacts of biomass burning and fireworks[J]. Environmental Pollution, 185(4): 149-157.

Cheng Z, Wang S, Fu X, et al., 2014. Impact of biomass burning on haze pollution in the Yangtze River delta, China: a case study in summer 2011[J]. Atmospheric Chemistry & Physics Discussions, 14(9): 4573-4585.

Corrigan A L, Hanley S W, de Haan D O, 2008. Uptake of glyoxal by organic and Inorganic aerosol[J]. Environmental Science & Technology, 42(12): 4428-4433.

Decarlo P, Slowik J, Worsnop D, et al., 2004. Particle morphology and density characterization by combined mobility and aerodynamic diameter measurements. Part 1: Theory[J]. Aerosol Science & Technology, 38(12): 1185-1205.

Deng Z Z, Zhao C S, Ma N, et al., 2011. Size-resolved and bulk activation properties of aerosols in the North China Plain[J]. Atmospheric Chemistry & Physics, 11(8): 3835-3846.

Ding X, He Q F, Shen R Q, et al., 2016. Spatial and seasonal variations of isoprene secondary organic aerosol in China: Significant impact of biomass burning during winter[J]. Scientific Reports(6): 20411.

Fang M, Yao C X, 2009. Managing air quality in a rapidly developing nation: China[J]. Atmospheric Environment, 43(1): 79-86.

Farina S C, Adams P J, Pandis S N, 2010. Modeling global secondary organic aerosol formation and processing with the volatility basis set: Implications for anthropogenic secondary organic aerosol[J]. Journal of Geophysical Research Atmospheres(115): D09202.

Fokeeva E V, Safronov A N, Rakitin V S, et al., 2011. Investigation of the 2010 July-August fires impact on carbon monoxide atmospheric pollution in Moscow and its outskirts, estimating of emissions[J]. Izvestiya Atmospheric & Oceanic Physics, 47(6): 682-698.

Galloway M M, Loza C L, Chhabra P S, et al., 2011. Analysis of photochemical and dark glyoxal uptake: Implications for SOA formation[J]. Geophysical Research Letters, 38(17): 136-147.

Gunthe S S, Rose D, Su H, et al., 2011. Cloud condensation nuclei(CCN) from fresh and aged air pollution in the megacity region of Beijing[J]. Atmospheric Chemistry & Physics, 11(3): 11023-11039.

Guo H, Wang T, Simpson I J, et al., 2004. Source contributions to ambient VOCs and CO at a rural site in eastern China[J]. Atmospheric Environment, 38(27): 4551-4560.

He L Y, Hu M, Huang X F, et al., 2006. Seasonal pollution characteristics of organic compounds in atmospheric fine particles in Beijing[J]. Science of the Total Environment, 359(1-3): 167-176.

He M, Zheng J Y, Yin S S, et al., 2011. Trends, temporal and spatial characteristics, and uncertainties in biomass burning emissions in the Pearl River Delta, China[J]. Atmospheric Environment, 45(24): 4051-4059.

He Q, Zhao X, Lu J, et al., 2015. Impacts of biomass-burning on aerosol properties of a severe haze event over Shanghai[J]. Particuology, 20(3): 52-60.

Hinds W C, 1998. Aerosol technology: properties, behavior, and measurement of airborne particles

[J]. Journal of Aerosol Science, 31(9): 1121-1122.

Hu Y, Balachandran S, Pachon J E, et al., 2014. Fine particulate matter source apportionment using a hybrid chemical transport and receptor model approach[J]. Atmospheric Chemistry & Physics Discussions, 14(11): 26657-26698.

Huang X, Ding A, Liu L, et al., 2016. Effects of aerosol-radiation interaction on precipitation during biomass-burning season in East China[J]. Atmospheric Chemistry & Physics, 16(15): 10063-10082.

IPCC, 2013. The IPCC fifth assessment report climate change 2013[R]. Intergovernmental Panel on Climate Change.

Khlystov A, Stanier C, Pandis S N, 2004. An algorithm for combining electrical mobility and aerodynamic size distributions data when measuring ambient aerosol special issue of aerosol science and technology on findings from the fine particulate matter supersites program[J]. Aerosol science and technology, 38(S1): 229-238.

Konopacky Q M, Barman T S, Macintosh B A, et al., 2013. Detection of carbon monoxide and water absorption lines in an exoplanet atmosphere[J]. Science, 339(6126): 1398-14401.

Lee S Y, Widiyastuti W, Tajima N, et al., 2009. Measurement of the effective density of both spherical aggregated and ordered porous aerosol particles using mobility-and mass-analyzers[J]. Aerosol Science & Technology, 43(2): 136-144.

Li C, Hu Y, Zhang F, et al., 2016. Multi-pollutants emissions from the burning of major agricultural residues in China and the related health-economic effect assessment[J]. Atmospheric Chemistry & Physics, 17(8): 1-71.

Li C, Ma Z, Chen J, et al., 2015. Evolution of biomass burning smoke particles in the dark[J]. Atmospheric Environment(120): 244-252.

Li X H, Wang S X, Lei D, et al., 2007. Particulate and trace gas emissions from open burning of wheat straw and corn stover in China[J]. Environmental Science & Technology, 41(17): 6052-6058.

Li X, Chen M, Le H P, et al., 2016. Atmospheric outflow of PM2.5, saccharides from megacity Shanghai to East China Sea: Impact of biological and biomass burning sources[J]. Atmospheric Environment, 143: 1-14.

Li X, Yang Y, Xu X, et al., 2016. Air pollution from polycyclic aromatic hydrocarbons generated by human activities and their health effects in China[J]. Journal of Cleaner Production, 112(34): 1360-1367.

Lin Y, Qiu X, Ma Y, et al., 2015. Concentrations and spatial distribution of polycyclic aromatic, hydrocarbons(PAHs) and nitrated PAHs(NPAHs) in the atmosphere of, North China, and the transformation from PAHs to NPAHs[J]. Environmental Pollution, 196: 164-170.

Logan J A, Prather M J, Wofsy S C, et al., 1981. Tropospheric chemistry: A global perspective[J]. Journal of Geophysical Research Oceans, 86(C8): 7210-7254.

Lu X P, Chen N, Guo H, et al., 2016. Chemical characteristics and causes of airborne particulate pollution in warm seasons in Wuhan, central China[J]. Atmospheric Chemistry & Physics, 16(16): 1-35.

Lu Z, Zhang Q, Streets D G, 2011. Sulfur dioxide and primary carbonaceous aerosol emissions in China and India, 1996-2010[J]. Atmospheric Chemistry & Physics, 11(18): 9839-9864.

Nie W, Ding A J, Xie Y N, et al., 2015. Influence of biomass burning plumes on HONO chemistry in eastern China[J]. Atmospheric Chemistry & Physics, 15(6): 1147-1159.

Petters M D, Kreidenweis S M, 2007. A single parameter representation of hygroscopic growth and cloud condensation nuclei activity[J]. Atmospheric Chemistry & Physics, 7(8): 1081-1091.

Polissar A V, Hopke P K, Poirot R L, 2001. Atmospheric aerosol over Vermont: Chemical composition and sources[J]. Environmental Science & Technology, 35(23): 4604-4621.

Purohit P, Tripathi A K, Kandpal T C, 2006. Energetics of coal substitution by briquettes of agricultural residues[J]. Energy, 31(8): 1321-1331.

Rasheed A, 2015. Measurement and analysis of fine particulate matter(PM2.5)in urban areas of pakistan[J]. Aerosol & Air Quality Research, 15(2): 426-439.

Rose D, Nowak A, Achtert P, et al., 2010. Cloud condensation nuclei in polluted air and biomass burning smoke near the mega-city Guangzhou, China-Part 1: Size-resolved measurements and implications for the modeling of aerosol particle hygroscopicity and CCN activity[J]. Atmospheric Chemistry & Physics, 10(7): 3365-3383.

Roy M M, Dutta A, Corscadden K, 2013. An experimental study of combustion and emissions of biomass pellets in a prototype pellet furnace[J]. Applied Energy, 108(8): 298-307.

Saffari A, Daher N, Samara C, et al., 2013. Increased biomass burning due to the economic crisis in greece and its adverse impact on wintertime air quality in thessaloniki[J]. Environmental Science & Technology, 47(23): 13313-13320.

Seinfeld J H, Pankow J F, 2003. Organic Atmospheric Particulate Material[J]. Annual Review of Physical Chemistry, 54(54): 121-140.

Shen G, Tao S, Chen Y, et al., 2013. Emission characteristics for polycyclic aromatic hydrocarbons from solid fuels burned in domestic stoves in rural China[J]. Environmental Science & Technology, 47(24): 14485-14494.

Sigsgaard T, Forsberg B, Annesi-Maesano I, et al., 2015. Health impacts of anthropogenic biomass burning in the developed world[J]. European Respiratory Journal, 46(6): 1577-1588.

Singh N, Murari V, Kumar M, et al., 2017. Fine particulates over South Asia: Review and meta-analysis of PM2.5 source apportionment through receptor model[J]. Environmental Pollution(223): 121-136.

Streets D G, Yarber K F, Woo J H, et al., 2003. Biomass burning in Asia: annual and seasonal estimates and atmospheric emissions[J]. Galobal Biogeochemical Cycsles, 17(4): 1759-1768.

Sun J F, Peng H Y, Chen J M, et al., 2016. An estimation of CO_2 emission via agricultural crop residue open field burning in China from 1996 to 2013[J]. Journal of Cleaner Production, 112(12): 2625-2631.

Tian Y Z, Shi G L, Han B, et al., 2015. Using an improved Source Directional Apportionment method to quantify the PM2.5 source contributions from various directions in a megacity in China[J]. Chemosphere, 119: 750-756.

Torvela T, Tissari J, Sippula O, et al., 2014. Effect of wood combustion conditions on the morphology of freshly emitted fine particles[J]. Atmospheric Environment, 87: 65-76.

Vadrevu K P, Giglio L, Justice C, et al., 2015. Vegetation fires, absorbing aerosols and smoke plume characteristics in diverse biomass burning regions of Asia[J]. Environmental Research Letters, 10(10): 105003.

Wang L, Xin J, Li X, et al., 2015. The variability of biomass burning and its influence on regional aerosol properties during the wheat harvest season in North China[J]. Atmospheric Research(157): 153-163.

Wang W, Jariyasopit N, Schrlau J, et al., 2011. Concentration and photochemistry of PAHs, NPAHs, and OPAHs and toxicity of PM2.5 during the Beijing Olympic Games[J]. Environmental Science & Technology, 45(16): 6887-6895.

Yan X Y, Ohara T, Akimoto H, 2006. Bottom-up estimate of biomass burning in mainland China[J]. Atmospheric Environment, 40(27), 5262-5273.

Yao H, Song Y, Liu M, et al., 2016. Direct radiative effect of carbonaceous aerosols from crop residue burning during the summer harvest season in East China[J]. Atmospheric Chemistry & Physics, 17(8): 1-39.

Ye X, Ma Z, Hu D, et al., 2011. Size-resolved hygroscopicity of submicrometer urban aerosols in Shanghai during wintertime[J]. Atmospheric Research, 99(2): 353-364.

Yu L, 2013. Characterization and Source Apportionment of PM2.5 in an Urban Environment in Beijing [J]. Aerosol & Air Quality Research, 13(2): 574-583.

Yuan B, Liu Y, Shao M, et al., 2010. Biomass burning contributions to ambient VOCs species at a receptor site in the Pearl River Delta(PRD), China[J]. Environmental Science & Technology, 44(12): 4577-4582.

Zhang G, Li J, Li X D, et al., 2011. Impact of anthropogenic emissions and open biomass burning on regional carbonaceous aerosols in South China[J]. Environmental Pollution, 158(11): 3392-3400.

Zhang Q, Meng J, Quan J, et al., 2012. Impact of aerosol composition on cloud condensation nuclei activity[J]. Atmospheric Chemistry and Physics(12): 3783-3790.

Zhang R Y, Khalizov A F, Pagels J, et al., 2008b. Variability in morphology, hygroscopicity, and optical properties of soot aerosols during atmospheric processing[J]. Proceedings of the National Academy of Sciences of the United States of America, 105(30): 10291-10296.

Zhang Y, Dou H, Chang B, et al., 2008. Emission of Polycyclic Aromatic Hydrocarbons from Indoor Straw Burning and Emission Inventory Updating in China[J]. Annals of the New York Academy of Sciences, 1140(1): 218-227.

Zhang Y, Min S, Yun L, et al., 2013. Emission inventory of carbonaceous pollutants from biomass burning in the Pearl River Delta region, China[J]. Atmospheric Environment, 76(5): 189-199.

第6章 林火预警和预测预报

本章主要介绍林火预警和预测预报。林火预警主要介绍森林火灾监测预警系统、林火监测预警手段、国内外森林火灾预警信息系统的研究现状和应用，林火预测预报主要介绍其概念和类型、发展历史和国内外林火预测预报的系统和方法等。

6.1 林火预警

在我国现代社会的发展过程中，森林系统是生态系统中的一个重要组成部分，也是有效保障人类社会发展与生态环境演变不可或缺的一个重要物质基础。在实际生活中，森林火灾是生态环境中一个非常严重的灾害，该灾害的发生在很大程度上会给人们的生活带来严重的威胁。因此，为了有效地预防森林火灾的发生，人们逐渐加强了对森林火灾监测预警系统的研究，希望通过采用先进的现代化技术为防火部门提供资源化的信息，从而帮助人们准确监测森林火灾，进一步提高森林火灾的预警及快速自动定位的能力(李和平，2016)。

6.1.1 森林火灾监测预警系统

在处理森林防火具体工作的时候，为了迅速地查明和定位火情，以精确地监测出环境中的风向风速问题，相关人员应首先加强对火灾遥感监测和火险等级预测技术的重视与关注，以有效地提高该项工作的质量与效率(王克甫等，2013)。下面主要对森林火灾监测预警系统的功能和组成进行了一定的探讨，以在一定程度上加强人们对此问题的认识与了解。

(1)系统功能

对于森林火灾监测预警系统来说，其实现的功能主要有以下几个方面。首先是空间定位查询功能，其是指对森林火灾监测热点信息进行定位查询并进行标绘等操作。在此过程中，其主要是根据卫星监测中心监测到的信息进行快速检索，使其在数字地图中显示出来。此外，根据监测到的信息可以在地图中标绘火场的现状图，使人们对火灾现场的位置、距离、方位及火灾的大小等情况具备一定的认识，从而帮助人们对其采取有效的措施进行处理。其次是统计分析功能，其主要是在定位查询功能的基础上对森林火灾信息进行相应的统计，如对防火信息的统计、火灾档案的统计、地形信息的统计等，这些数据信息的统计工作都可以使森林火灾监测预警系统加以实现，从而为火灾的处理与防治奠定良好的基础。第三，森林火灾监测预警系统的功能还包括空间分析功能，其主要包括对火灾发生地形地势的分析、可视域分析及最短路径分析，这些功能的实现不仅可以使人们对火灾的情形具备深刻的认识，还可以使人们了解火灾现场与周边各点之间的位置关系，以利于更好地采取解决方法。此外，火灾损失评估功能也是该系统的一大重要功能体现，其主要是在森林火灾发生之后，对火灾损失进行一定的统计与分析，如森林树种的损失、森林损失的面积等，这也便于人们根据火灾损失统计制定出改善的预防措施。

(2)系统组成

对于森林火灾监测预警系统来说，其主要是由监控中心、数据基站节点、监测节点和传输网络等各部分组成的，在整个系统作业过程中，各个部分都在一定程度上发挥着极其重要的作用。其中系统中每个监测节点和数据基站节点都有独立的地址编码，且每个节点的坐标与地理信息系统中的位置一一对应，如若一个地方发生火灾，管理服务器便会监测到报警信息，从而将火灾信息直接显示在电子地图上，便于工作人员及时采取有效措施加以处理。这一举措不仅在一定程度上减少了工作人员的工作强度，且还能有效提高防火、救火的科学性和准确性。其中对于监测节点来说，其主要是负责收集周围环境中的烟雾、温湿度、风速和风向等信息，并通过对这些信息进行一定的分析，划分火险等级，从而实现提前预警的目的。

(3)系统中 GIS 的操作功能

GIS 即为地理信息系统，为了有效地提高森林火灾的预警及快速自动定位的功能，利用 GIS 技术设计森林火灾监测预警系统可以有效地发挥该系统的作用与功能。其中，GIS 是多种学科交叉的产物，其主要是以地理空间为基础，采用地理模型分析方法加以实现整个系统的功能。在整个森林火灾监测预警系统中，GIS 的基本功能主要是将表格型数据转换为地理图标显示，然后对显示的数据进行一定的分析与操作。下面主要对该系统中 GIS 的操作功能进行了一定的分析。

①调图功能：调图功能是 GIS 的一大重要功能，其在一定程度上实现了数字化调阅地图的目的，在实际操作过程中，其主要调图方式有经纬度调图、方位角调图、局名调图、图号调图、图名调图等。对于各种不同的调图方式来说，其都具备各自不同的优点，且操作起来非常简便，可以在一定程度上满足不同用户的需求，而这也给查看地图工作带来了极大的便利。

②绘制态势图：态势图是森林火灾监测预警工作中一项非常重要的工作，因此如何有效地绘制态势图则成为其中一项重要的内容，而 GIS 则可以充分发挥出其功能绘制出精确的态势图，且绘制出来的态势图不仅信息可靠、坐标位置精确，且进一步完善了火灾现状，更加形象地将火灾情况表现出来，从而为开展火灾救助提供了有利的信息。

③模拟制作扑火过程：GIS 在操作过程中还具有扑火过程模拟制作和推演的功能，通过发挥该功能可以使人们更加形象地看到与实地相符的三维图形。在 GIS 中，其具有过程模拟制作、过程模拟推演、演播文件管理等重要的功能，加之其可以实现经纬

度定火点功能及三维电子沙盘切换功能，从而为模拟制作扑火过程的实现奠定了良好的基础条件，这也在很大程度上实现了森林防火监测预警系统的功能。

森林火灾监测预警系统的实现在很大程度上为森林火灾的救助提供了有利的条件。因此在实际作业过程中相关人员应对此给予一定的重视与关注，并加强对该系统的研究，以结合系统的有效功能发挥出该系统的作用，从而为森林火灾救助工作提供有利的条件。在一定程度上减少森林资源的损失，进一步实现社会、经济的高速发展和自然、生态环境的有效保护，以有效促进我国社会经济的可持续性发展。

6.1.2 林火监测预警手段

为减少森林火灾的损失，世界各国非常重视林火监测，林火监测是林火管理的重要环节，提高林火监测技术是做好森林防火工作的前提。近年来，随着新的探测技术的发展，除了红外探火外，还利用人造地球卫星遥感装置发现和监视森林火灾(翟继强等，2013)。

林火的及时发现与报警是防止森林火灾发生的重要任务之一，是控制和扑灭森林火灾的基础。林火监测是发现林火和传递火情的措施和手段。林火探测的措施通常可划分四个空间层次，即地面巡护、瞭望台定点观测、空中飞机巡护和空间卫星监测。这四个层次有机结合在一起，形成一个整体，称为林火监测系统。林火监测系统的功能是及时发现火情，准确探测起火地点，确定火的大小、动向，监视林火发生发展的全部过程。但是在茫茫林海，只靠巡护员监测火情是很不够的，瞭望台瞭望又受到很多条件的限制，而靠飞机巡逻观察不仅耗资大，速度也不是最快的。随着科学技术的发展，高科技不断被应用到林火探测中。特别是近几年新的林火探测技术发展相当迅速，如无人机探火、红外探火、电视探火、地波雷达探火、雷击火探测系统、微波探火和卫星探火等。这些新技术应用在林火探测中，大幅提高了林火探测的及时性和准确性。

(1)地面巡护

地面巡护是由防火专业人员步行或乘坐工具(马匹、摩托车、汽车、汽艇等)观察森林，检查、监督防火制度的实施，控制人为火源，发现火情，并采取扑救措施。地面巡护是林火监测的一个重要环节，也是控制人为火发生的重要措施之一。

(2)瞭望台探测

瞭望台探测是利用地面制高点上的瞭望台(塔)观测火情的一种探测方法，是一般林区常用的探火、报警措施。瞭望台观测是一种定点探测方法。所以，在其可见范围内，可以进行24 h全天观测。而且，若干个瞭望台组成网络，可以消除盲区，准确测定火场位置。这种探测方法有覆盖面积大，探测火情及时，准确等优点，是我国探测林火的主要方法。

瞭望台大多设于人烟稠密、交通方便的地区。应用最佳方案筹设地面瞭望台网，考虑地形、交通、生活和森林分布状况，尽可能以少量的瞭望台满足视野的覆盖，消灭盲区。边远地区，人烟稀少，以飞机巡逻为主。相反，居民密集的地方，以地面瞭望台为主，飞机巡逻为辅助的措施。如加拿大森林采伐公司在林区人员多的西部山区，利用高山建立造价低廉的瞭望台，昼夜监视林火的发生。西部阿尔伯塔省设瞭望台144座，哥伦比亚省设109座和若干临时瞭望台。瞭望台的建立各省都有全面规划。先按航测资料进行地面踏查，以建台位置为中心，根据可瞭望到的范围划出该台责任区，而在各台视野不及之处由飞机巡逻。过去瞭望台采用木结构，现在大多已采用金属结构。利用瞭望台观察火情，确定火场位置，是目前我国探测林火的主要方法和手段。

(3)林火空中探测

飞机在林火监测中，不断引用新技术和新方法，自20世纪80年代开始采用航空巡逻同地面瞭望台网相结合的方式。在偏远地区和瞭望台间隔区一般都用飞机巡逻发现火情。巡逻飞机多半是轻型的，装有无线电收发报机，空对地广播器和空中摄影装置等。有的还载有扑火人员和工具，以便发现小火可立即扑灭。最近美国又采用由快速涡轮发动的飞机进行巡逻，速度由原来的165 km/h提高到270~300 km/h，大大提高了巡逻的工效。由于飞机巡视面积大，目前各国在这方面的应用越来越广。加拿大东部几省主要靠飞机巡逻。苏联在1975年航空护林面积达7.417×10^8 hm^2，占林地总面积80%，最近几年由航空护林发现的林火达4%。

航空护林是一项经费支出庞大的措施，加拿大在20世纪70年代提出巡逻航线合理性的三维数学模式，根据天气预报和火源预报，既能缩短航线，又能提高发现率。美国、加拿大对大飞机、小飞机、水上飞机、水陆两用飞机、直升机等不同机型进行合理编队。在防火期，根据中、长期天气预报，对某些重点基地，有目的地加强配备，以完成各种火强度的林火扑救任务。

美国农业部林务局拥有146架各种专用森林防火、灭火飞机。飞机的类型很多，有供巡逻、指挥、跳伞和红外探火用的飞机；有不同载量(最大13 683 L)的大型化学灭火专用飞机，还有供指挥、抢险及化学灭火用的贝尔204、212、214直升机。用飞机量最多达1000架，飞行10万小时以上，这样大量飞机的调度和有效利用，就需要进行很好的研究，他们发觉夜航的效率高，而且可以节约大量的飞行费用。因此，研究出用多普勒雷达夜间导航，保证飞行安全的新技术。

空中巡护与探测是利用飞机在空中对林火进行监视和定位的探火方法。飞机巡护同瞭望台观测一样，是森林防火工作中重要的林火探测方法之一。瞭望台观测是在一个局部地区进行的连续性观察，而飞机巡护是通过任意变动航线在一个广阔地区进行的间断性观察。这两种方法各有优缺点和适合的条件，在不同地区应用要各有侧重，取长补短，发挥最大的经济效益。飞机可以随季节、森林火险等级的高低灵活改变航线进行重点巡逻，提高飞机巡护中对林火的发现率。飞机巡护多用于人烟稀少、交通不便的边远林区(李洪双，2016)。

(4)卫星林火监测

利用卫星发现和监测林火是20世纪90年代以来开始的种新的探火方法。这种方法具有监测范围广、时间频率高、准确度高、全天候、速度快等优点，可跟踪监测并随时掌握林火发展动态，能准确确定火场边界，精确测得森林火灾面积，还可以进行火灾损失的初步估算，进行地面植被的恢复情况监测、森林火险等级预报和森林资源的宏观监测等工作。近几年，国外开始利用轨道卫星预报林火，在卫星上安装一种灵敏度极高的火灾天气自动观察仪，用来测定风向、风速、温度、空气湿度以及土壤含水量等方面的数据，并把收到的资料传送给监测站，再将资料传送给电子计算机中心加工，由电传通知近期有火险的地区。

通常用于森林火灾监测的是美国 TIROS-N(即 NOAA)系列气象卫星，有一颗上午轨道卫星和一颗下午轨道卫星组成一个双星系统，目前在轨工作的有 NOAA-12、NOAA-14 两颗卫星。NOAA 属近极轨太阳同步卫星，轨道平均高度为 833 km，轨道倾角为 98.9°，周期约为 102 min，每天约有 14.2 条轨道，每条轨道的平均扫描宽度约 2700 km，2 条相邻轨道的间距为经差 15°，连续的 3 条轨道即可覆盖全国 1 遍，1 昼夜 2 颗卫星可以至少覆盖全球任一地区 4 次以上，其星载甚高分辨辐射仪获取的甚高分辨率数字化云图(AVHRR)，其星下点地面几何分辨率为 1.1 km，相当于 121 km^2。

AVHRR 的第三通道是波长为 3.55~9.33 μm 的热红外线，对温度(特别是 600 ℃以上的高温)比较敏感，该通道的噪声等效温差为 0.12 ℃。森林火灾的火焰温度一般远在 600 ℃以上，在波长为 3~5 μm 红外线的波段上有较强的辐射，而其背景的林地植被的地表温度一般仅有 20~30 ℃，甚至更低，与火焰有较大的反差，在图像上可清晰的显示出来。在白天利用通道 3 为红色，以 1、2 两个可见光通道为蓝色和绿色的假彩色合成的图像上，既可以清晰地显示地表的地理特征和植被信息。在卫星图像上森林等植被表示为略带白色的绿色到深绿色，海水通常显示为紫红色、江河湖泊的淡水则以蓝色显示，沙漠和裸地以棕黄色表示，林火等热异常点则明显地表现为亮红色，林火所带的浓烟在图像上表现为深蓝色且可以明确地指示出风向，过火后的火烧迹地为暗红色。即使在漆黑夜晚，卫星几乎收不到来自地面的可见光，但依据地面目标本身温度而发出的红外线仍可以正常被卫星接收到，在用(AVHRR)红外 4、5 通道取代可见光 1、2 通道合成的图面上仍依稀可辨遍布部分地面的地物信息，而林火仍明显显示为亮红色，只要天气晴朗就可以在假彩色的卫星图像上清晰地显示火情信息。因此，应用气象卫星进行林火监测是一种既可用于林火的早期发现，也可用于对林火的发展蔓延情况进行连续地跟踪监测的方法，还可用于过火面积及损失估算；应用(AVHRR)的 4、5 通道可以较好地提取地表的温度、湿度等信息，可为森林火险天气预报提供部分地面实况信息；应用(AVHRR)的 1、2 通道可以较好地提取地面的植被指数，以进行宏观的森林资源监测和火灾后地面植被的恢复情况监测等工作。

(5)无人机探火

无人机技术是近几年来国内新兴起的一种先进的科学技术，该技术在很多领域中都有着广泛地应用，以森林防火为例，使用无人机技术不仅可以有效地降低森林火灾发生的概率，同时还可以显著提升森林防火巡视工作的效率和质量。

在国内，2013 年大兴安岭林区内采用型号 Z5 的无人机进行森林防火的巡查，这是首次采用无人机技术作为森林防火巡查的主要形式。该无人机中还配有专业的智能监控系统，不仅可以实时地向林区内的工作人员传输真实的数据信息，同时还可以对林区内任意位置进行快速定位，有效地加强了该林区内的森林防火强度。武汉某科技公司也曾将无人机技术与 GPS 技术、数据处理技术、传输技术等多项专业技术相结合，共同创造出智能性较强的无人机来完成森林防火等相关工作，提高森林防火的安全系数，非常值得认可和推广。在国外，2006 年美国航天局曾使用 Altair 无人机在某模拟的森林火灾上空进行巡航，摒弃而通过红外扫描仪器对整个森林火灾区域范围进行扫描和评估，找出其中主要的火灾点，并且将其相关数据信息传输至林区的工作人员工作台中，为工作人员的火灾处理工作提供了非常重要的理论依据。从客观的角度上来说，国外一些发达国家的无人机技术已经发展到较为完善的阶段，因此其应用也非常广泛，而国内的无人机技术正处于发展的初期阶段，虽然在实际应用中也取得了很大的成效，但是仍然存在能见度低、联络不通畅、检测体系不完善等不足之处，因此还需要相关人员进一步完善。

无人机系统的运行主要是由飞行系统、地面处理系统以及机载控制系统相互协调合作来共同完成无人机的操作，其中飞行系统可以进一步细致地划分为控制器、执行器、通信器、集体、传感器等构件组成，该系统的主要作用是确保无人机始终处于正常运行的状态，地面处理系统则是处理器、传输器、发射器以及计算机等构件所组成，其主要作用是通过传输器将无人机的数据信息进行获取，然后使用处理器和计算机系统对这些数据信息进行处理，再将其传输至工作平台中。机载控制系统主要由传感器、控制器、CCD 摄像头、执行器等结构组合而成，由于无人机的规模较小，且承载力较弱，因此记载控制系统需要具备耗能低、规格小、质量小的基本特征，其主要作用是收集森林火灾的图像等相关数据信息向地面上的工作平台进行传输。从宏观的角度上来看，无人机系统的基本工作原理为：飞行系统控制无人机的飞行路线，机载控制系统在无人机上将所获取的数据信息传输至地面处理系统中，该系统将所获取的信息进行分析和归纳，再传输给工作平台内的工作人员。通过这 3 个系统的相互协调，无人机系统在森林防火方面体现出了非常高的价值性。

(6) 微波探火

微波遥感近几年发展很快。其在林火监测上的应用，是将微波辐射接收仪安装在飞机上，根据接收到的微波强度和波长来确定林火的存在、判断火场大小及进行林火定位的一种探测方法。如芬兰赫尔辛基的专家们研制成功一种新型雷达，这种安装在直升机上的雷达设备发射的微波，可以穿透森林的各个层次，收集到树木顶端到地面的各种数据。根据这些数据，可识别森林的种类，估计树木的数量，测出树木的高度及森林遭受污染的程度，并可通过微波辐射扫描方式发现林火，拍摄火场，计算火灾面积等。

(7) 电视探火

电视探火仪是利用超低度摄像技术，探测林火位置的一种专用设备。这种仪器有专用的电视摄像机，可水平旋转 360°，仰俯角度约为 60°，一般安装在林区各个瞭望台或制高点上，对四周景物进行不间断地拍摄，同时，通过有线或无线的通信方式，与地面监控中心联网，随时可以把拍摄到的火情传递到监控中心的电视屏上。林火监测人员在地面监测中心，根据电视屏幕上拍摄到的情况做出有无火情的判断。

6.1.3 国内外森林火灾预警信息系统研究与应用

森林火灾不仅对人民生活的稳定造成极大的影响，而且对人类生存的环境造成极大的威胁，因此森林火灾成为世界上每个国家防范自然灾害的重中之重。然而，由于各个国家科技实力的不同，所采用的森林火灾防火技术也不相同，国外主要采用飞机巡逻或卫星监控为主，国内主要采用人工瞭望或卫星遥感为主。

6.1.3.1 国外森林火灾预警信息系统

林火预测预报研究开始于20世纪20年代，近十年来，在世界各国发展很快，根据所查资料分析，目前代表性的林火预警信息系统主要有以下几种。

①德国的Fire-Watch System林火自动预警系统：其核心是应用数码摄像技术，能够及时识别与定位森林火灾，可以快速监测半径为15 km，面积为700 km^2 的区域，安装该系统每套需7.5万欧元。

②欧盟研制的林火自动观察系统：各由4个可以监视500 m~10 km范围的黑白摄像机和一个热敏与烟感应器组成，可以在30 s内发现烟火，40 s内确定起火区域。在葡萄牙和法国的马赛等地对这种摄像和感应装置进行的试验表明，每一组装置可以监视近 1×10^4 km^2 森林，这套系统的准确率高达95%以上。

③美国在林火监测方面主要采取瞭望台监测、地面巡护和空中飞机巡逻、卫星监控相结合的方式。美国建立的高科技森林火灾监测预警系统，森林火灾的整个监测和信息传送程序，从地球卫星发现火情开始，不超过2 h。位于该国蒙大拿州米苏拉的美国林业局火灾研究实验室正在试图建立一套计算机模型来预测火势的蔓延趋势，以协助消防员的灭火工作，其软件能预示火势蔓延的速度以及哪些地域即将面临火灾危险的。

④俄罗斯专家利用激光开发出的林火自动报警系统：该系统可对周围 10×10^4 km^2 的森林进行监测。

⑤西班牙和葡萄牙的5位研究人员分析了当前一些火灾预警系统的弊端，将多无人机系统(multi-UAV system)应用于林火预警。他们曾经在葡萄牙中部靠近Coimbra处进行了多次林火预警实验，使用一组无人机分别携带不同的传感器对林火的各项特征进行监测，进而提供给地面站短距离范围内的图像和数据，由地面站对各个特征进行综合分析，多次试验结果均验证了多无人机系统应用于林火预警的有效性。

其他系统和方法一般是针对传统火灾检测方法不能远距离进行监测的弊端，如一种基于视频的火焰和烟雾检测方法，火焰检测是使用模糊聚类算法自动选取火焰的变化区域，通过对比这些区域和火焰颜色查找表来触发火焰预警系统。此外，烟雾检测也是自动选取视频中火焰形状的改变，通过与顶部宽、底部窄这种烟雾图像固有形状特征进行匹配，来决定预警信号的。

6.1.3.2 国内森林火灾预警信息系统研究

我国森林防火工作比国外发达国家起步较晚，主要是在苏联、美国和日本等国家研究林火预报的基础上，结合我国的情况对森林火险预报方法进行了诸多的研究，近年来进展较快。

1)基于数字图像信息技术的林火预警系统

基于现代信息技术的远程林火预警信息系统是近年来兴起的一种林火监测方式，它运用视频图像监控技术通过安装在不同位置的摄像机将山林的影像信息实时传输到森林防火站，应用数字图像处理和识别软件进行自动判决，并进行火情分析及相关灭火建议，实时、清晰地报送森林防火指挥中心；与卫星林火监测方式相比，它具有火情发现速度快、大火小火都可以监测、不受天气因素影响等优势；与人工林火监测方式相比，它具有监测范围广阔等优势，还具有一定的智能性。这种主要运用现代信息技术如视频监控和网络传输技术、“3S”、图像智能识别技术等的远程林火预警信息系统还具有昼夜都可以监测，能有效降低监控管理人员的劳动强度等优势。

基于图像识别的火焰探测技术的优越性分析：

图像是人类对外界最直接的感知，火焰图像提供了即时准确发现火灾的可能性。图像信息的丰富性和直观性以及现代高速、灵活的信息传输技术、先进的图像处理、识别技术为早期火灾辨识奠定了基础。

基于图像识别的探测方法是基于数字图像处理、分析和识别的新型的火灾探测方法，它利用数字摄像设备对一定范围内的林区进行监视，对摄取的视频信号由图像采集卡捕获，应用有线或无线传输方式输入计算机，由相应的图像处理、分析和识别的软件根据火灾的图像特征进行处理和分析，从而达到判别火灾是否发生的目的。这种探测技术采用电荷耦合器件(charge-coupled device，CCD)摄像机，可用红外、单色、彩色摄取视频图像进行林火探测，拥有以下其他传统探测方法不可企及的优势。

①能够应用于大空间、大面积的野外环境，免受空间高度和气流的影响。

②必要时配备防护罩，可以有效地消除粉尘的不利影响。

③提供的火灾信息较传统方法来说更加丰富和直观。

④克服了传统火灾探测方法因判据单一而遇到的误判问题，使火灾探测的灵敏度和可靠性都得到很大提高。

综上所述，火情图像探测系统采用的是非接触式的探测技术，不受空间高度、热障、易爆、有毒等环境条件的限制，抗干扰能力强，同时结合数字通信和数字图像处理技术，分析火灾火焰的图像特征，可以很好地解决大空间及野外恶劣环境下的火情预警问题。

(1)林火监控烟火识别智能预警系统

重庆市海普软件产业有限公司自主研制开发的林火监控烟火识别智能预警系统，融合了图像识别技术、“3S”技术、网络监控技术、气象数据分析技术，以及独创的三维可编程技术等多项前沿技术，结合林业管理的专业知识和林业防火的经验，建立了森林防火智能监测系统，能针对性地满足各种个性化需求。该系统通过在林区高处安装 HSV-S1 可编程三维精确定位摄像系统，获得林区的清晰图像，利用视频分析技术，根据烟、火的光谱特征判断是否发生火灾。一旦发现疑似火情，立即触发报警，林区视频回传至监控中心，如果确认报警属实，系统能锁定目标，精确判断火点位置，并根据已建立的林业防火信息数据资源做出扑火方案及灾后评估。

该系统的主要功能如下：

①非防火期：a. 信息日常管理。包括信息录入与查询、报表制作、统计分析、专题制图等；b. 防火设施规划。主要是对监控台站的位置进行优化，保证其监测网的监视覆盖范围完整；c. 林火扑救决策训练。通过向指挥者提供各种图文资料，使其能针对各种模拟火场制定扑救方案。

②防火期：a. 防火准备。接收气象部门的火险天气预报与火险等级预测结果，及时做好防火准备；b. 防火准备辅助决策。根据各地区的火险天气预报和火险等级预报，为各地分别提供各自不同的火灾预防措施、火源管理措施、扑火队伍战备措施等辅助决策意见。

③林火发生时：a. 林火行为预测。林火一旦发生，系统可迅速向决策者提供林火区位、蔓延速度、火场扩展趋势、火线强度等重要的火行为数据；b. 扑火辅助决策。根据林火发生地的动态信息，利用本系统的虚拟演示实现对扑火工作的复杂指挥。

④火发生后：a. 灾后评估。林火发生后，可利用本系统对受灾面积、灾害损失做出相对准确的评估；b. 灾后重建辅助决策。利用资源管理系统对灾后重建提供辅助决策的依据。

该系统的特点如下：

①林区成像清晰：使用海普独创的可编程三维精确定位摄像系统(专利技术)，无缝融合滤光透雾技术，可以在摄像系统的监视范围内设置多个预置位和扫描轨迹，可保证有效监控范围内的林区图像清晰稳定，为烟火智能识别打下坚实的基础。

②烟火智能识别：独创的烟、火、雾自动甄别技术，确保林火识别快速准确，无漏报，误报少。白天可有效区别烟和雾，夜间可有效过滤灯光干扰；一旦发现疑似火情，自动触发报警。

(2)森林防火数字化监控预警系统

深圳紫光积阳公司研制的“森林防火数字化监控预警系统”是以森林火情监测为主，将GIS技术、数字图像处理技术等高新技术综合应用于森林资源管理中的高科技产品。该系统在监控森林火情的同时，还可以对森林资源生态环境、森林病虫害及野生动物等进行有效监控。系统构成：系统中每个前端采集站有独立地址编码，且每个前端采集站的坐标与地理信息系统中的位置一一对应，通过安装在前端采集站的数字云台巡回监控覆盖区域的林区火情，一旦发现火情，GIS系统接收到特定地址编码的数字云台回传的位置数据，即可实现火点定位功能。同时，启动后台的短信发布平台第一时间通知防火相关领导和人员。系统还可以提供最近扑火队前往火情点最短路径以及通往现场的主要道路和通行能力，提供防火隔离带的位置和阻火能力，以及赶赴火场的时间等重要信息，相关领导可以在监控中心进行远程调度指挥。系统以数字设备的监控方式，通过无线网络将采集的信息、数据传输到林业监控指挥中心，利用GIS(地理信息系统)对发生的火情、火警区域实现定位，并实时做出分析判断，确定扑救方案，将火险控制在萌芽状态。同时对大量资料数据进行储存、处理和分析，对今后的森林防火预防工作起到指导和参考决策价值。

①获取信息：利用建立分布在火灾易发区不同制高点的野外信息采集站，获取覆盖范围内的监控视频图像，实现全天候不间断监控。

②动态监测：在无线数字化网络平台系统的支持下，将视频图像及其他信息实时、同步传输到区级防火监控中心，实现真实观测林区的动态情况。

③火灾预警：如有火情，利用GIS地理信息系统，提调相关数据了解并掌握火场的基础情况，实现准确定位，同时通过专业林业数据库分析，得出一套切实可行的扑火方案，确定扑火的人、机、物力量的配置，得出扑救具体措施和最佳路线方案。

④预报分析：参考林区物候、可燃物特性数据，利用专家数据库模型进行综合分析，预测出相应地区的森林火灾等级数据。

森林防火数字化监控预警系统避免了原始人工瞭望观察火情的局限，实现了林区管理数字化、科学化，大大减少了林业部门的费用支出和管理成本，提高了林区企业的效应。该系统在监控森林火情的同时，还可以对森林资源、生态环境、森林病虫害及野生动物和乱砍滥伐等林业活动进行有效监控。

(3)森林防火无线监测监控系统

针对我国森林防火的迫切需求，BITWAVE公司构建了一套森林防火无线监测监控系统，由林区监控管理指挥中心系统、无线传输系统、摄像机和云台控制系统、极敏感烟感系统、电源系统和铁塔组成。该系统可以在无人值守的情况下，通过图像智能处理系统，可以自动发现火情，由图像智能处理系统完成对该区域的火情进行侦测，一旦发现火情在第一时间自动进行报警。图像型火情探测技术是森林防火监测监控系统的关键技术之一，其性能体现在它摄取的图像在多大程度上代表了火灾的典型特征而明显区别于火灾以外的其他物理现象。BITWAVE森林防火无线监控系统采用了先进的无线通信技术，可以跨越环境影响，在环境异常复杂的森林林区实现实时视频监控，并在第一时间将林区的异常情况回传到各级指挥中心。在这套系统中，根据森林防火的实际需求，系统具备以下特点：

①林区环境导致监控范围大：监控点的选择，首先摄像机应安装在森林制高点，要求视野广、无障碍、监控角度大，尽量少设监控点，并尽可能使得每个监控点监控覆盖的森林面积最大，如无法回避有死角，可增加监控点。同时在摄像机架设的位置安装BITWAVE先进的无线网桥，即时回传监控范围视频信息。

②全天候监控：监控点要全天候工作，这就需要选择摄像机时应选用红外敏感型彩色转黑白摄像机；镜头应选用日夜两用型镜头，并且3 km外能看清人物活动；云台要求选用螺杆传动的室外一体化云台，为了减少远距离图像的抖动，摄像机的安装也要确保牢固稳定。

③视频传输链路是系统中最关键的环节：由于森林防火监控自身的特点，传输方式不可能采用有线或光缆的方式，BITWAVE无线网桥成为最理想的无线传输解决方案。同时，无线传输方式具备施工简便，成本低，一次性投入等优势，图像实时传输、清晰，传输频率可选，并且可根据传输距离的远近、现场自然条件的不同，其功率的大小可以按要求配制，在遇障碍物阻挡的情况下，可采用架设中继系统或者采用低频网桥直接穿透一定密度的树林。

④森林防火涉及的范围广、距离远：各个需要监控的林区与监控管理中心距离较远，分布较为分散。在BITWAVE的森林防火系统中，通常采用2.4G与5.8G产品混合组网模式。对于分布密集的远端点采用5.8G点对多点组网模式；对于个别距离较远的远端点可以采用2.4G产品组网，对于一些可视环境不好的监控点，可以采用低频率绕射和穿透能力强的产品。

⑤前端设备的供电：在森林防火监控系统中，能够给前端设备提供稳定的电源是非常重要的。因此，在选择监控点的时候，要尽量考虑选择有固定电源的地方，但大家会考虑到有电源的监控点距离中心很远，这时就体现出远距离传输的无线设备优势。

如果无法找到合适的有源点，那么只能采用太阳能供电方式。在采用太阳能供电方式时，首先，要选择专业的太阳能电源公司的产品；其次，太阳能供电系统最少要保证在阴雨天，能给每一个监控点的前端所有设备提供24 h的电力。太阳能供电系统由太阳电池组件构成的太阳电池方阵、太阳能充电控制装置、逆变器、蓄电池组构成。太阳电池方阵在晴朗的白天把太阳光能转换为电能，给负载供电的同时，也给蓄电池组充电；在无光照时，由蓄电池给负载供电。

⑥避雷接地要安全可靠：森林防火监控系统的软肋是前端的避雷与接地，前端设备的避雷与接地直接影响整个工程的安全性和可靠性，忽视了避雷与接地将会给用户带来巨大的的损失，避雷原则是所有设备都要安装在避雷针的保护范围之内，接地电阻不大于10 Ω，如工程商没有避雷与接地能力，建议与本地专业的避雷与接地公司合作，避雷与接地的自身特点是由环境决定的并影响到的实际避雷效果，因此脱离了工程所在地的具体情况而设计避雷与接地是纸上谈兵，切不可行。

⑦为确保及时发现火警，前端需要有烟感等感应器以及报警联动设备。

⑧无线监控系统产品具备高可靠性：由于整个监控前端设备地处深山，维护极为不便，所以中心要能随时掌握前端设备的工作状态，对维护将起到重要的指导分析作用。因此，性能过硬的无线网桥是至关重要的，BITWAVE的无线网桥是工业级标准的产品，具备适应室外恶劣气候环境的特点，同时得到国家无线电委员会严格检测并认可的，可以最大限度地保证整个无线系统的稳定性和可靠性。

通过BITWAVE的森林防火无线监控系统，可以建立先进的森林防火预警体系，提高对突发性森林火灾的监控水平和处置能力，研究探索加强森林火情监测、预防、指挥、扑救的有效方式，进一步建立完善科学的森林火情预测预警体系和应急管理体系，不断完善森林防火预案，尽快构建起适应森林防火工作的运行机制，从根本上提高森林火灾预防、扑救的综合能力。

图像型火情探测技术是森林防火监测监控系统的关键技术之一，其性能体现在它摄取的图像在多大程度上代表了火灾的典型特征而明显区别于火灾以外的其他物理现象。基于图像识别的火灾预警系统采用的是非接触式的探测技术，不受空间高度、热障、易爆、有毒等环境条件的限制，抗干扰能力强，将图像识别技术与传统的森林火险区划方法相结合，取长补短应用于森林防火工作中能充分发挥现代信息处理与传输技术的优势，适应当今世界森林防火的发展趋势，因此，建立和推广应用自主开发的基于图像识别的森林防火预警信息系统对我国森林防火工作将产生深远的影响(朱学芳等，2012)。

2)基于无线传感器网络的林火监测预警系统

无线传感器网络采集到的数据更为准确，直接反映监控现场的各种情况，在无人值守的环境、灾害扑救等特殊领域具有无可比拟的优势。利用无线传感器网络(WSN)采集大量温度、湿度、光亮度和大气压力等数据，利用计算能力微小的传感器探测节点把数据发送到汇聚节点，由汇聚节点负责融合、存储数据，并把数据通过Internet传送到数据库服务器，中心服务器再把数据服务器的数据加以分析整理，从而监测森林火险情况，并将这些信息置于Web服务器，实现对森林火灾的准确监测预警。

(1) **森林火灾监测关键参数**

森林火灾的发生通常是火源、环境因素和可燃物等因素综合的结果，首先林中气温的高低会直接影响可燃物着火的情况，同时，空气湿度、烟雾的稠密浓度等都是重要的参数。

(2) **森林火灾监测系统的结构设计**

根据森林火险实时监测的具体要求，需要在了解森林火险特征、林火发生机理等因素的基础上，建立准确的林火预测预报模型。森林火灾监测系统分成 3 个子系统：数据采集子系统(WSN)、控制中心子系统和应急响应子系统，如图 6-1 所示。

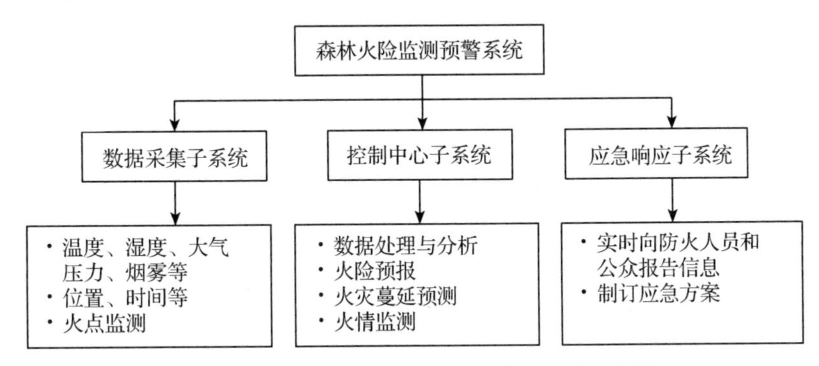

图 6-1　基于 WSN 的森林火险监测预警系统功能图

数据采集子系统需要准确地采集到相关的数据，在采集到数据的同时，结合地理信息系统(GIS)测量出发生火险(灾)地点的地形情况，随后传送给控制中心，控制中心分析火情，预测火灾的蔓延方向，并将这些信息置于 Web 服务器，应急响应子系统通过 Web 浏览器掌握具体情况，得到火险监测信息，制定相应的预防和扑救措施。

数据采集子系统主要通过无线传感器网络采集温度、湿度、大气压力、烟雾、光亮度等重要数据，进行预处理以后，与节点位置、时间等信息实时传输到控制中心服务器，帮助防火部门有效地确定方案，快速的监测到潜在的风险。

①数据采集子系统：主要是通过无线传感器网络采集温度、湿度、大气压力、烟雾、光亮度等重要数据，进行预处理以后，与节点位置、时间等信息实时传输到控制中心服务器，帮助防火部门有效地确定方案，快速的监测到潜在的风险。

②控制中心子系统：需要处理来自数据采集子系统的所有信息，并结合 GIS 系统，确定传感器节点与火险的位置、地形以及森林资源的各种属性，对异常情况报警。然后，控制中心必须完成林火行为分析，预测火灾蔓延方向。最后，控制中心必须实时显示火情监测信息，并将所有信息置于 Web 服务器。

③应急响应子系统：使得远程用户包括管理部门能够通过 Web 浏览器实时掌握控制中心的火线监测信息，根据检测信息制定相应的扑救措施。

④森林火灾监测系统的数据显示：应用汇聚节点将采集的数据经过转换存入后台数据库，数据采集子系统进行自动定位，相关部门监控服务器通过发送命令对节点进行位置更新与定位，实时显示需要的数据。

(3)森林火灾监测系统关键技术

研究结合WSN与“3S”技术的森林火灾监测系统必须解决以下几个问题：传感器网络节点的部署与拓扑生成，传感器网络节点的定位算法，具备容错机制的传感器网络通信协议。

①传感器网络节点的部署与拓扑生成：节点部署是无线传感器网络研究的一个基本问题。森林火灾监控的区域范围很广，但网络传感器节点的数量有限，与节点部署相关的有覆盖、连通、能耗三方面基本问题。合理的节点部署方式不仅可以提高网络工作效率、优化利用网络资源还可以根据应用需求的变化改变活跃节点的数目，以动态调整网络的节点密度。此外，在某些节点因物理损坏或能量耗尽而失效时，通过一定策略重新部署节点，可保证网络性能不受大的影响，使网络具有较强的鲁棒性。节点间自组织成网络，可协作地感知、采集和处理森林监测区域中温度、湿度等对象信息，并通过无线多跳的通信方式实现物理世界、信息世界和人类社会的交互。本系统采用簇一树网络拓扑结构，通过随机部署在森林内部或附近区域的微处理器采集湿度、温度等数据，通过普通节点、簇首、网络协调器、路由器、互联网把数据传送到监控主机，实施监测预防。

②传感器网络节点的定位算法：目前提出的传感器网络节点的自身定位算法主要是利用传感器网络中少量已知自身位置的节点通过计算获得其他未知节点的位置信息，主要有两类：基于距离(range-based)的定位方法和不基于距离(range-free)的定位方法。Range-free定位方法降低了对接点硬件的要求，在成本和功耗方面比range-based方法具有优势，但定位的误差也相应有所增加。目前提出的算法主要有：质心算法、DV-hop算法、Amor-phous算法、APIT算法等。较好的定位方法满足较小的能耗、较高的定位精度、计算方式是分布式的、较低的锚节点密度、较短的覆盖时间。本系统采取基于DV-HOP的无线传感器网络定位算法，对未知节点与锚节点之间的估计距离做出修正，克服当网络中节点的跳数大于或等于2时，未知节点与锚节点之间的估计距离所产生的较大误差，同时使用总体最小二乘法代替最小二乘法进行计算，进一步减小定位误差，提高了平均定位精度。

③具备容错机制的无线传感器网络：为了保障网络的正常工作，本系统采取以下措施：在基于分簇的拓扑结构上，利用无线传感器网络传输数据携带的监测对象名称，位置等信息，在簇头之间形成传输路径；再通过链路质量估计路由建立机制，通过链路质量和节点能量反馈信息，使得数据源和节点实时调整路径选择，具备动态自组织能力。

(4)森林火灾监测预警系统的设计

森林火险等级是通过大量的现场观测数据作为数理统计分析，即在选择的地区内把收集到的若干野外数据，综合考虑天气、可燃物含水量、火行为等因素，建立经验曲线并制表。结合WSN与“3S”技术的森林火险监测预警系统建立森林火险蔓延预测模型，即火险天气指标系统，本系统根据无线传感器网络采集到的气温、湿度、大气压力等现场数据，结合GIS系统，确定传感器节点位置、地形以及森林资源的各种属性，通过天气指标系统(FWD)进行森林火警预警。

火险天气指标系统由6部分组成：3个基本码，2个中间指标和1个最终指标，如图6-2所示。

图6-2中3个初始组合(1，2，3)，即3个湿度码，反映3种不同变干湿度可燃物的含水率大小，2个中间组合(4，5)分别反映蔓延速度和燃烧可能消耗的可燃物量。在实际应用中，系统只需要输入气温、相对湿度、风速和前24 h降水量的观测值，即可进行*FWI*指标计算。当系统缺少可燃物的相关数据信息时，可根据采集的实时气温数据进行简单预警。当实时气温高于50 ℃或者短时间气温变化超过5 ℃，系统立即发出预警信息。

无线传感器网络在森林火险预警、环境监测等领域具有传统技术无可比拟的优势。无线传感器网络通过自组织的无线通信形式形成一个多跳的网络系统，从而相互传递信息、协同合作来完成特定任务。本系统能够实时监测森林环境的湿度、气温，不仅起到预报火险等级的作用，一旦发生火灾，能够迅速判断出何时何地发生火灾，帮助防火人员及时做出反应，最大限度地降低火灾损失(杨乐乐等，2014)。

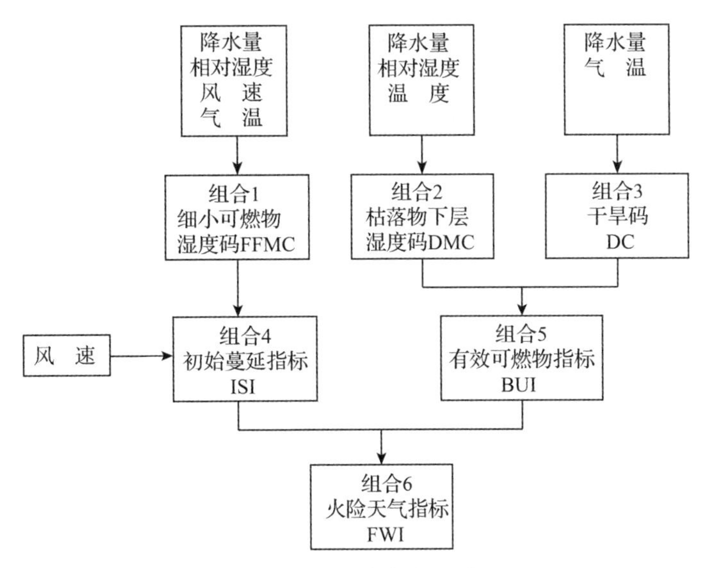

图6-2 林火天气指标系统图

6.2 林火预测预报

在大力发展人工造林、退耕还林的形势下，我国森林覆盖面积逐年增加，但天然林面积仍以每年40×10^4 hm^2的速率在消失。随着人口的不断增加，对于木材的需求量也在不断加大。此外，森林对于防止水土流失，减轻沙漠化程度，稳定全球气候也起着至关重要的作用，因此预防森林火灾，保护现有林业资源，成为各级地方政府亟需解决的问题。林火预测预报是林火管理工作中的重要环节，通过林火预测预报，可以掌握未来的火险形势，使森林火灾预防工作更加有的放矢。

林火预测预报是综合气象要素、地形、可燃物的干湿程度、可燃物类型特点和火源等，对森林可燃物燃烧危险性进行分析预测，天气预报的准确性直接影响林火预报的准确性。随着以计算机为代表的高新技术迅猛发展，在世界范围内，林火预测预报的应用已成为越来越多的有林国家林火管理的有力工具。

6.2.1 林火预测预报的概念和类型

6.2.1.1 林火预测预报的概念

林火预测预报指通过测定和计算某些自然和人为因素来预估林火发生的可能性、林火发生后的火行为指标和森林火灾控制的难易程度。其中用来估算林火发生可能性和火行为等的因素包括气象要素、可燃物因子、环境因子等，林火发生的可能性通过火险等级、着火概率等表现出来，火行为一般包括蔓延速度、林火强度等指标(胡海清，2005)。

6.2.1.2 林火预测预报类型

林火预测预报一般可分为火险天气预报、林火发生预报和林火行为预报3种类型。森林火险等级预报，仅预测预报天气条件能否引起火灾的可能性；林火发生预报则综合考虑天气变化、可燃物干湿程度变化和可燃物类型及火源出现的危险等，来预测预报火灾发生的可能性；火行为预报是火灾发生后，预测林火蔓延速度、能量释放、火强度以及扑火难易程度。3种林火预报类型所考虑的因子的大致模式为：

①气象要素→火险天气预报。

②气象要素+植被条件(可燃物)+火源→林火发生预报。

③气象要素+植被条件+地形条件→林火行为预报。

(1)火险天气预报

主要根据能反应天气干湿程度的气象因子来预报火险天气等级。选择的气象因子通常有气温、相对湿度、降水量、风速、连旱天数等。该项预报不考虑火源情况，仅仅预报天气条件能否引起森林火灾的可能性。

(2)林火发生预报

根据林火发生的3个条件，综合考虑气象因素(气温、相对湿度、降水量、风速、连旱天数等)、可燃物状况(干湿程度、载量、易燃性等)和火源条件(火源种类和时空格局等)来预报林火发生的可能性。

(3)火行为预报

在充分考虑天气条件和可燃物状况的基础上，还要考虑地形(坡向、坡位、坡度、海拔等)的影响，预报林火发生后火蔓延速度、火强度等一些火行为指标。

6.2.2 林火预测预报的研究

林火预报方法是具有强烈尺度效应的，不同地区、不同尺度上开发的方法所采用的预报因子和预报手段是不同的。为阐明此问题，首先回顾以下林火预报的研究发展过程，然后对常用的预报因子和研究方法做逐一介绍。

6.2.2.1 林火预测预报的发展简况

林火预测预报的历史发展历经近百年，可分为20世纪90年代前的阶段和90年代以后的发展阶段。这两个阶段的主要区分点是计算机技术，特别是图像处理和GIS技术在林火预测预报中的普及应用(Amiro et al.，2004)。

(1)20世纪90年代前的林火预测预报发展历程

1914年，美国的道鲍思（Coett Dubois）在加利福尼亚森林系统林火预报（Systematic Fire prediction in California Forests）文章中最早提出了关于林火预报的概念，但道鲍思仅给出了森林火险预报的一般概念性描述，没有提出具体测定和预报火险的方法。

俄罗斯有人采用圆柏枝条和木棒来预估林火发生的可能性。1925年，加拿大学者莱特(J. G. Wright)提出用空气相对湿度来预估林火发生，并以相对湿度50%为界限，小于50%就有发生林火的可能。这种方法于1928年得到加拿大政府承认。

在美国，系统开展林火预测研究工作是从1925年开始的。代表人物是吉思波恩(H. T. Gisborne)。他于1928年和1936年发表过很有分量的文章，提出用多因子预报林火的方法，并于1933年研制出精致的“火险尺”，用五个因子联合表示火险影响的综合作用，成为各国火险尺研制的鼻祖。

20世纪40年代，苏联以聂斯切洛夫为代表，提出了综合指标法，利用每日最高气温和水汽饱和差乘积的累积值来估计森林的易燃程度。日本富山久尚提出了实效湿度法，利用空气湿度与可燃物含水率之间的关系，通过逐日空气相对湿度来判断火险高低。

以上所提到的各国虽然采用的方法不尽相同，但原理是一致的，预报的结果都是一些定性的火险天气特征，属于单纯的火险天气预报。

20世纪五六十年代研究林火预测预报的国家越来越多，研究的水平也不断提高，其中发展较快是美国、加拿大、澳大利亚和苏联等国。美国于1972年，以狄明(J. E. Deeming)为代表发表了美国国家火险等级系统(NFDRS)并于1978年做了进一步修正。美国是第一个研制出能在全国范围内推广使用的国家林火预报系统的国家。该系统的研制持续了30年的时间。在1940年就提出了有关方案，1958年研究计划正式通过并开始工作，1961年系统结构研究完成，1964年发表系统手册，1965年在全国推广使用该系统。以后几年，研究人员通过不断的野外试验对系统进行改进，于1972年发表美国国家火险等级系统。1978年做过一次修订，但结构和原理并未改变，仍以1972年的为基准。美国国家火险等级系统包括“着火”“蔓延”和“燃烧”三个指标，三个指标的综合为“火负荷”指标，反映总的控火难易程度和任务量。美国的国家火险等级预报系统既能做火险预报，又能做林火发生预报，还能做火行为预报，代表了林火预报的最高水平。

进入20世纪80年代，美国在林火行为预报方面又有新的突破。“BEHAVE”火行为预报和可燃物模型系统出现，全部以计算机软件形式提供给用户，具有功能强、应用简便的特点。该系统由两大部分组成。第一部分为可燃物模型子系统，提供用户两个软件包：一个是NEWMDL，用于建模后的调试和修正；二是STMDL，用于建模后的调试和修正。第二部分称为BURN子系统有FIRE1和FIRE2两个软件包。用户可根据自己已建立的可燃物模型，用FTRE1和FIRE2进行火行为预报，也可用于火场扑救计算，是扑火指挥决策的可靠依据，输出的参数有：不同坡度、坡向条件下的风向、风速，林火蔓延速度，单位面积上火场释放的能量，反应强度，火场不同时刻的面积、周边长，最大飞火速度，为指挥人员选择扑火方式以及调配扑火力量提供咨询。

美国国家火险等级预报系统问世不久，以瓦格那(C. E. van Wagner)为代表的加拿大科学家于1974年发表了"加拿大火险天气指标系统"，成为加拿大全国应用的火险预报系统，该系统是在大量点火试验和天气资料的基础上，从可燃物含水率平衡理论出发，通过系列推导、计算，最后以火险天气指标(FWI)来进行火险预报。

1987年，加拿大集中4家主要林火研究单位共同发表了加拿大森林火险等级系统(Canadian Forest Fire Danger Rating System)。该系统包括三部分：火险天气指标系统、火行为预报系统、林火发生预报系统(后又新增了第四个子系统：可燃物湿度辅助系统)。

澳大利亚林火预报开始于20世纪60年代，是以大量野外点火试验为基础。主要代表人物是麦克阿瑟(A. G. McArthur)于1966年研究出了用于林火预报的森林火险尺和用于草地火预报的草地火险尺。70年代做过修订，增强了火行为预报功能，现在一直沿用。

苏联一直使用的预报方法主要是将综合指标法作了一些改进，基本原理没有什么太大变化。但在70年代，有些林学家根据立地条件类型的原理，结合聂氏综合指标法研究了几种预报方法。值得一提的是，1979年苏联出版了《大面积森林火灾》一书，对火行为和火灾后果的预测提出了具有理论意义的模型和计算方法，但这些方法尚未推广应用。

我国的林火预报工作起步较晚，1995年才开始。林火预报系统在苏联、美国、日本等国林火预报系统的基础上，结合我国情况研制的。如"综合指标法""风速补正综合指标法""双指标法"和"火险尺法"等。1978年以后，我国林火预测预报研究进展比较快，已由单纯的火险天气预报向林火发生预报和潜在火行为预报发展，并提出和开始研究全国性的林火预测预报系统，特别是从1988年国家森林防火灭火研究开发基金项目启动以来，已有林火预报课题通过技术鉴定，都达到了较高水平。

(2)20世纪90年代以后的林火预测预报研究

20世纪90年代开始，计算机技术取得了重大进展，计算机性能及运算速度大幅度提高，存储容量增大，使得GIS技术日益普及。连同网络和多媒体技术的普及、通信技术的发展、卫星技术在林火监测中的应用等使林火预测预报的水平发生了根本的变化，从而使林火测报向前迈进了很大的一步。主要体现在两类林火预测预报系统的出现：

①实时预报系统：如澳大利亚的实时林火测报系统，该系统能够根据火场的实际发展情况的反馈，动态调整预报系统的参数，以提高准确度。

②基于GIS平台的预报系统：如加拿大的SPATIALFIRE、美国的BEHAVEPLUS、FARSITE等。这些系统基本原理上并不比20世纪90年代前的更先进，但利用GIS技术，更好地处理了可燃物的空间分布、地形对林火的影响等，这是以前难以做到的。

我国在这些方面也做了大量的研究工作，20世纪90年代的国家林火信息管理系统等都是属于这类系统。

6.2.2.2 林火预报因子

林火预报因子多种多样。但按其性质(随时间变化规律)可划分为稳定因子、半稳定因子和变化因子3种类型(侯锡铭等，1996)。

(1)稳定因子

稳定因子是指随时间变化，不随地点变化，对林火预报起长期作用的环境因素。主要包括气候区、地形条件、土壤条件。

①气候区：对某一地区来讲，其气候是相对稳定的。例如，东北气候区，冬季寒冷干燥，夏季高温多湿等基本保持不变，特别年份除外。气候区反映某一区域的水热条件和植被分布，进而影响天气条件和可燃物分布。在同一气候区内火险天气出现的季节和持续时间长短基本一致。

②地形条件：在大的气候区内，地形是地质变迁的结果，其变化要用地质年代来度量，比较缓慢，在短期内基本保持不变。但是，作为地形因素的坡向、坡位、坡度和海拔高度等对林火的发生发展有直接影响。因此，在林火预报时，特别是在进行林火行为预报时，是必须要考虑的因子。

③土壤条件：在某一区域，土壤条件在短期内是基本保持不变的，具有相对稳定性。土壤含水率直接影响地被物层可燃物的湿度。因此，有人用土壤的干湿程度来预报火险的高低。例如，澳大利亚的火险预报尺就是根据降水量和最高气温来决定土壤的干旱度，用以预报火险。法国也是以土壤含水率大小来确定森林地被物的干旱指标，对火险做出预报的。

(2)半稳定因子

半稳定因子是指随时间、地点变化不明显的相对稳定的环境因子。半稳定因子主要包括火源、大气能见度、可燃物特征等。

①火源：火源既是固定因素，又是不固定因素。在一般情况下，某地区常规火源可以看作固定的。例如，雷击火、机车喷漏火、上坟烧纸等都属于相对稳定的火源；而吸烟、野外弄火、故意纵火等火源都非常不固定。随着一个地区经济的发展和生产方式的改变，火源种类和出现的频度也在不断发生变化。例如，迷信用火曾近乎绝迹，现又有抬头之势；随着森林旅游事业的发展，林区旅游人员增多，由此而引发森林火灾亦呈上升趋势等。

②大气能见度：能见度是指人肉眼所能看到的最远距离。空气中的烟尘、薄雾、飘尘等都能降低大气能见度。在某地区某一季节的大气能见度是相对稳定的。在早期的林火预报中有人应用过大气能见度这一气象指标，现在几乎没有人考虑这一指标。但是，大气能见度对于林火探测和航空护林非常重要。因此，在森林防火实践中应给予足够重视。

③可燃物特征：森林可燃物是林火预报必须考虑的要素之一，它是一种相对稳定的因子。例如，同一地段上的可燃物(类型、种类、数量等)如果没有外来干扰，年际之间的变化很小，具有一定的动态变化规律。

(3)变化因子

变化因子是指随时间和地点变化时刻发生变化的环境因素。林火预报变化因子是林火预报的最主要的因子，可以通过观测和计算直接输入林火预报系统中。林火预报变化因子主要包括可燃物含水率、风速、气温、空气相对湿度、降水量、连旱天数、雷电活动等。

①可燃物含水率：可燃物含水率大小决定森林燃烧的难易程度和蔓延快慢。可燃物含水率是判断林火能否发生、发生后蔓延速度和火强度大小及扑火难易最重要的预报因子。特别是可燃物着火含水率、蔓延含水率等都具有重要的预报意义。

②风速：风速的大小对森林的发生发展具有非常大的影响。俗语称“火借风势，风助火威”。这充分说明风因子对林火影响的程度。在火险和林火发生预报中，常把风速作为间接因子考虑对可燃物含水率的影响；而在火行为预报中，风是决定火蔓延速度、火强度及火场扩展面积大小最重要的指标。

③气温：气温是林火预报的直接因子，一直受到重视。气温一方面直接影响土壤温度和可燃物自身温度，进而影响可燃物的干湿程度；另一方面气温可以通过对湿度的影响作用于可燃物，改变可燃物的物理性质，使火险程度提高。另外，气温对林火蔓延和林火扑救都有很大影响。

④空气相对湿度：空气湿度是林火预报采用的诸多气象要素中又一非常重要的因子，它直接影响可燃物的燃烧性。对林火发生和林火行为等均有重要影响。因此，空气相对湿度几乎是所有林火预报必须考虑的要素。

⑤降水量：降水量大小和持续时间长短决定了可燃物含水率的大小。因此，降水亦是火险预报、火发生预报和火行为预报的重要因子。在具体的林火预报中，考虑较多的是降水量和降水持续时间两个因子。

⑥连旱天数：连旱天数指连续无降水的天数。连旱天数直接影响可燃物含水率变化，进而影响火险等级的高低。

⑦雷电活动：雷电活动是预报雷击火发生的重要指标。对于雷电活动进行预报要求技术较高。但是，世界上许多国家，包括我国在内，都在积极进行雷击火预报与监测，以减少雷击火的发生和损失。

6.2.2.3　林火预报研究方法

林火预报系统的研究是一项复杂的系统工程，一个完善的林火预报系统，是林学家、数学家、物理学家、计算机专家和气象学家等共同的研究结果。以下分别介绍林火预报中涉及的学科基础和基本研究方法。

(1)林火预报的学科基础

①气象学：气象学一直是林火预测预报的基础。早期林火预报就是以单纯的火险天气预报为主的，现今预报方法仍离不开气象要素。关键是选择什么样的气象要素、怎样选择以及各气象要素在林火预报中的作用。另外，气象观测台站的分布、格局、观测手段都将影响到林火预报的精度。

我国的林火预报研究工作之所以进展迟缓，其中重要的一点就是主要林区气象观测网密度太小，且分布不合理，不能如实反映山地条件下气象的变化。

②数学：数学是林火预报研究的重要工具，特别是定量的研究，更离不开数学和统计学。多数国家的现有预报系统大部分是以数学模型为理论基础的。通过模型来反应林火发生条件、林火行为与气象要素及其他环境因素之间的关系，找出规律。作为预报系统的关键构件，与其相应的统计学方法在林火发生预报中也得到应用。利用林火发生概率来做林火发生预报的方法国内外都已出现，目前常用的有判别分析、逻辑斯蒂(Logistic)回归和泊松(Poisson)拟合等方法。

③物理学：物理学，特别是热力学和动力学在研究林火行为预报时非常重要。林火预报比较发达的国家，如美国、加拿大和澳大利亚，进行了大量室内和室外燃烧试验，模拟林火，从中探讨林火蔓延规律以及与环境条件的关系。目前美国、加拿大都建立起专门用于林火蔓延研究的林火实验室，力求通过物理学方法来揭开森林燃烧与蔓延机制。我国目前也初步具备开展类似研究的能力。

④其他学科和技术：遥感技术、空间和航空技术、计算机技术，特别是GIS技术，在林火预测预报中发挥越来越大的作用。这些新技术的引进，使林火预测预报逐步走向现代化的道路。目前，美国、加拿大、澳大利亚等科技发达的国家已基本上解决了气象遥感、图像信息传输计算机处理等环节，真正使林火预测预报达到了适时、快速、准确。

植物学、生态学、土壤学等生物学科也是研究林火预报十分重要的学科。这主要是从森林可燃物的角度出发的。可燃物的分布规律、组成、燃烧特性和能量释放都是林火预报，特别是火行为预报必须考虑的问题(白尚斌等，2008)。

(2)林火预报的研究方法

林火预报的研究方法与林火预报类型密切相关，研究方法决定林火预报的类型。每种研究方法都有其特定的理论基础和原理。常见的林火预报的研究方法如下：

①利用火灾历史资料进行林火预报研究：利用火灾历史资料，通过统计学的方法找出林火发生发展规律，这是最简单的一种研究方法。该方法只需对过去林火发生的天气条件、地区、时间、次数、火因、火烧面积等进行统计分析，即可对林火发生的可能性进行预估。其预报的准确程度与资料的可靠性、采用的分析手段、主导因子的筛选和预报范围等都有密切关系。一般来说，这种方法预报的精度较低，其原因有如下两方面：一是林火发生现场当时的气象条件与气象台(站)所测定的天气因子观测值不一定相符，有一定的出入。火灾现场大部分在林区山地，受山地条件的影响形成局部小气候。而气象台站大部分设在县、局级城镇，属于开阔地带，其预报的气象参数与火灾现场有差别是随机的，没有系统性，不能用统计方法自身修正。二是这种方法掺杂许多人为因素，如火灾出现的次数和受灾程度受人为影响，森林防火工作抓得好，措施得当，火灾发生就少些。相反，在同样的气候条件下，如人为措施不当，火灾面积可能就比较大。

②利用可燃含水率与气象要素之间的关系进行林火预报研究：这种方法的基本原理是通过某些主要可燃物类型含水率的变化，推算森林燃烧性。可燃物含水量是林火是否能发生的直接因素。而可燃物本身含水率的变化又是多气象要素作用综合反应的结果。基于这原理，各国学者为了提高林火预报的准确性，花很大力气研究可燃物含水率变化与气象要素的关系，总结规律，应用到自己的预报系统。最初人们用一根简单的木

棍在野外连续实测其含水率的变化。测定要求在不同的天气条件下进行，从晴→棍(干)→阴天→棍(湿)→干，这一系列过程，同时测定各种气象要素，找出二者之间的关系，以此进行预报。野外测定虽然比较实际，但受测定手段等制约，精度总是有限的。后来人们又把这一实验转到室内，在实验室内模拟出各种气象要素变化的组合，测定木棍及其他种类可燃物的含水率变化，从中总结规律用于火险预报。目前美国国家火险等级系统就是基于可燃物的水分变化，特别是水汽两相湿度的交换过程、变化规律、热量的输送及传播。通过纯粹的数学、物理推导计算面产生的。因此，美国对可燃物含水率变化与林火预报的研究是比较透彻的。具体体现在构造的两个物理参数上，这两参数是平衡点可燃物含水率(*EMC*)和时滞。用这两个参数将气象要素与不同大小级别的可燃物含水率联系起来，输入系统中，应用起来很方便，并可取得定量参数。加拿大火险天气指标系统也引用了 *EMC* 的概念，不同种类可燃物含水率以湿度码的形式来体现其与气象要素的关系。

③利用点火试验进行林火预报研究：这种方法也称以火报火。在进行火险预报和火行为预报时，只凭理论标准是不准的，必须经过大量的点火试验。点火试验要求在不同气象条件下，针对不同可燃物种类进行，通过试验得出可燃物引燃条件、林火蔓延及能量释放等参数。目前，加拿大和澳大利亚已进行大量点火试验，并通过统计方法建立模型进行火行为预报。加拿大进行的点火试验火强度较小，大部分地表火持续时间约为 2 min。虽然规模较小，但仍表明在不同天气和可燃物温度条件下火行为的变化规律。而澳大利亚所进行的 800 多次点火试验火强度很大，有些试验火强度超过大火指标，而且持续时间较长，有的长达 2 h 之久。由此而总结出的规律用于火行为预报更切合实际，利用点火试验进行火行为预报，其输出指标具有坚实的外场资料，澳大利亚系统能定量地预报出林火强度、火焰长度、飞火距离等火行为参数。

④综合法进行林火预报研究：这是种选用尽可能多参数进行综合预报的方法。是把前面的 3 种方法结合起来，利用可燃物含水率与气象要素之间的关系，引入火源因素和点火试验结果来预报火险天气等级、林火发生率、林火行为特点等指标，并通过计算机辅助决策系统派遣扑火力量，决定扑火战略。这种方法实际上是引入了系统工程的原理。目前世界各国都在向此方向发展。

⑤利用林火模型进行林火预报研究：这种方法属于纯粹的物理数学过程，需要坚实的数学、物理学基础。根据已知热力学和动力学原理，用数学或计算机模拟各种林火的动态方程，再到野外通过试验进行修正。美国北方林火实验室曾开展此项研究。

总的来说，林火预测预报的发展是由单因子到多因子；其原理是由简单到复杂，但应用起来却趋于简化，由火险天气预报到林火发生预报和火行为预报，由分散到全国统一，由定性到定量，不断臻于完善。但就其研究技术而言，在数学手段上并没有太大的进展，在物理基础上也没有出现明显超越前人成就的成果，但在计算手段上，由于计算机性能的飞速提高和普及，已经出现了明显的改观，特别是 GIS 技术的应用，结合一些遥感技术，使复杂的计算成为可能，为林火预测预报的应用提供了广阔的天地(王欣欣等，2012)。

6.2.2.4 国内外林火预报方法介绍

林火预测预报方法是进行林火预测预报的关键，全世界共有 100 多种，我国也有

10多种。概括起来有经验法、数学方法、物理方法、野外实验法和室内测定法等(白尚斌等，2008)。

(1)经验法

利用历史火灾资料来找出火灾发生发展规律。这种方法只需对过去火灾发生的时间、地点、面积、天气条件、火源等进行统计和分析，找出火灾与气象要素的相关性，利用其相关性编制预报模型，划分等级指标，进行火险预报。

(2) 数学方法

以数学和统计学为理论基础，通过研究林火发生条件、林火行为与气象要素、其他环境因素之间的关系，建立数学模型，对林火发生和林火行为进行预报。

(3) 物理方法

以物理热力学和动力学原理为基础，研究林火燃烧与蔓延过程中的能量的传输、化学组分的变化以及火焰的传播和流动等现象，探讨林火的燃烧机制、蔓延规律与环境条件的关系，建立林火模型，并借助计算机模拟进行林火预报，这种方法也是目前发展的方向。

(4) 野外实验法

这种方法也称为以火报火。选择不同的森林可燃物类型，在一定面积上进行点火试验，经过多次实验后，统计出在各种气象条件下的试验结果，统计出林火燃烧、蔓延、火强度与气象要素的相关性，然后进行林火预报。

(5) 室内测定法

可燃物的湿度（含水率）是影响火灾发生的一个直接因素，通过测定可燃物的含水率，统计计算出可燃物的含水率与火灾发生的相关性来进行预报。

6.2.3 国外林火预测预报系统

6.2.3.1 加拿大森林火险等级系统

加拿大是个森林资源大国，拥有丰富的森林资源。森林总面积440×10^4 km^2，相当于世界森林面积的10%、亚洲森林面积的总和。森林覆盖率为45%，人均18.8 hm^2，是工业发达国家中按人口平均最多的国家之一。加拿大的林火研究开展较早并且系统地延续下来，积累了丰富的经验，对我国林火管理极具借鉴意义。

加拿大林务局的林火研究最早始于20世纪20年代。比较著名的是加拿大的林学家J. G. Wright从1925年开始在大不列颠哥伦比亚省和纽芬兰对林火天气、林下可燃物与林火之间相关性进行的研究。在加拿大林务局的管理与协调下，林火行为研究保持了其延续性。20世纪20年代。安大略省查克湖的森林实验站是最早进行小规模林火实验的，开始观测森林气象观测、测定不同可燃物层次中的不同可燃物类别的样本湿度。主要以松科和硬木为主。20世纪40~60年代。在加拿大林务局的牵头下，林火研究拓展到所有的森林类型，在广泛实验的基础上，提出了通用的森林火险指标，形成了加拿大森林火险评价子系统(Canadian Forest Fire Danger Rating System，CFFDRS)。20世纪60年代至今。加拿大林务局结合“3S”技术的最新成果，整合多年研究成果，形成完整的加拿大林火信息系统(CWFIS)，在系统使用过程中不断进行完善与升级。

加拿大森林火险等级系统(CFFDRS)是当前世界上发展最完善、应用最广泛的系统之一。其他一些国家或地区采用该系统的模块和/或研究思想，形成了自己的火险等级系统，最成功的例子是新西兰、斐济、墨西哥、美国的阿拉斯加和佛罗里达以及东南亚国家。最近，克罗地亚、俄罗斯、智利以及美国也对该系统的应用进行了评估。一套可定制的系统组分使CFFDRS成为世界上唯一能适应从局部到全球任何尺度的系统。当前的加拿大火险等级系统是加拿大林务局自1968年开始开发的，但最初的研究，可以追溯到19世纪20年代。CFFDRS的2个主要子系统——加拿大林火天气指标系统(Canadian Forests Fire Weather Index，FWI)和加拿大林火行为预报(FBP)系统已经在全国正式运行很多年了(图6-3)；另外2个子系统，可燃物湿度辅助系统和加拿大林火发生预报(FOP)系统，虽然存在各种区域性的版本，但还没有发展成一个全国性的版本。林火发生预报系统用来预测雷击和人为引起的火灾数量，而可燃物湿度辅助系统的作用是支持其他3个子系统的应用。CFFDRS是火管理系统人员或野火研究人员制定行动指南或开发其他系统的基石。

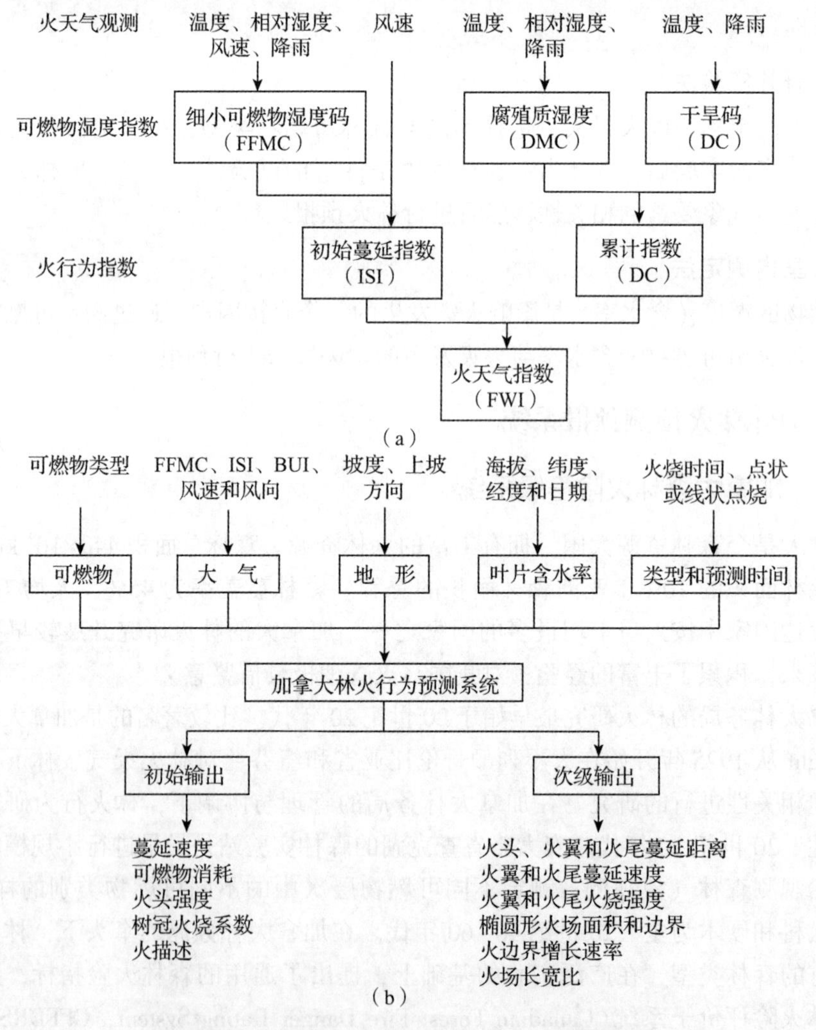

图6-3 FWI系统(a)和FBP系统(b)简化结构图

(1)加拿大国家火险天气指标系统

加拿大火险天气指标系统是加拿大森林火险等级系统(CFFDRS)的组成之一，是针对加拿大标准的针叶林可燃物类型，平缓地形条件下，以指标值来预报潜在的火灾危险(Amiro et al.，2004)。FWI 系统的初稿于 1969 年形成并发表，1970 年研究出用于预报的表格，1976 年系统以法定计量单位公布于众，1978 年进一步进行了修订。目前见到的 FWI 系统文献(第四稿)于 1984 年完成，1985 年完成了系统计算的数学方程和计算机程序，系统的技术进展和数学处理说明主要源于 1974 年版，1987 年做过少量修订。该指标系统比前面的林火预报复杂，是比较完善的火险天气预报系统(Amiro et al.，2004)。

①FWI 的基本原理：加拿大火险天气指标系统是在 3 方面的基础资料(气象因子，可燃物含水率计算，小型野外点火试验)的基础上，以数学分析同野外试验相结合的方法研制出的经验火险预报系统。系统以中午相对湿度、气温、风速和前 24 h 降水量为 4 个基本输入变量，以 3 个湿度码来反映不同可燃物含水率，以 3 个输出指标反映着火难易程度和蔓延速度以及能量释放速率。

②FWI 系统的基本结构：加拿大火险天气指标系统由 6 部分组成：3 个基本码、2 个中间指标和 1 个最终指标。其各部分组成的关系如图 6-4 所示。

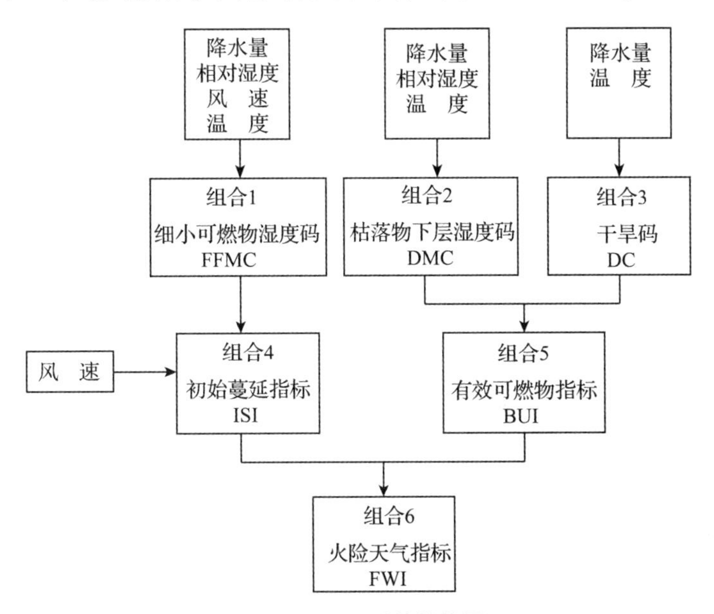

图 6-4 FWI 系统结构图

3 个初始组合(1，2，3)，即 3 个湿度码，反映 3 种不同变干速率的可燃物的含水率。2 个中间组合(4，5)，分别反映蔓延速度和燃烧可能消耗的可燃物量。系统只需输入每天中午的空气温度、相对湿度、风速和前 24 h 降水量的观测值即可运行。

事实上，系统提供了计算各种码和指标的一系列数学表达式，便于计算处理。火险天气指标虽然根据中午气象读数计算而得，但实际代表每日 14:00~16:00 的最高火险。这是因为中午天气读数与细小可燃物含水率密切相关，而野外点火试验也是在 14:00~16:00 进行的。

还应说明的是，3种湿度码的数值(表6-1)并不是3种相对应可燃物的含水率，而是由可燃物含水率决定的量纲为1的物理量，二者为函数关系。

表6-1 3种湿度码性质比较

湿度码	时滞时间(d)	持水能力(mm)	所需气象参数	标准可燃物床深度(cm)	标准可燃物负荷量(kg/m^2)
FFMC	2/3	0.6	*T*、*H*、*W*、*r*	0.25	0.25
DMC	12	15	*T*、*H*、*r*、*mo*	7	5
DC	52	100	*T*、*r*、*mo*	18	25

注：*T*为温度；*H*为相对湿度；*W*为风速；*r*为降水；*mo*为月份。

③计算方法：

a.小可燃物湿度码(*FFMC*)。细小可燃物温度码反映的是林中细小可燃物和表层枯落物含水率的变化。其代表的可燃物为枯枝落叶层厚1~2 cm，负荷量约为5 t/hm²。1984年版用式(6-1)计算：

$$F=\frac{59.5(250-m)}{147.2+m} \tag{6-1}$$

$$m=\frac{147.2(101-F)}{59.5+F} \tag{6-2}$$

式中 F——细小可燃物湿度码；

m——细小可燃物含水率。

*DMC*采用下式计算：

$$P=C[\lg M_{max}-E-\lg(ME)] \tag{6-3}$$

式中 C——常数；

P——*DMC*的值；

M——该层的可燃物含水率；

E——平衡点可燃物含水率。

经过进一步研究确定了M_{max}为300，E为20，此时计算方程为：

$$P=244.72-43.43\ln(M-20) \tag{6-4}$$

b.干旱码(*DC*)。干旱码反映的是深层可燃物的含水率。这一层是土壤表层10~20 cm，结构比较紧密，负荷量约为25 kg/m^2。含水量变化迟缓，往往随季节变化。最初设计时以土壤水分状况来表示，通过研究得出其水分损失按指数关系变化，所以也很适用于代表粗大可燃物，如倒木等。干旱码(*DC*)以水分当量计算：

$$D=400\ln(800/Q) \tag{6-5}$$

式中 D——干旱码；

Q——水分当量(800为水分饱和；0为干旱状态)。

c.初始蔓延指标(*ISI*)。*ISI*是加拿大火险天气系统的一个中间指标，由细小可燃物湿度码和风速共同决定，反映在可燃物数量不变情况下的林火蔓延速度。*ISI*的计算由细小可燃物函数和风函数的结合来实现。

$$f(W)=e^{0.05039W} \tag{6-6}$$

$$f(F)=(91.9e^{-0.1386m})\left[1+m^{5.31}/(4.93\times10^{7})\right] \tag{6-7}$$

$$R=0.208f(W)f(F) \tag{6-8}$$

式中 $f(W)$——*ISI* 的风速函数；

e ——自然对数的底数；

$f(F)$——*ISI* 的细小可燃物函数；

R——初始蔓延指标。

d. 有效可燃物指标(*BUI*)。有效可燃物指标是枯落物下层湿度码(*DMC*)和干旱码(*DC*)的结合，反映可燃物对燃烧蔓延的有效性。它既能提供 *DC* 一个有限的变化权重，又能保持 *DMC* 的作用，特别是当 *DMC* 接近 0 时，*DC* 不影响每天的火险状况。*BUI* 采用下式计算：

$$U=0.8PD/(P+0.4D)\quad P\leqslant0.4D \tag{6-9}$$

式中 U——有效可燃物指标；

P——枯落物下层湿度码；

D——干旱码 *DC*。

e. 火险天气指标(*FWI*)。*FWI* 是初始蔓延指标和有效可燃物指标的组合，反映火线强度和能量释放程度，也是 *FWI* 系统的最终指标。

FWI 的计算由 3 步来完成：

首先计算干旱函数

$$f(D)=1000/(25+108.64e^{-0.023U})\quad U>80 \tag{6-10}$$

然后计算火险天气的中间形式：

$$B=0.1R_f(D) \tag{6-11}$$

火险天气指标的最后形式为：

$$\ln S=2.72(0.434\ln B)^{0.647} \tag{6-12}$$

该式的 B 值小于 1 时，它的对数是负数，无法取分数次幂，在这种情况下，S 可以简单地等于 B。

(2)加拿大森林火行为预测系统

加拿大森林火行为预测系统的正式开发始于 20 世纪 70 年代，并完成于 1992 年。此后该系统在全国范围内推广使用，并取得显著成效，减少了大规模森林火灾的发生数量。加拿大林火管理人员通过对森林火行为多年的研究与模拟，研发出能够模拟林火发生行为的系统模型。FBP 系统本质上主要是依靠经验建立的，系统中许多方面的信息都基于对实际火行为的观察，其中一部分数据来源于在天然次生林和采伐迹地进行的可测量燃烧实验，另一部分来自记录完备的野火资料。本文将介绍加拿大森林火行为预测系统的结构及其应用方式(Burgan et al.，1987)。

①FBP 系统结构：FBP 系统有 12 个主要的输入参数，大致可分为可燃物、天气、地形、叶面水分含量和火源类型 5 类。这些主要输入参数经过数学公式计算和处理，得出蔓延速度、火头强度、可燃物消耗量、林火类型以及林冠燃烧比例 5 个主要输出参数，此外还有 11 个次级输出参数，其主要界面如图 6-5 所示。

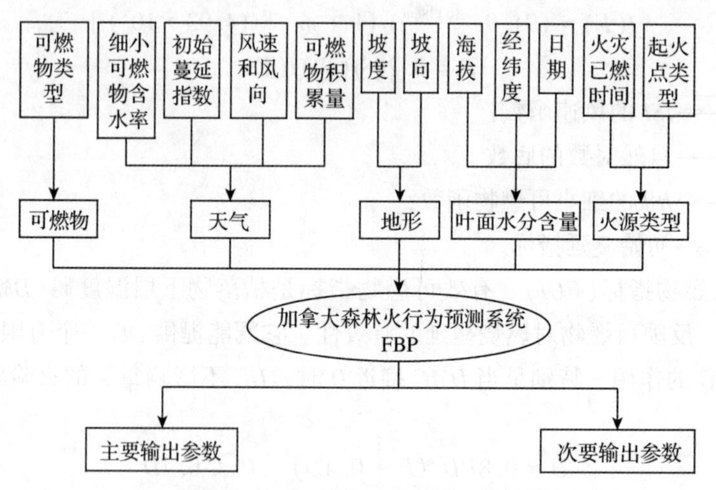

图 6-5 FBP 系统主要参数结构图

②系统需收集的相关数据：具体包括以下内容。

a. 可燃物数据。可燃物数据包括：树高和胸径、林分密度和物种组成；枯落物半腐殖质层的厚度、体积密度以及有机质含量；地表植被(草本和灌木)的类型和数量；林冠可燃物层的高度、数量和密度，发生火灾时可燃物的熄火含水率。

b. 气象数据。气象数据主要是依据森林火险气候指标(*FWI*)系统的参数，包括火灾发生之前燃烧现场的气温、空气相对湿度、风速、风向以及降水量等，火灾当天每小时的气温、空气相对湿度、风速、风向和降水量，以及火灾发生过程中火场 10 m 外的风速和风向在每 1 min 或 10 min 内所发生的变化。

c. 地形数据。地形数据包括坡度和坡向。为了消除斜坡可能对火行为的影响，大多数实验火的燃烧曲线是在水平地面上模拟得出的。

d. 火行为特征数据。当林火发生时可对火行为的各种特征进行观测。火行为的特征数据有很多，主要包括火灾类型，林冠燃烧比率，烟柱特性(高度、角度、颜色、风吹动与对流)，距着火点的距离，火焰长度和火焰高度，火旋风的发展与抑制效果，可燃物消耗量以及火灾后的“林冠廊道”。

③FBP 系统输出参数：FBP 系统有 5 个主要输出参数和 11 个次级输出参数。其主要输出一般都是基于 Byram 的火强度公式，而次级输出则是从一个简单的椭圆形火场的增长模式所派生的。

a. 主要输出参数。FBP 系统的主要输出参数中有 3 个是基于 Byram 的火强度公式得出的，但 FBP 系统方法和 Byram 方程之间存在一些差异，为了使系统能更准确地得出相关参数，对 Byram 方程进行了一些校正。

• 蔓延速度(*ROS*)。FBP 系统采用 3 个步骤来预测火头均衡的蔓延速度：首先利用初始蔓延指数(*ISI*)和可燃物类型来计算平地无风可燃物分布均匀条件下的蔓延速度；其次当火灾发生在山坡时利用坡度系数修改上一步得到的蔓延速度；最后根据可燃物的累积量(*BUI*)对蔓延速度进行调整，得到最终的火灾蔓延速度。林火管理人员可以根据输出的火灾蔓延速度预测火灾的发展趋势，评估灭火所需的时间，确定火场所需的灭火装备，制订详细的灭火方案，及时控制火灾的蔓延，以减少森林资源的破坏和财产损失。

● 可燃物消耗总量(*TFC*)。可燃物的消耗总量可分为地表可燃物消耗量和林冠可燃物消耗量。地表可燃物消耗量指的是植被凋落物和森林地被植物被烧毁的量，可根据以 *BUI* 或细小可燃物含水率(*FFMC*)为特征值的一种可燃物消耗量计算方式得出。林冠可燃物消耗量是指林冠可燃物燃烧的总量，也称为林冠可燃物负荷量，是根据林冠燃烧比例及林冠被烧毁程度计算的。了解可燃物消耗量有利于林火管理人员评估森林资源的损失和火灾发生的强度，为火灾后森林重建工作提供可靠依据。

● 火头强度(*HFI*)。FBP 系统采用火头蔓延速度和可燃物总消耗量来计算火头强度($HFI = 300 \times TFC \times ROS$)。火头强度是一个独特的参数，因为不同的蔓延速度和可燃物总消耗量组合可以产生相同的 *HFI* 值，即 2 场具有相同 *HFI* 值的火灾可以出现不同类型的火行为。组织灭火行动时可以根据火头强度来判断火灾级别，调派消防人员，选择合适的灭火方式，控制火头发展，并在有效灭火的同时保证消防人员的安全。

● 林火类型(*TOF*)。FBP 系统根据 *HFI* 值将火灾分为 6 种类型(表 6-2)，以表示火灾的燃烧状况。

表 6-2 FBP 系统林火类型划分

林火类型	*HFI* 值(kW/m)	林火类型	*HFI* 值(kW/m)
地下火	<10	稳进林冠火	2000~4000
稳进地表火	10~500	急进林冠火	4000~1000
急进地表火	500~2000	高能量火	>10 000

FBP 系统通过计算火场的 *HFI* 值，能迅速判别相应的林火类型，为林火管理人员制定灭火方案提供重要依据。

● 林冠燃烧比例(*CFB*)。FBP 系统规定，如果预测的地表火蔓延速度超过其临界值，则树冠将被点燃。这种表明林冠燃烧程度的函数转换指标，被称为林冠燃烧比例 *CFB*，它是指在特定区域内林冠可燃物被消耗的比例。

计算公式为：

$$CFB = 1 - e^{-0.023(ROS-RSO)}$$

式中 *RSO*——地表火向树冠火转变时火灾蔓延速度需达到的临界值。

例如，*CFB* 为 70%意味着某一林分 7/10 的树木已经被烧毁，70%并不意味着在整个区域内每棵树由底部到树冠 7/10 被火烧毁。根据预测的林冠燃烧比例可将火灾分为 3 类，即林冠燃烧比例不足 10%时，可将林火类型定义为地表火；林冠燃烧比例为 10%~90%时，林火类型为间歇性树冠火；林冠燃烧比例大于 90%时，林火类型为连续性树冠火。该项参数可以帮助林火管理人员判断林冠火发生的可能性与严重程度，从而为更加合理地制订灭火方案提供依据。

b. 次级输出参数。次级输出是基于标准椭圆形的简单增长模式，包含 4 项基本条件，即可燃物均匀并连续、平坦的地形、相对恒定的单向风以及自由燃烧并从单一点源开始的火。

次级输出强调加速度对火行为的影响，描述了一般情况下火灾的空间特征。在某种程度上，次级输出是从主要输出中导出的，大部分次级输出参数是基于一场在椭圆形状下蔓延的火灾，并且假设其他条件保持恒定的情况下获得的。11个次级输出参数分别为火头蔓延距离、火翼蔓延距离、火尾蔓延距离、火翼蔓延速度、火尾蔓延速度、火翼强度、火尾强度、过火面积、过火面周长、过火面周长增长率以及过火面周长长宽比。依据这些详细的火行为数据，可以全方位地了解火灾蔓延情况、火灾发展规模，进而开展全面的灭火工作，同时有利于清理火场和发现复燃火。

④FBP在林火管理中的应用：FBP系统依据加拿大主要可燃物类型、地形情况及天气情况对火行为特征做出定量输出，它的部分结构是基于森林火险气候指标系统(FWI)防火气象的观测。FBP系统的建立，为加拿大林火管理人员的火灾管理提供了更多的便捷。林火管理人员通过查阅相关资料将有关参数输入到FBP系统的"INPUTS"程序中，系统就会自动输出所需数据。通过对输出数据的分析，可以在林火发生时有效地帮助林火管理人员及时制订正确的灭火计划，召集足够的消防员，指挥消防员抵达灭火地点，快速实施扑灭措施。此外，FBP系统可预测大型火行为的发生，亦可根据调查得到的可燃物特征协助林火管理人员制定前期的防火规划，以及开展火灾防治工作。FBP系统在加拿大林业上的应用已越来越广泛，并被俄罗斯、澳大利亚、印度尼西亚等国借鉴引用，为其森林火行为管理提供便捷。

加拿大森林火险等级系统(CFFCRS)是以加拿大林火行为为理论基础进行研发的。它包含4个子系统：林火行为预报系统(FBP)、林火天气指标系统(FWI)、林火发生预报系统(FOP)、可燃物湿度辅助系统(AFM)。它是通过几百次的实验与观察，导出的林火向前蔓延速度(*ROS*)方程，属于统计模型。可燃物类型不同，其蔓延速度方程也不同，各方程都独立地依赖于初始蔓延指标(*ISI*)。该模型不考虑任何热传机制。不过，它可以帮助人们比较简单的认识林火行为的各个分过程和整个过程，以及揭示其作用规律。在各参数相似的条件下，可以比较准确地预测火行为。

6.2.3.2 美国国家火险等级系统

美国自20世纪20年代开始研究林火预报。1972年，美国研制出国家级火险预报系统并在其国内广泛推广应用，1978年对该系统进行了修正，使其进一步完善成为目前世界上最先进的林火预报系统之一。

(1)美国国家火险等级系统基本原理

美国国家火险等级系统以对水汽交换、热量传输等物理问题的研究和分析为基础，在研究火险天气时，主要根据水汽扩散物理研究中的理论推导、气象资料和实验室分析来计算并总结不同种类可燃物的含水率变化规律，以着火组分来反映易燃程度。在研究火行为时，依赖于Rothermel的蔓延模型，这种模型也是根据纯粹的物理设计和数学推导，以及室内控制条件下燃烧试验结果而建立的，以蔓延组分和能量释放组分来体现。林火发生预报是以火源和着火条件决定的，分为人为火和雷击火两种预报形式。美国NFDRS具有如下特点：

①该系统仅设有预报初发火的潜在特征，并没考虑树冠火和飞火的形成问题。

②该系统所提供的有关火发生和火行为指标只能为制定林火管理和扑火策略提供参考。

③该系统提供的有关火险程度的参数是相对的。

④该系统的火险指标阈值是根据最差火险天气设定的，其是在一天中火险等级最高时段进行的，并且观测点设在南坡中部尽量开阔的地带。

总体而言，NFDRS 并不能预报每一场火是怎样表现的(由其他子系统来完成)，而只是为林火管理提供短期防火规划指南，但可以预报在某一预报区内，某一时段内可能出现的林火行为的大致情况。

(2) NFDRS **计算方法**

NFDRS 认为可燃物的状态(可燃物含水率、可燃物载量、可燃物厚度、可燃物密度及其他理化性质)是评估火险等级的重要基础。该系统基于平衡含水率方法建立可燃物模型，计算可燃物含水率；根据可燃物含水率对火行为的贡献，采用 Rothermel 火蔓延模型计算火行为特征要素；在此基础上，计算并输出表征火灾发生可能性、火灾控制难易程度和火险等级的一系列防火指标(韩焱红等，2019)。

为使系统广泛应用于美国各地，根据美国森林资源分布情况，NFDRS 选取了具有代表性的 20 个可燃物类型，每个类型都有一套相应的物理参数。另外，考虑不同气候条件下可燃物的生长特性也有所不同，NFDRS 将美国划分为 4 个气候区(表 6-3)，以表示不同的干旱程度。系统根据温度、纬度、水分对植物生长期的影响，对各气候区的可燃物生长周期和初始含水率等参数进行设定。不同地区应用 NFDRS 时，可根据当地的可燃物类型和所属的气候区进行可燃物参数和气候类型参数的设置，同时通过调整季节码和绿度因子等参数使系统计算结果更好地反映当地条件和火险状况。

表 6-3 美国国家火险等级系统气候类型

气候类型编号	描 述
1	干旱、半干旱
2	半湿润(夏季雨量不足)
3	半湿润(全年雨量充沛)、湿润
4	潮湿

①可燃物含水率的计算：可燃物含水率是研究和预测林火能否发生并蔓延成灾的重要因子，也是决定林火蔓延速度、能量释放和扑火难易程度的重要因子。NFDRS 中将可燃物分为两大类型：活可燃物和死可燃物。活可燃物包括草本可燃物和木本可燃物，死可燃物按照含水率对环境因子的响应速率将分为 1 h、10 h、100 h、1000 h 时滞死可燃物。

a. 死可燃物含水率。死可燃物含水率变化仅受温度、相对湿度等气象条件的影响。NFDRS 以平衡含水率方法为理论基础，采用统计模型计算死可燃物含水率。平衡含水率是指在一定的温度、湿度条件下，某一可燃物无限长时间放置后可燃物的含水率；时滞则定义为可燃物含水率与初始含水率的差值达到初始含水率与平衡含水率之间差值的($1-e^{-1}$)所需的时间 NFDRS 将温度 27 ℃、相对湿度 20%条件下的时滞定义为标准时滞。在温度、湿度恒定的条件下，死可燃物的含水率变化可用下式描述

$$M = E + (M_0 - E)e^{-t/\tau} \tag{6-13}$$

式中 E——平衡含水率；

t——时间；

τ——时滞；

M_0——可燃物初始含水率；

M——t时刻的可燃物含水率；

e——自然对数的底数。

如果确定了死可燃物的时滞和平衡含水率，根据式(6-13)即可预测任意时刻的可燃物含水率。由于数据采集限制，实际应用中常采用式(6-13)的离散形式进行计算。NFDRS中采用Fosberg等基于可燃物含水率的历史记录建立的统计模型，根据平衡含水率分别计算1 h、10 h、100 h、1000 h时滞死可燃物含水率。

1 h时滞死可燃物为直径小于0.6 cm的枯枝以及枯草、苔藓、地衣、落叶等林内上层可燃物。其含水率计算方法参考式(6-14)：

$$M_1 = 1.03E \tag{6-14}$$

式中 M_1—— 1 h时滞死可燃物含水率；

E——平衡含水率。

10h时滞死可燃物为直径在0.6~2.5 cm的枯枝。其含水率计算方法参考式(6-15)：

$$M_{10} = 1.28E \tag{6-15}$$

式中 M_{10}—— 10 h时滞死可燃物含水率；

E——平衡含水率。

100 h时滞死可燃物为直径在2.5~7.6 cm的枯枝。其含水率计算方法是首先分别利用日最高气温、最低相对湿度和最低气温、最高相对湿度计算得到最小平衡含水率$E_{\min}$和最大平衡含水率$E_{\max}$；然后根据式(6-16)计算得到加权平均平衡含水率$\bar{e}$：

$$\bar{e} = [(n)E_{\min} + (24 - n)E_{\max}]/24 \tag{6-16}$$

式中 n——日长(白天持续时间)。

再利用加权平均平衡含水率e和24 h内的降雨时长p_d，根据式(6-17)计算平衡含水率24 h边界条件D_{24}。在此基础上，利用边界条件D_{24}和前一日的100 h时滞死可燃物含水率M_{y100}，根据式(6-18)计算当日100 h时滞死可燃物含水率M_{100}。

$$D_{24} = [(24 - p_d)\bar{e} + (0.5p_d + 41)p_d]/24 \tag{6-17}$$

$$M_{100} = M_{y100} + (D_{24} - M_{y100})(1 - 0.87\mathrm{e}^{-0.24}) \tag{6-18}$$

1000 h时滞死可燃物为直径在7.6~20.3 cm的枯枝。其含水率计算形式与100 h时滞死可燃物含水率的计算形式相同，可燃物含水率都是日长、日最高最低气温、日最大最小相对湿度和降水时长的函数，但1000 h时滞死可燃物含水率的边界条件采用的是7 d平均边界条件而非24 h边界条件。具体计算方法参考式(6-19)：

$$M_{1000} = M_{y1000} + (M_{y1000} - D_{168})(1 - 0.82\mathrm{e}^{-0.168}) \tag{6-19}$$

式中 M_{1000}——1000 h时滞死可燃物含水率；

M_{y1000}——前一日的1000 h时滞死可燃物含水率；

D_{168}——过去7 d(168 h)的平均边界条件。

b. 活可燃物含水率。活可燃物含水率变化受气象条件影响较小，主要与植物生长过程有关。由于活可燃物在不同生长阶段其含水率对环境的响应有所不同，NFDRS中针对草本可燃物含水率和木本可燃物含水率的计算分别按照5个阶段和4个阶段进行。

Ⅰ. 草本可燃物含水率。

第一阶段：返青前期。系统假设处于返青前期的草本可燃物可全部返青，该阶段的草本可燃物含水率(M_{hb})近似等于1h时滞死可燃物含水率(M_1)。

$$M_{hb} = M_1 \tag{6-20}$$

第二阶段：返青期。返青期的草本可燃物含水率是在1 h时滞死可燃物含水率的基础上逐渐增长的，其范围为30%~250%。为了使系统广泛适用于美国不同地区，系统中活可燃物的返青期长度按照干旱到潮湿4个等级的气候类型由7 d线性增长到28 d。其计算方法参考式(6-21)：

$$M_{hb} = M_1 + gu[(a_h + b_h X_{1000}) - M_1] \tag{6-21}$$

式中　M_{hb}——草本可燃物含水率；

M_1——1 h时滞死可燃物含水率；

gu——已过去的返青期占整个返青期长度的比例；

a_h和b_h——一年生或多年生草本可燃物含水率的计算参数；

X_{1000}——根据1000 h时滞死可燃物含水率的24 h变化以及日平均气温推算得到的活可燃物含水率。

第三阶段：生长期。返青期结束后，植物进入正常生长阶段，即式(6-21)中$gu=1$。该阶段可燃物含水率的变化范围为120%~250%，计算方法参考式(6-22)，式中各变量含义同式(6-21)。

$$M_{hb} = a_h + b_h X_{1000} \tag{6-22}$$

第四阶段：过渡期。草本植物在生长期结束后，活可燃物含水率逐渐减少并在30%~120%之间变化，并采用式(6-22)进行计算。

第五阶段：干枯期。当草本可燃物含水率下降到30%以下时，植物进入干枯期，此时，一年生草本可燃物含水率可按照1 h时滞死可燃物含水率计算；多年生草本可燃物含水率则参考式(6-22)计算。

Ⅱ. 木本可燃物含水率。

第一阶段：返青前期。系统假定木本灌木植物在返青前期处于休眠状态，其可燃物含水率保持不变。返青前期的可燃物含水率按照干旱到潮湿4个等级的气候类型分别定义为50%、60%、70%和80%。

第二阶段：返青期。返青期的木本可燃物含水率在返青前期可燃物含水率的基础上逐渐增加，其计算方法参考式(6-23)：

$$M_w = M_{w0} + gu[(a_w + b_w M_{1000}) - M_{w0}] \tag{6-23}$$

式中　M_w——木本可燃物含水率；

M_{w0}——返青前期木本可燃物含水率，为已过去的返青期占整个返青期长度的比例；

gu——已过去的返青期占整个返青期长度的比例；

a_w和b_w——木本可燃物含水率的计算参数；

M_{1000}——1000 h时滞死可燃物含水率。

第三阶段：生长期。返青期结束后，植物进入正常生长阶段，即$gu=1$。该阶段可燃物含水率不能超过200%，计算方法参考式(6-24)，式中各变量含义同式(6-23)。

$$M_w = a_w + b_w M_{1000} \tag{6-24}$$

第四阶段：干枯期。木本可燃物生长期结束后再次进入休眠状态即干枯期，其可燃物含水率与返青前期可燃物含水率相同。

②防火指标的计算：NFDRS采用能量释放组分(*ERC*)、蔓延组分(*SC*)、点燃组分(*IC*)等要素描述火行为特征。其中，*ERC*描述火头在单位面积上潜在的能量释放，*SC*描述火头向前蔓延的速率，二者都是基于Rothermel林火蔓延模型计算得到，*IC*描述火发生的难易程度，是由点燃概率和蔓延组分计算得到。Rothermel模型是以林火实验为依据、以燃烧物理学为理论基础，基于能量守恒定律建立的研究燃烧蔓延的热力和动力模型，是NFDRS模拟火行为特征的重要理论基础。根据上述火行为要素，NFDRS计算并输出综合评估火险、火灾发生、控火难易程度的3个防火指标：燃烧指标、火发生指标和火负荷指标。

由于NFDRS中各物理量的单位均采用的是英制单位，为保持其方法计算式的一致性，本书未进行单位转换。在各指标的计算式中，采用的长度单位为英尺(ft)，热量单位为英热(Btu)，质量单位为磅(lb)，时间单位为分钟(min)或秒(s)。

a. 燃烧指标。燃烧指标(*BI*)是评估控制火灾难易程度的一个重要依据。*BI*与火线长度有关，在数值上等于10倍的火线长度(F_1)。而火线长度可采用Byram公式进行推算。

$$F_1 = j \cdot I^{0.46} \tag{6-25}$$

式中 F_1——火线长度，ft；

j——经过数学推导得到的计算参数，为0.45$\text{ft}^2 \cdot \text{s/Btu}$；

I——火线强度即单位火线长度，Btu/(ft·min)，表示单位时间内释放的热量。

由于火线强度是蔓延速度和单位面积热量的函数，因此，NFDRS中火焰长度可由蔓延组分和能量释放组分获得，具体计算式如下：

$$F_1 = j \cdot [(SC/60)(25ERC)]^{0.46} \tag{6-26}$$

式中 F_1——火线长度，ft；

j——经过数学推导得到的计算参数，为0.45$\text{ft}^2 \cdot \text{s/Btu}$；

SC——采用Rothermel林火蔓延模型计算得到的蔓延组分；

ERC——采用Rothermel林火蔓延模型计算得到的能量释放组分。

蔓延组分(*SC*)表示的是林火蔓延的快慢，其在数值上等于理想状况下的蔓延速率*R*。Rothermel模型以均匀可燃物为基础，将活可燃物1 h、10 h和100 h时滞死可燃物在火蔓延过程中作为能量的供给和点燃对象，采用体表面积权重反映不同类型可燃物对蔓延的影响，根据林火的热传导方程推导出林火蔓延速率。具体计算式为：

$$R = \frac{I_R \xi (1 + \varphi_W + \varphi_S)}{P_b \varepsilon Q_{ig}} \tag{6-27}$$

式中 R——林火蔓延速率，ft/min；

I_R——火焰区反应强度，Btu/(ft^2·min)；

ξ——传播的热通量与反应强度之比(无因次量)；

φ_W——风速因子(无因次量)；

φ_S ——坡度因子(无因次量);

P_b ——可燃物层的体积密度，lb/ft³;

ε ——有效能量(无因次量);

Q_{ig} ——引燃热量即烧前预热量，Btu/lb。

能量释放组分(ERC)反映的是燃烧阶段单位面积释放的总能量，与可燃物燃烧的时间和反应的剧烈程度有关。在 Rothermel 模型中，各类型可燃物都参与了能量释放组分的计算，并采用可燃物载量作为权重因子来强调不同类型在能量释放过程中的作用。具体计算式为：

$$ERC = kI_{re}T_r \tag{6-28}$$

式中 k ——经过数学推导的尺度因子，为 0.04ft²/Btu;

I_{re}——基于可燃物载量的加权火焰区反应强度，Btu/(ft² · min);

T_r——燃烧持续时间，min。

b. 火发生指标。火发生指标表示的是在一个相当均匀的面积上可能发生的火灾次数。NFDRS 中火发生指标分为雷击火发生指标(LOI)和人为火发生指标($MCOI$)，二者都是基于点燃组分(IC)计算得到的。其中，LOI 是根据点燃组分和闪电风险计算的每日可能发生的闪电引发林火的次数；$MCOI$ 是根据点燃组分和人为风险计算的每日可能发生的人为引发的林火次数，其计算式如下：

$$LOI = IC \cdot R_1 \tag{6-29}$$

$$MCOI = IC \cdot R_{mc} \tag{6-30}$$

式中 IC ——点燃组分；

R_1、R_{mc} ——基于经验模型得到的闪电风险和人为风险，用户可根据当地林火发生规律进行调整。

点燃组分表示的是林火发生的难易程度，它与可燃物类型和可燃物的理化性质有关，是由点燃概率和蔓延组分以及最大可能蔓延组分得到的，具体计算式如下：

$$IC = 0.1P(I) \cdot SC_n^{0.5} \tag{6-31}$$

$$SC_n = 100(SC/SC_{\max}) \tag{6-32}$$

式中 $P(I)$——火源落到可燃物上引发火灾发生的概率，体现火源是否有足够的能量导致起火，其数值范围为 0~100;

SC——基于 Rothermel 模型计算的当日蔓延组分；

$SC_{\max}$——当全部火形成可预报火时可燃物模型的蔓延组分；

SC_n——归一化的蔓延组分。

c. 火负荷指标。火负荷指标(FLI)是 NFDRS 设计的最终目标，可以计算出接近出现最高火险的时间和火险等级，用于评估总的潜在火灾控制工作的困难程度，指导防火扑火行动计划。火负荷指标是根据燃烧指标和火发生指标，采用式(6-33)计算得到：

$$FLI = \sqrt{BI^2 + (MCOI + LOI)^2}/1.41 \tag{6-33}$$

式中 BI ——燃烧指标，与火线长度有关，在数值上等于 10 倍的火线长度；

$MCOI$ ——根据点燃组分和人为风险计算的每日可能发生的人为引发的林火次数，数值范围 0~100;

LOI ——根据点燃组分和闪电风险计算的每日可能发生的闪电引发林火的次数数

值范围 0~100；

1.41 ——用于限制 *FLI* 最大值为 100 的标准化因子。

(3) NFDRS 系统结构

基于上述方法建立的美国国家火险等级系统由输入数据、可燃物湿度计算、火行为要素计算输出、防火指标计算输出等几部分组成，其系统结构如图 6-6 所示。

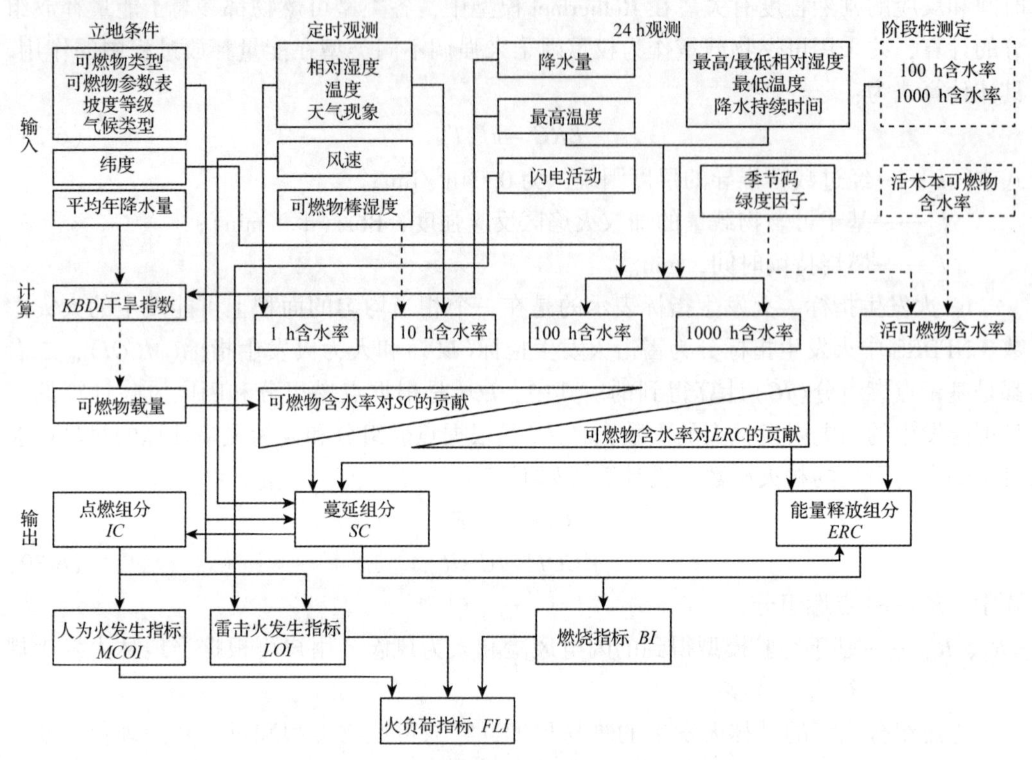

图 6-6 美国国家火险等级系统结构

NFDRS 系统和 CFDRS 系统是目前最先进的两个森林火险等级系统。尽管 CFDRS 系统被其他国家应用的较多，但就我国的森林资源情况和气候条件来看参考 NFDRS 系统更为合适。主要由于加拿大森林结构相对简单，但我国维度跨度较大、森林类型多样，若要应用 CFDRS 系统需要做很大的修改。而美国的林情与我国相似，其火险和火行为更多的是基于物理、半物理方法，因此，借鉴 NFDRS 系统对于我国的森林火险等级系统建设可能效果更好，包括借鉴 NFDRS 系统框架，可燃物类型划分、含水率计算和火行为模型等。但在借鉴的同时必须做大量的修正工作，才能起到良好的实际应用效果。

6.2.3.3 澳大利亚的森林火险等级系统

澳大利亚林业大部分收入来源于对原生林、人工林和伐木林的经营和管理。澳大利亚本土的原生林总面积从 2007—2008 年度的约 1.54×10^8 hm^2 下降至 2012—2013 年度的约 1.48×10^8 hm^2，其中约 79% 的面积是桉树品种。澳大利亚人工林总面积从 2007—2008 年度的约 195×10^4 hm^2 增加到 2012—2013 年度 205×10^4 hm^2，其中约 51% 为软木林(针叶林)，49%为硬木林(阔叶林)。澳大利亚人工林的种植受到其国内非原生林木材需求增长的影响而得到较快发展，因此森林防火工作变得尤为重要。

(1)澳大利亚的森林火险等级系统概述

早在20世纪30年代，澳大利亚就有人开始进行林火预报研究。其中以麦克阿瑟火险预报系统应用最广。麦克阿瑟火险预报系统是依据典型桉树可燃物800次试验火测得的数据，每次试验火燃烧30~60 min，可以说，澳大利亚系统同加拿大系统一样，也是由经验法导出的。自19世纪50年代后期，这一火险等级系统(图6-7)就作为标准森林火险等级系统在澳大利亚东部得到应用。该系统在随后的10多年得到发展和完善，输入的天气数据包括空气温度、风速、降雨或降水、每日最高温度、平均年降水量或降雨量、距上次降雨天数。1967年，麦克阿瑟森林火险尺(FFDM)作为Mk4FFDM第1次用于实际工作中。在1973年，改进的FFDM出现。自此以后，FFDM被广泛接受并用于澳大利亚所有的乡村消防局(除了WA)和气象局。这一火险尺是为通用的预报目标而设计的，预测细小可燃物载量12.5 t/hm^2、水平或稍有起伏地形上的高大桉树林未来一段时间的火烧行为(王新岩等，2010)。

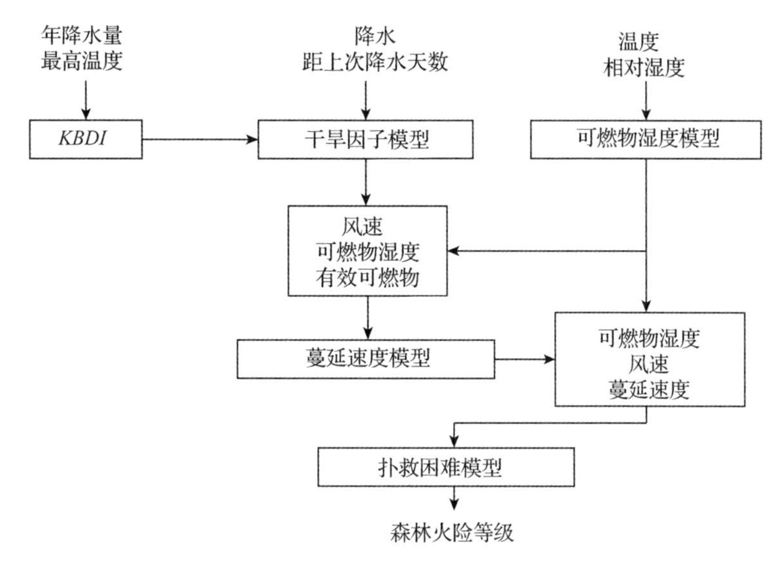

图6-7 麦克阿瑟森林火险指数结构和输入因子

麦克阿瑟为草地火发展了一个单独的火险等级系统(GFDM)。综合考虑气温、相对湿度、风速和影响干旱的长期和短期因子，GFDM给出一个有关火发生、火蔓延速度、火烧强度和扑救困难的火险指数。麦克阿瑟森林火险等级系统包括4个子模型，分别是有效细小可燃物模型(干旱因子)、地表细小可燃物湿度估计模型、火蔓延模型和“扑救困难”模型。该系统认为，地表细小可燃物含水率和风速是影响稀疏桉树林火蔓延的2个最重要因子，可用火蔓延速度和细小可燃物湿度的关系来估计扑救困难程度。

澳大利亚的草地火险尺(GFDM)用于预测草地火(可燃物载量4 t/hm^2)，而森林火险尺只用于预测桉树林的火烧(林分高度30~40 m；可燃物载量12.5 t/hm^2)。

自从火险等级系统在19世纪50年代出现以来，澳大利亚的火行为预测技术发展相对较慢。在澳大利亚，麦克阿瑟对坡度与火蔓延规律的描述和诺模图、表格和图形一同被用来预测野火的蔓延。当前，CSIRO 的林火行为和管理研究组已经研制出了 SiroFire 计算机辅助决策系统，用来帮助扑火人员预测一定天气条件下的火蔓延。它是根据麦克阿瑟森林和草地火险尺与新的 CSIRO 草地火险尺发展起来的。根据扑火人员输入的可燃物和天气信息，采用火险尺的算法估计可能的火行为特征。SiroFire 使用的信息包括温度、相对湿度、风速和风向、可燃物载量及其条件、草成熟度、坡度和选择的火蔓延模型来预测野火蔓延和绘制火场边界图。麦克阿瑟森林火险尺的优势是简单易用。计算机预测系统的缺点在于，采用经验模型预测的结果只能对基础数据范围内的预测结果有效，这是因为只能获得有限的大火数据用于建立模型，并且建立气象因子观测数据和可燃物与火行为参数之间的关系模型的前提假设也不完善，该系统是一个有效和有用的火险等级系统，但是它对火行为的预测不能覆盖澳大利亚东部和南部的可燃物类型、天气和地形条件。

(2)麦克阿瑟森林火灾危险指数

在澳大利亚，麦克阿瑟森林火灾危险指数(FFDI)(麦克阿瑟，1967)被广泛用于预测天气对火灾行为的影响，澳大利亚气象局定期发布草原和森林火灾危险指数(GFDI 和 FFDI)的预测以供消防当局使用。

麦克阿瑟森林火灾危险指数(FFDI)结合了基于降雨和蒸发的干燥记录与风速、温度和湿度的气象变量。1980 年，Noble 等人基于最佳拟合的数学方程生成算法。自 20 世纪 80 年代早期以来，这些算法一直被用于实现简单的计算，然而，它们通常与麦克阿瑟预期设计之外的输入值一起使用，导致 FFDI 值超过 100。算法的功率函数性质以及测量输入变量的精度限制可能导致计算的 FFDI 有很大的不确定性。

火灾危险指数数值在 12~25 通常被认为是“高”危险程度(表 6-4)，而危险指数超过 50 的则被认为是“严重”火灾危险等级。森林和草原燃料之间存在差异。对于森林燃料，超过 75 直接归类为“极端”，100 为“灾难性”。对于草原燃料，极端和灾难性评级的阈值 FDI 值分别增加到 100 和 150。根据气象局提供的天气信息和燃料信息，火灾危险等级由每个辖区的负责消防机构确定。除火灾危险指数外的其他考虑因素，例如，雷击火的可能性和风力变化的严重程度，也可由机构在确定火灾危险等级时给予考虑(Khastagir et al.，2018)。

麦克阿瑟用 1939 年澳大利亚黑色星期五火灾的情况作为 100 指数的例子。2009 年 2 月 7 日黑色星期六的 FFDI 远高于 100，在极端情况下，指定 FFDI 的特定值毫无意

表 6-4 火灾危险指数

Category	Fire Danger Index	
	Forest	Grassland
Catastrophic(Code Red)	100+	150+
Extreme	75~99	100~149
Severe	50~74	50~99
Very High	25~49	25~49
High	12~24	12~24
Low-Moderate	0~11	0~11

义。在澳大利亚维多利亚州黑色星期六森林大火之后，麦克阿瑟对森林火灾危险指数进行了修订。增加了"灾难性"类别，以帮助确定那些火势蔓延极快，对生命和安全构成严重威胁的情况。

(3)计算方法

①草地火险尺：草地火险尺火险预报基本因子有：空气相对湿度、空气温度、风速、干枯度。在预报火焰长度时采用可燃物负荷量指标：草本植物的疏、中、密三级。输出结果为：火险指标、火险级、难控程度、最大火场面积、火焰长度，以及 0.5 h、1 h、2 h、4 h 的火烧面积。

草地火险尺在理论上得到进一步充实，增加了有关参数的数学模型。

$$M = \frac{97.7 + 4.06H}{T + 6.0} - 0.00854H + \frac{3000}{C} - 30 \tag{6-34}$$

式中 M——可燃物含水率,%；

H——空气相对湿度,%；

C——干枯度。

当 $M<18.8\%$时：

$$F = 3.35W(0.0403V - 0.0897M) \tag{6-35}$$

当 $18.8\% \leqslant M \leqslant 30\%$时：

$$F = 0.299W(0.0403V - 1.686)(30 - M) \tag{6-36}$$

式中 F——火险指标；

W——可燃物负荷量，t/hm^2；

V——风速，km/h。

$$R = 0.01F \tag{6-37}$$

式中 R——火蔓延速度，km/h。

②森林火险系统：用以计算火险指标的因素有：雨后天数、降水量、干旱因子、相对湿度、气温、风速、可燃物负荷量。

澳大利亚火险预报系统是经过 800 多次野外点火试验建立起来的，因此有坚实的野外场试验基础，但只适用于较单一的可燃物类型(桉树林)。该系统突出了火行为定量输出预报，这是其他系统所不具备的。输出的定量火行为参数有林火蔓延速度、火线强度、飞火距离和是否发生树冠火(黄宝华等，2012)。

火险指标采用如下数学模型计算：

$$F = 1.250\left(\frac{T - H}{30} + 0.234V\right) \tag{6-38}$$

式中 F——火险指标；

T——气温,℃；

H——空气相对湿度,%；

V——风速。

$$R = R_0 \exp(0.069\theta) \tag{6-39}$$

式中 θ——坡度,°。

火焰长度 h(m)为：

$$h = 13.0R + 0.241W - 2 \tag{6-40}$$

飞火距离 S(km)为：

$$S = R(4.17 - 0.033W) - 0.36 \tag{6-41}$$

式中　W——可燃物负荷量，t/hm²。

干旱因子：

$$D = 0.191(I + 1.04) \times \frac{(N + 1)^{15}}{3.52(N + 1)^{15}} + P \tag{6-42}$$

式中　D——干旱因子，无量纲；

I——干旱指标；

N——降水后时间，d；

P——降水量，mm。

表 6-5　澳大利亚火险等级划分

级别	程度	火险指标
Ⅰ级	低	<6
Ⅱ级	中	5~12
Ⅲ级	高	12~24
Ⅳ级	很高	24~50
Ⅴ级	极高	>50

火险指标 F 取值 0~100。通常 F 值越大，越危险。火险等级划分见表 6-5。

6.2.3.4　其他森林火险等级系统

(1)瑞典火险等级系统

瑞典火险等级系统被称为 Angstrom 指标，现在已经用于斯堪的那维亚部分地区。这一火险等级系统是目前所应用的所有火险等级系中最简单的一种(林其钊等，2003)。

火险指标的计算式如下：

$$I = \frac{R}{20} + \frac{27 - T}{10} \tag{6-43}$$

式中　I——火险指标；

R——相对湿度，%；

T——空气温度，℃。

瑞典火险等级系统见表 6-6。

表 6-6　瑞典火险等级系统

级别	指标	描　述
1	$I>4.0$	不可能发生火灾
2	$2.5<I<4.0$	不利于火烧条件
3	$2.0<I<2.5$	有利于火烧条件
4	$I<2.0$	火灾很容易发生

这个指标忽视了降水和风的影响，没有准确反映相对湿度、温度、可燃物含水量之间的相互关系。它的主要优点是简便，便于计算。

(2)法国火险等级确定方法

在法国，利用土壤湿度法和干旱指标法确定火险等级，对于火险等级中干旱和降雨两因子被认为是最重要的可变量。

①土壤湿度法：博德鲁伊尔(C. Bordreuil)等人从气候、土壤、植被是一个统一体的生态学观点出发，根据实际土壤含水量确定以下4种干旱等级。

其中有2个参数：R为土壤饱和含水量，在地中海地区$R=150$ mm；r为土壤实际含水量。这里R为常数，r则由月平均气温T和月平均降水量P推算得出。

干旱等级划分见表6-7。

表6-7 干旱等级划分

级别	划分	r指标	描述
Ⅰ级	$R>r>\frac{R}{2}$	(150 mm>r>75 mm)	不易干旱
Ⅱ级	$\frac{R}{2}>r>\frac{R}{3}$	(75 mm>r>50 mm)	进入干旱期
Ⅲ级	$\frac{R}{3}>r>\frac{R}{5}$	(500 mm>r>30 mm)	长期干旱
Ⅳ级	$r<\frac{R}{5}$	(r<30 mm)	很长期干旱

②干旱指标法：指标每日计算，与风速结合起来确定未来火险等级。

设计者认为火险预报最主要2个变量是干旱指标和风。干旱等级量是下列方程式确定的：

$$D = Cd^{\frac{-\sum E}{C}} \tag{6-44}$$

式中 D——干旱指标；

C——土壤吸水能力变量；

d——土壤含水率；

E——依据Thornthwaite水分潜在蒸散值。

干旱指标D需要每日计算，并与风速结合以确定火险等级。

(3)日本的实效湿度法

"实效湿度法"是日本都市预报火的一种方法，它的理论依据是：可燃物的易燃程度取决于可燃物含水量的大小，而可燃物含水量的大小又与空气湿度有密切关系。

计算式如下：

$$\text{实效湿度} = (1-\alpha)(\alpha^0 h_0 + \alpha^1 h_1 + \alpha^2 h_2 + \cdots + \alpha^n h_n) \tag{6-45}$$

式中 h_0——当天平均相对湿度；

h_1——前一天平均相对湿度；

h_2——前两天平均相对湿度；

h_n——前n天平均相对湿度；

α——系数。

按上式计算查表得出火险等级。

(4)其他国家

其他一些国家根据加拿大、美国和澳大利亚的3个系统发展了自己的火险等级系统。例如，新西兰采用了加拿大森林火险等级系统，并做了一些小的修改以满足新西兰的地理情况。1999—2003年，加拿大林务局与东南亚国家共同完成了东南亚森林火险系统研究项目。CFFDRS技术被用于该区域的火险等级系统中。欧洲使用的一个火险等级系统也来源于CFFDRS和NFDRS。1997年，欧洲委员会的一个联合研究中心(JRC)，发展了欧洲尺度上的森林火险评估方法，根据天气数据，计算各种林火指标，如BEHAVE细小可燃物湿度、加拿大林火天气指标(FWI)、葡萄牙指数、西班牙语ICONA方法——点燃概率、Sol火险指数和意大利火险指数。当前，JRC通过欧洲森林火险预报系统(EFFRFS)提供高火险期内1~3 d的火险预测。

在国外，以Rothermel模型为基础，所提出的应用比较广泛的林火蔓延模型有：FARSITE、BehavePlus、和HFire。FARSITE和BehavePlus集成了现有的地表火、树冠火、飞火和火加速等子模型，它们都采用Rothermel模型来计算地表火蔓延速度。不过，BehavePlus是基于椭圆形来模拟二维林火蔓延趋势，FARSITE是采用基于惠更斯波动理论来模拟二维林火蔓延趋势。HFire是一种基于栅格的空间直观模型，它也采用Rothermel模型来计算林火蔓延速度，运用惠更斯理论来模拟二维林火蔓延趋势。

6.2.4 我国林火预测预报方法

我国林火预报研究工作起步较晚，比西方国家晚三四十年，大体上可以分为两大阶段：新中国成立初期到1976年，这一时期所应用的方法基本上是引用或改进苏联、日本和美国的方法；1976年以后才开始广泛地研究自己的林火预报方法，1987年后我国林火预测预报得到迅速发展，目前已有10多种方法在不同地区应用。但目前我国还没有建立国家级林火预测预报系统(林其钊等，2003)。

6.2.4.1 综合指标法

该法是苏联学者聂斯切洛夫在苏联欧洲北部平原地区进行一系列试验后得出的火险预报方法。目前仍在应用，但已做了一些改进。我国东北林区也曾应用此法。

(1)预报原理

某地区无雨期越长，气温越高，空气越干燥，地被物湿度也越小，而森林燃烧性越强，越容易发生火灾。因此根据无雨期间的空气饱和差，气温和降水量的综合影响来估计森林燃烧性，并制定出相应的指标来划分火险天气等级。

(2)输入因子及计算

输入因子包括空气温度、水汽饱和差和降水后连旱天数。

综合指标是雪融化后，从气温0 ℃开始累积计算，每天13:00测定气温和水汽饱和差，同时要根据当天降水量多少来加以修正。如果当日降水量超过2 mm时，则取消以前积累的综合指标；降水量大于6 mm时，既要取消以前的积累综合指标，同时还要将降水后6天内计算的综合指标数减去1/4，然后累积得出综合指标。

此法简单，容易操作，应用广泛，但在我国东北地区应用一段时间后证明也存在以下一些明显的缺点。

①此法没有考虑到森林本身的特点：如在干燥与沼泽的松林内，虽然综合指标相同，但火灾危险性并不一样。另外，因可燃物种类的不同，其火灾危险性也存在显著差异。

②气温在 0 ℃以下就无法利用此法来计算综合指标：如我国东北秋季防火期，往往由于寒潮侵入，13:00 气温常在 0 ℃以下。

③在长期无雨的情况下，地被物(枯枝落叶等)的含水率变化不单纯是随着干旱日数的增加而递减，仍受雾、露的影响，因而影响细小可燃物的易燃性。

④该法没有考虑到风的作用：风对地被物的着火与蔓延都有很大影响。在密林中风速小，但在林中空地、采伐迹地、火烧迹地、空旷地和疏林地等的风速则较大，与可燃物的干燥关系很大，这些无林地常是火灾的发源地。在一般情况下，风速越大，可燃物越干燥，火灾危险性也就越高。

中国科学院林业土壤研究所(现中国科学院沈阳应用生态研究所)在东北伊春林区，应用综合指标法进行火险天气预报试验时，考虑了风对火蔓延的影响，增加了风的更正值，用更正后的指标来表示燃烧和火灾蔓延的关系，这样较符合实际。

6.2.4.2 风速补正综合指标法

风速补正综合指标法是在综合指标法的基础上加一个风速参数，火险等级的划分也进行了调整，使之适合我国东北地区的应用。此法是日本学者基山久尚于 20 世纪 40 年代利用木材水分与空气湿度之间的关系研究得出的林火预报方法。

(1)预报原理

可燃物的易燃程度取决于可燃物含水量的大小，而可燃物含水量的大小又与空气湿度有着密切的关系。当可燃物含水量大于空气湿度时，可燃物的水分就向外渗透；反之，则吸收。因此，空气湿度直接影响可燃物所含水分，它们之间往往是趋向于相对平衡。但是，在判断空气湿度对木材含水量的影响时，仅用当日的湿度是不够的，必须考虑前几天空气湿度的变化，我国小兴安岭林区的实验表明，前一天空气湿度对木材含水量的影响，只有当天的 1/2。

(2)输入因子及计算

输入因子包括当日平均空气相对湿度、前几日的平均空气相对湿度。

计算时采用加权平均法，用这种方法求出的湿度称为实效温度。

6.2.4.3 双指标法

双指标法也称着火指标与蔓延指标法，是中国科学院林业土壤研究所根据 1955—1958 年在东北内蒙古地区进行防火研究提出来的。这是考虑应用多种气象因子综合影响的预报方法，20 世纪五六十年代在我国东北林区和西南林区应用。

(1)预报原理

森林燃烧包括两个阶段：着火(点燃)阶段和蔓延阶段。森林火灾的危险性应以森林的着火程度和蔓延程度来决定。经过试验证明，森林枯枝落叶层的干燥程度是影响着火的重要因素。而每日地被物含水率的变化与空气最小温度和最高温度有关，因此可以用每日最小相对湿度和最高温度来确定着火指标。

(2)输入因子

火灾从蔓延到成灾又与最大风速和实效湿度有关，因此可以用最大风速和实效湿度来确定林火蔓延指标。然后根据两个指标的综合来确定火灾危险等级。

6.2.4.4 多因子相关概率火险天气预报

该方法是由伊春市气象局和伊春市防火指挥部研制出的一种适合小兴安岭地区的林火预报方法。

(1)预报原理

在普查历史资料的基础上采用概率分级方法，将气象指标值按大小分为5级，计算出每个预报指标在各级中的概率，求出诸因子的组合概率值作为火险预报的判据。

(2)输入因子

温度、降水量、连旱天数。

6.2.4.5 “801”森林火险天气预报系统

“801”森林火险天气预报系统是黑龙江省森林保护研究所研究得出的一种火险天气预报方法。

(1)预报原理

根据大灾发生概率大小划分5个火险等级。只要测定和预报出5个天气因子，就可以预报出未来的火险等级。此外，采用不同季节可燃物不同状况下的气温参数来调整每日林火天气指标(*FFWI*)，形成计算方程式，单独计算不同可燃物状况的系数。再根据不同地理位置火源程度变化规律，用历年各小区林火出现概率计算出各小区火灾发生系数C，对*FWI*做进一步修正，得出系统的最后*FFWI*指标。

(2)输入因子及计算

此法选用5个相关系数较高的气象因子：气温(T)、相对湿度(H)、风速(v)、日降水量(R)、前一天相对湿度(H_1)，并用这5个因子的概率之和表示在5个因子综合作用下火灾发生的概率，以此建立了如下火险天气指标(*FFWI*)的计算方程式：

$$FFWI = f(T) + f(H) + f(v) + f(R) + f(H1) \tag{6-46}$$

“801”森林火险天气预报方法从设计原理。指标的计算及预报应用效果几个方面，经过几年的试用已基本上得到肯定。

6.2.4.6 多因子综合指标森林火险预报

多因子综合指标森林火险预报是大兴安岭地区气象局于1985年研制出的林火预报方法。根据火灾资料和同期相应气象数据的对比分析，引入模糊集的概念，研究了森林火险发生的客观规律，探讨了各种气象因子影响林火发生的特征值和临界值，建立了识别森林火灾危险程度的数学模型和火险等级系统，研制了一套比较成功的中期和短期火险预报模式。

(1)预报原理

由于林火成因的复杂性和不确定性，使得所有林火危险度问题的讨论都有模糊性。所谓“高温”“低温”“干旱”“大风”“可燃物干燥度大”“森林火险等级高”等术语，在概念上没有明确的界限，为了区别林火危险程度，人们划分了各种火险等级。但各等级之间很难确定出具有确切物理意义的分界线。在天气演变过程中，各种气象要素的瞬间变化都具有很大的随意性和偶然性。影响林火过程的各种气象因子之间的组合情况更是千变万化。

在全面研究林火成因时，发现所有影响因子集与表征林火危险程度的火险指数集之间都存在着这种类似模糊相关关系。这种关系的特点是：既有一定的大致类同的规律性，又有很大的模糊性和不确定性。这种模糊性和不确定性实际上是极其复杂的林火发生成因之间相互制约的产物。如果剔除每一影响因子对应于林火过程的不确定一面，而择用其规律性面，那么只要选用的因子群适当，并建立一种有效的数学模型去归纳这些规律性的东西，就可以建立起一套有效的森林火险天气识别系统。

(2)输入因子及计算

统计分析大量气象因子与林火发生之间的相关关系，发现火险指数与因子数的关系有两种情况：一种是火险指数随因子数值增加而递增的单因子识别模型；另一种是火险指数随因子数值增大而减小的单因子识别模型。

普查历史资料发现，选定的每个气象因子相对于火情、火灾情况都存在 3 个基本临界值：开始没有林火发生的临界值 R，林火概率开始明显增加的临界值 $R_{0.5}$，林火开始大量发生的临界值 R_1，建立单因子识别经验公式的要点就是首先普查出每个因子的 3 个临界值。

该法收集了近 20 年的大样本历史火情火灾和天气资料，对近 3000 起林火资料和 12 万多个气象数据进行了对比分析和统计实验，筛选出 12 个主要气象因子，探讨这些因子影响林火发生发展的 3 种基本临界值，并根据各因子影响林火过程的多层次特点，建立了一套能较好反映林火发生发展规律的天气指标系统和有效识别林火危险程度的四级综合识别模型。

6.2.4.7 林火发生预报

林火发生预报又称人为火发生预报，是东北林业大学以大兴安岭地区为背景，通过对影响林火发生诸多因子的统计分析，利用数量化理论来预报某一林业局某年某月某日是否能发生林火的方法。此法是我国目前唯一能预报林火是否发生的方法。

(1)预报原理

此法根据影响林火发生的这些因素，构成一个使“着火样本得分”与“不着火样本得分”建成一个线性函数，从而预报能否发生林火。

(2)输入因子及计算

大兴安岭地区 1975—1984 年林火统计资料，取得与林火发生有关的 13 个因子：日期、地区、人口密度、道路密度、火源等级、易燃物等级、最高气温、前三天平均最高气温、降水量、前期平均降水量、14:00相对湿度、前三天14:00平均相对湿度、最大风速。

通过矩阵计算测出各个因子得分数，对于上述全部1573个历史资料的定量结果是：着火概率为79.1%，不着火概率为83.2%，回报效果基本符合要求。

6.2.4.8 三指标单点森林火险预报

三指标单点森林火险预报是由黑龙江省森林保护研究所提出的。本法的火险等级预报是经过大量室内和野外(无风条件下)点火试验，以火的初始蔓延速度 R 为指标来划分的。

(1)预报原理

以实际点火试验数据为基础，以数学和燃烧物理学为理论指导，根据对林分地表可燃物的理化性质、配置格局、单位面积上的负荷量、地形地貌和小气候的实地观测、计算森林燃烧、林火蔓延指标。以蔓延指标、火强度指标和火烈度指标3个指标分别判断森林着火的危险程度、着火之后火的性质、火势大小以及估测火烧后的损失。

(2)输入因子及计算

试验得出，当初始蔓延速度 $R<0.3$ 时，暗火不能引燃，用明火引燃也很困难；当初始蔓延速度 R 在0.3~0.5时，暗火不能引燃，只能用明火特意点火才能引燃，即使着起火来也蔓延缓慢；当初始蔓延速度 R 在0.5~0.8时，明火或700 ℃高温以上火源可以引燃，当初始蔓延速度 R 在0.8~1.2时，明火或200 ℃上的高温火源都能引燃，中午前后燃烧旺盛，三级风时林火蔓延速度可达5 m/s；当初始蔓延速度 $R>1.2$ 时，小火块甚至火星等均可引起着火，遇有高温大风天气，杂草遇火就着。

思考题

1. 国内外森林火灾预警信息系统有哪些？
2. 当前世界林火预测预报主要有哪些类型？
3. 林火预报因子有哪些？
4. 简述加拿大、美国、澳大利亚林火预测预报系统之间的差异。
5. 当前我国有哪些林火预测预报方法？

参考文献

白尚斌，张晓丽，2008. 林火预测预报研究综述[J]. 森林防火(2)：22-25.

韩焱红，苗蕾，赵鲁强，等，2019. 美国国家火险等级系统原理及应用[J]. 科技导报，37(20)：76-83.

侯锡铭，宋淑芝，姜燕，等，1996. 关于林火预测预报因子的研究[J]. 森林防火(2)：34-36.

胡海清，2005. 林火生态与管理[M]. 北京：中国林业出版社.

黄宝华，孙治军，史淑一，等，2012. 国外森林火险天气预测预报方法探析[J]. 哈尔滨师范大学学报(自然科学版), 28(06): 83-87.

李和平, 2016. 森林火灾监测预警系统研究[J]. 科技展望, 26(35): 130.

李洪双, 2016. 我国林火监测体系发展现状探析[J]. 绿色科技(12): 188-190.

林其钊, 舒立福, 2003. 林火概论[M]. 合肥: 中国科学技术大学出版社.

王克甫, 张鸿彦, 2013. 基于GIS的森林火灾远程监测与预警系统[J]. 计算机测量与控制, 21(5): 1160-1162.

王新岩, 金森, 2010. 美国国家火险等级系统中火险系统的原理与方法[J]. 森林防火(1): 58-62.

杨乐乐, 党国刚, 蔡萧, 等, 2014. 基于无线传感器网络的林火监测预警系统[J]. 福建电脑, 30(10): 26-27, 14.

翟继强, 王克奇, 2013. 无线传感器网络在林火监测中应用[J]. 东北林业大学学报, 41(8): 126-129, 149.

朱学芳, 朱明, 朱光, 2012. 基于数字图像信息技术的林火预警系统的应用研究[J]. 情报科学, 30(2): 302-305.

Amiro B D, Logan K A, Wotton B M, et al., 2004. Fire weather index system components for large fires in the Canadian boreal forest[J]. International Journal of Wildland Fire, 13(4): 391-400.

Burgan R E, 1987. A Comparison of procedures to estimate fine dead fuel moisture for fire behaviour predictions[J]. South African Forestry Journal, 142(1): 34-40.

Khastagir A, Jayasuriya N, Bhuyian M A, 2018. Assessment of fire danger vulnerability using McArthur's forest and grass fire danger indices[J]. Natural Hazards, 94(3): 1277-1291.

Walding N G, Williams H T P, McGarvie S, et al., 2018. A comparison of the US National Fire Danger Rating System(NFDRS) with recorded fire occurrence and final fire size[J]. International Journal of Wildland Fire, 27(2): 99-113.

第7章 生物防火林带

随着社会经济的发展，森林防火工作的科技含量也不断增加，森林防火水平有了进一步的提高，森林防火工作被逐渐纳入系统工程规划之中。实践表明，加快生物防火林带建设是森林防灭火的关键基础性工作，是预防和控制森林火灾的一项治本措施。开展生物防火林带建设工作，有利于提高森林防灾减灾能力，同时也是适应世界森林防灭火发展趋势，改善生态民生，加快现代林业和生态文明建设的重要举措。

7.1 生物防火林带的概念

生物防火林带是按照森林防火网络系统总体规划，在林地上种植经过综合筛选的具有抗火性、耐火性、阻火性的树种，并通过工程手段营造的密集且具有阻隔林火蔓延功能的带状林分。在容易起火的田林交界、入山道路两旁，以及山脊、行政区界营造防火林带，把集中连片的森林割块、封边、形成闭合圈，逐步形成生物防火林带与工程阻隔带、自然阻隔带相互衔接的林火阻隔网络，从而起到阻火、隔火、断火的功能，提高综合预防和森林自身抵御森林火灾的能力，有效减少森林火灾损失，变被动扑火为主动防火，变低效益防火为高效益绿色防火，实现防火效益、经济效益、生态效益和社会效益的全面提高。

7.2 生物防火林带的阻火机理

森林火灾是在开放环境中的自由燃烧过程，受到可燃物特征与分布、空气湿度、地形与风场分布等多种因素的影响，而所有这些因素又在森林燃烧过程中相互影响。例如，林区地形的变化可使林火火势增强或降低，火势的大小会改变林内的风速，林内风速影响林火的燃烧过程等。发生森林火灾通常需满足 3 个条件：一是可燃物的可燃挥发成分的浓度应达到着火阈值；二是着火源(热源)能量必需足够使可燃物的挥发成分着火；三是燃烧放热应大于向外界的散热。所有的森林植物都能够着火燃烧，只是生物防火林带在遇到林火时与其他林木相比不易被点燃，或某些树种在过火后能够很快恢复生长。目前，研究者对防火林带的阻火机理研究主要集中于防火林带火环境、防火林带树种、防火林带结构 3 个方面。

7.2.1 防火林带火环境的阻火机理

防火林带对森林火灾的阻隔作用不仅体现在防火林带选用树种不易燃烧，而且体现在防火林带可以形成林带内小环境，不利于森林火灾的发生与蔓延。

①防火林带位于山脊上，林内较透风，林冠层透光少，基本无喜光杂草，不利于燃烧。

②防火林带内的气温较低，地表蒸发减少，可更好地保持林内湿度，形成低温、高湿的不利于林火发生与发展的环境。

③防火林带地表凋落物的含水量大，结构相对紧密，不易燃烧。李志芳(1995)通过对防火林带的点火试验得出结论，落叶松林带能够防火的主要原因在于其叶片细小，落叶能够构成紧密的地表覆盖层，具有明显的滞燃作用，这是缘于枯落物的物理性状而不是化学成分。

7.2.2 防火林带树种的阻火机理

防火林带采用的都是抗火性很强的树种，涵养水源能力强，叶片含水量高。从燃烧学的观点来看，防火林带的树种阻火机理主要表现在以下方面(舒立福等，1999)：

①防火树种含有较少的粗脂肪、挥发油、蜡质等可燃物燃性成分。灰分含量对燃点的影响最大，粗脂肪含量和树叶自然含水量与着火感应时间关系密切，而燃烧热与苯-乙醇抽取物、木质素含量和灰分含量密切相关。

②防火树种具有较高的含水率，树种不易点燃和燃烧，阻火能力较强。树种在林火冲击的作用下，首先析出水分，其次析出轻质可燃挥发物。析出的水分越多，引燃时间持续越长。某些防火树种在燃烧时能在其表面形成一层紧密的炭化层，不仅可防止外部热量进入可燃物的内部，还可隔绝空气而使植物不会被进一步燃烧。

③防火树种燃烧特性是重要的指标，树能被点燃，燃烧热比较小，燃烧放热大于向外界的散热。

陈存及等(1988)曾对37种树种的燃烧性和抗火性进行系统测试，应用自动交互检验(AID方法)进行分析，建立抗火性能综合评价的数学模型，并验证火力楠、棕榈、油茶、毛栲、木荷等13个树种均为难燃、抗火性强的防火树种。阮传成等(1995)通过控制条件下试验24个树种的抗火性能，认为树种的含水率、着火温度、挥发分发热量、活化能、水分析出规律等5个指标可作为树种防火性能的主要指标。郑焕能等(1999)认为，树种阻火性质与枝叶状态、密集程度、层间植物、分解速率、挥发性油类、枯落物形态结构、树种喜肥耐瘠性、喜光与耐阴性、耐旱喜湿性、树皮厚度、生长速率、耐火性、根系等14个因素有关，应综合评估树种的阻火能力。

7.2.3 防火林带结构的阻火机理

防火林带的防火效果与所选择树种的林带结构有关。枝叶茂盛的树冠能够有效阻挡火焰蔓延；良好的林带结构易于形成不利于可燃烧的环境，并使可燃物形成不连续分布；防火林带组成的网络还对大面积的针叶纯林有机械隔离作用。

可燃物在林分中的不同分布格局直接影响林火的火烧类型与蔓延速度。一般来讲，可燃物水平连续分布易导致火烧的迅速蔓延；在垂直方向上的连续分布则会使地表火发展为树冠火，从而使火烧强度和蔓延速度增加。防火林带的易燃可燃物在垂直分布上是不连续的，林带地表少量的枯落物即使燃烧也不可能由地表火转为树冠火。在水平方向上，防火林带的枝叶都难以燃烧，把大片针叶林分隔成小块，使易燃可燃物呈间隔分布，可有效防止森林大火的发生与蔓延。

林分的结构对燃烧性影响极大。树冠茂密，林带郁闭度高，可以抑制喜光杂草的滋生，林带内喜光杂草少，多为半湿生、湿生的地被物，不利于地表火的蔓延。

防火林带的紧密结构对于降低林分内的温度、树木的蒸腾有积极作用，有利于减少林火的发生与发展。林带内阴湿，林火不易蔓延，可以有效阻止飞火的传播。随着防火林带树木年龄的增加，防火性能呈增强趋势。

刘爱荣等(1994)通过木荷防火林带模拟火场试验认为，防火林带群体的阻火机理可划分为林带树种的抗火能力与林带的结构功能两方面。林带的遮阴作用能够减少地被物的载量，增加含水率，使林带地表失去载火能力；林带拦截火星，降低风速，阻拦热辐射、热传导和热对流，起机械阻挡作用；林带树种含水率高，乙醚抽取物含量低等，使其在一定的火强度和火持续时间内不被引燃，不能传递林火。朱保忠等(1993)研究我国南方主要山脊树种的物理学特性发现，利用耐火小乔木、灌木与乔木树种混交的生物防火林带的防火效果最佳。寇纪烈等(1997)研究火力楠-杉木、木荷-马尾松两种混交林防火机理表明，混交林具有较丰富的下木层，抵御林火能力强；混交林内日均湿度大、日均温度低、地表凋落物燃烧速率慢，不利于林火的发生与蔓延；混交林冠层与林下植被层易燃生物量低于针叶林；混交林中易燃针叶分解速率较快，其分解速率与积温正相关关系。Cuyot(1990)根据空气动力学原理，研究了防风林的防火功能，认为防风林的防火功能取决于其疏密度、高度、林带结构及环境。

7.3 生物防火林带的作用

建设生物防火林带是森林防火的重要措施之一，是森林防火措施中的主动防火技术手段，具有高效、多效、长效等明显优势，使防灾、减灾、救灾与生态建设、经济建设紧密结合，防火、经济、生态和社会效益得到有机统一。

7.3.1 防火效益

生物防火林带可使燃烧三要素受到不同程度的破坏，具有遏制地表火、树冠火蔓延的作用。生物防火林带选用的树种为耐热、耐火树种，在燃烧过程中预热时间长可使燃烧中断，多数生物防火林带在发生森林火灾时只有小部分树叶被烧卷或小部分枝条被烧伤，对森林火灾蔓延起到有效的阻拦作用；生物防火林带所选树种含水量较高，燃烧遇热时因水分蒸发需要吸收大量热能而降低了燃烧环境温度，使火势减弱；生物防火林带的树冠较大，枝叶繁茂，能有效降低空气流动速度，阻止燃烧时氧气补充与火星飞溅；生物防火林带林下经常维护，杂草灌木少，地表火燃烧缺乏可燃物补充。

2004年2月21日，福建省厦门市集美区后溪镇发生森林火灾，火势从西面山脚往山上蔓延至凤南农场交界，当大火烧至原先设置在交界山脊上的一条12 m宽的生物防火林带时，火势由大变小，从而为扑火队员创造有利条件，最终在防火林带上把蔓延过来的小火及时扑灭，凤南农场林木安然无恙。据统计，广东省自1999年全面实施生物防火林带营建后，1999—2008年，全省共营造生物防火林带77 410 km，营林面积99 101 hm^2，共有1300多宗森林火灾因生物防火林带阻隔而没有造成大的损失。其中，2000—2004年年均值与1995—1999年年均值相比，成林蓄积量损失减少19 031.2 m^3、幼林损失减少181万株，减少扑火经费158.3万元，减少其他损失93.02万元。广东省2000—2007年森林火灾受害率年均值为0.017%，与1992—1999年年均值0.031%相比，年均受害率下降了近1倍，同比林火控制率下降了1.2 hm^2/次。林火次数、重大林火次数、火灾受害面积及火灾受害率显著下降，森林火灾控制率显著提高(谢献强，2007)。

同时，生物防火林带树形、枝叶较为均匀，隔热效能较强，可阻挡80%~95%的热量，使燃烧中断，且防火林带林木行数越多，其隔热效果越好，为保证炼山等生产性用火安全、帮助扑火队员安全迅速行进、拓宽防火隔离带及点回火等方面提供有利条件。例如，广西高峰场银岭分场1982年10月炼山时遇上6级以上大风，火焰高达7 m，但最终被防火林带挡住，近火场的一行木荷枝叶、树干被烧焦，次年又长出了嫩芽。1999—2007年，广东省在扑救森林火灾时，扑火队员以生物防火林带为依托，安全快速到达火灾现场扑救林火1204次，生物防火林带成为扑火队员的“安全扑火生命带”。

7.3.2 经济效益

(1)提高经济效益，提升林农发展林区经济积极性

传统开设生土带虽能对地面火和树冠火蔓延起到一定作用，但每年需要花费大量劳力、财力去铲除杂草进行维护。将开设生土带改为营造生物防火林带，可以把山脊上的生土带，以及田边、路边、山脚下的空地利用起来，发动林农在山脊上种植防火树种，在山脚、田边、林缘地段种植果树、经济作物，发展林区经济，提高林农的经济收益和发展林区经济积极性。据调查测算，铲修长1 km、宽10 m的防火线需要49个工作日，而清理10年生同等规格的木荷防火林带下的枝叶杂草，仅需要10个工作日，提高效率近5倍。按2005年的工价计算，每工35元，开修防火线需要1715元/hm^2，而清理生物防火林带枯枝落叶需要350元/hm^2，每年铲除修理防火线与清除生物防火林带枯枝落叶相比，后者减少开支1365元/hm^2。若按照生态公益林更新采伐林龄40年为周期计算，营造每公顷生物防火林带需营造费和前3年抚育费7275元，第4~40年清杂抚育费用12 950元，以上两项合计20 225元，而铲修防火线每公顷的成本为68 600元，前者比后者节省48 375元/hm^2。广西国有高峰林场统计发现，每年每千米防火线需投资280元，而每年每千米生物防火林带则仅需投资200元，每年每千米可节约成本80元，成本降低达28.5%。林中大等(2006)对广东省清远市、韶关市等7个地级市开展调查发现，防火线平均每年维修费至少需要1500元/hm^2，6年防火线维修费即可营造生物防火林带1 hm^2，而生物防火林带成林后每年清理枯枝落叶的费用仅为200元/hm^2。按各项费用价格不变计算，50年寿命的生物防火林带，每公顷生物防火林带营造费为9000元，清杂费44年共需8800元，两项共计1.78万元，而采取每年铲除防火线的办法，则50年共需费用7.5万元，相比之下，营造生物防火林带可减少投资费用5.72万元/hm^2。广西扶绥县光西林场营造了木荷生物防火林带，17年生时蓄积量已达38.2 m^3/hm^2，防火效果显著；营造油茶，则5年可收茶籽；营造棕榈，则5年可采棕片，10年进入盛产期，且可连采数十年(徐青萍，2014)。

(2)提高土地利用率和森林覆盖率，增加森林蓄积量

开设生土带，虽然能对地面火阻隔和树冠火蔓延起到一定作用，但其效果往往是短暂的，不仅降低了土地利用率，容易造成水土流失、地力衰退，每年还需花费大量劳动力铲除杂草。而防火林带往往种植在立地条件较差、林木生长不良的地方，或在路边、田边、山脚下等部位，需要符合“适地适树”的原则，充分利用了林地，提高了土地利用率。同时，林带形成后可有效保护森林，减少林火灾害损失，进而提高森林蓄积量和森林覆盖率。如广东省西江林业局曾调查发现，种植标准低、立地条件较差、抚育管理粗放的15年生的木荷防火林带，其年平均蓄积生长量仍可达到3 m^3/hm^2，而一般15年生的木荷年平均蓄积生长量约为5 m^3/hm^2，按当时木荷木材市场价600元/m^3计算，则可增收1650元/hm^2，经济效益显著。罗永峰等(2007)研究指出，15年生落叶松平均胸径约为12.2 cm，树高约为14 m，经粗略计算，可产出木材150 m^3/km^2，每立方米按净收100元计，则每平方千米生物防火林带可收入1.5万元。据广东省肇庆市怀集县岳山林场调查结果显示，1985年种植的木荷防火林带年平均蓄积生长量达8.3 m^3/hm^2，该县洽水镇15年生木荷防火林带年平均蓄积生长量达4.5 m^3/hm^2，而立地条件较差，种植措施偏低，抚育管理较为粗放的15年生木荷防火林带年平均蓄积生长量亦能达4 m^3/hm^2。而2001年调查大水口林场时显示，1986年种植的木荷防火林带年平均蓄积生长量竟达10.7 m^3/hm^2。说明不同的经营水平和立地条件对木荷的生长量有一定影响。若按照一般的经营措施，木荷防火林带年平均蓄积生长量按4 m^3/hm^2计算，且以40年为周期，广东省1999—2004年营造的6.54×10^4 hm^2生物防火林带可增加林木蓄积量1046.4×10^4 m^3；按出材率55%，木荷木材市场价为550元/m^3计算，则可增收316 536万元，平均每年可增加收入7913.4万元。

(3)减小灾害损失和救灾成本，造林成本低

生物防火林带形成后，可有效控制和减小火灾受害直接损失，同时减少火灾扑救成本。对于造林炼山，可大大减少新造林时修铲防火线的投资。如广东肇庆市封开县七星林场1995年在上坊河山场30 hm^2采伐迹地上炼山，由于迹地周围有3.8 km防火林带，从而节省开防火线约5700元费用。付海真(2010)通过对广东惠州市惠阳区1999—2008年近10年营造的生物防火林带进行调查，经测算，该地生物防火林带发挥经济效益折合人民币约215万元；利用生物防火林带救火共3次，节约工作日870个，折合人民币约9万元；利用生物防火林带阻隔林火共1次，节约工作日150个，折合人民币约2万元。

7.3.3 生态效益

(1)保持水土，改善生态环境

传统开设生物防火隔离带，地表裸露缺乏防护，在地温升高、风力加大、雨水侵蚀的多重作用下，极易造成土壤有机质被破坏，表层酸化、板结，森林蓄水能力降低，甚至造成低洼地沼泽化和发生滑坡，严重威胁农田和人民生命财产安全。营造生物防火林带不仅可以提高森林对水土保持、涵养水源、防风固沙和调节温度、湿度等气候条件的作用，还可以在净化空气、减小噪声、美化环境、维护森林生态平衡和生物多样性、改善生态系统等方面发挥重要作用。营造生物防火林带可减少地表径流对土壤的冲刷作用，特别是营造在坡度较大的山脊生物防火林带，其作用更为明显。据研究表明，20 cm 厚的表土层，仅需 18 年就可被雨水完全冲刷掉，而对于坡度较大的南方山地，水土流失更为严重。防火林带上树冠的截留量可达 15%~40%，地面的枯枝落叶既可减轻雨水对地面的冲击作用，也可减少地表径流的形成。在降水量多的地方，单位森林面积蓄水能力可达 3000~4500 $m^3/(hm^2 \cdot 年)$。

(2) 改良土壤结构，提高土壤肥力

生物防火林带上种植林木，可以使原来裸露地被林木覆盖，增加枯枝落叶层厚度，地表蒸发量减少，林内相对湿度增加，为各种微生物、动物活动创造了条件。在水、温、气、热条件下，土壤中的微生物活动加速了枯枝落叶的分解，从而不断改善土壤结构，提高土壤生产能力。根据广东肇庆市大水口林场土壤理化分析数据表明，防火林带下土壤剖面的营养成分与侧边非防火林带土壤的营养成分相比，全磷含量提高 35%，全氮含量提高 48%，有机质含量提高 60%，速效磷、速效钾含量均有明显提高。

(3) 改善生态平衡

营造生物防火林带，不仅可以起到防火的作用，还能对大面积针叶林具有分隔作用，在一定程度上起到块状混交的良好作用，调整人工林单优群落的组成结构，提高对物种生态位的利用，为形成复合生态系统创造了条件，并可为生物科学研究提供观测区和研究场所。通过增加阔叶林比例，形成带状的混交林带，改善和调整了林分结构，改善森林生态环境，有利于生态系统间物质与能量的交换，提高了森林的抗性和森林生态环境的生物多样性及食物链的丰富性，减少了森林病虫害的发生，许多鸟类栖息在林中，对于防治针叶林等病虫害方面起到良好的效果。

据薛春泉等(2008)保守估算，广东省自 1999 年实施《关于加快营造生物防火林带工程建设议案》以来，1999—2004 年，森林固碳释氧效益为 3690.32 亿元，净化大气效益为 9.21 亿元，涵养水源效益为 1636.80 亿元，保持水土效益为 4.04 亿元，储能效益为 683.55 亿元，生态旅游效益为 23.00 亿元，生物多样性保护效益为 99.04 亿元，减灾效益为 59.42 亿元，合计生态效益总价值为 6205.38 亿元，相当于平均每公顷森林每年产生生态效益 66 567 元。1999—2007 年营造的生物防火林带使全省森林覆盖率提高了 0.55%，同时调整和优化了林分结构，涵养水源 6128.6×10^4 t，保持水土 821.7×10^4 t，吸收二氧化碳 232.4×10^4 t，释放氧气 171.1×10^4 t，吸附粉尘 204.2×10^4 t，产生的生态效益相当于投入费用的 10.4 倍。付海真(2010)通过调查广东省惠州市惠阳区 1999—2008 年营建的生物防火林带发现，这期间营建的生物防火林带共吸收二氧化碳 17 399 t，释放氧气 12 809 t，保土 28 532 t，蓄水 662 332 t，吸附粉尘 6623 t，产生的生态效益累计约 4554 万元，该区森林覆盖率增加了 0.3%。

7.3.4 社会效益

营造生物防火林带主要有以下社会效益:

①防火林带一般布设在省际界、地市界、县(区)界、乡镇界、村界等行政界线和林场、林班等经营区界上，可直接或间接作为行政区和经营区永久性分界标志，对于明确区界或经营范围，稳定山林权属，减少林地林权纠纷的发生，以及稳定林区社会治安和经济可持续发展起到了积极作用。

②防火林带建设成网后，林下植被少，山路易行，为进入林区设计、作业、经营、旅游、扑火等提供方便，特别是扑救森林火灾时，防火林带可以作为扑火依托和救援力量进入、撤离火场的应急通道。

③防火林带工程建设需要投入大量的人力和资金，可以吸收山区富余劳动力，增加农民收入，助力乡村振兴和扶贫脱贫工作。

④在道路两旁营造生物防火林带起到很好的森林防灭火宣传作用，有利于提高全民森林防灭火意识，对保护森林和环境，促进生态建设具有十分重要的意义。

⑤提高了党和政府的威信。营造生物防火林带是一件好事、实事，也是一项民心工程，有利于保护林区群众利益，密切干群关系，进一步提高了党和政府在群众中的威信。广东省惠州市惠阳区1999—2008年通过营造生物防火林带，累计增加就业工作日44 365个，折合443万元；增加了宣传日13 310个，折合133万元；解决森林林权纠纷8起，折合4万元；美化环境133 hm^2，折合199万元，产生社会效益折合781万元。

7.4 生物防火树种筛选

我国植物资源丰富，树种繁多，有利于开展生物防火。生物防火林带阻火能力与树种耐火性、抗火性等密切相关(姚树人等，2002)。

7.4.1 生物防火树种相关概念

(1)燃烧性

指植物着火的难易程度，着火后蔓延速度和火的强弱程度。一般分为易燃、可燃和难燃3类，易燃的蔓延速度快，可燃的蔓延速度中等，难燃的蔓延速度缓慢。

(2)耐火性

指植物经火烧，地上部分全部或部分烧毁，次年又依赖根基的萌发和根蘖萌生或又长新枝等无性繁殖的能力。耐火性随着植物的年龄、季节和部位而异。耐火性一般分为强、中、弱3类。耐火性强的植物在生长发育的任何阶段均具有较强的无性繁殖能力；耐火性中等的植物同样具有无性繁殖能力，但其无性繁殖能力弱于耐火性强的植物；耐火性弱的植物不具有无性繁殖能力。

(3)抗火性

指植物对火灾的抵抗或忍耐火烧的能力。如厚的树皮在火强度较高、受热时间较长的情况下，也能保护形成层不受损伤；而树皮薄的树木，火烧后常整株枯死。树木生长发育的不同阶段，抗火性也不同，一般分为强、中、弱3类。

(4)耐火树种

指遭火烧后的再生能力强的树种，再生能力主要指树种的萌芽能力。树种萌芽能力的强弱可以从产生萌芽的树龄、季节与部位判断。一般在树的根基萌芽或产生萌芽条的树种，具有较强的耐火性。耐火树种还具有树皮厚、芽具有保护组织的特点。

(5)阻火树种

指能阻止林火蔓延的树种。有的耐火树种不能阻止林火的蔓延，如桉树很耐火，过火后还能萌芽；有的阻火树种却不耐火，如夹竹桃，因常绿、枝粗叶厚、林密，能阻止地表火的蔓延，但夹竹桃树皮薄，火灼伤后容易致死。阻火树种多为常绿阔叶树种，树枝粗壮，燃烧热值低，燃点高，自然整枝力弱，枯死枝叶易脱落；枝叶含水率高，树叶多而厚，SiO_2和粗灰分物质较多，油脂含量少，不含挥发油等。

(6)抗火树种

指具有耐火性和阻火性的树种。

(7)防火树种

指难燃的、具有抗火性、耐火性、阻火性，其生物学特性、生态学特性、经济性特性和造林学特性适合用来营造防火林带的树种。

7.4.2 生物防火树种筛选基本因素

防火林带树种应具有抗火能力强、适应性强、常绿、树冠结构紧密、栽培容易、生长快等特点(Wibowo et al., 1991)。综合考虑树种燃烧的理化性质、生物学特性、生态学特性及造林学特性等因素，主要包括以下方面：

①枝叶茂密，含水量高，耐火性强，含油脂少，不易燃烧。

②生长迅速，郁闭快，适应性强，萌芽力高。

③下层林木应耐潮湿，与上层林木种间关系相互适应。

④抗病虫害能力较强。

7.4.3 生物防火树种筛选方法

(1)火场植被调查法

开展火烧迹地植被调查，对比不同树种的烧伤烧死程度和萌芽力等，从而判断树种的抗火性和耐火性；再结合树种的生物学特性、生态学特性、造林学特性和经济学特性等，综合评定防火树种。

(2)经验分析法

在全面了解当地主要树种的防火性状和造林学特性基础上，从在实践已经推广的树种中评定防火树种。

(3)目测判断法

树种防火性能的强弱通常具有一定的共性，可根据树种的一些特征指标间接推断树种的耐火性和抗火性，以及其作为防火树种的可能性。在实践过程中，目视判断法的主要依据包括以下3个方面。

①生物学特性方面：具体表现如下。

叶子：叶子有针叶或阔叶，有常绿或落叶，不同的树种其叶子具有不同的厚度和质地。一般而言，常绿阔叶树可耐辐射热 5.9×10^5 kJ/(m^2·h)(比人体受限度高6倍)，比落叶树种和针叶树种难燃(个别针叶树种例外，如兴安落叶松)；叶片宽大、厚、质硬的树种比叶片窄小、薄、质软的树种难燃；叶子不含挥发性油的树种比含挥发性油的难燃。

枝条：一般枝条粗而稀疏的树种比细而密的树种难燃；枝条上附生不易燃植物的树种比附生易燃植物的树种难燃。

树冠：树冠庞大、枝条稀疏的树种比树冠呈塔型、枝条密集的难燃。

树皮：一般树皮厚的树种比树皮薄的树种难燃；树皮不含挥发性油的树种比含挥发性油的树种难燃。

自然整枝状况：自然整枝差的树种，即枯死枝叶少的树种，抗火性较强。

萌芽能力：具有低位萌芽能力的，特别是具有根蘖萌发能力的树种耐火性较强。

生长速率：一般情况下，树木发育阶段不同，其燃烧性和抗火性也不同。幼龄阶段易燃，抗火性弱，随着树龄增加抗火性增强；生长速率越快，作为防火树种越适合。

②生态学特性方面：具体表现如下。

旱生与湿生：一般情况下，旱生树种体内水分含量少，比湿生树种难燃。

瘠薄与肥沃：一般情况下，耐瘠薄的树种相比喜肥沃土壤的树种更适于作为防火树种。

喜光与耐阴：一般耐阴树种比喜光树种含水多，故耐阴树种比喜光树种难燃。但是，耐阴树种幼树要在较郁闭条件下生长，在全裸露地带的造林存活率和保存率低。因此，选择中庸性树种作为防火树种比较适合。

③造林学特性方面：具体表现如下。

分布范围：以分布范围广的树种作为生物防火树种较好。

种源和育苗技术：种源要丰富，育苗技术成熟可靠。

造林技术：造林技术成熟可靠。

(4)直接火烧法

直接火烧法也称人工火场法，即为了快速检验一个树种的防火能力，称取一定的燃料置于该种树下，铺设一定的面积后点燃，测定燃烧强度、火焰高度、燃烧时间、蔓延速度、蔓延方向、树种被害状况及再生能力等，从而评价该树种的抗火性。该检验方法需要设置多个处理，并应在防火季节内进行。如果不需要测定该树种的耐火性或再生能力，可以将树木或其枝条砍下来，插植在固定地方进行火烧测试。砍下的树木或枝条必须立即试验，且试验时需要记录树高、冠幅、地径、重量，以及试验时的气温、湿度和风速。这种方法可以人工控制反复测试，能够快速获得准确的数据。

(5)模拟火场试验

利用采集的各树种枝叶在实验室的风洞内进行模拟火场试验，通过比较分析，确定各树种的相对防火能力。

(6)**实验测定法**

测定树种枝叶的含水率、疏密度、挥发油和油脂含量、小枝的粗细、树皮的厚度和结构，以及树叶的大小、质地、表面积/体积比、灰分物质含量、SiO_2 含量、可燃气体含量、燃点和发热量等与树木防火性紧密相关的指标，并根据测定指标评价树种的防火能力。

吴德友(1997)对吕宋岛 9 种植物的抗火性能进行试验，并提出在防火期间的最小含水率与熄火含水率(即维持有焰燃烧的最大含水率)之比值和树冠的透光率作为抗火树种的选择标准。张学群(1997)提出用树木枝叶失水速率作为判断树木抗火性的一个因子，不同树种失水速率不同，有的含水量较高，但失水速率过快，容易燃烧，而有的含水量较低，但失水速率慢，不易燃烧。树木枝叶的失水速率可采用失重仪或电感仪测定。陈存及(1995)提出了用叶面积相对重叠指数(单株叶面积/冠幅×树高)来计算树叶的疏密度。

(7)**综合评判法**

根据树木的抗火性能、生物学特性和造林学特性，利用生物统计分析的方法建立防火树种综合评价模型，划分树种优劣等级。采用综合评判法进行分析时，不同的研究学者对筛选所用的指标各不相同。如陈存及等(1995)测定的抗火性能指标为含水率、燃烧热值、燃烧速率、粗脂肪含量、粗灰分含量、SiO_2 含量、挥发油含量和点着温度，生物学特性选取叶(厚度、质地、叶面积相对重叠指数)、树皮厚度、树冠结构、树高年平均生长量、自然整枝状况等，造林学特性选用种苗来源、适应性、造林技术、更新能力等指标。而王俊丽等(1988)确定树种的抗火性能利用了叶灰分值等指标，并特别强调树皮厚度、树皮密度的重要性。选用的数学分析方法也因人而异，但多采用简单打分或利用模糊数学方法等分析方法来综合评判，也可采用树种、林分、生态系统的阻火层次分析法。

(8)**实地造林法**

这是检验防火树种的最好方法。通过试验观察树种的适应性、能否形成良好结构的林带，再通过火烧试验检验林带的防火性和耐火性。对于经过目测判断和试验测定筛选出的准防火树种，通过实地种植进一步观察树种对立地条件的适应性，待树木成林后再进行阻火性和耐火性的检验，从而筛选出准确可靠的防火树种。

7.4.4 生物防火树种筛选分析

(1)**树种筛选理论基础**

生物防火树种不仅需要有较强的抗火能力，还需要具备适宜的生物学生态学特性及造林学特性。生物学生态学特性包含树叶叶面积指数、树叶与树枝生长特性、树皮厚度、冠幅、萌芽能力、自然整枝能力、生长速率及适应环境的能力等方面；造林学特性包含种苗来源、自然更新能力、造林技术等方面。研究确定一个地区的防火树种，通过测定备选树种的叶、皮和小枝等样品的含水率、点着温度、燃烧速率、发热量、苯-乙醇抽提物含量、粗脂肪含量和粗灰分含量等指标，分析其抗火能力的差异，并根据测定指标和各树种的生物学生态学特性及造林学特性指标，采用层次分析法来确定优良的防火树种。

(2)抗火性能测试

①含水率：枝叶含水率是判断树木抗火性的重要指标，一般用相对含水率表示，但绝对含水率表示更佳。采用105 ℃烘干恒重法。两种枝叶含水率的计算公式如下：

$$\text{相对含水率}(\%)=\frac{\text{鲜重}-\text{干重}}{\text{鲜重}}\times 100 \tag{7-1}$$

$$\text{绝对含水率}(\%)=\frac{\text{鲜重}-\text{干重}}{\text{干重}}\times 100 \tag{7-2}$$

②点着温度：点着温度低，表明容易燃烧，采用DW-2型点着温度测定仪测定最低点着温度。

③燃烧速率：取相同叶面积的鲜叶在同样火强的电炉(垫上石棉网)上点烧，观测叶片的炭化(烤焦)和灰化(有焰燃烧成灰分)的时间。重复3次，如果相差超过10%，要增加实验次数。

④发热量：采用GR3500型氧弹卡计测量，或测定树木有机物(蛋白质、脂肪、碳水化合物等)含量后进行计算。计算公式为：

$$Q_v=\frac{W_{\text{卡}}\,\Delta T}{M} \tag{7-3}$$

式中 $W_{\text{卡}}$——蒸馏水的克当量；

ΔT——温差；

M——样品绝干重。

自然状态下样品的发热量计算公式为：

$$Q_{\text{自然}}=\frac{Q_v}{\text{绝干含水率}} \tag{7-4}$$

其中，发热量指自然状态下，单位质量物质燃烧放出的总热量。

⑤苯-乙醇抽提物：采用苯-乙醇(2∶1)抽提6 h后蒸馏，蒸馏残余物烘干后称重。

⑥粗脂肪含量：采用索氏抽取法，提取时间为8 h(中国土壤学会，1984)。

$$\text{粗脂肪含量}(\%)=\frac{\text{油脂含量}}{\text{样品绝干重}}\times 100 \tag{7-5}$$

⑦粗灰分含量：粗灰分含量高，则可燃性物质含量相对少些，抗火性就较强。采用坩埚重量法测定。

(3)生物学生态学特性调查

调查树种的树皮厚度、自然整枝性能、树冠结构、叶质和厚度等，并选择标准木测定其生长量及叶面积，计算叶面积相对重叠指数，用来表示各树种的叶面积差异程度。枝叶的疏密度可按单位树冠内枝叶的重量计算，可通过树冠的透光率和树冠的通风系数间接测定体积密度可用水浸法测定。枝条的粗细可用游标卡尺测定。叶面积可用网格法或叶面积测定仪测定。挥发油可用水蒸气蒸馏法测定。热解失重速率可用热分析仪测定，同时，可用锥形热量热仪测定热释放速率、有效热释速率、着火感应时间，烟气成分分析、发烟量等。

(4)生物学、生态学特性和造林学特性调查分析

根据有关资料和实际造林经验，确定研究树种的生物学、生态学特性和造林学特性一些指标的得分值，并逐一比较，确定各指标权重的判别矩阵。

7.4.5 我国生物防火林带的主要应用树种

营造生物防火林带的树种要尽可能采用乡土树种，造林才易于成功。我国地域辽阔，有适合于不同地区的防火树种。目前，我国各地基本都对当地的防火树种进行了筛选，南北方采用的防火树种有所差异。

7.4.5.1 南方林区主要防火植物

(1)乔木类

木荷、红木荷、银木荷、马蹄荷、红锥、红楠、冬青、深山含笑、火力楠、台湾相思、大叶相思、马占相思、交让木、棕榈、鸭脚木、米老排、桤木、珊瑚树、玉崖海棠、高山栲、青栲、杨梅、山桐子、山杨梅、构树、山白果、青冈栎、米槠、柑橘、苦槠、乌墨、女贞、格氏栲、竹柏、木棉树、茴香树等。

(2)灌木类

茶树、大头茶、油茶、红花油茶、冬青、柃木、山龙爪、毛天仙果、杜茎山、朱砂根、盐肤木、九节木、野桐、灌木状丛生竹类。

(3)草本类

东方乌毛蕨、观音座莲、砂仁、醉云草、铺地野牡丹、地瓜等。

7.4.5.2 北方林区主要防火植物

(1)乔木类

水曲柳、春榆、黄波罗、裂叶榆、柳树、朝鲜柳、水曲柳、槭树、漆树、杨树、赤杨、山丁子、稠李、核桃楸、兴安落叶松、长白落叶松、日本落叶松、椴树等。

(2)灌木类(包括下木)

接骨木、紫丁香、白丁香、忍冬、红瑞木、卫矛、刺五加、野刺玫、山梅花、佛头花、醋栗等。

(3)农作物

马铃薯、萝卜、大豆、小麦等。

7.5 生物防火林带的结构与配置

7.5.1 防火林带的类别

生物防火林带按照不同的方法可划分不同的类别。

(1)按功能划分

按功能可分为主林带和副林带。主林带为火灾控制带，副林带为小区分割带。

(2)按经营类型划分

按经营类型可划分为培育提高型、改建型和新建型。

①培育提高型：指对现有生长不良、经营状况不好及宽度与密度不够，树种组成与层间结构不合理的防火林带，采取相应措施以提高其质量和效能。对宽度不够的现有林带，通过新增几行林带进行扩宽；对密度不够的防火林带，通过补植相应树种增加林带密度；对树种组成不合理的防火林带，通过逐步更换树种等措施进行改造。

②改建型：一种是将现有的宜林生土带、防火线或机耕隔离带改建为防火林带；另一种是规划种植的林带穿过现有林地和疏林地时，将林地上的非目的树种伐除，再补植目的树种等措施改造培育而成的生物防火林带。

③新建型：指在宜林荒山(地、滩)和采伐迹地、火烧迹地上与荒山造林、人工更新造林、生态造林等同步建设的生物防火林带。

(3)按培育目标划分

按培育目标划分为用材防火林带、经济防火林带、特用防火林带和防护防火林带等。根据林带的位置、立地条件及当地需要，选择用材、经济、观赏、防护等树种营造防火林带，在保证林带防火效能的前提下为社会提供各类林产品和服务。

①用材防火林带：指能提供木材及工业用原料的防火林带。

②经济防火林带：指能提供干(鲜)水果、木本粮油、木本药材等产品的防火林带。如种植杨梅、油茶、荔枝、龙眼、柑橘、杧果等防火林带。

③特用防火林带：指在自然保护区、风景区、森林公园和其他旅游点所建的防火林带。

④防护防火林带：指仅起防火作用的防火林带，但林带更新时仍可提供薪材和工业用原料。

(4)按设置位置划分

按设置位置可划分为山脊防火林带、山脚田边防火林带、林内防火林带、林缘防火林带、道路防火林带、居民点防火林带和溪渠防火林带等。

①山脊防火林带：指营造在山脊线上防火林带。研究表明，山脊易于形成反向气流能有效阻止森林火灾的蔓延，因而山脊防火林带具有较好的防火效果，往往能够起到良好的防火效果。

②山脚田边防火林带：指营造在山脚、田边的防火林带。

③林内防火林带：指为防止林火蔓延而在大面积的针叶林内营造的防火林带。

④林缘防火林带：指为阻隔林缘的山火向林内蔓延，而在针叶林的林缘营造的防火林带。

⑤道路防火林带：指在铁路、公路、风景旅游区、人行道两侧营造的防火林带。

⑥居民点防火林带：指在居民点、村居等周围营造的防火林带。

⑦溪渠防火林带：指在宽度不够的溪流和人工渠阻隔带两侧营造的防火林带。

7.5.2 生物防火林带的组成结构与配置

7.5.2.1 生物防火林带的组成结构

生物防火林带的组成结构决定林带易燃物与阻燃物的分布格局，同时也直接或间接影响林带内火环境的变化。因此，生物防火林带的组成结构直接或间接影响防火林带的阻火能力。一般而言，生物防火林带结构可分为水平结构和垂直结构。

(1)水平结构

水平结构指生物防火林带树种在平面空间上的配置方式，主要根据树种生物学特性和林带结构要求确定。林木在地面上分布要均匀可充分利用营养空间，生长良好，冠幅浓密，防火效能好。生物防水林带的水平配置主要有以下 3 种类型：

①方形配置：植株行距呈长方形或正方形配置，常用于山脊等单层结构林带。

②三角形配置：相邻的株行距错开，种植点构成等腰三角形或正三角形，常用于不同树种混交的防火林带，以形成紧密型树冠结构。

③混合型配置：既可以采取方形配置，也可以采取三角形配置。

(2)垂直结构

垂直结构指林带树冠在垂直空间的分布形式，一般有单层结构、复层机构与多层结构 3 种类型。

①单层结构：单层结构的防火林带又称透风林带，通常由一个树种或生物学特性相近、树龄基本一致的两个树种组成同一林冠层，一般适合山脊，但不宜栽种多样树种。这种结构林带的主要作用是阻隔树冠火，比较适用于林内的防火林带，一般营造在杉木、马尾松人工林上方(山脊)和两侧。

②复层结构：一般由生物学特性和生长速率不同的两个树种组成林冠层，如喜光与耐阴树种混交或乔灌树种混交形成复层结构，乔木防火林带可阻止树冠火，灌木和草本植物防火带则能阻止地表火的蔓延。对于易发生地表火与树冠火并进的针叶人工林，特别是中幼林应尽可能营造复层结构的防火林带。对于山脊等立地条件差、不适宜乔木生长的部位，可将乔木退至山脊两侧立地条件较好的地段，山脊中部则由一些适应性强的灌木树种组成而形成复层结构。复层结构也可由同一树种单层型通过不同的作业方式改造形成，如先营造 6 行木荷，10 年以后在林带两侧或内部齐地平茬两行，待萌蘖更新后，形成高度不同的复层结构。

③多层结构：一般由乔木-亚乔木-灌木或乔木-灌木-草本构成。实践证明，乔灌结合或多种树种配置形成多层紧密结构的防火林带有利于阻挡热辐射，降低风速，提高林带内湿度，防火效果好。若条件允许，主林带应尽可能形成多层郁闭，林带中部适当加宽兼作护林小道及林带管理。复层结构和多层结构均具有阻隔地表火和树冠火的功能。

生物防火林带的阻火作用主要机理之一是阻止火星传播，防止飞火发生。树冠层为疏透结构更能使火星穿透林带时被阻落，树干层为通风结构则可确保山脊反向气流通行无阻而更有效地阻止火灾的蔓延。过去认为要适当密植，而这会使防火林带的林木过早形成高杆林，林带活枝下高超过 2 m 时就基本失去阻火效能。稀植则会增加林带的抚育年限，却大大延长了林带的有效防火年限。

7.5.2.2 生物防火林带宽度

生物防火林带的宽度设计是防火林带设计的重要内容。防火林带的宽度应根据树种自身的阻火性能、生态学特性、林分燃烧性和造林地的海拔、坡度、坡向、气候及林分状态、林龄等综合指标，并从提高阔叶树比例、营造混交林、促进森林生态群落演替等目的出发进行综合设计。一般认为，生物防火林带的宽度不应小于当地成熟林木的最大树高或被保护树高的1.5倍。主林带宽度一般为20~30 m；在易发生特大森林火灾的内蒙古林区、东北林区等地，一般可增宽至100 m。副林带宽度一般为10~20 m。同时，应尽量避免沿陡坡或峡谷穿行，确需穿行的应适当加宽林带宽度。在山口、沟谷风口等地段设置防火林带的，应根据开设位置、作用和性质等条件适当加大宽度。在营造生物防火林带实践过程中，可结合不同地区、立地条件等方面的特点，对林带宽度进行适当调整。郑焕能(1992)按不同地区和立地条件提出主防火林带在平原地区为50~100 m，副林带为30~50 m；在山地条件下，林带为15~20 m，这样宽度的林带可阻止树冠火的蔓延。文定元(1992)认为，林带成独立群体时(如林缘)应考虑到边行效应，当林带宽度大于15 m时，内部林木生长因阳光不足而受到抑制，此时应加宽林带内部行距，并留有3~4 m宽的护林小路，且林道不应当留在林侧，否则将形成荒草带，不利于森林防火。同时，他还提出营造生物防火林带有效宽度的两个关系式：

$$Y = -0.461 + 0.0185x_1 + 0.2507x_2 + 0.367x_4 \tag{7-6}$$

$$Y = -0.0236 + 0.0151x_1 + 0.2456x_2 - 0.022x_3 + 0.014x_4 + 0.0001x_5 \tag{7-7}$$

式中 Y ——防火林带有效宽度，m；

x_1 ——可燃物载量，t/hm^2；

x_2 ——林带高度，m；

x_3 ——可烧物的绝对含水率，%；

x_4 ——风速，m/s；

x_5 ——火线强度，kW/m。

7.5.2.3 生物防火林带网格密度

(1)网格密度理论

生物防火林带阻隔网密度一般以长度计算，即阻隔网的长度除以林地面积，得出每公顷阻隔网的长度。密度也可用面积来计算，即阻隔网的面积除以林地面积，得出每公顷林地阻隔网的面积，也即防火林带阻隔网占林地面积的比重。生物防火林带网格的密度设置直接关系防火效率和阻隔作用的发挥。一般来说，生物防火林带网格密度越大，防火效率越高，阻隔林火的作用也越大。但是，林带网格密度越大，营造工程量越大，投资和用工量就越大，而且占用林地就越多。一个地方的最佳设置密度往往不一定是其他地方的最佳密度。因此，设计生物防火林带应根据林分、道路、河流、山脉、地形等自然条件以及火险区等级、森林分类经营、人类活动的频繁程度、被保护对象的重要程度、经营强度、经济实力等因素，因地制宜确定生物防火林带网格的设置密度，使生物防火林带与防火线以及天然屏障连接成网，把林地分隔成阻隔封闭区，充分发挥防火林带的阻隔作用。在自然以水相隔的地区，生物防火林带一般建在山脊、山冲；无河流地域山冲林地潮湿肥沃，自然分布常绿阔叶林，只需略加改造，即可形成较为规范的生物防火林带。对于重山叠岭，在主山脊营造防火主林带，在小山脊、山坡及林道处营建副林带。在林地和农田交界处设置田边防火林带，防止农事用火引起的火灾；在居民区和场界也要设置生物防火林带。不同经营强度的林区，根据实际情况，采用不同的网格，以发挥最佳的防火效能。将防火阻隔带工程建设纳入林业有关建设规划和年度计划，达到重点火险区每公顷林地有防火阻隔带 15～25 m；一般火险区每公顷林地有防火阻隔带 10～15 m；与邻国以森林、草原接壤的边境地区有足够宽度的边境防火阻隔带，形成生物防火林带、工程阻隔带和自然阻隔带相结合的有效的防火阻隔网络体系。

(2)网格密度经济评判及数学模型

①网格密度经济评判：生物防火林带网格密度设置应考虑防火林带的网格减灾效益大于其带来的负面效应。欧建德(2001)认为，当防火林带网格减灾效益与负面效应相等时，此时的网格密度为最大允许密度，并提出了经济评判关系式，即：

$$d = \frac{c_1}{c_2} \tag{7-8}$$

式中　d ——防火林带网格最大允许密度,%；

c_1 ——单位面积防火林带网格减灾效益，元/hm^2；

c_2 ——单位面积防火林带营建负面效应，元/hm^2。

当防火林带网格密度大于 d 时，则不经济；反之，则网格密度经济。

②网格密度数学模型：假设防火林带网格的使用寿命与一般用材林轮伐期相同，则单位面积生物防火林带网格减灾效益：

$$c_1 = SH \cdot v_1 q_1 e_1 \tag{7-9}$$

式中　c_1——单位面积生物防火林带网格减灾效益，元/hm^2；

SH——单位面积轮伐期内火灾引起林木损失率,%；

v_1——林木进入主伐期后单位面积用材林林分蓄积量，m^3/hm^2；

q_1——林木进入主伐期后用材林林分出材率,%；

e_1——单位出材林价，元/m^3。

防火林带营建负面效应包括最终的经济收益差值和营建时的投资差值，即：

$$c_2 = c_3 + c_4 \tag{7-10}$$

$$c_3 = \sum_{j=0}^{M} \Delta j (1 + r)^{M-j} \tag{7-11}$$

$$c_4 = v_1 q_1 e_1 - v_2 q_2 e_2 \tag{7-12}$$

式中　c_2 ——单位面积防火林带网格营建代价，元/hm^2；

c_3 ——单位面积防火林带网格与用材林营建投资差值，元/hm^2；

c_4 ——单位面积用材林与防火林带网格经济效益差值，元/hm^2；

Δj——第 j 年单位面积防火林带与用材林投资差值，元/hm^2，$j = 0, 1, 2, \cdots, M$；

M——轮伐期，年；

r——林木贷款利率,%；

v_1——林木进入主伐期后单位面积用材林林分蓄积量，m^3/hm^2；

q_1——林木进入主伐期后用材林林分出材率,%；

e_1——单位出材林价，元/m^3；

v_2——林木进入主伐期后单位面积防火林带蓄积量，m^3/hm^2；

q_2——林木进入主伐期后防火林带出材率,%；

e_2——防火林带林价，元/m^3。

生物防火林带最大允许密度数学模型，由式(7-8)至式(7-12)可以得出：

$$d = \frac{SH \cdot v_1 q_1 e_1}{v_1 q_1 e_1 - v_2 q_2 e_2 + \sum_{j=0}^{M} \Delta j (1 + r)^{M-j}} \tag{7-13}$$

7.5.2.4 生物防火林带树种配置

为增强生物防火林带的阻火能力，需要调节优化树种与树种之间、树种与其他植物之间的配置，以利于提高防火林带的阻火能力，促进林木早日成材，有效抑制林带内易燃成分增长速度(Missbach，1977)。

①生物防火林带应是乔、灌、草之间的有机配置。乔木树种一般搭配在山脊、石砾多、土层薄、干旱等立地条件下，且多采用单层或单一树种结构。在土地较肥沃、水分条件较好的立地条件则可以营造混交林，发挥不同树种的协调作用。下层林冠应选择耐阴的树种，上层林冠应选择喜光树种，科学利用空间。此外，还应根据树种根系特点，做到深根、浅根搭配，充分利用土壤肥力，促进林带内林木生长发育。林带外侧应选择抗火性强且具有较强萌发能力的树种；林带内则可选择难燃、生长较快的树种。

②营造乔灌型防火林带时，若选择耐阴、难燃灌木，则可直接栽种在林冠下来抑制林下喜光杂草；若选择偏喜光灌木或喜光灌木，则可将灌木种植在防火林带外侧。乔灌型防火林带内的灌木不仅可阻止地表火烧入防火林带内，还可起到侧方庇荫作用，有利于抑制防火林带内喜光杂草的生长，提高防火林带的阻火能力。

③在防火林带内种植一些耐阴难燃草本植物，也可以提高防火林带的阻火能力。生物防火林带的树种配置要因地制宜。目前，各地生物防火林带树种配置有所差异，如在我国大兴安岭单层防火林带多采用水曲柳或兴安落叶松；混交林带多用水曲柳、兴安落叶松、朝鲜柳和甜杨；乔灌型则用兴安落叶松和东北赤杨，或朝鲜柳、甜杨和红瑞木、毛赤杨。在我国南方，生物防火林带树种多选用常绿乔木(如木荷、杨梅、女贞)、落叶乔木，少量配置杜仲、银杏等经济树种；灌木多采用茶、油茶、栀子、红花油茶等常绿经济树种。

7.5.2.5 生物防火林带立地布局

设计生物防火林带应根据林分、地形、道路、山脉、河流等自然条件，因地制宜，合理布局，综合改造，使生物防火林带能够与防火线及天然屏障连接成网，把林地分隔成若干个阻隔封闭区。热带、亚热带地区的生物防火林带一般营建在山脊、山冲地带，且多以水相隔。无河流地域的山冲林地潮湿肥沃，自然分布常绿阔叶林，只需略加改造即可形成较为规范的防火林带；对于重山叠嶂，可在主山脊营建防火主林带、山坡、小山脊及林道处营建副林带；在林地及农田交界处设置田边防火林带，防止农事用火等引起的森林火灾；在场界和居民区也要设置防火林带。同时，在布局上还要注重因害设防，在坟墓、田坎周边等火灾高发区周围营造生物防火林带。

7.5.2.6 防火林带营建方式

采取与宜林荒山、采伐迹地等造林"四同步"的方式营建生物防火林带、采伐林木时保留原有防火林带、单独施工营建防火林带、山脚田边营造果树林带，不断增加生物防火林带密度，完善防火林带布局。在单独施工营建生物防火林带时应有所侧重，优先建设实施重点火险地段的防火林带，尽快形成闭合网格，减少森林火灾的发生及可能造成的损失。

7.6 生物防火林带工程建设

生物防火林带建设工程是指，利用抗火、耐火树种的生物学特性，按照一定建设程序与标准，组织规划、设计、施工和检查验收的生物防火林带建设工程，包括生物防火林带的营造、经营管理，并与自然阻隔、工程阻隔形成网络的森林防火基础设施建设。其中，生物防火林带营造包括新建、改造与更新(谢献强等，2009)。

7.6.1 生物防火林带工程建设布局

对全国布局来看，因各地区的自然、气候、社会经济条件、火险等级、森林资源数量、树种(组)燃烧类型等方面存在较明显的差异，对生物防火林带建设的宽度、密度、树种选择、林带结构等方面的标准要求不同，在对生物防火林带进行布局时，应根据各地区的实际情况，实行统一规划、统一布局。一般应以国有林区、国有林场、自然保护区，特别是高火险区和火灾多发区为重点，实行重点投入、重点建设。

对省级布局来看，应按照《全国森林火险区划等级》(LY/T 1063—2008)，以县为单位确定本行政区域的森林火险区划等级，生物防火林带重点布局在Ⅰ级、Ⅱ级火险县。

县级生物防火林带的布设，应根据林地条件、防护要求等，将生物防火林带布设于：各森林经营单位(自然保护区、林场、经营区等)林缘、集中建筑群落(村庄、居民点、工业区等)周围和优质林分分界处；边境、行政区界、田林交界和道路两侧处；山脊、坡面和沟谷等有明显阻隔林火作用的地方；适合防火树种生长的其他地方。同时，对于有水面、河流等自然障碍物可利用的地段，以及有铁路、公路、人工渠等工程阻隔物的地段，均应纳入生物防火林带网络体系。

7.6.2 生物防火林带建设原则

(1)坚持因地制宜、适地适树、注重实效的原则

充分考虑林带立地条件和树种的生物学特性的适配，采用与之相适应的造林技术措施，选择最适宜该立地条件生长并具有明显抗火能力的树种为造林树种，兼顾经济效益、生态效益和社会效益。

(2)坚持因害设防，工程阻隔与自然阻隔相结合，整体优化配置的原则

坚持自然阻隔和生物阻隔相互配置，充分利用河、渠、道路、水库等自然地形，科学安排人力、物资、资金、时间等资源，配以防火林带建设，减少投资，发挥最大的防火效能(谢献强，2012)。

(3)坚持与林业建设“四同步”的原则

在实施大面积人工造林时，必须营造防火林带，实行与新造林同步规划、同步设计、同步施工、同步验收，从而保证一次施工长期受益。若先造林后营造生物防火林带，则难以保证幼林安全，或因营造生物防火林带需清除甚至改造原有林分。

(4)坚持循序渐进的原则

生物防火林带阻隔网控制面积宜由大到小、逐步加密阻隔网密度；优先在重点火险区、国有林区、重点生态公益林区建设；在人力、物资、资金、时间等资源有限的情况下，可以先行试点，后逐步推开，由人为活动频繁、火灾频发地区开始逐渐向高山、远山推进，从而由点到线，由线到面逐步推开，确保发挥预期的整体效益。

7.6.3 生物防火林带建设重点

生物防火林带建设是一项社会性、政策性和技术性很强的系统工程，必须抓好示范区建设和重点建设，必须处理好一般与重点的关系，做到先重点后一般，以重点带一般，积极稳步推进工程建设。

在建设顺序上，应优先在国境线和省、市、县、镇、村等行政界线上建设生物阻隔带；优先在国家级自然保护区、风景名胜区、森林公园，尤其是在世界自然遗产保护区周界建设生物阻隔网格；优先在林业重点生态工程、生态公益林与商品林分界线上建设生物阻隔网格；优先在断头带、道路两侧、山脚田边、村庄边、坟墓边及人为活动较为频繁的农林交错地带等重点部位和高火险区建设生物防火林带，形成闭合圈，有效发挥防火林带的阻火功能。同时，对于已建成的防火林带，应加强林带的抚育，巩固建设成果。

不同地区的生物防火林带有不同的建设重点。防火树种较多的地区，良种育苗壮苗是重点；防火树种单一的地区，树种选择是重点；未形成网格的地区，断头带建设是重点；防火林带数量较大的地区，现有防火林带的培育提高是重点等。树种的选择是建设生物防火林带的基础和关键，对于没有选好防火树种的地方要通过试验筛选出适合本地生长的防火树种；对于有防火树种的地方则要优中选优，筛选出优良树种、种源及其家系；对于选出优良树种的地方，则应建立良种基地和苗圃地，为建设生物防火林带提供充足的良种壮苗。

不同建设阶段有不同的建设重点。建设初期，树种选择、良种培育和防火林带网格建设是重点；建设中期，提高建设质量和综合效益是重点；建设后期，完善林带网格，及时更新改造是重点。

7.6.4 生物防火林带工程规划设计

7.6.4.1 生物防火林带综合调查

生物防火林带建设工程的前期工作应在综合调查的基础上进行，对建设区及规划林带进行深入详细的林况及立地条件调查，调查资料归入生物防火林带建设技术档案。综合调查的目的主要是掌握建设区的自然条件和社会经济情况、森林类型及资源分布情况，以及森林防火现状、问题与要求等，为生物防火林带的规划建设提供依据。综合调查的主要内容包括以下内容：

①基本情况调查：主要是自然地理条件、社会经济及森林防火设施管理情况等。

②森林类型调查：主要调查不同类型森林抗火能力及分布情况。

③立地条件调查：主要是调查规划营造防火林带的林分、植被、土壤、病虫害等。

④造价调查：包括造林用工、人工费、肥料和苗木价格等。

7.6.4.2 生物防火林带建设规划

(1)规划任务

规划的任务是明确建设目标、范围、内容、规划与重点；统筹安排建设布局与进度；概算投资规模，合理安排建设资金，明确筹资渠道，分析与评价项目实施的综合效益。

(2)规划类型

按照内容分为总体规划与专项规划。总体规划是对建设范围内各类型的生物防火林带建设目标、范围、内容、规模与重点进行综合性、全面性、总体性规划。专项规划是对建设范围内某一局部或类型的生物防火林带建设目标、范围、内容、规模与重点进行规划。

(3)规划原则

规划的原则包括以下方面：

①统一布局，健全网络：把整个行政区域内的生物防火林带作为一个整体进行统一规划、统筹安排，并进一步完善防火林带网络。

②因害设防，突出重点：加强对重点火险区、山火多发区和重点防护区及林田交界、林区道路、村庄等容易引起山火的地段开展生物防火林带建设。

③因地制宜，分类指导：根据各地的经济条件、自然条件、林分状况、火险情况进行分类指导。

④先急后缓，稳步推进：按照轻重缓急，分年推进对林田交界、村庄旁、林区主要道路两旁等易引发山火的地段开展生物防火林带建设。

(4)规划程序

规划的程序包括以下阶段内容：

①准备阶段：编写工作方案，成立领导小组，筹措编制工作经费，进行综合调查和其他准备。

②编制阶段：规划布局并编制规划说明书，征求相关单位意见。

③审批阶段：由林业主管部门组织对规划成果进行评审和审批。

④根据审批的规划成果编写建设任务书。

(5)规划内容

规划的主要内容包括建设条件分析与评价、指导思想、原则、依据、目标(含战略目标和规划期目标)、建设布局、林带建设类型规划，提出建设重点、建设规模、建设步骤与进度安排、环境影响评价、投资概算与资金筹措、效益分析与综合评价、主要技术措施、保障措施等。

(6)规划成果

规划成果包括：

①规划文本。

②规划编制说明书：内容包括基本情况、指导思想与原则、目标与任务、布局与重点、投资概算与资金筹措，建设保障措施、征求意见情况汇总等。

③规划附件：包括必要附表、附件，有关专题论证报告和规划图等。

7.6.4.3 生物防火林带建设可行性研究

(1)可行性研究的任务

在投资决策前，对拟建的生物防火林带建设工程的必要性、经济上的合理性、森林防火的重要性、技术上的适用性及先进性、建设条件上的可能性等方面进行全面技术经济分析论证，做出多方案备选，推荐最佳建设方案。

(2)可行性研究的内容

①总论：包括项目提要、意见、重要参考文献(可选)、关键术语定义与说明(可选)、项目主要技术经济指标、可行性研究结论等。

②项目建设的必要性分析：包括项目建设背景与由来、项目必要性分析。

③项目建设条件分析：包括建设区相关自然地理、社会经济、种苗供应、基础设施等。

④建设目标、指导思想及原则：包括项目建设目标、项目建设指导思想和原则、建设任务等。

⑤项目建设方案：包括项目建设总体布局、项目建设内容、营造林技术措施、项目可行性分析等。

⑥环境影响评价：包括环境现状调查、项目建设对环境影响分析、环境保护措施、环境影响评价等。

⑦招标方案：包括招标范围、招标组织形式、招标方式等。

⑧项目组织管理：包括建设管理、运营管理等。

⑨项目实施进度：说明项目按建设阶段的任务安排和按建设内容分年度的任务安排。

⑩投资估算与资金来源：包括投资估算编制说明、投资估算与项目运行年费用估算、项目资金来源等。

⑪综合评价：包括项目风险评价、项目社会稳定评价、项目经济分析、项目效益分析等。

⑫结论与建议：归纳可行性研究的结论，对可行性研究中主要争议问题和未解决的问题提出解决办法或建议等。

(3)可行性研究的成果

研究成果包括可行性研究报告、附表、附图和附件，共4个部分。

7.6.4.4 生物防火林带建设作业设计

(1)作业设计依据

设计依据包括生物防火林带工程建设规划等规划设计文件、年度计划任务等。

(2)作业设计的任务

在生物防火林带规划的基础上，进行详细的调查勘察。根据建设要求，把规划确定的目标与建设任务，建设类型与技术措施、投资等具体落实到每一条林带上，满足作业施工的技术要求。

(3)作业设计的准备工作

①资料收集：包括当地生物防火林带工程建设规划，各级财政、林业主管部门下达的年度建设任务文件等。

②图面资料：收集年度建设计划所在范围的地形图。

③作业设计表格及有关工具文具等。

(4)造林作业区的选择

依据总体设计图及附表、年度计划选择造林作业区，将任务落实到各个造林作业区。造林作业区总面积与年度计划应尽量吻合，误差最大不超过10%。造林作业区先在室内按总体设计图选择，再到现场踏查。造林作业区由组织者负责选择，由设计人员进行指导，共同查看、核实。

(5)作业设计外业调查

①位置调查：作业设计林带的坐标定位，采用GPS定位仪测定林带经纬度坐标，除了测定起点、终点经纬坐标外，还要根据林带的走向在转弯的地方测定经纬度，一般1~2 km测定一个点，量测造林面积，并记录在外业调查表中。

②立地特征调查：包括调查林带所处的最低和最高海拔、坡度、坡向、坡位、母岩类型、土类、土层厚度、土壤类型、植被类型、植被总盖度、各层盖度、主要植物种类(建群种、优势种)及其生活型、多度、盖度、高度等。

③需要保护的对象调查：珍稀濒危植物、古树名木、古迹、历史遗存、珍稀濒危动物或有益动物的栖息地等。

④社会经济情况等。

(6)内业设计

①造林技术设计：包括林地清理、植穴的配置与整地、树种选择与栽植密度、基肥与穴土回穴、栽植季节与栽植技术、补植与抚育。

②作业设计表及作业设计图的编制。

③工程材料需要量及投资概算。

④年度作业设计汇总。

⑤作业设计实施措施，施工进度安排等。

(7)作业设计的文件组成

造林作业设计以林带(林段)为单元编制，每条林带(林段)编制一套设计文件。文件包括：作业设计说明书、作业设计总平面图、栽植配置图、辅助工程单项设计图、造林作业区现状调查卡。

(8)造林作业设计文件汇总

①填写造林作业设计文件一览表：以乡镇或相当于乡镇级单位(林场)为单位将作业设计文件汇总后填写《生物防火林带造林作业设计一览表》，每条林带占1行，内容包括：编号、位置、面积、种苗数量、物资、用工量、经费等项。

②文件装册：将《生物防火林带造林作业设计一览表》置于扉页，作业设计文件按顺序排列于后，加装封面、合并成册。封面题写《××县××乡镇(林场)××年度造林作业设计》。

(9)造林作业设计的组织、设计资格与责任

①造林作业设计的组织：造林作业设计一般在县(市、旗、区)林业行政主管部门统一领导下，由乡镇政府、县(市、旗、区)直属林场组织。

②造林作业设计的设计资格与责任：造林作业设计由具有丁级以上(含丁级)设计或咨询资质的单位或机构承担。作业设计实行项目负责人制，项目负责人对造林作业设计文件的终审权并承担相应的责任。允许直接聘请具备林业高级职称的技术专家编制作业设计，技术专家的责任由聘任合同确认。

(10)造林作业设计审批

造林作业设计由造林作业区所在县(市、旗、区)以上林业行政主管部门审批，报送省(自治区、直辖市)林业行政主管部门备案。造林作业设计的审批应充分发挥技术专家的作用，可以委托技术协会、学会、专业委员会组织专家评审。没有作业设计的或设计尚未被批准的不得施工。作业设计一经批准，必须严格执行。如因故需要变更的，须由原设计单位或机构变更设计并提交变更原因说明，报原审批部门重新办理审批手续。

(11)年度作业设计说明书提纲

①位置与范围：所在的行政区域、林班、小班、四至界限、面积。

②施工单位：单位名称、法人。如系个人，应注明姓名、性别、年龄、职业与住址。

③设计单位与设计负责人：单位名称和资质、设计负责人姓名及职称。

④造林作业区现状：海拔、地形地貌、土壤、母岩、小气候等及其对造林的影响、群落名称、主要植物(优势种与建群种)种类及其多度、盖度、高度、分布状况、对造林整地的影响等。

⑤指导思想与原则。

⑥造林设计：林种、树种、种苗规格，造林季节、造林方式方法、更新改造方式、结构配置(树种及混交方式、造林密度、林带宽度或行数)、整地方式方法。

⑦幼林抚育设计：抚育次数、时间和具体要求等。

⑧工程进度：整地、造林的年度、季节。

⑨工程量统计：各树种草种种苗量、整地穴的数量、肥料和农药等物资数量、辅助工程的数量。

⑩用工量和经费预算：分别计算造林和辅助工程所需用工量，按造林季节折算劳力；经费预算分苗木、物资、劳力和其他 4 大类计算。

7.6.5 生物防火林带营造

(1)营造模式

①境界防火林带：境界防火林带一般设置在林场、自然保护区、天然公园等四周边界上。设置境界防火林带，不仅可作为林场、自然保护区、天然公园等生态功能区的境界标志，还可有效防止外来火侵入境内。目前，我国各地建立了许多自然保护区和天然公园，保护了一些具有特殊意义和区位意义的森林资源。在自然保护区、天然公园和一些具有特殊价值的森林周围营造的境界防火林带应宽些，且应营造结构密集的防火林带网格，以防止树冠火、强烈地表火烧入境界内。

②主防火林带：主防火林带是控制森林火灾树冠火发展蔓延的重要措施之一。一般而言，主防火林带应设置在森林火险等级高的针叶林、针阔混交林、易燃阔叶林内，并与森林防火期主风向相垂直的方向，从而有利于发挥防火林带的最佳阻火效果，偏角一般不大于 15°。主防火林带的宽度比一般防火林带的宽度要宽些，且主防火林带之间的距离以 5~8 km 为宜，距离太大容易发生特大森林火灾，距离太小则难以发挥防火林带的综合效益，且不利于实际操作。

③副防火林带：为了将森林火灾控制在一定范围内，需要使防火林带闭合或有江河湖泊、交通线路等将林区有效隔开。副防火林带是密切配合主防火林带发挥效果而设立的，其营造方向可不做限定，防火林带宽度也可因地制宜适当窄些。相邻副防火林带之间的距离在 2~3 km 范围内方可避免发生大面积森林火灾。

主、副防火林带的设置均应与人工、天然森林防火障碍物密切配合，从而构成综合阻隔系统。

(2)营造方式

①新建防火林带：按照规划设计，重新营建生物防火林带。

②重新营造防火林带：为确保防火林带持续发挥阻隔火灾的作用，可在防火林带一侧按林带原来规格重新营造，待新营造防火林带郁闭后，伐除老林带，以新林带取代老林带而使其连续发挥阻火作用。若生物防火林带树种为耐阴树种，则可在老林带林冠下造林，待幼林生长良好后逐渐伐除老林木，直至新幼林完全取代老林带，形成良性渐进过渡，发挥防火林带连续阻火的作用。

③无性更新促进防火林带复壮和结构改善：采用无性更新防火林带的树种往往具有萌蘖快、幼年生长迅速、无性繁殖能力和阻火性能强等特性。当防火林带遭受森林

火灾或其他破坏时，可通过采伐后萌芽更新使遭受破坏的防火林带在短期内复壮。存在以下两种情况：一是当防火林带遭受食叶害虫或严重火灾危害后，可皆伐防火林带，促进防火树种无性更新，然后进行抚育伐，去除过密的纤弱萌条，保留健壮的萌条，促进皆伐后防火林带的更新复壮；二是当防火林带只是边行林木受到破坏时，可伐除受害部分，使根株萌蘖，形成的灌木状林带也可以发挥较好的阻火效果，待萌条生长达到林冠层后又能恢复防火林带原有结构。

④有性、无性混合更新：采用有性、无性混合更新既可及时改变防火林带结构，也可充分发挥更新的效能，保持林带得的稳定性。实践中存在以下3种情况：一是当防火林带过于密集时，可采用保留一行采伐一行的方式，形成双层结构防火林带，提升防火林带阻火能力。二是当防火林带达到成熟龄时，可采伐一些生长不良有病虫害的林木或老龄林，使其萌发复壮，实现多层郁闭，有效抑制林带内阳性杂草的滋生蔓延。三是为提高防火林带生命力，延长防火林带阻火年限，降低营造防火林带的资金和劳动力成本，可采用有性更新与无性更新交替进行的办法。

⑤天然更新或促进天然更新营造防火林带：通过天然更新或人工促进天然更新既可充分利用自然力，节约大量营造资金，又可提高生物防火林带的阻火效能。一般来讲，有以下两种措施：一是在防火林带的侧方下种，使林带一侧空地林木更新。采用除草除灌除去空地杂草，在下种前通过翻耕土地促进防火林带天然更新，通过幼林抚育提升防火林带继续发挥阻火的效能。二是当防火林带树种属于耐阴树种时，可采用林冠下更新或林冠下人工促进天然更新，改善防火林带结构，形成上下结构林带，既能延长防火林带的阻火年限，又能连续发挥防火林带的阻火功能。

⑥防火林带树种更替：林带更新树种与采伐树种不同称为树种更替。营造防火林带时，一般选择最适应当地气候条件的地带性顶极树种作为防火树种，因为选择此类树种能使防火林带连续更新和长期存在。在实际生产过程中，若原有防火林带树种为非地带性顶极树种，则可通过树种更替的方式确保防火林带转变成地带性顶极树种。另外，在选择地带性顶极树种时，还应考虑该树种在不同立地条件下的适宜性，做到适地适树，从而确保营造的防火林带能够发挥最佳阻火效能。

(3)营造技术

①林地清理：林地清理分为带状清理、团块状清理和全面清理3种方式。为了提高生物防火林带的林火阻隔功能，造林地的清理一般采用全面清理方式，林地的清理在计划造林前一年的秋冬季进行。

②整地与植穴的配置：生物防火带通常是沿山脊线或环山脚布设，为防止或减少水土流失，整地原则上不采用全垦整地方法，而采用穴状明穴整地，植穴规格视树种和立地条件采用50 cm×50 cm×40 cm或40 cm×40 cm×35 cm。整地在造林一个月前或前一年秋冬季进行；在有冻拔害的地区和土壤质地较好的湿润地区，可以随整随造；干旱、半干旱地区造林整地，应在雨季前或雨季进行，也可随整随造。采用明穴整地时，表土堆放在穴的两侧，心土堆放在穴的下方，使穴土能充分暴晒风化，以便改善土壤的理化性状。

③生物防火林带通道：在生物防火林带长度方向上，于林带的中心线或林带的一侧，预留一条2.5 m宽的连续的人行通道，供林带抚育、防火人员快速疏散使用。

④种植密度：造林密度根据建设林带的立地条件、树种生物学和生态学特性而定。一般控制在(1.5~2) m×2 m。

⑤基肥：基肥在种植前结合整地施于穴底。

⑥苗木处理：对于常绿阔叶树种的苗木或带叶栽植的落叶阔叶树种苗木，可以采取去梢、剪枝或者去叶等。在干旱多风地区，对于萌芽能力强的树种，可以进行截干处理，另外采用药剂或抗蒸腾剂进行喷洒处理。对于受伤的根系、发育不正常的偏根、短截过长主根和侧根，可进行适当地修剪。对于阔叶树种，可在栽植前将根系蘸上稀稠适当的泥浆。对于栽植后恢复期较长树种的苗木，可采用促生根材料处理。对于越冬过程中容易失水的苗木，栽植前可用清水或流水浸泡。在病虫害危害严重的地段造林时，可以采用化学药剂蘸根。

⑦种植技术：生物防火林带苗木种植一般用穴植，按照“栽正、舒根、踩紧、适当深栽”的原则，种植时保持苗木立直，种植深度要适宜，苗木根系伸展充分，当填土至穴深1/2时，向上轻提苗木踩实、再填土踩实，最后覆一层虚土保湿。使用容器苗种植时，要去掉苗木根系不易穿透或不易分解的容器。

⑧种植时间：生物防火林带苗木种植应充分把握有利时机进行种植。一般在春季种植，苗木新芽萌动前，选择雨后或阴雨天土壤墒情好时种植，久晴不雨或连续大雨及刮大风等天气不宜种植。

7.6.6　生物防火林带经营

(1)郁闭前经营

生物防火林带从营造直至幼林郁闭是林带经营的关键时段，原因在于，一是幼苗幼树应适应比较恶劣的生态环境；二是幼苗幼树与林地上的杂草展开激烈竞争，若经营管理跟不上，则生物防火林带营造或遭失败(Peshkov，1991)。因此，做好幼苗幼树郁闭前的经营管理是直接关系防火林带成活、成林的关键。这个时期的生物防火林带经营包括以下几方面：

①灌溉：种植时或种植后，要及时进行浇灌。

②补植：当造林成活率没有达到合格标准，或有大的空缺时，在造林后的第2年或第3年造林季节及时进行补植，且用同龄的苗木进行补植。

③合理选择间作植物：进行林农间作时应选择既阻火又有经济价值的植物，做到合理安排，有利于幼林的生长发育。

④抚育：造林后及时进行松土除草，及时割除对穴外影响幼树生长的高密杂草，连续3~5年。造林当年进行1次，以后每年进行1~2次，直到幼林郁闭。有冻拔害的地区，第1年以除草为主，可减少松土次数。松土要做到里浅外深，深度一般为5~10 cm，不伤害苗木根系，干旱地区应深些，丘陵山区可结合抚育进行扩穴，增加营养面积。根据不同树种采取适宜的除草措施，可选用对目的树种安全、对环境污染较小或没有污染的化学除草剂除草。

⑤追肥：造林当年追肥1次，第2年起至生物防火林带郁闭前，在有条件情况下可与除草松土结合开展追肥。追肥穴施在苗的两侧25~30 cm。

⑥管护：及时防治森林病虫害，防止人畜破坏和火灾的发生。

(2)郁闭后经营

幼林防火林带郁闭后就能发挥阻火功能，同时林木生长与杂草、灌木生长的矛盾已转化为林木与林木之间、林木与环境之间的矛盾。因此，这个阶段应不断调节林木之间矛盾，即调节防火林带的组成结构，以更有利于林木生长发育，从而提高防火林带的阻火功能。这个时期的防火林带经营包括以下方面：

①防火林带郁闭后林木分化促使防火林带提前自然整枝，防火林带内可燃物数量增加。因此，防火林带郁闭后应及时进行修枝打杈，进行合理整枝，铲除可燃物，改善防火林带卫生状况，减小防火林带燃烧性，增强防火林带的稳定性。

②为了更好地改善防火林带结构，减少防火林带内可燃物堆积，可以对防火林带内一些生长落后木、濒死木进行抚育间伐，以增强防火林带的阻火能力。

③在防火林带内套种阻火能力强且有一定经济效益的植物，这样既能提高防火林带的阻火能力，又有一定的经济收入。另外，防火林带内遭受病虫害的林木应及时伐除，以提高防火林带的卫生状况，延长防火林带阻火年限。

(3)成熟后经营

防火林带成熟后，生长发育开始衰退，林木逐渐老化，林冠开始疏开，可燃物的数量增多，此阶段的经营重点是进一步保持防火林带的良好结构，延长防火林带的阻火年限。同时，应进一步促进防火林带更新，保证防火林带继续发挥阻火能力。此阶段的防火林带经营应注意以下几个方面：

①及时清除防火林带内枯落物。由于防火林带逐渐衰老，大量枯死木或凋落枯枝增加了防火林带的燃烧性。因此，应及时清除防火林带内的枯落物，减少防火林带内可燃物的积累，提高防火林带的阻火能力。

②由于林冠稀疏，阳光侵入，防火林带内喜光杂草滋生。因此，可在林冠下引种难燃灌木或套种既难燃又有一定经济效益的药用植物等，既增加防火林带的阻火能力，又抑制了喜光杂草滋生。

③为进一步保证防火林带继续发挥作用，应在防火林带内人工促进更新，保证林下幼树生长发育，促进防火林带持续发挥作用。

7.6.7 生物防火林带的工程检查验收

(1)检查验收的范围

检查验收的范围包括当年营造的生物防火林带、上年检查验收不及格经当年补植的生物防火林带、抚育的生物防火林带。

(2)检查验收的依据

检查验收的依据包括上级下达的年度营造生物防火林带计划任务、生物防火林带造林作业设计说明书和设计图、生物防火林带施工合同书。

(3)检查验收的内容

检查验收的内容包括以下方面：

①当年营造生物防火林带的长度、宽度、面积、密度、成活率、苗木高度。

②抚育追肥情况(追肥面积占抚育总面积)、保存率、幼树高度。

③建设资金使用管理情况，包括到位资金额度、资金到位率、支出资金额度、资金支出率、资金使用合法性情况。

(4)检查验收制度

生物防火林带实行三级检查验收制度，即县级自查验收、地市级核查验收、省级抽查验收。

(5)县级自查验收

①验收准备工作：成立自查验收工作组，人员由森林防火、营林、林政、计财等部门派员组成；配备检查验收工具、文具等；组织培训检查验收方法、标准、要求等；检查作业设计说明书、设计图、施工合同等资料文件。

②自查验收比例：县级自查验收应全面进行检查验收。

③外业验收方法：生物防火林带外业验收可采用成效检查和抚育检查两种方法。

生物防火林带成效检查方法：采用 GPS 定位仪机械定点检查方法，沿林带每隔 1 km 设一长方形样地(样地株数 50 穴以上)，连续检查 50 穴成活率，每隔 10 株测定 1 株苗木高度(每个样地实测 5 株)，在每条林带上选择有代表性地段 3 处实量林带宽度，并把实测数据现场记录于检查记录表中。

生物防火林带抚育检查方法：采用 GPS 定位仪沿林带每隔 2 km 设一长方形样地(不足 2 km 的设一样方)，连续检查 50 穴，检查松土、除草、追肥情况、保存率，每隔 10 株实测 1 株苗木高度(每个样方 5 株)，并把实测数据现场记录于检查记录表中。

④检查验收评价指标：包括造林面积核实率、成活率(保存率)、造林密度、林带宽度、抚育率。

⑤检查验收成果材料：包括检查验收报告书、检查验收统计表。

检查验收报告内容提纲如下：

①自查验收基本情况：验收时间、验收组织、验收方法。

②建设资金到位情况、支出情况和管理情况。

③任务完成情况分析。

④存在问题。

⑤检查验收结果及评价。

⑥有关意见与建议。

(6)地市核查验收

①抽样方法与比例：以县(区)为抽样单位，采取随机抽样方法。每单位分别抽取当年营造林带和当年抚育林带，抽样强度一般各为 5%~10%，且各不少于 3 条林带(段)。

②核查验收方法：对抽中的林带(段)全线踏查，对照县级自查验收记录是否相符，并用 GPS 定位仪对经营林带每隔 1 km，对抚育林带每隔 2 km，设一调查样地进行调查(不足 1 km 或 2 km 的至少设一调查点)记录，方法内容与县级自查验收相同。

③核查验收评价指标：核查内容评价指标与县级自查验收相同。

④核查结果的确定：核查面积(长度)，核查的核实面积与县级验收之比大于 90%

的，按县级面积计算成效，否则，以核查面积为准，并按实际成数计算全县的成效面积；成活率、保存率、宽度、密度、抚育率以市核查数据为准。

⑤核查验收成果：市级生物防火林带核查验收报告内容包括核查验收工作简况、核查情况及结果、营造生物防火林带典型经验做法、存在的主要问题、有关意见与建议。

⑥核查验收统计表：生物防火林带造林核查情况统计表、生物防火林带抚育情况统计表、生物防火林带造林核查与检查验收情况对比总表、生物防火林带抚育核查与检查验收情况对比总表、核查验收综合评价表、生物防火林带工程建设资金到位和支出情况表。

(7)省级抽查验收

①抽查人员组成：委托具有资质的单位抽调技术人员组成抽查验收组，会同市级和县级防火、营林、计财等部门人员参加现场抽查验收。

②抽查方法与比例：采用二阶抽样方法，先抽取20%的县级作为一阶抽查对象，然后在一阶抽中的县中，从当年营造林带总长度抽取5%作为二阶抽样对象，且不少于3条林带(段)。第2年抚育抽检当年抚育总长度的5%，第3年抚育抽检总长度的3%作为抽检验收对象。

③抽检验收方法：检查方法与地市核查验收相同。

④抽检验收评价指标：与地市核查验收标准相同。

⑤抽查验收成果：编制省级生物防火林带抽查验收报告(内容要求与市级相同)和省生物防火林带抽查验收情况统计表，内容与地市级相同。

7.6.8 档案管理

建设档案以林带(段)为基本单位逐级建档，主要档案材料包括以下方面：

①制度法规档案：包括生物防火林带建设法规与规章、规定与制度等管理档案。

②经营档案：包括商务防火林带建设设计文件、图表；各经营阶段(造林、抚育、管护、更新利用)建设过程的技术资料、施工合同、施工监理、验收报告等各阶段的检查验收资料。

③财务档案：包括投入、支出等。

7.7 生物防火林带工程评价

7.7.1 生物防火林带工程绩效评价指标体系构建

财政支出绩效评价是指运用科学、规范的绩效评价方法，按照统一的评价标准和绩效的内在原则，对财政支出行为过程及其效果进行科学、客观、公正的衡量比较和综合评判。近年来，随着财政管理水平的不断提高，各地相继开展财政支出项目绩效评价。营造生物防火林带是一项投资巨大的工程，需要公共财政的支持，因此，建设生物防火林带工程需要开展绩效评价。

7.7.1.1 绩效评价指标体系建立的原则

(1)科学规范性原则

绩效评价指标体系的制定遵循科学规范性原则，以保证财政支出绩效评价结果的公正合理；指标之间不重复、不遗漏，既相互独立，又互为补充，尽可能删除重复的指标，对于意义相似的指标只选择一个主要指标作为同类指标反映评价内容。

(2)系统性原则

指标体系既要能够反映生物防火林带建设项目支出财务类的基本指标，又要反映实施过程中组织管理情况的过程指标，更要反映包括经济性、效率性和效果性的项目支出绩效指标；指标体系既要反映财政支出的直接效益，又要反映间接效果。要注意指标体系内部的逻辑关系，不是简单无序地罗列各项指标，而是在指标体系中尽量考虑研究对象之间的有机联系。

(3)可比性原则

指标体系所涉及的时空范围、计算口径和方法要具有可比性，以便在不同区域、不同时期对同一类型的生物防火林带建设项目进行评价时可以进行横向及纵向的比较。

(4)经济性和效率性原则

多重指标设置是保证财政支出绩效得到全面、客观、完整评价所必需的，但指标越多，收集数据的难度越大，成本越高，因此，指标体系应当考虑数据收集的难度和成本，应选择那些具有代表性的综合指标和主要指标。这样既能减少工作量，减小误差，又能降低成本，提高工作效率。

(5)稳定性原则

指标体系应尽量避免采用含有易变因素的指标，指标体系内容不宜变动过多、过频，应保持相对稳定。

(6)定量与定性相结合的原则

生物防火林带建设项目支出效益具有多样性的特征，有的可以直接用定量指标、标准来计算衡量，有的则不能用定量指标、标准来计算衡量，单纯用定量或定性的方法进行支出绩效评价，势必会影响评价结果的客观、公正性，所以设置生物防火林带建设项目绩效评价指标体系既要有定量指标，也要有定性指标。

7.7.1.2 绩效评价指标体系的建立

生物防火林带建设项目绩效评价指标可分为基本指标、过程指标和绩效指标三大类。

(1)基本指标

基本指标反映的是生物防火林带建设项目资金实际到位情况和实际支出情况以及财务管理情况，是对项目建设单位和各级财政部门专项资金使用合法性和合规性的评价。

①资金落实情况：包括预算计划执行率、资金到位率、资金到位及时性、省财政

资金投入乘数等指标。

②资金支出情况：包括资金支出实现率、资金支出相符性、资金支出合规性、资金支出结构合理性和资金支付方式合规性等指标。

③财务管理情况：包括财务制度的健全性和有效性、会计核算的真实性等指标。

(2)过程指标

过程指标反映的是生物防火林带建设项目在实施过程中的组织管理情况和实施情况。

①实施情况：包括作业设计率、合同签订率、政府采购执行率和招投标执行率等指标。

②组织管理情况：包括检查验收情况、档案建立率、监理执行率和管护情况以及调整报批情况等指标。

(3)绩效指标

生物防火林带建设项目的绩效指标通过经济性、效率性和有效性反映，是生物防火林带建设项目绩效评价的重点。

①经济性：经济性主要体现在项目以最低的成本达到目标，即项目支出是否节约了资金或通过资金的投入带动，从而实现更多的项目效益。通过项目的实施，假设生物防火林带郁闭成林后，按照生态公益林可伐林龄40年为周期计，营造生物防火林带与铲修相同面积的防火线相比，投资是否更节约，生物防火林带是否比防火线具有更多的效能。营造生物防火林带建设项目的经济性通过节省劳动用工数、增加木材经济收入，以及提高森林覆盖率、固碳放氧、涵养水源、野生生物保护等生态效益来反映。

②效率性：效率性指投入和产出的关系，主要从实施质量与进度方面反映项目的实施能否按照预定的目标快速、高效组织实施并完成，包括任务完成率、造林成活率、造林合格率、林带保存率、抚育合格率等。

③有效性：有效性指多大程度上达到了政策目标、经营目标和其他预期结果；反映项目实施是否达到预定目标，主要从项目实施后取得的效果来反映项目的有效性。生物防火林带建设项目的有效性表现为通过实施生物防火林带建设项目，生物防火林带起到阻火、隔火的作用，控制山火的蔓延，可减少森林火灾受害面积，减少发生重特大山火的概率，同时，生物防火林带还具有其他社会效益。通过森林火灾受害率、发生重特大山火次数是否控制在预定的目标，生物防火林带建设为群众进入林区生产、经营、旅游、扑火等提供便利和就业机会，具有标志界的作用，稳定山林权属等来反映(陈存及，1994)。

7.7.2 改培型生物防火林带阻隔体系防火效果评价体系构建

改培型生物防火林带阻隔体系作为森林防火阻隔系统的重要组成部分，其长效性、速效性、生态性的治本效果明显，在阻止林火蔓延、预防和控制森林大型火灾发生等方面发挥着重要作用。本节以刘广菊等(2012)运用层次分析法和德尔斐法，根据2007年在黑龙江省黑河地区的逊克县、五大连池市和北安市开展的改培型生物防火林带阻隔系统示范工程，提出的一套生物防火林带阻隔体系防火效果的评价指标体系为例，介绍改培型生物防火林带阻隔体例防火效果评价体系的构建。

7.7.2.1 防火效果评价指标的选取原则

①全面性原则：尽量全面考虑影响生物防火林带植物群落防火效果的因素，使评价能够尽量反映生物防火效果的真实状况。

②层次性原则：评价指标体系必须具备层次性，即下层指标对上层指标起到解释或分解的作用。

③导向性原则：评价的每一个具体指标都要符合生物防火林带建设的要求，在一定程度上能够体现生物防火林带的特征，导向性明显。

④可区分性原则：评价指标之间应尽量做到意义明确，减少模糊和重复。

⑤可操作性原则：所选取的指标应在数据收集上可操作性强，能够准确搜集所需数据，且所搜集数据对规划设计具有实际意义。

7.7.2.2 防火效果评价指标体系的建立

(1)评价指标体系的结构

评价指标体系分为3个层次：第1层次为目标层，即生物防火林带植物群落防火效果评价总目标；第2层次为准则层，包括植物群落生长状况、防火林带小气候、防火林带的立地环境、地表枯落物和建设条件；第3层次为指标层，包括植物群落的冠幅、树高、枝下高、胸径、林龄及防火林带内温度、相对湿度、风速、土壤厚度、土壤水分含量、郁闭度、地表枯落物鲜质量、地表枯落物含水率、腐殖质厚度、防火林带宽度、防火林道宽度16个具体指标。对各评价要素进行统一分组，并按它们之间的所属关系划分层次建立总目标评价模型(图7-1)。

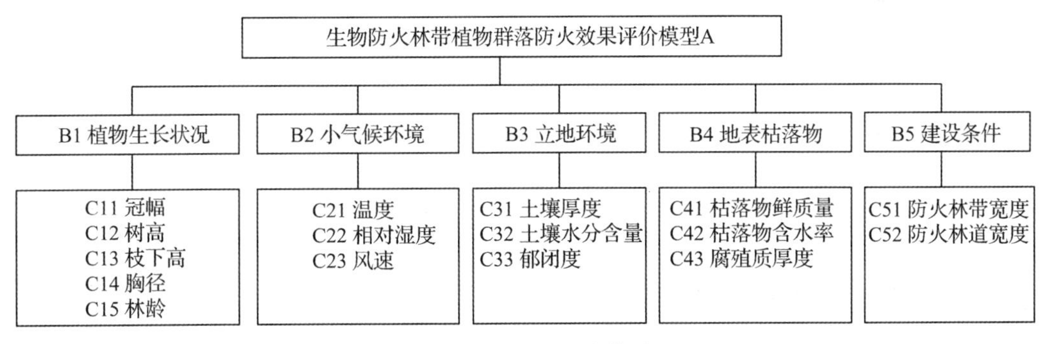

图7-1 总目标评价模型

(2)判断矩阵的构造

在建立总目标评价模型树的基础上，按标度定量化，对同一层次的各因子间相对于上一层的某项因子的相对重要性给予问卷评分(专家打分)，然后按照层次分析法标定系列得出相应的标定值，列出各因子之间相对重要性的标定值矩阵。采用上述方法分别获得准则层元素B1、B2、B3、B4、B5层次单排序，得出A-B权重；通过B1、B2、B3、B4、B5单元各指标层元素C的层次单排序，得出B-C权重；根据指标层与准则层的隶属关系及相对权重值，利用加权平均法计算各指标的组合权重，从而对各单元准则层因素(C)对目标层(A)的权重进行总排序，得出C-A权重。对判断矩阵A-B、B1(C11~C15)、B2(C21~C23)、B3(C31~C33)、B4(C41~C43)、B5(C51~C52)进行一致性检验，各矩阵的一致性比率(RC)值分别为0.082、0.080、0.090、0.063、0.010和0，数值均小于0.1，具有满意的一致性，说明权重分配合理。

(3)生物防火林带阻隔体系各指标权重的确定

根据各个因子对防火林带防火功能形成的影响权重值判断(表7-1)，防火林带宽度(C51)、防火林道宽度(C52)、枯落物含水率(C42)、风速(C23)、冠幅(C11)、树高(C12)和郁闭度(C33)对防火林带的功能影响力较强，其权重值分别是0.2936、0.1468、0.0968、0.0892、0.0553、0.0441和0.0433。

表7-1 各防火评价指标权重

目标层(A)	准则层(B)	B-A权重	指标层(C)	C-B权重	C-A权重
A防火林带植物群落防火效果	B1植物生长状况	0.1298	C11冠幅	0.4528	0.0553
			C12树高	0.3397	0.0441
			C13枝下高	0.2355	0.0306
			C14胸径	0.1817	0.0106
			C15树龄	0.0273	0.0035
	B2小气候环境	0.1527	C21温度	0.1840	0.0281
			C22相对湿度	0.2318	0.0354
			C23风速	0.5842	0.0892
	B3立地环境	0.0667	C31土壤厚度	0.0719	0.0048
			C32土壤水分含量	0.2790	0.0186
			C33郁闭度	0.6491	0.0433
	B4地表枯落物	0.1527	C41枯落物鲜质量	0.1919	0.0293
			C42枯落物含水率	0.6337	0.0968
			C43腐殖质厚度	0.1744	0.0266
	B5建设条件	0.4405	C51防火林带宽带	0.6667	0.2936
			C52防火林道宽带	0.3330	0.1468

7.8 生物防火林带建设实践与经验

7.8.1 省级生物防火林带建设经验

7.8.1.1 广东省生物防火林带建设经验

(1)广东省生物防火林带建设议案出台背景

生物防火林带阻隔山火的作用，引起全省各地人大代表对生物防火林带建设工作高度关注，1998年，广东省第九届人民代表大会第一次会议提出《关于加快营造生物防火林带工程建设议案》，第五次会议审议通过了省政府《关于加快营造生物防火林带工程建设议案的办理方案报告》。广东省政府决定自1999年，用10年时间，总投资6.88亿元，通过实施省人大议案的形式，营造生物防火林带83 209 km，面积94 624 hm^2；省、市、县按照4∶2∶4的比例筹集资金。

(2)广东省实施生物防火林带建设议案的主要做法

①领导重视，组织措施到位：广东省各级政府和有关部门切实把营造生物防火林带建设议案实施工作作为大事要事来抓，做到有组织、有计划、有检查、有督促。黄华华、欧广源、黄龙云、李容根等省领导对森林防火工作特别是生物防火林带建设工作高度重视，多次作出重要指示，亲临现场检查生物防火林带工程建设情况。广东省各级政府都成立了生物防火林带工程建设领导小组，由政府分管领导任组长，积极协调解决遇到的问题和困难。领导重视与部门配合，为全省营造生物防火林带打下了良好的基础。

②统筹规划，工程建设科学有序：广东省林业局和有关部门综合考虑本省各地的自然条件、经济条件、林分状况、火险情况等实际，按照因地制宜、因害设防、适地适树、突出重点的原则，统筹安排建设布局，科学编制年度计划，合理安排建设资金，保证了生物防火林带建设的有序顺利实施。全省各地通过办示范点，树立典型，发挥典型的辐射功能，以点带面，推广工程建设经验。广东省林业局于1998年9月、1999年11月和2006年11月先后3次召开生物防火林带建设现场会，推广了肇庆、惠州生物防火林带建设的经验做法。梅州、茂名、云浮等市所办示范点也对面上生物防火林带建设发挥了很好的带动作用。同时重视抓好生物防火林带相关科研工作，生物防火林带除草试验、专用肥试验和树种选择及配置模式研究等科研工作同步开展，大大提高了生物防火林带建设的效率和质量。

③加大投入，所需人财物得到大力保障：省、市、县各级财政按照4∶2∶4的比例分担生物防火林带建设所需资金。相当部分市、县都把生物防火林带建设配套资金纳入地方财政年度预算，保证了建设资金的落实。广州、深圳、珠海、中山、江门等市和所辖县区在保证省规定比例资金足额落实到位的基础上，还追加8023万元用于生物防火林带建设。其他市也采取多种措施，加大投入。一些山区县从水电、松香、煤炭等行业收益中按一定比例筹集生物防火林带建设资金。同时部分地方发动群众投工投劳，共同推动生物防火林带建设工作，据不完全统计，议案实施期间共投入91.9万个工作日。

④严格监管，工程建设规范保质：制订完善相关制度规范。广东省林业局制订出台了《广东省生物防火林带造林作业设计工作方法》《广东省生物防火林带建设标准》《木荷育苗技术要点》等制度规范，并在工程建设中认真抓好落实。全省各地严格把好规划、备耕、种苗、种植、抚育等“五关”，确保工程质量。在备耕、种苗、种植、抚育上，做到除杂不合格不打穴、打穴不合格不回土、回土不合格不种植、苗木不合格不上山、成活率不合格不验收、抚育不合格不结算。注重加大监管力度。广东省各级政府把生物防火林带建设列入森林防火目标责任制和林业目标责任制的考核检查内容，建立了县自查、市复查、省抽查的检查验收制度，每年检查考核一次，并通报结果。建立了汇报制度，广东省各级林业主管部门每年将生物防火林带建设情况向同级人大、政府作出报告，自觉接受检查监督。广东省林业局制订出台了《广东省生物防火林带工程建设检查验收办法》，并每年对21个地级以上市和抽取的30个县(市、区、场)按照验收方法进行检查。据统计，议案实施以来，广东省先后6次对17个地级以上市76个县(市、区)进行了检查，有效保证了生物防火林带工程建设质量。

(3)广东省实施生物防火林带建设议案的主要成效

自1999年以来，广东全省齐心协力，真抓实干，共完成工程总投资58 204万元，营造生物防火林带77 410 km，面积99 101 hm^2，广东省生物防火林带总长度达到10.8×10^4 km，每公顷平均有林地11.6 m，生物防火林带长势良好，大部分生物防火林带的林木保存率(成活率)在90%以上，2003年以前营造的林带已郁闭成林，初步建成生物防火网络，取得明显的防火、生态及经济社会效益。

①发挥了显著的防火效能：广东省营造的生物防火林带直接阻隔山火效果明显，提高了森林自身抗御火灾的能力，森林火灾损失大幅下降。如2001年春，连州市毗邻的湖南宜章县发生11宗山火烧至省界，由于有防火林带阻隔，均没有蔓延过界。2007年11月29日发生在广东省肇庆市高要区金渡镇的森林大火，由于有一条从三娘坑到摩星岭的防火林带阻隔，有效地阻止了山火向栏柯山省级自然保护区核心区蔓延。据统计，1999—2007年，广东省有1300多宗森林火灾因生物防火林带阻隔没有造成大的损失。2000—2007年广东省森林火灾受害率年平均值为0.017%，与1992—1999年平均值0.031%相比，广东省年平均受害率下降了近1倍，同比山火控制率下降了1.2 hm^2/次；1992—1999年，广东省共发生重特大森林火灾10次，而2000—2007年没有发生重特大森林火灾，同比森林火灾伤、亡人数也分别下降了43.6%和37%。生物防火林带还为保证炼山等生产用火安全、帮助扑火人员迅速安全行进、扩宽防火隔离带及点回火提供非常有利的条件。据统计，1999—2007年，广东扑火队员以生物防火林带为依托，快速安全到达现场扑救山火1204次，扑火队员把生物防火林带称为“安全扑火生命带”。

②产生了明显的生态效益：营造生物防火林带有效避免了在山脊线上铲修开设防火线导致水土流失、生态破坏等弊端。广东省实施议案以来营造的生物防火林带，使全省森林覆盖率提高了0.55个百分点，调整和优化了林分结构，共涵养水源6128.6×10^4 t，保持水土821.7×10^4 t，同时还吸收二氧化碳232.4×10^4 t，释放氧气171.1×10^4 t，吸附粉尘204.2×10^4 t，产生的生态效益相当于投入的10.4倍。同时，在提高土壤肥力、防止森林病虫害传播和蔓延、防风减灾、保护生物多样性、促进生态环境良性循环等诸多方面也发挥了重要作用。

③创造了良好的经济和社会效益：在经济效益方面，广东全省营造生物防火林带共提供535.9万个劳动工日，为农民增加收入53 587万元。节省了维护费用，与铲修防火线相比，清理防火林带杂草节约开支38 600万元。减少了炼山成本，仅2004—2008年，广东省全省炼山1500次，面积逾15 000 hm^2，由于很多地方种植了生物防火林带，节省了开设防火线费用177万元。增加了木材储备，广东省营造的生物防火林带共生产生物量142.5×10^4 t，其中木材储备达40.5×10^4 m^3。在社会效益方面，在行政交界处营造防火林带，可清晰界定山林权属，减少了山林权属纠纷发生。成林、成带、成网的生物防火林带，改善了森林景观，美化了环境，成为一道道亮丽的风景线，扩大了森林旅游业的发展空间，也为群众进入林区作业、经营等活动提供了方便。

7.8.1.2 福建省生物防火林带建设经验

(1)基本情况

福建省地处我国东南沿海，下辖9个地级市，85个县(市、区)，素有“八山一水一分田”之称。全省森林面积807×10^4 hm^2，森林蓄积量7.29×10^8 m^3，森林覆盖率66.80%，连续40年居全国首位，是全国南方重点集体林区，也是我国南方地区重要的生态屏障。同时，福建也是全国重点火险区，林区中易燃性较大的杉木、马尾松纯林和中幼林面积占70%以上，森林防火形势十分严峻。在全省实施生物防火林带工程建设，是减少森林火灾损失，解决森林防火问题的一项根本性、战略性重大措施。福建省生物防火林带建设经历了以下4个阶段：

①探索认识阶段：自1957年起，有计划地保留林区内的阔叶树，同时在山脊线上营造木荷等生物防火林带，并在林业院校、国有林场进行生物防火林带造林试验，开始对防火林带阻火功能有了初步认识。

②试验发展阶段：组织林业院校、国有林场等单位对树种筛选、林带构成、网络建设试验及林带防火机理开展研究，大规模营造防火林带，三元、尤溪、建瓯、永安等地在山脚田边及林缘等地带营造杨梅、油茶、柑橘等茶果防火林带，农用火引发的森林火灾得到大幅度下降，防火林带阻火功能发挥了重大作用。

③完善提高阶段：自1990年起，全省开展防火林带“闭合圈”结构及配套技术研究，《森林防火树种选择》《木荷生物防火机理及应用》《防火林带网络系统》等课题研究为大力推广防火林带工程网络系统建设奠定了良好技术研究基础，到1994年底全省建有道路旁、山脚田边、林内、山脊、权属界等各类防火林带5.8×10^4 km。

④总结推广阶段：1995年原国家林业部在三明市召开全国生物防火林带工程建设现场会后，福建省把防火林带工程建设列为建设林业强省的重点工程之一，并纳入地方社会经济发展计划。各市、县(区)也积极行动，福州将生物防火林带工程建设列入为民办10件实事来抓，每年安排资金用于生物防火林带建设；三明于1996年决定将生物防火林带工程建设列为建设林业强市的5大工程之一来抓；泉州、漳州等沿海地级市政府召开专门会议部署防火林带建设任务。截至2015年底，福建全省累计建成生物防火林带超过13.5×10^4 km，防火林带得到不断扩展与延伸，其防火、经济、生态、社会效益日益明显。

(2)主要做法

①统一规划，科学布局：福建省坚持“统筹规划、合理布局、因害设防、突出重点、因地制宜、适地适树、防火为主、效益兼顾、分步实施、循序推进”原则，结合森林火灾发生、发展的规律及可控程度，综合考虑自然地理、人类活动、社会经济、林火阻隔网络、林情火情实际，综合考虑自然条件、河流、山脉、道路等核心要素，充分考虑树种的适生性、经济性及林农生产积极性，合理布局防火林带与工程阻隔带、自然阻隔带等紧密连接，完善林火阻隔系统网络建设，鼓励在山脚林田交界处发展耐火、抗火、常绿、速生的生态经济型防火林带，分计划、分步骤地有效推进生物防火林带建设。同时，按照“五大重点布局为主、其他一般布局为辅，尽可能形成不同级别

的林火阻隔闭合圈网络”的要求，对山脚田边农事活动频繁区、山脚田边至重山山脊及其他人员活动频繁、森林火灾多发易发地段等重点火险部位，林区内的重要通信、电力、军事、生产生活设施设备、易燃易爆物品仓库等建筑周围经营区界及实验林、革命纪念林、国防林等林业特殊用地边界等重点保护目标，省级以上自然保护区、森林公园、风景名胜区、国有林场外围分界线等，乡(镇)以上行政边界及能起关键阻火作用的主山脊，以及除此之外的全省重点生态区位边界所构成的五大重点布局，对能组成全省林火阻隔闭合圈而配套形成的一般区位，优先开展生物防火林带建设，并尽量与其他防火阻隔带形成闭合圈，逐步形成生物防火林带网络。

为切实做好全省生物防火林带建设，福建省及时组织技术力量做好编制出台建设专项规划的有关前期工作：一是摸清现状。各地组织力量对生物防火林带的树种、树龄、宽度、长度、生长情况、分布地点等现状进行全面摸底调查。二是提出需求。各地按照规划基本原则和布局重点，结合摸底情况，按实际需求上报拟建设生物防火林带数量，并将现状和规划任务全部落实到山头地块，提交矢量数据。三是测算总规模。根据全省防火林带现状和其他防火阻隔带分布情况，按照国家有关标准和规划目标，初步测算全省规划任务量，并统筹制定各设区(市)生物防火林带建设的分配方案。四是完成总体规划初稿和审定稿。规划初稿经广泛征求意见和专家论证后修改上报省政府审批。同时，为保障生物防火林带建设顺利推进，2004 年福建省林业厅与省财政厅联合下发了《关于全面加强林火阻隔体系工程建设的通知》，2013 年福建省林业厅出台了《关于生物防火林带建设涉及林木采伐有关问题的通知》，组织编制和实施《福建省生物防火林带建设总体规划(2013—2020 年)》，全省规划新建生物防火林带 3.8×10^4 km，折合面积 57 267 hm^2，省级财政从 2013 年起对生物防火林带建设每亩补贴 1000 元，总投资达 8.59 亿，同时整合防护林建设和中央造林补贴资金，并要求市、县(区)配套相应的建设资金。

②政策支持，落实措施：为推动生物防火林带建设在全省各地落地建成，福建省将防火林带建设纳入各级政府森林防火目标责任制考核重要指标，并出台生物防火林带林木采伐等配套政策，进一步明确生物防火林带的法律地位。一是建立有助于生物防火林带建设的政策框架体系，实现经济发展与生态保护双赢的政策导向。二是及时出台相关配套政策，积极完善生物防火林带建设，适度放活树种结构调整，促进林业可持续经营与生态建设。三是将生物防火林带纳入生态公益林管理范围，明确防火林带的法律地位。随着集体林木产权逐步明晰落实到户，林业呈现出林地状态分散化、经营规模小型化、经营主体多元化格局，分散独立的个体林农绝大多数不愿意在有限的林地上营造生物防火林带。福建省根据生物防火林带主要功能与作用，将生物防火林带列入防护林范畴，并设立防护林二级林种——防火带林；同时，将生物防火林带作为生态公益林的重要组成部分，按生态公益林进行保护管理，加强常年维护和管理，明晰产权和利益分配，充分发挥生物防火林带防火效能。四是要求新造林地严格按照造林技术规程标准配套营造生物防火林带，做到“同步规划、同步设计、同步施工、同步验收”。对于未达到生物防火林带配置标准的各种林分，结合经济林基地建设、山地综合开发、补植改造、抚育采伐等林业工程建设项目改造成生物防火林带。对于少量生土阻隔带，则分期分批营造成生物防火林带。五是准备生物防火林带建设林地。对

规划内用地上的林木需要采伐的可按照《福建省林业厅关于建设生物防火林带确需采伐林木有关问题的通知》办理审批手续；对涉及生态公益林的，凡符合更新采伐或抚育政策的给予办理采伐许可证；对规划内的皆伐面积可实行单列，由省级林业主管部门统筹，且不纳入各设区(市)皆伐面积限额；对需实行皆伐面积限额单列的县级林业主管部门应将单列情况(采伐证印刷号、皆伐面积)报设区(市)林业主管部门审查，报省级林业主管部门备案。

③资金扶持，推进建设：福建省建立以财政投入为主、社会多元化投入为辅的生物防火林带体系建设保障机制。一是将生物防火林带规划建设资金纳入各级政府财政预算。二是将生物防火林带建设列入相关补助范围。由于生物防火林带在调整林分结构、保持水土、维护生物多样性等多方面起到特殊作用，从育林基金或森林资源补偿费等政策补助中安排部分资金给予生物防火林带建设适当补助。三是专项资金保障。福建省五大重点布局林带建设资金由省级财政解决，其他一般布局建设资金由市(县)配套解决。在前两个五年计划内，省发改委每年安排500万元用于生物防火林带建设。2004年省林业厅与省财政厅联合下发《关于全面加强林火阻隔体系工程建设的通知》，规划2005—2010年全省营造5×10^4 km生物防火林带，省级补贴500元/km，设区(市)基本按500元/km的标准进行配套补助，以上两项合计补助1000元/km，每亩不足45元。自2013年以来，省财政提高资金扶持力度，每亩予以1000元建设补助，市、县也相应落实配套资金。

④科学管理，确保质量：一是科学制订项目建设新技术推广计划，加强生物防火林带建设政策引导。根据生物防火林带工程建设实际，加强防火树种的选优、良种繁育工作，在几个基础较好的省属国有林场建立常用防火树种良种繁育基地与苗木培育基地培育优质种苗。同时，提高防火苗木栽培技术和病虫害防治等方面适用技术的推广应用，积极鼓励林业科技人员到生产第一线开展技术服务、技术咨询、技术培训，切实提高基层工程技术人员的业务素质与劳动技能。二是落实技术指导。林业主管部门组织规划队、计财、营林、防火办、种苗等相关专家和技术人员，负责制定有关技术方案、规划施工作业设计、面积测量、施工规范、招标评标、技术指导、检查指导等工作，并建立健全生物防火林带管理档案，包括林带建设的调查规划、设计施工、整地造林、抚育管护、更新改造等方面，实现对防火林带的动态管理。三是强化工程管理，确保工程建设质量。严格项目财务管理制度，建设资金专账专人管理，做到专款专用，严禁挤占、截留、挪用，确保项目资金合理使用和项目建设质量。落实项目自筹或配套资金、项目日常运行维护资金，确保建设规划有计划、分步骤实施。建立项目建设检查管理制度，跟踪监测规划实施情况，定期开展建设情况评估，及时将评估结果向政府有关部门报告，并接受媒体、社会公众监督，确保项目建设成效。

(3)典型成效

①在农田林缘营造防火林带，有效阻隔了农事用火进入林区：福建为低山丘陵地貌，山田交错，山多田少，人口密度大，农事活动频繁，农事活动引发森林火灾占已查明火灾成因总量的65%，多集中于春耕备耕时期。依靠行政手段要求乡(镇)干部分山头地块开展山林巡护，短时间可行有效，但并非解决问题的根本办法。在易引发林火的农田林缘地段营造生物防火林带，能有效阻隔烧田埂草、烧稻草等农事用火进山

入林。例如，三明市三元区自1974年起营造防火林带，至2011年底累计建成生物防火林带1756 km，平均每公顷有林地防火林带达25.8 m，显著增强了林区抵御火灾的能力。

②在集中连片林区营造防火林带，有效阻滞了林火扩散蔓延：在林缘林中营造生物防火林带，将集中连片的林区割块、封边，并与自然阻隔带(工程)形成网络，形成闭合圈。当发生森林火灾时，生物防火林带能有效阻隔或减弱火势，避免造成更大损失。如2000年3月28日，三明市尤溪县玉池村发生森林火灾，火焰高达十几米，飞火甚至越过12 m宽的公路，严重威胁火场前方逾140 hm^2 的杉木速生丰产林。由于该杉木速生丰产林按照“四同步”原则营造了木荷生物防火林带，林火在烧到15 m宽的木荷防火林带时，遇阻自然熄灭，有效保护了林带背后的杉木速生丰产林。

③在林区小路营造防火林带，有利于组织火灾扑救：在人为活动较少、林下植被茂密的林区，林中小路常常被杂草或灌木堵塞甚至消失，发生森林火灾时，不利于扑火队伍及时赶到火场。生物防火林带是阻截扑灭林火的最好屏障，扑火队伍快速接近火场的安全通道、快速运送扑火物质的快捷便道和遇到危险时的逃生通道。如南平市光泽县华侨国有林场曾依托火场附近营造的生物防火林带，采取内侧边点迎面火边清理余火的方法组织扑救，成功组织扑灭了一起山火，火灾无造成人员伤亡。

④在宅旁、村旁营造防火林带，可成为永久性防火设施：经过合理布设和配置的生物防火林带，可持续有效地发挥防火作用。福建省在宅旁、村旁、山脚、田边等易发生森林火灾的地段营造经济果树防火林带，在取得经济效益的同时还可发挥其防火效益和生态效益。火力楠、木荷等生物防火林带，其发挥防火作用的时间可达80年以上。全省各国有林场在20世纪60年代种植的火力楠、木荷林带，在杉木、马尾松等易燃树种主伐更新之后，剩下的火力楠和木荷林带生长良好，生物防火林带的抗火、阻火效能仍继续发挥。

⑤在生态脆弱地段营造防火林带，提高了森林资源综合效益：在田边山脚营造经济林防火隔离带或隔离片，可达到多种经营、以短养长的目的。林内山脊等处营造阔叶树生物防火林带，能够充分利用土地资源，增加森林面积，有效减少雨水对防火线的冲刷，在提高土壤肥力、防止水土流失、增加森林资源、改善生态环境等方面效益显著。福建省多以经济林树种、阔叶用材树种和珍贵观赏树种等作为生物防火林带建设树种，增加了阔叶树比例，优化了树种结构，调整了林分结构，进一步改善了森林生态环境；同时，又对马尾松毛虫等病虫害的危害和蔓延起到隔离和抑制作用，有利于害虫天敌在林区繁衍，增强了森林对病虫害的抵抗能力。

7.8.2 县(区)级生物防火林带建设经验

7.8.2.1 广东省惠州市惠城区生物防火林带建设经验

广东省惠州市惠城区面积 15×10^4 hm^2，2006年共有林业用地 6.8×10^4 hm^2，森林覆盖率40.4%。林区地形复杂，森林防火任务十分繁重。多年来，惠城区高度重视森林防火工作，严格实行森林防火行政领导负责制，全面落实森林防火各项防范措施，坚持把生物防火林带工程建设作为预防和控制山火的根本措施来抓，严格技术标准，狠抓工程质量，加强动态管理，取得了明显成效。

(1)工程建设主要成效

惠城区生物防火林带建设经历了3个发展阶段：

第1阶段：1999年以前。以各镇(办)、林场零星种植为主，营造生物防火林带工程建设步伐缓慢。

第2阶段：1999—2002年。从1999年惠城区第四届人民代表大会二次会议将营造生物防火林带工程建设列入区人大议案来办理，有关配套资金列入财政预算，每年安排50万元用于生物防火林带建设。经过3年的努力，至2002年基本建成了山脊线防火林带。

第3阶段：2002—2006年。针对大多数山火都是从山脚引发的实际，为了从根本上控制火灾源头，惠城区第四届人民代表大会五次会议审议通过了《惠城区续期营造生物防火林带工程建设的议案》，区财政每年安排60万元，重点营造山脚生物防火林带。目前，全区共投入资金635万元，其中省128万元，市70万元，区437万元；共营造生物防火林带576 km，面积705 hm^2，其中山脚防火林带长度295 km，面积361 hm^2。惠城区生物防火林带长势良好，保存率达95%以上，已形成较健全的生物防火林带网络体系。实践证明，生物防火林带对防范森林火灾起到了重要作用。近年来，惠城区没有发生大的森林火灾，外县(区)的山火也没有蔓延到惠城区，其中一个重要原因，就是早期种植的生物防火林带已经起到阻隔山火的作用。山脚生物防火林带阻隔山脚火源的作用相当明显，凡营造山脚生物防火林带的地方，基本上没有山火发生。

(2)工程建设的主要做法

①高度重视，组织管理到位：惠城区认真落实广东省人民代表大会常务委员会《关于加快营造生物防火林带工程建设的议案》，把生物防火林带建设作为一项民心工程和森林防火的根本措施来抓。区委书记、区长等领导高度重视生物防火林带建设工作，经常关心过问生物防火林带建设情况，区分管林业的领导具体抓，亲自部署、检查生物防火林带建设工作。为确保《加快营造生物防火林带工程建设的议案》的顺利实施，保质保量如期完成营造生物防火林带工程建设任务，区成立了生物防火林带工程建设领导小组，主管领导任组长，农委、林业局、财政局领导任副组长，其他相关部门领导为成员，领导小组办公室设在林业局。区人大每年组织人大代表深入到生物防火林带工程建设现场进行检查督促，听取情况汇报，监督生物防火林带工程建设情况，发现问题及时解决。区财政每年把营造生物防火林带的配套资金纳入当地财政年度预算，实行专款专用、专账管理。区林业局作为贯彻落实人大议案的承办单位，将生物防火林带工程建设作为一项重点工作来抓，做到领导到位、组织到位、管理到位，狠抓工作落实，保证了在2002年基本建成山脊线防火林带，用3年时间就较好地完成了省市安排的10年任务。1999—2002年投入资金251万元(其中区206万元)，营造生物防火林带长度245 km，面积295 hm^2。

②认真搞好规划，科学合理布局：搞好生物防火林带工程，规划是前提。为了科学指导生物防火林带建设，惠城区成立了规划领导小组，组织有经验的工程技术人员，对全区生物防火林带工程建设进行规划。坚持因地制宜、因害设防的原则，在充分利

用林区道路、河流、沟谷阔叶林等的基础上，按照先重点林区和火灾多发区，后一般林区和少灾区；先县(区)和镇(办、场)交界，后村(组)交界和内部界；先主林带和副林带，后阻隔带和其他林带的施工安排，编制了生物防火林带建设总体规划，并按照规划逐年实施，区森林防火办做好施工设计和技术指导。在2002年完成了山脊线防火林带后，针对大多数山火都是从山脚引发的实际，区四届人大五次会议审议通过了《惠城区续期营造生物防火林带工程建设的议案》，重点规划建设山脚生物防火林带。区林业部门按照营造生物防火林带的工程技术标准，于2002年8月组织完成了《惠城区续期营造生物防火林带工程建设的议案的实施方案》，计划用五年时间，平均每年营造山脚防火林带118 km，规划总长度586 km，主要分布于公路、铁路干线旁、大江河流两旁、厂矿、企业、学校、村庄、山边、田边等。在实施山脚生物防火林带建设过程中，该区尽量避免与农民山边果场、坟墓等易发生矛盾的地方，尽量绕着果场、坟墓上方边缘开设，同时尽量与周边的山脊防火林带相连结，使之形成闭合圈。对在规划中遇到涉及群众果树而不愿种植山脚生物防火林带等情况，区、镇(办)、村三级联合成立协调小组，深入细致地做好群众的思想工作，确保山脚防火林带建设工作顺利进行。

③严格技术标准，狠抓工程质量：在生物防火林带的建设中，我们认真执行生物防火林带建设标准，注重“两个抓早，三个抓好”，严把质量关。

“两个抓早”：一是规划设计抓早。在每年8月左右，由区林业局派出有经验的工程技术人员深入到山区现场踏查。做好年度规划，并编制“二书一图”，即规划设计书、施工合同书、作业设计图。二是造林整地抓早。选择信誉好、有资质、有实力的专业施工队，签订好施工合同。按年度作业设计要求，明确责任。从造林到三年抚育实行包质量、包保存率、包高度的承包合同制，要求在每年冬季前打好穴、春节前完成备耕工作。

“三个抓好”：一是抓好苗木质量。惠城区生物防火林带造林选用的树种是木荷，该树种育苗技术难度较大，育种期较长。因此，我们选择育苗技术相对较好的区中心苗圃场进行集中育苗。为提高造林质量，我们培育一年生裸根苗和营养袋苗以适应不同立地条件。造林立地条件好的地段选用1年生裸根苗，立地条件较差的地方选用营养袋苗，以提高造林成活率。二是抓好栽植质量。要求造林施工队精选壮苗上山，严格按标准种植，适时种植，于每年4月30日前完成栽植，确保成活率达95%以上，对缺苗、缺株的及时进行补植。三是抓好抚育管理。防火林带种植后连续进行3年抚育，并施足肥料。尤其以第一年抚育最为关键。在造林40 d苗木定根后，应及时追施尿素25 g，促进木荷尽快生根，增强木荷抗病虫害能力。3~4个月后，结合铲苗、扩穴、追肥等再抚育一次，第2~3年每年抚育两次，时间为当年的3月和7月。区专职巡山护林队加强对已造生物防火林带的管护，防止林带被人畜破坏，三分种植七分管理，确保造林一段成功一段。

④建立健全制度，加强动态管理：惠城区建立健全了生物防火林带管理制度，做到年初有计划，年中有督促，年终有检查。一是建立了完整的生物防火林带管理档案，加强生物防火林带的动态管理。指定专人负责，从林带建设的调查规划到设计施工，从整地造林到抚育管护全部建立了档案，实行全过程跟踪管理。二是建立了汇报制度。每年将林带工程建设情况向区人大和上级林业主管部门汇报，自觉接受检查监督。三

是建立了严格检查验收制度。每年组织防火办、营林、计财等部门技术人员对新造生物防火林带及抚育管理情况进行检查。区人大也加强了对生物防火林带建设议案实施工作的检查，每年组织人大代表视察生物防火林带建设情况，发现问题，督促政府及时整改。

7.8.2.2 江西省余江县生物防火林带建设经验

生物防火林带是预防森林火灾扩散、蔓延有效措施，是集生态、经济和社会效益于一体的系统工程。在省、市林业部门的指导下，按照“统一规划、村组供地、乡镇清场、专业施工、分步推进、确保实效”的运作模式，余江县着力推进生物防火示范林带建设，为有效增强森林防火综合防控能力奠定了较为扎实的基础。

(1)统一规划

在营造生物防火林带前，由县林业局调查设计队在实地勘查的基础上认真做好规划作业设计，统一规划，力求做到周密设防、合理布局，优化网络结构，达到阻隔效果。设计标准为宽 20 m，栽植规格为 2 m×2 m，栽植防火树种为乡土常绿阔叶树木荷。

(2)村组供地

由相关村组无偿提供营造生物防火林带的林地，并由锦江镇与村组签订生物防火林带护林协议，明确护林员职责，防止人畜破坏，严禁乱砍滥伐生物防火林带。

(3)乡镇清场

在雨季过后的 8 月开始由锦江镇负责对规划建设生物防火林带的地段清除杂灌，根据规划设计沿山脊，清理出 20 m 宽的防火隔离带。

(4)专业施工

选择有丰富经验营造林专业队伍实施整地、打穴、栽植工作。与营造林专业队伍签订生物防火林带建设施工合同，明确造林的时间、地点、面积、树种、密度、验收标准和付款方式等相关事项。整地打穴规格为 50 cm×50 cm×40 cm，对立地条件差的还要实施客土、换土栽植，坚持使用二级以上的木荷良种壮苗造林，确保了栽植质量。

(5)分步推进

由于生物防火林带建设资金投入量大，本着“先急后缓、先重点后一般、统一规划、分步推进”的原则，计划用 3 年左右的时间，全面完成全镇生物防火林带网络体系建设。在设计规划上，既要考虑山所经山脊和重要的行政区界，又要考虑人为活动频繁的路边、田边、村边、山边“四边”地段。在项目建设上，既要实施好重点生物防火林带建设项目，又要应用好营造林工程建设项目，逐步形成相互闭合的林火阻隔网络，有效增强森林防火防控综合能力。

(6)确保实效

在生物防火林带建设的每个环节都派出专门技术人员实行跟班指导、督查。在整地、打穴、覆土、调苗、栽植等各个环节都实行严格管理，前道工序不达标，决不允许转入下道工序。切实做到栽管并重，在生物防火林带营造栽植结束后，十分注重配套管护措施的及时跟进，适时进行了松土、培蔸，开展了二次除草、施肥等管护抚育工作，促进林带健康成长。

思考题

1. 什么是生物防火林带？
2. 为什么建设生物防火林带？其有何作用？

参考文献

陈存及，1994. 南方林区生物防火的应用研究[J]. 福建林学院学报，14(2)：146-151.

陈存及，1995. 中国的生物防火[J]. 火灾科学，4(3)：42-48.

陈存及，何宗明，陈东华，等，1995. 37种针阔树种抗火性能及其综合评价的研究[J]. 林业科学，31(2)：135-143.

陈存及，施小芳，胡晁，等，1988. 防火树种选择的研究[J]. 福建林学院学报，8(1)：1-12.

杜秀文，1983. 人工针叶林燃烧性的研究[J]. 林业科学，10(2)：143-152.

国家林业局森林防火办公室，2003. 中国生物防火林带建设[M]. 北京：中国林业出版社.

寇纪烈，田晓瑞，1997. 两种针阔混交林防火机理的研究[J]. 北京林业大学学报，19(2)：11-18.

李振问，阮传成，詹学齐，1998. 南方主要阔叶防火树种的栽培与利用[M]. 厦门：厦门大学出版社.

刘爱荣，吴德友，陈先刚，1994. 木荷防火林带阻隔林火蔓延机理的初探[J]. 森林防火(2)：37-39.

刘广菊，孙清芳，李云红，等，2012. 改培型生物防火林带阻隔体系防火效果评价体系构建[J]. 东北林业大学学报，40(4)：106-109.

欧建德，2001. 人工林防火林带网络密度的研究[J]. 西南林学院学报，12(2)：101-103.

阮传成，李振问，1995. 木荷生物工程防火机理及应用[M]. 成都：电子科技大学出版社.

舒立福，田晓瑞，林其昭，1999. 防火林带的理论与应用[J]. 东北林业大学学报(3)：71-75.

苏荣春，钟又红，谢献强，2008. 广东：生物防火林带见成效[J]. 中国林业(19)：32-33

王俊丽，郑焕能，1988. 城市绿化树种抗火性的初步研究[J]. 林业科技(9)：23-25.

文定元，1994. 森林防火基础知识[M]. 北京：中国林业出版社.

吴焕忠，邓冬旺，钟又红，等，2008. 广东省生物防火林带建设现状与对策[J]. 林业建设(6)：15-20

谢献强，2012. 广东省生物防火林带营建技术探讨[J]. 森林防火(1)：44-47.

谢献强，2007. 广东省生物防火林带工程建设效益初探[J]. 森林防火(1)：37-39.

谢献强，徐正春，景彦勤，等，2009. 广东省生物防火林带建设项目绩效评价指标体系构建研究[J]. 森林防火(3)：21-25

徐青萍，致勇兴，2014. 试议森林培育与生物防火工程建设[J]. 防护林科技(8)：100-101.

杨长职，蒋少兰，1994. 防火林带效益评价[J]. 森林防火(1)：35-36.

姚树人，文定元，2002. 森林消防管理学[M]. 北京：中国林业出版社.

郑焕能，1991. 树种易燃、难燃、抗火性与防火树[J]. 森林防火(3)：32.

郑焕能，姚树人，1995. 建立综合阻火林网控制大火发生[M]. 哈尔滨：东北林业大学出版社.

郑焕能，卓丽环，胡海清，1999. 生物防火[M]. 哈尔滨：东北林业大学出版社.

朱保忠，刘云国，1993. 南方山脊树种燃烧物理学特性的研究[J]. 中南林学院学报，13(1)：69-73.

Missbach K, 1977. The suitability of important forest tree species for planting or conservation of fire breaks and fire belts[J]. Archiv fur Forstwesen(16): 1174-1186.

Peshkov V, 1989. Establishing the optimum density for fire breaks of larch[J]. Lesnoe-Khozyaistvo(2): 56-57.

Wibowo A, 1991. The choice of tree species used for firebreaks at alang-alang grassland in Tanjungan, South Lampung[J]. Bulietin Penelitian Hutan(537): 1-11.

第8章

航空护林

8.1 航空护林飞机性能简介

8.1.1 国际五大灭火飞机

(1)波音737飞机

波音737系列飞机是美国波音公司生产的一种中短程双发喷气式客机。波音737自研发以来销路长久不衰，成为民航历史上最成功的窄体民航客机系列之一，至今已发展出多种型号。波音737是短程双涡轮飞机，主要针对中短程航线的需要，具有可靠、简捷，且极具运营和维护成本经济性的特点，但是它并不适合进行长途飞行。美国波音公司将波音737客机退役后改造成森林消防飞机，翼展28.45 m，高度11.1 m，机长37.81 m，最大飞行高度11 590 m，巡航距离7728 km，是世界上最大的"灭火器"(图8-1)。该飞机一次可携带60~75 t水，也可投放20 t阻燃剂，覆盖长度约4 km。

图8-1 美国波音737飞机灭火

(2)埃里克森直升机

埃里克森直升机是美国西科斯基公司研制的大型起重直升机，于1964年投产。其最大特点是机身在驾驶舱以后部分采用了可卸吊舱，可充分发挥其装运大型货物和起重吊运的能力，同时也为其执行消防任务提供了良好的平台(图8-2)。

图 8-2 埃里克森直升机在航空护林中应用

该机主旋翼直径 21.95 m，机长 26.97 m，机高 7.75m。装两台 T-73-P-1 涡轮轴发动机，单台起飞功率 3310 kW。空重 8724 kg，最大起飞重量 19 050 kg，最大平飞时速 203 km，悬停高度 3230 m(有地效)、2100 m(无地效)，航程 370 km。

美国曾使用该型直升机携带装有灭火剂的吊桶扑救森林火灾。日本也选中该型直升机作为平台，委托制造该机的美国公司改装生产了 S-64 灭火型直升机。这是一种既可执行森林灭火任务，又能扑救城市高层建筑火灾并实施超高层建筑被困人员紧急救援的多用途消防直升机。直升机全长 27.2 m，高 7.8 m，空重 10 200 kg，满载重量 21 360 kg。乘员 3 人，其中一名面向后坐在后排，负责外挂荷载的起吊和落降。

该机配备的灭火设施包括：机身中下部可安装一个容量为 9500 L 的水箱，水箱是可拆卸的，其内部还设有一个容量 290 L 的辅助灭火剂储箱，装 A 类灭火剂(即用于一般火灾扑救的泡沫液原液)，配备的比例混合器可自动调整泡沫灭火液浓度；机体下部设有取水吸管，可在 45~60 s 内从不小于 0.5 m 深的水源中取水吸满水箱。

该机灭火时投放灭火剂的流量可在 4~33 L/s 之间分 8 个调节档次。当遇有强烈火灾时，可保证在 3 s 内将 9500 L 水或 290 L 灭火剂全部投放。在机身左前下方位置正前向安装一座长 5 m、出口直径 50 mm 的固定式航空水炮，每分钟可喷水或灭火剂 1100 L，射程达 55 m，可持续喷射 8 min。

日本还以 S-64 灭火型直升机为平台研制开发出一种独特的紧急救助装置——直升机悬挂救生吊舱系统，专门用于救助高层建筑火灾时的被困人员。该装置系统使用时是通过悬挂钢索将一个金属制围笼式救生吊舱挂载在直升机腹部，用直升机将此救生吊舱从空中吊运至起火建筑物，以解救超高层建筑火灾中被困在高楼层内的人员。为使救生吊舱准确地与施救部位对接，在救生吊舱后部装有一台小型螺旋桨发动机，吊舱内设一名操作员，通过操纵螺旋桨推进装置实现救生吊舱的空中精确位移和对接定位，以供逃生者安全方便地进入吊舱。这种救助装置一次可救出50~70人，是一种有效的超高层建筑人员救生系统。

(3)CL-215/415 **两栖灭火飞机**

CL-215/415两栖灭火飞机是由加拿大庞巴迪宇航公司(前身为加拿大飞机有限公司)研制的双发水陆两栖固定翼灭火飞机，是世界著名的森林灭火飞机(图8-3)。该机操纵和维护简便，能在简易机场、湖泊和海湾起降。开发出来专门用于扑救森林火灾的机型，其灭火作战能力更为强大，利用水的动压把1 t水箱吸满只需10 s，一次投水约3 s。可安全取水的最浅水源深度为1.4 m。从距火场10 km的水面起飞，该机1 h可作业9次。1969年获得加拿大和美国型号合格证，1981年12月开始交付使用以来，已生产100余架，出口法国、西班牙、意大利、希腊和泰国等国家，除灭火外，还可用于巡逻、搜索、救援和客运等其他通用航空任务。该机在北美洲、欧洲应用较多。

图8-3　CL-215/415两栖灭火飞机在航空护林中应用

CL-215是其装配活塞式发动机的型号，其改装涡桨发动机的型号为CL-215T和CL-415。该机主要参数和性能数据为：翼展28.5 m，机长19.8 m，机高9.0 m，翼弦3.54 m机翼面积100.3 m^2，最大起飞重量19 749 kg(陆上)/17 116 kg(水上)，空重11 158 kg，最大有效载荷5357 kg，水箱容量2×2673 kg；发动机PWACPW-120，2×2000轴马力，内部油箱容量4821 kg；最大巡航速度352 km/h，经济巡航速度306 km/h，起飞滑跑距离777 m(陆上)/774 m(水上)，着陆滑跑距离768 m(陆上)/835 m(水上)，爬升率305 m/min，实用升限6100 m，最大航程2200 km。CL-215采用全金属、船身式结构，其船身可保证飞机在水面上起降。它还装有前三点式起落架以便在陆地机场起降。该机机身内有两个水箱，装水方式既可在地面机场装载(90 min 即可注满)，又可由飞机从水面掠过时利用两个可收放的吸水管吸水。

当飞机以 110 km 时速从水面掠过时，利用水的动压把水箱吸满只需 10 s，掠水飞行距离为 1222 m。吸满后飞机即可离水爬升飞赴火场。飞机的有利投水高度为 35~40 m，一次投水历时约 3 s，可覆盖 120 m×25 m 的区域。一架飞机每天可作业 100 多次，可提供超过 $50×10^4$L 水进行灭火，必要时每天最多可吸水 160 次，注水量可达 $87×10^4$ L。

试验证明，该机在空中喷洒泡沫灭火剂还能扑灭燃油引起的火灾。CL-215/215T 及其最新型号 CL-415 是目前世界上最优秀的灭火飞机，至今仍在生产。

(4)米-26 重型消防直升机

米-26 重型消防直升机是俄罗斯在米-26 重型直升机基础上改装研制的。米-26 型重型直升机是世界上最大的，也是我国唯一使用的一种超大型直升机。该机于 1971 年开始设计，1986 年交付使用，曾多次创造飞行世界纪录。该机装两台涡轮轴发动机，功率 2×8380 kW，旋翼直径 32 m，机长 40.025 m，机高 8.145 m，货舱容积达 121 m^3。驾驶舱可容纳空勤人员 5 名，军用型座舱可容纳 85 名全副武装的士兵。直升机空重 28 200 kg，最大有效荷载(内部或外部)20 000 kg，最大起飞重量 56 000 kg。最大平飞速度 295 km/h，正常巡航速度 255 km/h，实用升限 4600 m，悬停高度 1800 m(无地效、标准大气)，航程 800 km(图 8-4)。

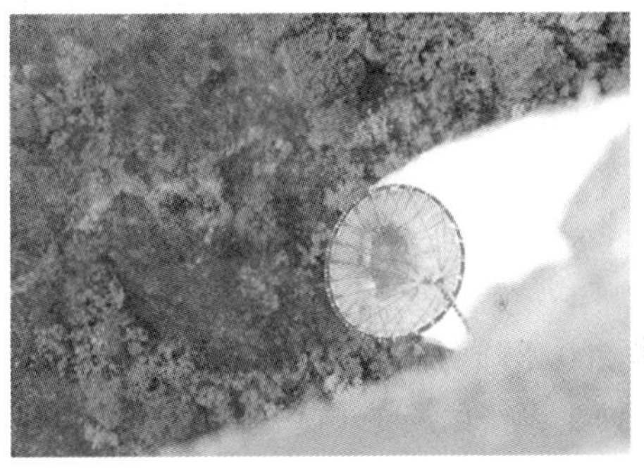

图 8-4 米-26 重型消防直升机在航空护林中应用

由于米-26 直升机具有超常的载重和输送能力，因此在其基础上改装的米-26(T)灭火直升机能够载运大量水或化学灭火剂进行空对地强力灭火，也可将大量消防队员及装备器材空运到交通不便的地区执行任务。米-26(T)载有特殊的水容器——VSU-15，它是该直升机实施灭火任务的主要装备。这种容器能够使直升机在空中悬停状态下从湖泊、河流中吸水进行重新装填，以节省时间，使直升机能够更快地往返于水源地和火场之间，增强灭火效率。当火灾被控制后，直升机快速卸除 VSU-15，以运送消防人员和装备。VSU-15 的主要参数为：最大容量 15 m^3，最小容量 8 m^3，吊索长度 6500 mm，水容器高度 3000 mm，水容器桶口直径 3100 mm，汲水圆桶直径 600 mm，汲水时间 10 s，汲水速度 1 m^3/h，VSU-15 装置自重 250 kg，直升机吊挂 VSU-15 汲水时的飞行速度为 0~120 km/h，吊挂满载的 VSU-15 水容器时的最大飞行速度为 180 km/h，吊挂空载的 VSU-15 时的最大飞行速度为 200 km/h。载有吊挂水容器 VSU-15 的米-26(T)重型灭火直升机的标准配置包括：VSU-15 型可再装填水容器、外挂吊索(用于吊载 VSU-15 水容器，控制水的投放和重新装填）、卫星导航系统、热成像装置、用于和地面消防部队通信联络的无线电装置。俄罗斯正在致力于进一步改进和完善该型直升机的重新汲水装置，以便更有效地应付紧急救援任务。

（5）别-200两栖洒水飞机

别-200飞机于1990年开始由俄罗斯别里耶夫航空设计局设计，其原型机是A-40水陆两栖飞机，1991年首架飞机方案参加了法国航空航天展上，2001年获得生产许可，并于2002年在伊尔库特航空生产联合体进行量产（图8-5）。

图8-5 别-200两栖洒水飞机在航空护林中应用

别-200水陆两栖飞机有各种专用类型，主要用于防火、客运、货运、搜索救援和医护、海上经济区巡逻（主要用于海面控制和处理水面污染）。

别-200两栖洒水飞机装备有APИA-200现代化数字操纵导航系统，翼展32.78 m，机长32.05 m，高8.90 m，机身最大直径2.86 m，座舱长17 m，宽2.6 m，体积为84 m^3，有2名机组人员；飞机使用2台发动机，最大起飞重量37 200 kg，8000 m高空最大巡航速度710 km/h，最大平飞速度0.69马赫（马赫约等于1225 km/h），实际升限11 000 m。

别-200防火型在水上滑行状态时最大起飞重量为43 000 kg，水箱最大储量12 000 L，专用灭火物质1200 L，燃料储备12 260 kg，货运型最大载重7500 kg，商业载重6500 kg时最远航程为1850 km。

8.1.2 我国航空护林飞行概况及机型简介

8.1.2.1 我国航空护林飞行概况

以2015年为例，北京、河北、内蒙古、吉林、黑龙江、浙江、江西、山东、河南、湖北、湖南、广东、广西、重庆、四川、云南、陕西、新疆等18个省份开展了航空护林工作，总航护面积达320.97×10^2 km^2，占国土总面积的33.4%，主要执行巡逻报警、火场侦察、火场急救、空投空运、吊桶灭火、机（索）降灭火、化学灭火、防火宣传等任务。2015 年，全国各航期共租用飞机 241 架次，其中直升机 167 架次，架固定翼飞机 74 架次。

据统计，2015 年前 10 个月累计飞行 4284 架次 8311 h，参与扑救林火 152 起，对其中 95 起实施吊水灭火作业，洒水 5326. 8 t；机降索降 2686 人；运送扑火物资 28. 7 t；配合地方森林防火部门开展了防火宣传，投撒防火传单 34. 6 万份。

8. 1. 2. 2　我国航空护林机型简介

我国的航空护林工作主要靠租用各类飞机，租用的直升机主要有：米-26(TC)、卡-32、米-171、米-8、直-8、直-9、EC-225、S-76、S-92 和 AS-350 等直升机(图 8-6 至图 8-15)；租用的固定翼飞机主要有：运-12、运-5、N-5 和米-18 等(图 8-16 至图 8-19，表 8-1)。

图 8-6　米-26(TC)

图 8-7　卡-32

图 8-8　米-171

图 8-9　米-8

图 8-10　直-8

图 8-11　直-9

图 8-12 EC-225

图 8-13 S-76

图 8-14 S-92

图 8-15 AS-350

图 8-16 运-12

图 8-17 运-5

图 8-18 N-5

图 8-19 米-18

表 8-1 我国航空护林使用机型主要参数

主要参数	直升机										固定翼飞机			
	米-26(TC)	K-32	米-171	米-8	直-8	直-9	EC-225	S-76	S-92	AS-350	运-12	运-5	N-5	米-18
机长(m)	40.03	12.25	25.35	25.35	23.035	13.47	16.79	16	20.88	10.93	14.86	12.4	10.487	9.5
机高(m)	11.6	5.4	5.54	4.73	6.66	3.47	4.6	4.52	5.47	3.14	5.575	5.35	3.782	307
旋翼直径(m)	32	15.9	21.29	21.228	18.9	11.93	16.2	13.41	17.17	10.69	17.235	上翼：18.18 下翼：14.24	13.418	17.7
起降场地长宽(m)	100×80	30×30	50×50	60×40	50×50	30×30	50×50	50×50	50×50	20×20	500×30	350×20	300×15	600×30
起飞滑跑距离(m)	—	—	滑：160	垂：0 滑：50~70	—	—	—	—	—	—	315	150~180	280	500
着陆滑跑距离(m)	—	—	250	垂：0 滑：20~30	—	—	—	—	—	—	510	130~150	220	250
最大时速(km/h)	295	260	250	230	275	324	324	287	306	287	328	256	220	257
巡航时速(km/h)	255	230	240	210	232	250~260	260	287	280	248	240~250	1600	170	225
空重(kg)	28 600	—	7055	7250	6980	1975	6980	2540	6743	1134	2840	3320	1330	2900
最大起飞全重(kg)	56 000	12 600	13 000	12 000	12 074	4000	11 000	5307	12 019	2250	8000	5250	2250	4700
最大航程(km)	标准：590 辅助：1920	670	610	标准：550 辅助：360	800	1030	857	748	1000	670	1400	1376	720	680

（续）

主要参数	直升机										固定翼飞机			
	米-26(TC)	K-32	米-171	米-8	直-8	直-9	EC-225	S-76	S-92	AS-350	运-12	运-5	N-5	米-18
续航时间(h)	标准：2.3 辅助：7.5	4.4	3	标准：3 辅助：1	4	4	6	4	5	4.5	6	8	5	4
实用升限(m)	4600	5000	4800	4000	3050	6000	5900	4572	4200	4800	7000	4500	4500	4000
最大携油量(L)	12 000	—	—	标准：2785 辅助：1870	3900	1320	2553	1063	2876	426	1230	900	900	720
最大载荷(kg)	20 000 或82人	4000	4000 或27人	4000 或24人	4000 或39人	1863 或10人	5700 或24人	2767 或14人	6093 或21人	800	1700	1240 或11人	700	1500
平均油耗(L/h)	3000	—	800	700	936	—	630	220	590	132	—	118	85	160
主要应用	机降灭火、索降灭火、吊桶（囊）灭火、空投空运、火场急救	—	—	—	—	—	—	—	—	林区巡逻、观察火情、索降灭火、机腹式水箱灭火、吊桶（囊）灭火、滑降灭火、空投空运、火场急救、防火宣传	空投空运、人工降雨	林区巡逻、观察火情、化学灭火、空投空运、火场信息采集、防火宣传、防火培训	化学灭火	化学灭火

8.2　航空护林飞机的使用与管理

航空护林飞机的使用与管理体现在森林防火抢险救灾的全部活动中，不同的机型在航空护林中发挥的作用各异。固定翼飞机主要执行巡逻报警、侦察火情、空投空运、化学灭火和培训等任务；直升机则主要用来完成机(索、滑)降扑火、吊桶(囊)灭火、急救等任务。所以对具体的机型而言，执行何种航空护林飞行任务有主要、次要之分。

8.2.1　航空护林飞行的分类

鉴于航空护林飞行任务较多，所以有必要对飞行任务进行分类，规范任务名称，便于统计和分析研究，总结经验教训，提高航空护林管理水平。

根据飞行航线可以把航空护林飞行分为：固定航线飞行、临时航线飞行和选点飞行等。

根据我国航空护林飞机所执行的任务，暂分为以下16类：

(1)调机飞行

调机飞行是指飞机载机组人员和设备从甲地到乙地(途中着陆加油或不加油)的飞行，包括调入飞行、调出飞行和替换飞行。

①调入飞行：指飞机从供机单位所属机场调到航站(点)机场的飞行，标志着该机执行航空护林任务的开始。

②调出飞行：指飞机从航站(点)机场调回供机单位所属机场的飞行，说明该机已完成本航期的航空护林任务。

③替换飞行：指在航站(点)机场执行航空护林任务的飞机出现必须返回供机单位排除机械故障或者本飞机应进行定检时，供机单位另派飞机替换该架飞机时的飞行。

(2)定检飞行

定检飞行是指飞机已完成了阶段额定飞行时间，需要回到检修地点(工厂)进行定时检修的飞行。

(3)巡护飞行

巡护飞行是指航空护林飞机沿固定或临时航线，在林区上空一定高度、以侦察有无火情发生为主的飞行。巡护飞行包括空中视察、物候观察、加降巡护、林火卫星热点核实、业务培训飞行等。

①空中视察飞行：重要或紧急情况出现，需沿固定航线、临时航线或另行选点进行的专项飞行。

②加降巡护飞行：飞机按预定的巡护航线、由甲地飞往乙地途中，根据业务需要，在甲、乙之间的某地着陆的飞行，如运送扑火人员、扑火器材和扑火物资，接送瞭望塔人员、火烧迹地调查人员等飞行。

③物候观察飞行：对巡护区内积雪覆盖(融化)程度和森林物候期等与森林防火有关情况进行空中观察的飞行。

④业务培训飞行：利用飞机带飞的方式，培训、考核业务人员，培训空中指挥员

的飞行，例如，带飞观察学员、培训空中指挥员、考核观察员等飞行。

(4)升高瞭望飞行

升高瞭望飞行是指在高火险期的中午时段，飞机在某一地域上空进行小半径的循环飞行。

(5)载人巡护飞行

载人巡护飞行是指在高火险期或火情高发时段，安排直升机载扑火人员进行的飞行。巡护中一旦发现森林火情，立即采取机(索、滑)降扑火措施扑救，包括清山、清林、清河套的“三清”飞行等。

(6)侦察火情飞行

侦察火情飞行是指对已知的火场或可能的火情安排的飞行，包括侦察火场、紧急火情、热点核查和勾绘火场等飞行。

①侦察火场：是指利用飞机对正在燃烧的森林火场进行侦察。

②紧急火情：是指利用飞机对地面报告的火情进行空中核查。

③热点核查：是指利用飞机对林火卫星监测发现的热点进行核查。

④勾绘火场：是指利用飞机对火场进行空中勾绘火烧迹地轮廓，评估过火面积、有林地面积、树种组成、过火林分损失等情况。

(7)机降扑火飞行

机降扑火飞行是指直升机向火场运送、接回，以及在火场内部或火场之间调动扑火人员的飞行，如送人飞行、倒人飞行和接人飞行。

①机降送人：是指用直升机自扑火队驻地向森林火灾现场运送扑火人员的飞行。

②机降倒人：是指利用直升机在一个火场内或火场间转运扑火人员的飞行。

③机降接人：是指利用直升机将扑火人员从森林火灾现场接回驻地的飞行。

(8)航空化学灭火飞行

航空化学灭火飞行是指利用航空护林飞机装载化学灭火药液，实施空中喷洒扑救森林火灾的飞行，还包括航空化学灭火指挥机的飞行。

(9)洒水扑火飞行

洒水扑火飞行是指利用飞机所载设备装水，直接喷洒在火头、火线或向地面扑火设备供水的飞行，包括吊桶、吊囊、机内或机腹(挂载)水箱洒水扑火的往返飞行。

(10)索(滑)降扑火飞行

索(滑)降扑火飞行是指直升机载人飞抵森林火灾现场附近悬停后，扑火人员通过绞车或绳索降至地面的飞行，包括索降、滑降扑火往返飞行。

(11)空(投)运飞行

空(投)运飞行是指利用固定翼飞机或直升机向火场运送扑火工具、灭火器材、生活物资等飞行，包括空投、空运的往返飞行。

(12)火场急救飞行

火场急救飞行是指利用飞机运送扑火期间的伤病员，急救指挥员及扑火有关人员的飞行。

(13)防火宣传飞行

防火宣传飞行是指利用飞机空投森林防火、航空护林宣传品，悬挂森林防火、航空护林宣传条幅，实施空中森林防火、航空护林广播的飞行。

(14)转场飞行

转场飞行是指从某航站、点调飞机到另一航站(点)，支援森林防火抢险救灾或到扑火前线指挥部执行任务，当日不能返回本航(站)的飞行。包括飞机从野外或其他航站(点)隔日后返回本航站(点)的飞行。

(15)适应性飞行

适应性飞行主要指机组利用自带飞行时间进行的熟悉情况、训练、检验性飞行，一般是在本场范围内飞行。机组训练飞行是供机单位为提高飞行员的业务水平或飞机维护所需要的飞行。

(16)科研飞行

科研飞行是指利用飞机开展森林防火、航空护林相关的科学研究和试验的飞行。

8.2.2 航空护林飞行的特点与原则

航空护林工作涉及面广、专业性强，而航空护林飞行是围绕森林火灾的发生规律、蔓延情况进行安排的，这就使航空护林飞行具有明显的季节性、时段性、机动性等，同时还具有一定的运作原则。

(1)航空护林飞行的特点

①航空护林飞行的季节性：森林火灾的发生有其季节性。我国东北、内蒙古林区，森林火灾一般发生在每年春、秋两季，春季防火期为3~6月，秋季防火期为9~11月；西南林区情况复杂，森林防火期有别，一般每年的10月至翌年1月和2月中下旬至5月底(有时至6月上旬)为森林防火期，其中广西和贵州的森林防火期为10月中下旬至翌年1月上中旬和2月中旬至4月底；云南、四川为11~12月和3月中旬至5月底。由于全球气候变暖，加之人为活动增加，近年夏季发生森林火灾的次数增多，面积增大，扑火难度加大，特别在东北、内蒙古林区表现较为明显。航空护林飞行也需作出调整，一般情况是：春季在4~6月，飞行集中在5月；秋季在9~11月，飞行集中在10月。自2004年起，东北、内蒙古北部林区的部分航站配备直升机，开展了夏季航空护林工作，从而有效控制了森林火灾的发生和蔓延。

②航空护林飞行的时段性：森林火灾的发生具有日变化规律。早、晚空气相对湿度大、气温低，加之人为活动较少，火源相对较少，森林火灾发生概率小；中午气温相对偏高，相对湿度减小，人为活动频繁，火源相对增加，森林火灾发生概率增大。安排航空护林飞行也要适应这种变化规律，巡护飞行一般在9:00~15:00进行。火场观察、直升机扑火飞行、固定翼飞机化学灭火飞行的日变化规律不明显，主要根据当日发现和扑救森林火灾实际情况，安排飞行活动。有时早晨开始就安排飞行侦察火场、实施航空化学灭火，有时在日落之前飞机才完成飞行任务回到机场。而且，春季、秋

冬季各地的日出、日落时刻不同，飞机执行飞行任务的时间各异。对当日没有扑灭的森林火灾，白天任何时候都可能安排飞机飞行。

③航空护林飞行具有机动性：森林火灾发生、蔓延有一定的规律性，但也表现出非规律性，即随机性。同时，就某一起森林火灾而言，其发生的时间具有突发性，这就决定了航空护林飞行必须适应森林防火需要，灵活机动地进行安排。但是，空军和民航对航空器的飞行有明确的规定，飞行必须向有关管制部门申报计划，并严格按照批准的飞行计划执行，所以，巡护飞行一般按照计划进行，而侦察火场、机(索)降和吊桶灭火以及特殊紧急的视察等飞行，往往是紧急申报飞行计划，因而具有一定的机动性。

④航空护林飞行具有多方协同性：航空护林飞行是一项社会性、综合性工作，涉及当地政府、森林防火部门、飞行单位、空中交通管理、气象、油料等行业，以及森林警察部队、地方专业扑火队等多单位，而且需要这些单位、部门密切配合、协调行动，才可能保证任务顺利完成。

⑤航空护林飞行具有法律规定性：林业部门虽然有其产权飞机，但委托通用航空企业经营管理，因而目前航空护林所用的飞机都是租用通航或军航的。航空护林单位与供机单位之间签订租机合同，在合同中明确了租机目的、工作任务、起止时间、双方责任、租赁费用等。供需双方以合同形式建立的协作关系，具有一定的法律效应。

(2)航空护林飞行的原则

航空护林飞行既要精心组织，以便将有限的飞行时间用在森林火灾预防和扑救上，又要精打细算，最大限度地发挥飞行的作用，提高航空护林飞行灭火效率。为此，应该在实施中遵循如下原则：以人为本，安全第一原则；因时制宜，精心安排原则；确保重点，兼顾一般原则；果断决策，快速行动原则；科学合理，节约效能原则。

8.2.3 航空护林直升机的使用与管理

航空护林直升机的使用与管理包括直升机特殊巡护飞行和扑火飞行。

8.2.3.1 直升机特殊巡护飞行

航空护林直升机飞行的使用成本大约是固定翼飞机的3倍，所以在安排巡护飞行时，一般使用固定翼飞机，只有在火险等级较高的特殊情况下才安排直升机巡护飞行。直升机特殊巡护飞行对提高火情发现率具有重要作用。

(1)直升机载人巡护飞行

开展直升机载人巡护飞行应遵循下列原则：在森林防火戒严期内，高火险天气；巡护航线长一般不超过250 km；巡护应在中午进行，以弥补中午空中没有固定翼飞机监护，避免漏掉火情，贻误扑火时机；巡护中如发现森林火灾，应立即进行扑火，将林火扑灭在初发阶段。

(2)直升机辅助巡护飞行

在因风大固定翼飞机不能起飞的高火险天气情况下，可安排直升机进行辅助巡护飞行，避免遗漏火情，防止小火酿成大火。

(3)直升机瞭望飞行

高温、干旱、大风情况下的高火险天气，以航站(点)或高火险区域为中心，在中午时段使直升机按圆形小航线升高瞭望。巡护航程耗时以1.5 h为宜，飞行高度2700~3000 m。直升机瞭望飞行观察范围大，视区内若发现林火，即可实施机降扑火。1985年，吉林省敦化航空护林站曾开展直升机载人升高瞭望飞行31架次，先后发现火情18起，当即实施机降扑火，扑灭森林火灾11起。

(4)直升机火场接人后小航线巡护飞行

当交通不便地区的森林火灾被扑灭以后，机降扑火队员需用直升机接回基地。为了提高直升机的利用率，接人时携带扑火物资和给养，直飞火场接人后，安排小航线载人巡护飞行，如发现林火可立即机降扑火。这样不仅完成了接人任务，而且巡护了高火险区域，一举两得。1986年春季，黑龙江省加格达奇航空护林站进行5次此种飞行，其中两次发现火情，当即机降扑火队员，顷刻将林火扑灭，机降队员再次登机返回基地。

8.2.3.2 直升机扑火飞行

直升机扑火飞行主要采取机降扑火、索(滑)降扑火、吊桶灭火、机腹式水箱载水灭火等方式。

(1)直升机扑火飞行适用范围

就广义而言，直升机扑火飞行对于任何一个火场都是适用的。在安排直升机扑火时，要考虑地面交通、森林资源、火灾蔓延趋势、地面扑火人员、火场周边居民点及重要设施等情况，然后确定是否动用直升机。使用直升机扑火，一般要具体考虑以下几方面：

①森林火灾是否已威胁到居民点或重要设施的安全。

②森林火灾发生在交通不便、通信不畅的偏远林区，以及地面无法运送扑火人员或运送速度太慢的林区。

③地面无人扑救的森林火灾。

④森林火灾发生在原始林区、重点林区、自然保护区，或者森林火灾蔓延已威胁到原始林区、重点林区、自然保护区的安全。

⑤重大、特大森林火灾。

⑥蔓延速度较快的森林火灾。

(2)按程序快速组织直升机扑火飞行

直升机扑火的最大优势是“快”，能够快速将扑火人员运至火场附近，或快速向火线洒水直接扑火。因此，在组织直升机扑火的各环节都要突出“快”字，否则直升机的优势就不能充分发挥。从接到机降、索降、吊桶或机载水箱洒水扑火命令到飞机起飞，中间需要协调诸多环节，每个环节的准备和保障工作时间长短不一，这就要求调度指挥工作者必须按程序进行组织。一般情况下，组织飞行的顺序是：通知机务人员准备飞机、机组人员做好航前准备→观察员领取本次任务通知→向气象保障部门索取本场实况及航路天气预报→向航站飞行管制室发出飞行计划、航站再向飞行区域管制单位申报飞行计划→与驻地森林警察部队、地方专业扑火队联系、做好登机准备→通知油料部门为飞机加注所需油量、电源启动人员做好飞机充电的准备→特殊天气情况下，通知通信导航部门打开导航台。这些环节应按预定程序进行组织，准备工作时间长的先通知，准备时间短的后通知，这样才可能做到“行动快、灭在小”，充分发挥航空护林空中优势。

(3)合理确定机降扑火力量

机降扑火是我国森林火灾扑救的重要手段之一，其特点是快速、机动、灵活，可将森林火灾控制在初发阶段。合理确定机降扑火力量是解决扑救火灾与节约飞行费两者之间的根本问题。扑火力量太小，容易将小火酿成大灾，扑火力量过大，造成飞行费的浪费。目前，确定机降扑火力量有以下两种方法。

①经验法：经验法是目前确定机降扑火力量普遍采用的方法。一般情况下，对小面积火场，如一架次兵力即可完成扑灭任务的，可将兵力机降在一个点；假若火场面积较大，需要兵力较多时，则应分点机降，每个点的人数不宜过多，一般为15~30人为宜。机降点与点之间的距离是根据火线长度，火势发展速度、地形、植被、天气及其演变趋势、扑火队战斗力等多种因素凭经验而定，没有固定的计算公式。以每个机降点15人为例，点与点之间的距离，一般为3~5 km，据此，视火线长度可推算出需要多少扑火兵力。

②理论计算法：根据数理统计学、概率论和回归分析理论，从经济效益的角度计算机降扑火用兵数量。对具体一个火场而言，机降兵力越多，可能在较短时间内即将火灾扑灭，火灾面积越小，扑火经费反而增高。相反，机降兵力越少，扑火经费越少，但扑火时间延长，森林损失增大；当扑火兵力减少到一定程度时，小火甚至酿成大灾，火灾难于扑灭。当森林火灾能被扑灭且将火灾面积控制在最小、扑火经费最低的情况下，根据森林火灾被扑灭时的森林资源损失、机降飞行费的总和，与火场初发面积、森林类型、天气因子、物候期之间的函数关系式，利用二次函数求极值理论，计算出经济损失最小的情况下所需扑火兵力。

(4)在关键时间对重点地域安排扑火飞行

实施直升机扑火，要根巡护区内的林情、社会情况、天气情况等统筹安排，要在关键时间对重点地域安排直升机飞行。

①在关键时间对重点地域、火场安排扑火飞行：东北、内蒙古林区，在清明、“五一”“十一”节庆期间，人为活动频繁，火源增多；清明前后，南方林区风干物燥，祭祀活动较多，极易发生火灾。在森林防火关键时期，必须精心组织、周密安排好直升机的载人巡护飞行。

②安排雷击多发区的机降扑火飞行：每年5~8月，我国东北、内蒙古林区和南方部分原始林和成过熟林区，较易发生雷击火。在此期间，要时刻注意实施索降、吊桶灭火作业。

③安排高火险天气飞行：高火险天气一般是指高温、干旱和伴有大风的天气。在这种天气条件下，要做好直升机替补固定翼飞机的飞行准备，一旦发生森林火灾，应迅速组织直升机开展扑火作业。

④组织直升机载水扑火飞行：大面积水域在东北、内蒙古林区和西南林区相对都较少，东北林区的水面一般在4月下旬至5月上旬解冻，西南林区四季无冰冻。固定翼飞机水上飞行取水扑火受到限制，但直升机在宽3 m、深2 m左右的河流中即可取水，因此，利用直升机载水扑火是航空护林直接灭火的发展方向。不仅可用直升机载水扑火，而且其在清理余火、暗火，扑灭燃烧的站杆倒木中都大有用场。

8.2.4 航空护林固定翼飞机的使用与管理

航空护林固定翼飞机与直升机性能不同，用途不同，飞行费用和计费方法不同，因此固定翼飞机与直升机在使用与管理也有区别。由于固定翼飞机飞行成本相对较低，当出现直升机与固定翼飞机都可以执行的任务时，应由固定翼飞机执行。

(1)精心安排巡护飞行，提高火情发现率

火情发现率是指在航护区范围内，飞机巡护飞行时主动发现的森林火灾次数占航空护林区范围内发生森林火灾次数的百分比。提高火情发现率，是做到有火及时发现，及时扑救，是实现“早发现，行动快，灭在小”的前提。

(2)航空化学灭火飞行

航空化学灭火是利用固定翼飞机喷洒化学灭火制剂阻滞森林火灾蔓延的一种有效方法，是扑救森林火灾的重要措施。

①航空化学灭火的目的和作用：一是减弱火头和主要火线的火势或直接扑灭火头和火线，从而为扑火人员的扑打创造条件；二是在火头、火线前沿喷洒药带，以阻止火头或火线蔓延，为地面扑火人员到达火场争取时间。

②航空化学灭火的适用范围：一方面，航空化学灭火属于超低空飞行，由于受飞机自重和上升率的限制，在山高坡陡的林区作业时，其飞行对风速、风向、能见度的要求较为严格，要慎之又慎；另一方面，航空化学灭火药剂附着力较强，对林木高大、树冠茂密的林分，会出现树冠截留药剂的情况，致使落到地面可燃物上的药剂量较少，灭火效果较差。因此，航空化学灭火适宜扑救平缓山地疏林、(中)幼林的火灾或沟塘草甸火灾。

8.2.5 航空护林飞行小时和飞行费管理

目前，航空护林飞行费由中央和地方财政共同承担，有一定限额。因此，应加强航空护林飞行小时和飞行费的管理，将飞行小时和飞行费用到刀刃上，最大限度地发挥航空护林效益。

(1)精心测算飞行费，合理分配计划小时

根据上一年度飞行费投入额度以及中央和地方财政对于飞行费的调整，每年签订春季航空护林租机合同之前，先后与出资各方汇报协商，应急管理部北方航空护林总站和南方航空护林总站在分别综合包括各航空护林站在内的各方意见的基础上，拟定航期需求和需要配备的飞机数量、机型以及开(结)航日期、计划小时数；然后邀请有关各方召开租机合同会议并签订租机合同。签订的租机合同有时与原计划有差异，甚至差异较大，需再次分配飞行计划小时。当超出中央和地方当年预计投入的飞行费额度时，应重新测算，相应调减计划小时或飞机数量，直到测算的结果接近中央和地方当年预计投入飞行费额度为止。

(2)控制飞行计划小时的使用

控制飞行计划小时使用的目的是为了将飞行小时用在森林防火的关键时期，防止出现低火险飞行时间用得多，高火险时又没有时间可用的被动局面。在东北、内蒙古林区，一般春季森林火灾高发时段是5月和10月。4月、6月、9月和11月应适当控制巡护飞行，以确保5月和10月留有足够的飞行小时。西南林区4~5月为高火险区，其间，不仅固定翼飞机上、下午都安排巡护飞行，而且直升机载人巡护飞行也较频繁。其余时段的飞行，则应适当控制、周密计划。

(3)充分使用低限小时，减少飞行费的浪费

低限小时是航空护林部门与供机单位签订的最低付费小时标准。由于飞机的部分部件是按日历小时折旧，不飞也有折旧成本和人工成本。飞机调到航站后，专为航空护林所用，如飞行时间过少，成本过高，供机单位会发生亏损。因此，供机单位要求确定最低付费小时标准，即低限小时。

8.3 机降扑火

机降扑火直升机要经常在山区低空飞行，又多在地形复杂的区域频繁起降，机降扑火队员频繁上下飞机作业，有时多架不同机型的飞机同时在一个火场执行不同的飞行灭火任务。因此，只有在保证飞行安全的前提下，才能真正发挥机降扑火的重要作用。

8.3.1 机降扑火概述

(1)机降扑火的概念

在空中随机指挥员或观察员的指挥下，使用直升机在短时间内将装备齐全的扑火队员空运到火场指定位置，单独或与其他地面扑火力量配合，并采取适当的战术、技术手段执行扑救森林火灾任务，称为机降扑火。

机降扑火，原称为机降灭火，是扑救偏远、交通不便林区的森林火灾的有效手段。

(2)机降扑火的特点

①直升机能在短时间内迅速将训练有素、纪律严明、装备齐全、战斗力强的精干扑火队员、扑火物资等空运到火场附近，以便将火灾扑灭在初发阶段，尽量减少森林资源损失。

②随机空中指挥员或观察员，居高临下，便于详细掌握火场及周围环境的全面情况，利于部署和及时调整扑火力量，提高扑火效率。

③根据火场四周蔓延势态需要，利用直升机机动灵活的特点，迅速部署扑火兵力，减少了体力消耗，使人员有旺盛的精力投入扑火战斗。

④使用直升机作为运载工具，将扑火队员快速分散、集中和转移，便于火场调度、指挥。

⑤飞行计划任务往往因火势的变化和野外飞行条件不佳、净空条件差、烟雾较大影响飞行视野，有时受航行地面保障、空中交通管制的影响而需要改变。因此，为了不浪费机降扑火的飞行费用，需要各方的积极配合。

⑥扑救森林大火时，直升机起降频繁、作业时间长，飞行人员工作辛苦，极易产生疲劳，不利于飞行安全。因此，指挥员要善于协调相关人员的工作、生活和休息，以便集中精力搞好救灾工作。

8.3.2 机降扑火飞行安全

机降扑火时，飞机多在山区复杂区域低空、超低空频繁起降、飞行。执行航空护林任务的飞行安全虽然由机组负责，但作为随机观察员，同样负有一定的责任。只有安全飞行，才能保证完成机降扑火任务。影响飞行安全的因素主要有：

(1)能见度

飞行中有时航路和机降点受大面积烟幕、低云、雾等因素的影响，能见度较差，有时甚至难以分辨地标，在此类复杂气象条件下飞行，对安全有直接影响。

(2)起落场地

有的起落场地窄小且四周多障碍物，有的地表裸露沙土，直升机起降会卷起大量的尘土，甚至遮盖了飞行员的视线，这样的起落场地对安全飞行不利。

(3)扑火队伍

机降扑火队员时，影响飞行安全的因素主要有：风力灭火机燃料、布帽、队员本身、扑火队宿营地、随意扳动红色把手。

(4)机组自身

机组自身也存在影响飞行安全的因素，主要表现在以下方面：飞行员决断或操作错误引发的危险、疏失引发的危险、飞行技能不胜任、违章违规、紧急情况下处置不当、飞行人员的个人原因。

(5)蓄电池

观察员通信使用的蓄电池接线柱裸露，若没有固牢可能导致相互碰撞，产生火花，致使烧毁电池，危及安全。

8.3.3 机降扑火实施程序

(1)飞行前准备

①机组按飞行计划做好飞机检查、加油、电源启动等准备工作，机长确定乘机人数，按任务要求进行地图作业。

②飞行观察员领受机降灭火任务后进行地图作业，做好领航准备。了解掌握机降人数、架次、位置、指挥员、灭火机具和所带给养等情况，发现问题及时处理。

③机降扑火队员按照飞行预报时间，准备灭火工具和给养。提前 20 min 到达停机坪准备登机起飞。高火险天气或扑救重要火场，机降扑火队员携带灭火工具和给养在停机坪待命。

(2)飞行作业

①航线飞行：飞行观察员(空中指挥员)组织机降扑火队员按顺序登机，把扑火机具、给养按机械师要求摆放在机舱内；飞行观察员负责记录机降人数、物资装备及数量；机长负责按预定航线安全正常飞行，飞行观察员密切配合机长随时掌握飞机位置，必要时协助机长改航飞向火场。

②火场观察：直升机飞临火场后，飞行观察员应指令机长绕火场飞行进行火场观察，判定火场位置面积、火线长度、火头数量、火势强度、火灾种类、发展方向、风向风速和森林类型等。

③机降点选择：根据火场观察情况，飞行观察员(空中指挥员)和机长共同确定机降投放位置。机降投放位置的选择应遵循利于兵力运动，利于火灾扑救，防止火烧事故发生的原则，一般应避开大火头，在火场上风处和火场尾翼或侧翼选择机降投放位置。

(3)机降灭火注意事项

①飞行观察员维护好登机秩序，禁止机降扑火队员在尾桨下面行走。

②风力灭火机、油桶、油锯等摆放到机舱后部，防止碰撞飞机副油箱。

③机降扑火队员禁止按动机内把手，禁止在机舱内走动和吸烟。

④飞行观察员的对讲机蓄电池接线要牢靠，防止碰撞产生火花发生危险。

⑤机降灭火应保持能见飞行，禁止进入浓烟内，能见度不得<3000 m。

⑥严把重量关，禁止超载飞行。

(4)火场倒人与转场

①火场倒人：一般是在较大火场，扑火兵力比较紧缺的情况下，实施火场内部倒人。将火线熄灭处的兵力，用直升机倒运到燃烧的火头、火线附近，参加新的扑火战斗。

②转场：一般是在火场多，兵力少的情况下，实施转场。将熄灭火场的兵力用直升机转运到新的火场或预定的位置，参加新的扑火战斗。

(5)火场撤兵

①按照指挥部下达的火场撤兵命令，由航站负责组织实施，用直升机把火场扑火队员接回。

②高火险天气条件或距离基地较远的火场，用直升机把扑火队员接回基地，休整待命。

③火场扑火队员人数较多时，用直升机把扑火队员倒运到距火场附近的公路，扑火队员从地面乘车撤回基地。

(6)火情汇报

机降灭火飞行结束后，飞行观察员应及时向调度室提交《飞行任务书》《机降灭火报告单》和《火场侦察报告单》。详细向调度室汇报火场机降情况，提出下次飞行建议。

8.4 吊桶灭火

8.4.1 吊桶灭火概述

吊桶灭火是利用直升机外挂吊桶载水，从空中直接将水喷洒到火头、火线进行扑救森林火灾的方法。

吊桶灭火的基本原理是，通过将水喷洒在森林可燃物上，要么将森林可燃物和空气隔绝，致使氧气不足、火即停止燃烧，从而达到扑灭森林火灾之目的；要么迫使将可燃物的温度降低到燃点以下，最后停止燃烧。

吊桶灭火与其他灭火手段相比，主要有以下优势：一是在水源丰富的南方省份开展吊桶灭火，可以节约大量人力、物力、财力；二是通过吊桶洒水降低火强度，可以减轻地面扑火队员与林火的直接对抗强度，避免发生人员伤亡事故；三是在火强度较高，林火蔓延速度较快时，直接扑灭火头、火线或树冠火，可以大大减少森林资源损失。

8.4.2 吊桶灭火实施条件

根据航空护林系统多年的实战经验，开展吊桶灭火一般应具备以下条件：

(1)水源(取水点)条件

①净空条件：对直升机取水而言，其水源周围环境即净空条件较好时，能够顺利进行取水作业。一是水源不应位于陡峭高山间、且不开阔的峡谷中；二是水面(域)上空不能有危及飞行安全的障碍物，如高压电线等；三是距水面(域)岸边 100 m 以内不能有影响直升机取水时降低飞行高度、取水后提高飞行高度的高大物体，如高大建筑、树木等；四是直升机取水的水源要尽量选择在地势较为平坦、视野开阔的地带。

②水源面积：直升机取水的水面(域)，以面积较大且周围环境开阔最为理想，但在山区、林区，特别是西南高原山区，山峦起伏、沟壑纵横，找此理想的取水水面(域)并非易事。从应急管理部西南航空护林总站的实践看，倘若找到 100 m×100 m 面积以上的水域，且净空条件能确保直升机安全飞行，即可进行取水作业。

③水源深度：根据我国目前所使用的直升机机型和吊桶设备状况，东北、内蒙古林区一般使用米-8 型直升机，载水量在 1.6~2.0 t 的吊桶；西南林区使用米-8 型或米-171 型直升机、载水量在 1.5~1.9 t 的吊桶，取水时的水源深度应在 2 m 以上。

④水中障碍物：为保障直升机的安全和防止吊桶设备受损，实施取水作业时，水中不能有树桩、渔网等杂物。

⑤水源海拔：由于直升机的载重量随着海拔的增加而降低，且随着气温的升高而降低，所以，水源海拔、气温不同，取水量也有差异。东北、内蒙古林区一般较为平坦、开阔、海拔不高于 3000 m，吊桶一般都能取满水。而西南林区山高坡陡，实施吊桶灭火作业时，每架次的取水量远比相同机型在东北、内蒙古林区的取水量要少。多年来，西南地区实施吊桶灭火，米-171 型直升机外挂吊桶在海拔 3000 m、米-8 型直升机在 2000 m 左右的水域取水，每桶取水量可达到 1.5~1.9 t。

⑥水源与火场距离：直升机取水点距离火场一般在 50 km 以内为宜。

(2) 火场条件

①吊桶灭火对扑救初发阶段和小的森林火灾效果显著。

②火场海拔在 3000 m 以下，直升机减载较少，可实施吊桶灭火。

③火场距机场不超过 100 km，否则，应有野外加油条件或增加直升机数量。

④火线、火点附近上空没有高压电缆等障碍物，否则，实施吊桶灭火作业时，应特别注意避开障碍物，以确保飞行安全。

(3) 飞机条件

①在 2500 m 以上的高海拔林区实施吊桶灭火，应使用米-171 型直升机，但若超越了该直升机主要性能限制，绝对不能实施吊桶灭火；同样，在 2500 m 以下的低海拔林区，使用米-8 型直升机，但也必须在其性能允许范围内正确操作。

②所有执行吊桶灭火任务的直升机必须性能良好，具有满额的定检小时飞行数，直升机配备有齐全的外挂装置。

(4) 人员条件

①直升机机组人员有一定的吊桶灭火作业飞行经验。

②随机执行吊桶灭火作业的观察员，应有 3 级以上任职资格，并具有 50 h 以上的吊桶灭火飞行经验。

③执行吊桶灭火任务的所有人员，要求精神和身体状况良好，不允许带病登机工作。

(5) 天气条件

①执行吊桶灭火任务要求的低云量在 7 以下，云底高度大于 300 m。

②平原地区的水平能见度在 2 km 以上，高原(山区)和丘陵地区的能见度在 3 km 以上。

③逆风风速要小于 20 m/s，侧风风速要小于 10 m/s，顺风风速要小于 5 m/s，一般不允许顺风飞行。

④各气象因子波动较小，相对稳定。

8.4.3 吊桶灭火操作方法

(1) 吊桶灭火准备工作

①进行空中和地面水源调查；将调查的水源详细情况输入计算机，并详细标在 1∶20 万地形图上。

②飞机进场后，要组织安排 1~2 次本场吊桶洒水，检查吊桶，熟练飞行，其工作程序见《西南航空护林总站吊桶灭火实施办法》。

③拟订吊桶灭火方案。接到火情报告后，要准确全面掌握火场位置、发现时间、火场面积、火势、火线长度、风向风速、地形地貌、森林种类、发展趋势、火场附近水源及周围自然和社会情况，认真分析预测各种情况后，及时拟订吊桶灭火方案。

④在实施吊桶灭火前，要计算火场与基地、火场与水源的距离，直升机加油量和续航时间内洒水次数、洒水时间间隔。火场距基地太远时，若具备野外加油条件，须

作好准备。

⑤飞行前应对吊桶进行详细检查。从吊桶底部开始，逐步向上检查。检查内容如下。

- 底部链条是否磨损，各个环节是否销紧。
- 桶伞螺栓是否松动，包括顶部 IDS 支架、中部束带托架、底部环带的螺栓。
- 顶部连接吊绳和吊桶的“M”形吊带是否磨损。
- 活动吊带是否磨损。
- 束带系统(锥墩收束系统)是否扣紧。
- 吊绳是否磨损、打结、弯曲松动。
- 垫仓包是否开裂，垫仓物是否漏出。
- 铅块螺栓是否松动。
- 控制头封盖螺栓是否松动。
- 控制头活动绳是否纠缠、磨损或弯曲松动。
- 桶伞是否划伤、有无漏洞。
- 电磁阀门开关是否正常。

⑥检查完毕后，放入运输包内，程序如下。

- 把吊桶轮辐(IDS 支架)推进吊桶内，放倒吊桶。
- 将吊桶放入运输包内。
- 抓住控制头，拉紧所有的吊绳，把所有的吊绳收集在一起，卷成环状，将其与控制头放在吊桶上。
- 把吊桶卷成束状，用绳子绑好，拉上运输包拉链。

(2)吊桶的使用方法和操作程序

①实施吊桶灭火时，若在野外挂桶，可在计划取水的水源附近选择大于40 m×60 m的地段，且净空条件好，比较平坦、无沼泽、无障碍物的开阔地，供直升机着陆，然后将吊桶抬下飞机。

②将吊桶的控制头索环挂在飞机吊钩上，伸展开钢绳，吊桶及吊绳展开拉直与飞机轴线呈 20°~30°夹角，解开捆扎绳，将 IDS 支架撑开，检查吊绳有无缠绕，吊绳应放置在起落架内侧，并有一定距离，防止飞机起飞时起落架挂住吊绳(图 8-20)。

③若需地面留人指挥，人员应撤离至飞机 20 m 以外，在飞机前侧方向指挥飞机起飞。起飞时要向后位移，防止拖拉吊桶，起飞距地面 10 m 左右时，再向前滑飞，以免吊桶被地面擦伤。地面人员注意观察吊桶的姿态，若有问题，立即指挥飞机着陆调整。

图 8-20 挂吊桶

8.5 索(滑)降扑火

8.5.1 索(滑)降扑火概述

(1)索(滑)降扑火的概念

索(滑)降灭火是指利用直升机作为载运工具，将扑火队员快速运送到火场附近最佳位置，从悬停的直升机上，扑火队员通过绞车装置、钢索、背带系统或滑降设备(包括主绳、下降悬停器、安全带、自动扣主锁、手动扣主锁、扁绳套等)降至地面扑救森林火灾的方法。

(2)索(滑)降扑火的特点

①接近火场快：索(滑)降扑火主要用于交通条件差和没有机降条件的火场，在这种地形条件下利用索降布兵，扑火人员可以迅速接近火线进行扑火。

②机动性强：对小火场及初发阶段的林火可采取索(滑)降直接扑火；当火场面积大，索(滑)降队不能独立完成扑火任务时，索(滑)降队可以先期到达火场开设直升机降落场，为大队伍进入火场创造机降条件；当火场面积大、地形复杂时，可在不能进行机降的地带进行索(滑)降，配合机降扑火；当大火场的特殊地域发生复燃火，因受地形影响不能进行机降，地面队伍又不能及时赶到复燃地域时，可利用索(滑)降对其采取必要的措施。

③受地形影响小：机降扑火对野外条件要求较高，面积、坡度、地理环境等对机降扑火都会产生较大的影响，而索(滑)降扑火在地形条件较复杂的情况下仍能进行作业。

8.5.2 索(滑)降扑火的主要任务和适用范围

(1)主要任务

①对小火场、雷击火和林火初发阶段的火场采取快速有效的扑火手段。

②在大火场，可以为大队伍迅速进入火场进行机降扑火创造条件。

③配合地面队伍扑火。

④配合机降扑火。

(2)适用范围

①扑救偏远、无路、林密、火场周围没有机降条件的林火。

②完成特殊地形和其他特殊条件下的突击性任务。

8.5.3 索(滑)降扑火方法

(1)林火初发阶段及小火场的运用

索(滑)降扑火通常使用于小火场和林火初发阶段，因此，索(滑)降扑火特别强调一个“快”字。这就要求索(滑)降队员平时要加强训练，特别是在防火期内要做好一切索(滑)降扑火准备工作，做到接到命令迅速出动，迅速接近火场完成所担负的扑火任务。

直升机到达火场后，指挥员要选择索(滑)降点，把索(滑)降队员及必要的扑火装备安全地降送到地面。在进行索(滑)降作业时，直升机悬停的高度一般为60 m左右，索(滑)降场地林窗通常不小于10 m×10 m。

索(滑)降队员到地面之后要迅速投入作战。这样做的主要目的是因为火场面积、火势随着林火燃烧时间的增加会发生不可预测的变化，这就要求在进行索(滑)降扑火时，要牢牢抓住林火初发阶段和火场面积小这一有利战机，做到速战速决。

(2)大火场的运用

在大火场使用索(滑)降扑火时，索(滑)降队的主要任务不是直接进行扑火，而是为队伍参战创造机降条件。在没有实施机降扑火条件的大面积的火场，要根据火场所需要的参战队伍及突破口的数量，在火场周围选择相应数量的索(滑)降点，然后派索(滑)降队员前往开设直升机降落场地，为后续队伍顺利实施机降扑火创造条件。开设的直升机降落场地要求不小于60 m×40 m。

(3)与机降配合作战

在进行机降扑火作战时，火场的有些火线因受地形条件和其他因素的影响，不能进行机降作业，如不及时采取应急措施就会对整个火场的扑救造成不利影响。在这种情况下，索(滑)降可以配合机降进行扑火作战。在进行索(滑)降作业时，要根据火线长度，沿火线多处索(滑)降。索(滑)降队在特殊地段火线扑火直到与机降扑火的队伍会合为止。

(4)配合扑打复燃火

在大风天气实施机降扑火时，离宿营地较远又没有机降条件的位置突然发生复燃火时，如果不能及时赶到并迅速扑灭复燃的火线，会使整个扑火前功尽弃，在这种十分紧急的情况下，最好的应急办法就是采取索降配合作战。因为，只有索降这一手段才可能把队伍及时地直接送到发生复燃的火线，把复燃火消灭在初发阶段。

(5)配合清理火线

在大火场或特大火场扑灭明火后，关键是彻底清理火线。但是由于火场面积太大，战线太长，整个火场的清理困难。这时，索(滑)降队可对特殊地段和没有直升机降落场地的火线进行索(滑)降作业，配合地面队伍进行清理火线。

8.5.4 索(滑)降装备

索(滑)降装备主要由速控器、安全背带、绳索等组成。扑火或训练时，根据使用设施的不同，可以分为机械索降和器材索降。机械索降是指利用直升机上所配备的绞车，将人员或物资输送至地面扑火[图8-21(a)]；器材索降则是指索降队员利用索降器材，由直升机上沿绳索依靠自身的重力降至地面实施扑火[图8-21(b)]。

索(滑)降扑火是机降扑火的补充，优点是不需要机降点，不足之处是技术要求较高，扑火队员必须经过严格训练考核。索(滑)降扑火主要适用于山高坡陡和林中平缓空地少、附近没有机降场地的森林火灾的扑救。

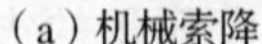

（a）机械索降

（b）器材索降

图 8-21 索降装备

8.5.5 索(滑)降人员的组成

(1)索(滑)降指挥员

①执行索(滑)降扑火作业的索(滑)降指挥员必须经过索(滑)降训练，熟悉索(滑)降程序和方法。

②负责检查索(滑)降设备，严格把关。一旦发现索(滑)降设备存在不安全因素，立即停止索(滑)降作业。

③索(滑)降指挥员在组织实施索(滑)降作业时，应系好安全带，确保生命安全。

④注意收听索(滑)降队员随时报告的作业情况，出现问题迅速做出相应的处理。

⑤熟练掌握规定的手势信号，正确判断索(滑)降队员发出的手势信号，保证索(滑)降队员的安全，防止事故发生。

(2)索(滑)降队员

索(滑)降队员的组成应根据扑火实际需要确定，主要由训练有素的指挥员、扑火队员、报务员、油锯手等组成。分组编排次序：1 号队员为索降指挥员，2 号为报务员，3 号为货袋员，4 号为油锯手，5 号和 6 号为索降队员，也可以结合实际情况编排组织，以便在有限的时间内有序实施索降扑火。

①索(滑)降队员必须经过严格训练，熟悉索(滑)降程序，掌握索(滑)降扑火的基本知识。

②执行索(滑)降任务的队员要听从索(滑)降指挥员和机械师的指挥，在指定位置坐好，确保飞机空中悬停平稳。没有索(滑)降指挥员和机械师的指令不许靠近机舱门。

③索(滑)降队员(即 1 号索降队员)着陆后，应注意侦察其他队员的作业情况，发现问题，及时用对讲机向索(滑)降指挥员报告，并负责解脱货袋索钩。

④熟练掌握规定的手势信号，做出正确的手势动作。

⑤索(滑)降队员在索上时，应保持与悬停的飞机相对垂直，挂好索钩，避免起吊时身体摆动。

8.5.6 索(滑)降扑火操作方法

(1)准备工作

实施索(滑)降扑火作业的航站，根据实际情况与当地森林防火指挥部门协商建造索(滑)降训练设施。训练设施包括：训练塔、保护沙坑或保护垫等。每年非航期，航站组织扑火队员进行严格的训练和考核。队员考核合格后，方可从事索(滑)降灭火作业。

飞机进场后，航站和机组要对飞机索(滑)降设施设备进行认真检查，消除安全隐患。同时要有计划、有目的地安排本场或模拟火场索(滑)降训练，便于队员熟练掌握程序，提高机组人员、扑火队员的临战技术水平。

(2)组织实施

航站负责组织、指挥和实施索(滑)降灭火工作。组织和实施索(滑)降灭火的各类专业人员，必须熟练掌握操作程序和技术。接受索(滑)降灭火或训练任务的机组、观察员、指挥员要共同研究确定飞行方案。机组要根据火场与机场距离、作业时间、天气等情况，确定加油量和载运索(滑)降队员的数量。扑火队员准备好索(滑)降灭火的装备及各种用具并带上飞机；观察员根据接受任务和调度员提供的情况进行地图作业，做好索(滑)降准备工作。

索(滑)降由随机观察员具体组织实施。观察员对设备使用中的安全事项进行检查，并对该设备的维护管理进行监督。观察员组织作业时应本着“安全第一”的原则，在实施过程中，一旦发现安全隐患，应立即停止作业，排除隐患。

飞机到达火场后，观察员同机组、指挥员共同确定索(滑)降场地。选择好地点后，飞机在目标点上空悬停，开始实施索(滑)降。因林区气流起伏不定，索(滑)降时应掌握好场地的区域气候特点，尽量加快下降(滑)速度，缩短直升机空中悬停时间。

执行索(滑)降任务的队员，登机后应听从观察员的指挥，做好准备，系好安全带，在指定位置依次坐好。为确保安全，舱门打开时，观察员和等待索(滑)降队员必须扣挂保险带，队员下降(滑)时方可解除保险带扣。队员离开机舱前，观察员应对其安全带及下降器的扣装严格检查，防止错装错扣，造成安全事故。下降器与主绳的扣装必须由随机观察员亲自操作。

索(滑)降指挥员首先降到地面，索上时最后离开地面。每次索(滑)降结束时，指挥员负责收回全部队员的索(滑)降器材，按要求收好，每次索(滑)降结束后，指挥员要负责收回全部队员的索(滑)降器材，当面清点后交观察员，如出现缺损，必须记录清楚。

每次实施索降，机组机械师系好保险带与驾驶员保持密切联系的同时，打开舱门，指令 1 号队员(指挥员)进行索降，并报告驾驶员索降开始，操纵绞车，控制下降速度，将队员安全降到地面，直至解脱索钩。解脱索钩后，队员要手握钢索，直至钢索上升，索钩高过头顶，以防钢绳绞错。若实施滑降，机械师打开舱门后，观察员将滑降主绳一头按要求在飞机绞车架上系好，确认牢固无松动后，将另一头扔到地面。观察员扣好下降器与主绳的扣装后，指令队员迈出舱门，确认安全无误后，解开队员保险带扣，队员控制下降器安全下滑到达地面。

观察员、机组人员和索(滑)降指挥员必须熟练掌握规定的手势信号，做出正确的反应动作。指挥员着陆后注意观察其他队员的情况，及时用正确的手势信号与机上沟通，并负责解脱索钩和牵引下滑主绳。

索降队员在进行索上时，应保持与悬停的飞机相对垂直，挂好索钩，避免起吊时人员摆动，造成事故。

机械师和观察员在索(滑)降和索上作业时，必须同驾驶员保持密切的联系。索降队员到达地面后，指挥员没有打出索上手势时，不得收回钢索。滑降时，指挥员没有打出继续下滑手势时，不得放下一名队员下滑。

8.5.7 索(滑)降灭火技术标准

(1)索(滑)降场地的标准

①索(滑)降场地林窗面积不小于10 m×10 m，索上林窗面积不小于10 m×10 m，以免飞机飘移时索上人员摆动碰撞树冠，造成人员伤亡或损坏机械设备。

②索(滑)降场地的坡度不大于40°，严禁在悬崖峭壁上进行索降和索上作业。

③索(滑)降场地应选择在火场风向的上方或侧方，避开林火对索(滑)降队员的威胁。

(2)索(滑)降作业时对气象条件的要求

索(滑)降作业时，最大风速不超过8 m/s，能见度不小于10 km，气温不超过30 ℃。

(3)对索(滑)降场地与火线距离的要求

顺风火线与索降场地的距离不小于800 m，侧风火线与索降场地的距离不小于500 m，逆风火线与索降场地的距离不小于400 m。

思考题

1. 简述航空护林飞行分类。
2. 简述航空护林飞行的特点与原则。
3. 我国航空灭火法有哪些灭火方式?
4. 简述吊桶灭火的概念和方法。
5. 简述实施吊桶灭火的条件。
6. 吊桶灭火应注意哪些事项?
7. 简述使用直升机扑火需要考虑的因素。
8. 简述索(滑)降灭火的概念和特点。
9. 简述实施索(滑)降灭火的应用范围。
10. 简述机降灭火的特点。
11. 简述机降灭火的方法和注意事项。

参考文献

单保君，江西军，王秋华，等，2015. 森林航空灭火研究综述[J]. 防护林科技(9)：76-79.

单延龙，金森，李长江，2004. 国内外林火蔓延模型简介[J]. 森林防火(4)：18-21.

邸雪颖，1993. 林火预测预报[M]. 哈尔滨：东北林业大学出版社.

杜建华，高仲亮，舒立福，2013. 森林火灾探测扑救中的无人机技术及其应用[J]. 森林防火(4)：52-54.

高仲亮，王秋华，舒立福，等，2015. 森林火灾应急扑救中航空飞机装备的种类及技术[J]. 林业机械与木工设备(9)：76-78.

国家林业局，2004. 森林航空消防工程建设标准：LY/T 5006—2014[S]. 北京：中国林业出版社.

国家森林防火指挥部办公室，2009. 森林航空消防[M]. 哈尔滨：东北林业大学出版社.

国家森林防火指挥部办公室，2009. 森林火灾扑救[M]. 哈尔滨：东北林业大学出版社.

国家森林防火指挥部办公室，2009. 森林火灾扑救安全[M]. 哈尔滨：东北林业大学出版社.

何诚，巩垠熙，张思玉，等，2013. 基于MODIS数据的森林火险时空分异规律研究[J]. 光谱学与光谱分析，9(32)：2472-2477.

何诚，张思玉，姚树人，2014. 旋翼无人机林火点定位技术研究[J]. 测绘通报(12)：24-27.

何诚，舒立福，张思玉，2014. 我国寒温带林区地下火发生特征及研究[J]. 森林防火(4)：22-25.

刘克韧，2016. 浅析森林航空消防直接灭火技术[J]. 森林防火，6(2)：49-53.

尚超，王克印，2013. 森林航空灭火技术现状及展望[J]. 林业机械与木工设备，3(41)：4-8.

舒立福，王明玉，田晓瑞，等，2003. 大兴安岭林区地下火形成火环境研究[J]. 自然灾害学报，12(4)：62-67.

舒立福，杜永胜，1999. 国外林业管理简介[M]. 哈尔滨：东北林业大学出版社.

舒立福，王志高，1994. 美国森林防火高级系统技术(FFAST)最新进展[J]. 森林防火(3)：46-48.

舒立福，周汝良，2012. 森林火灾监测预警和扑救指挥数字化技术[M]. 昆明：云南科技出版社.

田晓瑞，张有慧，舒立福，等，2004. 林火研究综述——航空护林[J]. 世界林业研究(5)：17-20.

王新臣，1999. 航空气象学[M]. 北京：海潮出版社.

王忠宝，张宝柱，1990. 浅谈吊桶灭火[J]. 森林防火(4)：39-40.

文定元，舒立福，1999. 林火理论知识[M]. 哈尔滨：东北林业大学出版社.

姚庆学，2002. 世界先进森林扑火装备概述[J]. 林业机械与木工设备(10)：5-6.

姚树人，文定元，2004. 森林消防管理学[M]. 北京：中国林业出版社.

张思玉，张慧莲，2006. 森林火灾预防[M]. 北京：中国林业出版社.

郑林玉，任国祥，1995. 中国航空护林[M]. 北京：中国林业出版社.

Ambrosia V, Wegener S, Sullivan D, et al., 2003. Demonstrating UAV-aquired real-time thermal data overfires [J]. Remote Sensing, 69(4): 391-402.

He C, Convertino M, Zhang S Y, et al., 2013. Using LiDAR data to measure the three-dimension green biomass in Beijing of China [J]. PlosOne, 8(10): 1-11.

He C, Hong X F, Liu K Z, et al., 2016. Precise Nondestructive Measuring Technique for Standing Wood Volume [J]. Southern Forests, 78(1): 53-60.

Merino L, Caballero F, de Dios M, et al., 2006. A cooperative perception sys-tem for multiple UAVs: application to automatic de-tection of forest fires [J]. Field Robot, 23(3-4): 165-184.

Zhang C H, Kovacs J M, 2012. The application of small unmanned aerial systems for precision agriculture: a review [J]. Precision Agriculture, 13(6): 693-712.